数字艺术精品课程培训教材

中文版 Premiere Pro 2020 基础培训教程

数字艺术教育研究室 编著

人民邮电出版社
北京

图书在版编目（CIP）数据

中文版Premiere Pro 2020基础培训教程 / 数字艺术教育研究室编著. -- 北京 : 人民邮电出版社, 2022.5
ISBN 978-7-115-57747-4

Ⅰ. ①中… Ⅱ. ①数… Ⅲ. ①视频编辑软件 Ⅳ. ①TN94

中国版本图书馆CIP数据核字(2021)第234301号

内 容 提 要

本书全面系统地介绍了 Premiere Pro 2020 的基本操作方法及影视编辑技巧，内容包括 Premiere Pro 2020 基本操作、影视剪辑、视频过渡应用、视频效果应用、调色与叠加、添加字幕、加入音频、输出文件和商业案例实训，既详细讲解了基础知识，又重视实践应用。

本书内容以课堂案例为主线，通过对各案例的实际操作，读者可以快速上手，熟悉软件功能和影视后期编辑思路。书中对软件功能的解析有助于读者深入学习软件功能。课堂练习和课后习题可以拓展读者的思路，并提高实际应用能力，帮助读者更好地掌握软件的使用技巧。商业案例实训可以帮助读者快速掌握影视后期制作的设计理念和设计元素，并顺利达到实战水平。

本书可作为相关院校和培训机构艺术专业课程的教材，也可作为 Premiere Pro 2020 自学人士的参考用书。

◆ 编　　著　数字艺术教育研究室
　责任编辑　张丹丹
　责任印制　马振武

◆ 人民邮电出版社出版发行　　北京市丰台区成寿寺路 11 号
　邮编　100164　　电子邮件　315@ptpress.com.cn
　网址　https://www.ptpress.com.cn
　固安县铭成印刷有限公司印刷

◆ 开本：787×1092　1/16
　印张：14　　　　　　　　2022 年 5 月第 1 版
　字数：359 千字　　　　　2025 年 1 月河北第 14 次印刷

定价：49.90 元

读者服务热线：(010)81055410　印装质量热线：(010)81055316
反盗版热线：(010)81055315
广告经营许可证：京东市监广登字 20170147 号

前 言

软件简介

Premiere是由Adobe公司开发的一款视频编辑软件，深受影视制作爱好者和影视后期编辑人员的喜爱。Premiere拥有强大的视频剪辑功能，可以对视频进行采集、剪切、组合和拼接等操作，完成剪辑、添加过渡、添加效果、调色和叠加等工作，被广泛应用于节目包装、电子相册、纪录片、产品广告、节目片头等领域。

如何使用本书

01 精选基础知识，快速上手 Premiere

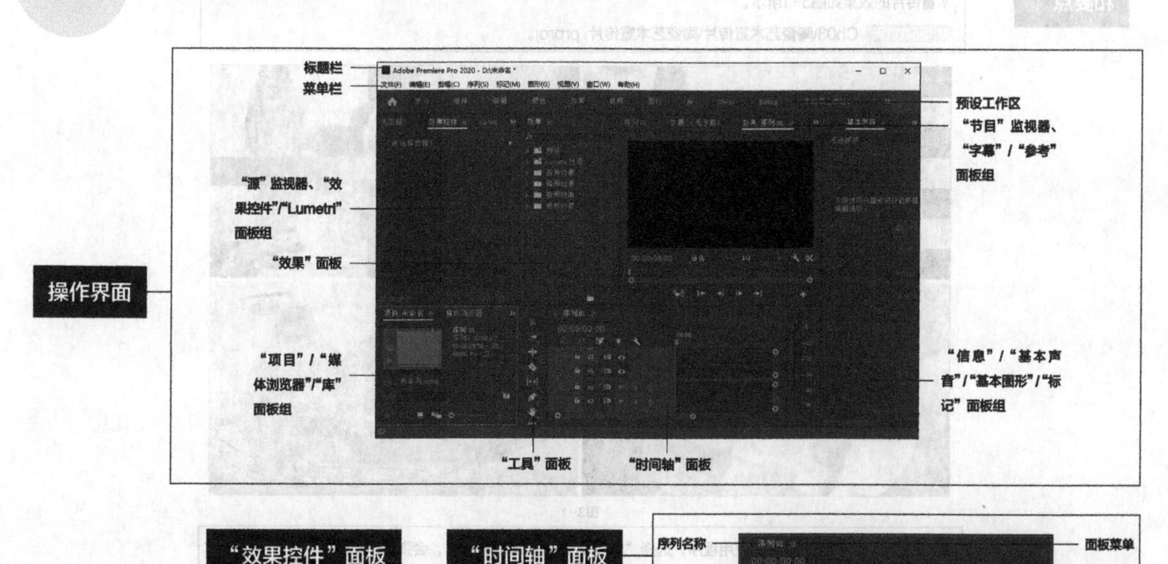

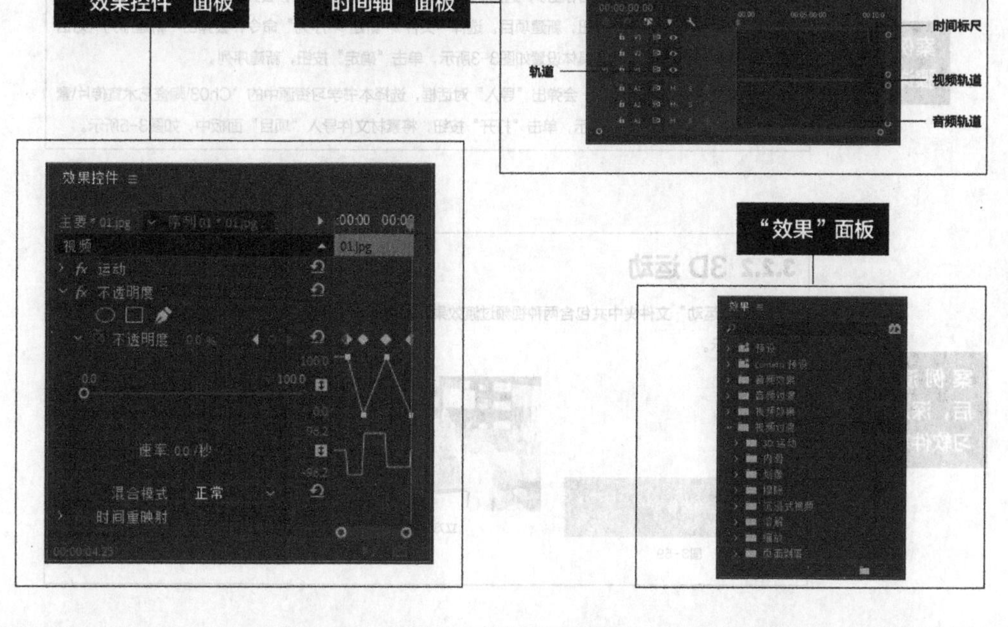

02 课堂案例 + 软件功能解析，边做边学，熟悉设计思路

详解剪辑 + 过渡 + 效果 + 调色 + 叠加 + 字幕 + 音频七大软件功能

3.1 过渡效果设置

过渡效果设置包括镜头过渡使用、镜头过渡设置、镜头过渡调整和默认过渡设置等多种基本操作。下面对过渡效果的设置进行讲解。

精选典型商业案例

3.1.1 课堂案例——陶瓷艺术宣传片

了解目标和要点

案例学习目标 学习使用过渡效果制作图像转场效果。

案例知识要点 使用“波纹编辑”工具编辑素材文件，使用“带状内滑”“交叉划像”“页面剥落”“VR渐变擦除”“VR色度泄漏”效果制作图片之间的过渡效果，使用“效果控件”面板调整过渡效果。陶瓷艺术宣传片的效果如图3-1所示。

效果所在位置 Ch03\陶瓷艺术宣传片\陶瓷艺术宣传片. prproj。

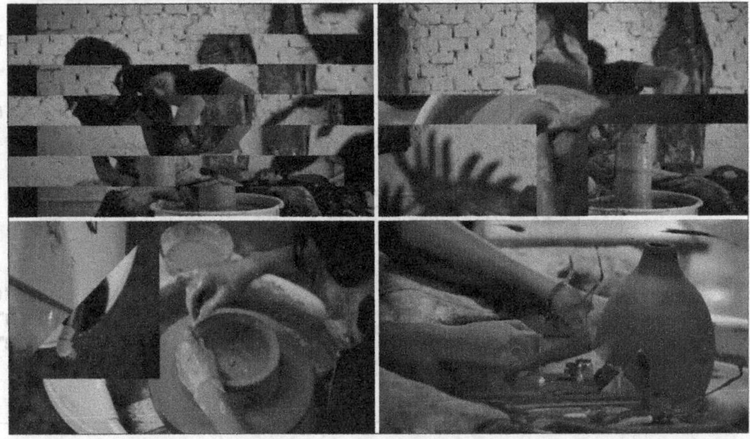

图3-1

案例步骤详解

01 启动Premiere Pro 2020应用程序，选择“文件 > 新建 > 项目”命令，会弹出“新建项目”对话框，如图3-2所示，单击“确定”按钮，新建项目。选择“文件 > 新建 > 序列”命令，会弹出“新建序列”对话框，切换到“设置”选项卡，具体设置如图3-3所示，单击“确定”按钮，新建序列。

02 选择“文件 > 导入”命令，会弹出“导入”对话框，选择本书学习资源中的“Ch03\陶瓷艺术宣传片\素材\01~04”文件，如图3-4所示，单击“打开”按钮，将素材文件导入“项目”面板中，如图3-5所示。

案例演练后，深入学习软件功能

3.2.2 3D 运动

“3D 运动”文件夹中共包含两种视频过渡效果，如图3-59所示。使用不同的过渡后，呈现的效果如图3-60所示。

图3-59

立方体旋转 翻转

图3-60

更多商业案例

课堂练习——个人旅拍Vlog短视频

练习知识要点 使用“导入”命令导入素材文件，使用“菱形划像”“时钟式擦除”“带状内滑”效果制作图片之间的过渡。个人旅拍Vlog短视频的效果如图3-114所示。

效果所在位置 Ch03\个人旅拍Vlog短视频\个人旅拍Vlog短视频.prproj。

图3-114

巩固本章所学知识

课后习题——自驾行宣传片

习题知识要点 使用“导入”命令导入视频文件，使用“带状内滑”“推”“交叉缩放”“翻页”效果制作视频之间的过渡，使用“效果控件”面板编辑视频的缩放。自驾行宣传片的效果如图3-115所示。

效果所在位置 Ch03\自驾行宣传片\自驾行宣传片. prproj。

图3-115

04 商业案例实训，演练项目制作过程

教学指导

本书的参考学时为64学时，其中讲授环节为28学时，实训环节为36学时。各章的参考学时可以参见下表。

章序	课程内容	学时分配	
		讲授	实训
第 1 章	初识 Premiere Pro 2020	2	
第 2 章	影视剪辑	4	4
第 3 章	视频过渡	4	4
第 4 章	视频效果	4	4
第 5 章	调色与叠加	4	4
第 6 章	添加字幕	4	4
第 7 章	加入音频	2	4
第 8 章	输出文件	2	4
第 9 章	商业案例实训	2	8
学时总计		28	36

配套资源

●**学习资源**

案例素材文件　最终效果文件　在线教学视频　赠送扩展案例

●**教师资源**

教学大纲　授课计划　电子教案　PPT 课件

教学案例　实训项目　教学视频　教学题库

学习资源和教师资源文件均可在线获取，扫描“资源获取”二维码，关注“数艺设”的微信公众号，即可得到资源文件获取方式，并且可以获得在线教学视频的观看地址。如需资源获取技术支持，请致函szys@ptpress.com.cn。

资源获取

教辅资源表

素材类型	数量	素材类型	数量
教学大纲	1 套	课堂案例	23 个
电子教案	9 个	课堂练习	10 个
PPT 课件	9 个	课后习题	10 个

与我们联系

本书由“数艺设”出品，“数艺设”社区平台（www.shuyishe.com）为您提供后续服务。

我们的联系邮箱是szys@ptpress.com.cn。如果您对本书有任何疑问或建议，请您发邮件给我们，并请在邮件标题中注明本书书名及ISBN，以便我们更高效地做出反馈。

如果您有兴趣出版图书、录制教学课程，或者参与技术审校等工作，可以发邮件给我们。如果学校、培训机构或企业想批量购买本书或“数艺设”出版的其他图书，也可以发邮件联系我们。

如果您在网上发现针对“数艺设”出品图书的各种形式的盗版行为，包括对图书全部或部分内容的非授权传播，请您将怀疑有侵权行为的链接通过邮件发给我们。您的这一举动是对作者权益的保护，也是我们持续为您提供有价值的内容的动力之源。

关于“数艺设”

人民邮电出版社有限公司旗下品牌“数艺设”，专注于专业艺术设计类图书出版，为艺术设计从业者提供专业的图书、视频电子书、课程等教育产品。出版领域涉及平面、三维、影视、摄影与后期等数字艺术门类，字体设计、品牌设计、色彩设计等设计理论与应用门类，UI设计、电商设计、新媒体设计、游戏设计、交互设计、原型设计等互联网设计门类，环艺设计手绘、插画设计手绘、工业设计手绘等设计手绘门类。更多服务请访问“数艺设”社区平台www.shuyishe.com。我们将提供及时、准确、专业的学习服务。

目录

Contents

第4章 视频效果

第5章 调色与叠加

第9章 商业案例实训

第 1 章

初识Premiere Pro 2020

本章介绍

本章对Premiere Pro 2020进行概述并详细讲解了基本操作。读者通过对本章的学习，可以快速了解并掌握Premiere Pro 2020的入门知识，为后续章节的学习打下坚实的基础。

学习目标

- 了解Premiere Pro 2020。
- 熟练掌握Premiere Pro 2020 基本操作。

1.1 Premiere Pro 2020概述

Premiere Pro 2020是由Adobe公司基于Macintosh和Windows平台开发的一款视频编辑软件，被广泛应用于电视节目制作、广告制作和电影制作等领域。初学者在启动Premiere Pro 2020应用程序后，可能会对工作窗口或众多面板感到无从入手，本节将对操作界面（包括“项目”面板、“时间轴”面板、监视器和其他面板及菜单命令）进行详细的介绍。

1.1.1 认识用户操作界面

Premiere Pro 2020的用户操作界面如图1-1所示。从图中可以看出，Premiere Pro 2020的用户操作界面由标题栏、菜单栏、“源”监视器、“效果控件”/“Lumetri”面板组、“效果”面板、“时间轴”面板等组成。

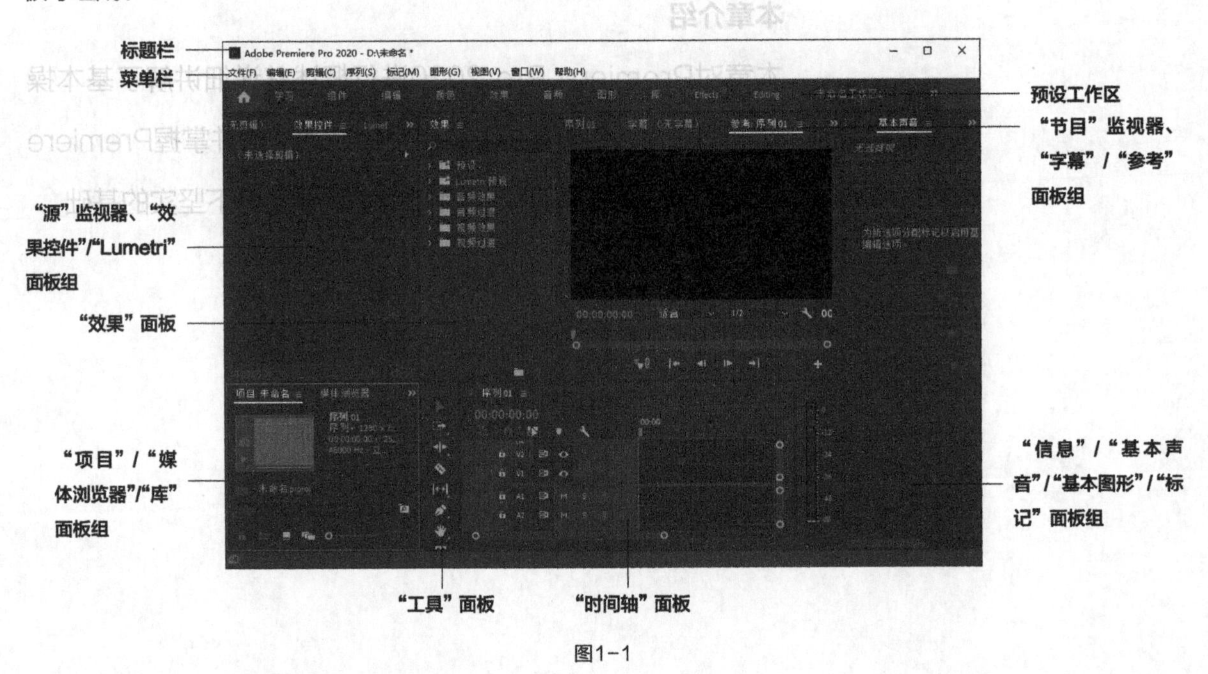

图1-1

1.1.2 熟悉“项目”面板

“项目”面板主要用于导入、组织和存放供“时间轴”面板编辑合成的原始素材，如图1-2所示。按Ctrl+Page Up快捷键，可切换到列表状态，如图1-3所示。单击“项目”面板上方的按钮，在弹出的菜单中可以设置面板及相关功能显示方式，如图1-4所示。

在图标显示状态下，将鼠标指针置于视频图标上，左右移动，可以查看不同时间点的视频内容。

在列表显示状态下，可以查看素材的基本属性，包括素材的名称、媒体格式、视/音频信息和数据量等。

“项目”面板下方的工具栏中共有10个功能按钮和1个滑动条，从左至右分别为“项目可写”按钮/“项目只读”按钮■、“列表视图”按钮■、“图标视图”按钮■、“自由变换视图”按钮■、“调整图标和缩览图的大小”滑动条■、“排序图标”按钮■、“自动匹配序列”按钮■、“查找”按钮■、“新建素材箱”按钮■、“新建项”按钮■和“清除”按钮■。各按钮的含义如下。

“项目可写”按钮■/“项目只读”按钮■：单击按钮，可以将项目文件变为只读或可写模式。

“列表视图”按钮■：单击此按钮，可以将“项目”面板中的素材以列表形式显示。

“图标视图”按钮■：单击此按钮，可以将“项目”面板中的素材以图标形式显示。

“自由变换视图”按钮■：单击此按钮，可以将“项目”面板中的素材以自由变换形式显示。

“调整图标和缩览图的大小”滑动条■：拖曳滑块可以将“项目”面板中的素材图标和缩览图放大或缩小。

“排序图标”按钮■：在图标显示状态下对项目素材以不同的方式排序。

“自动匹配序列”按钮■：单击此按钮，可以将选中的素材按顺序自动排列到“时间轴”面板中。

“查找”按钮■：单击此按钮，可以按提示快速找到目标素材。

“新建素材箱”按钮■：单击此按钮，可以新建文件夹，以便管理素材。

“新建项”按钮■：单击此按钮，可以在弹出的菜单中选择命令创建新的素材文件。

“清除”按钮■：选中不需要的文件，单击此按钮，即可将其删除。

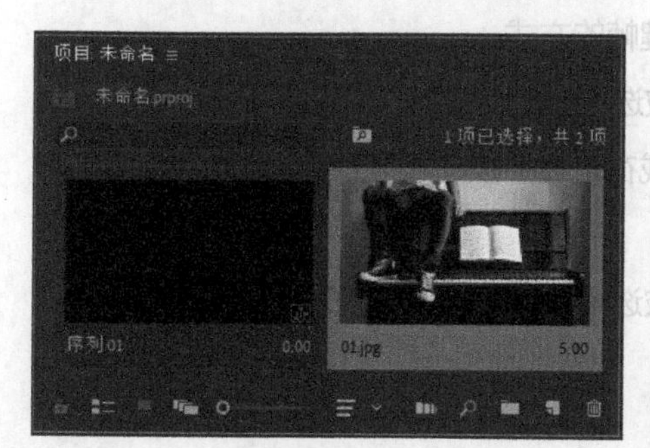

图1-2

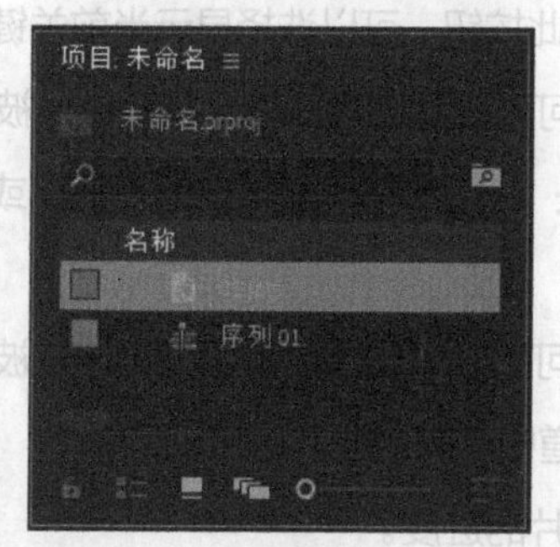

图1-3

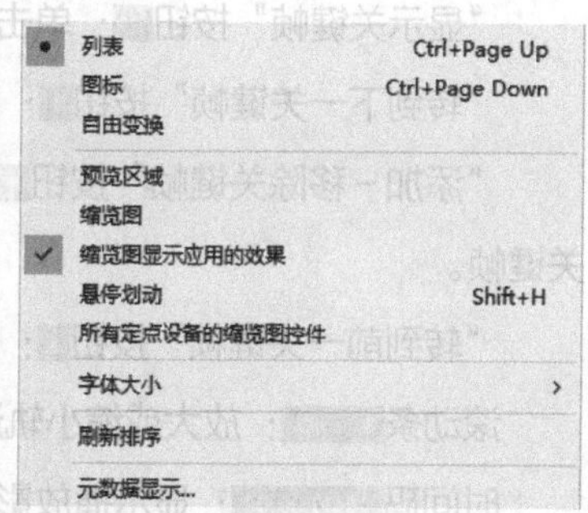

图1-4

1.1.3 认识“时间轴”面板

“时间轴”面板是Premiere Pro 2020工作界面的核心区域，如图1-5所示。在编辑影片的过程中，大部分操作是在“时间轴”面板中完成的。通过“时间轴”面板，可以轻松地实现对素材的剪辑、插入、复制、粘贴和修整等操作。

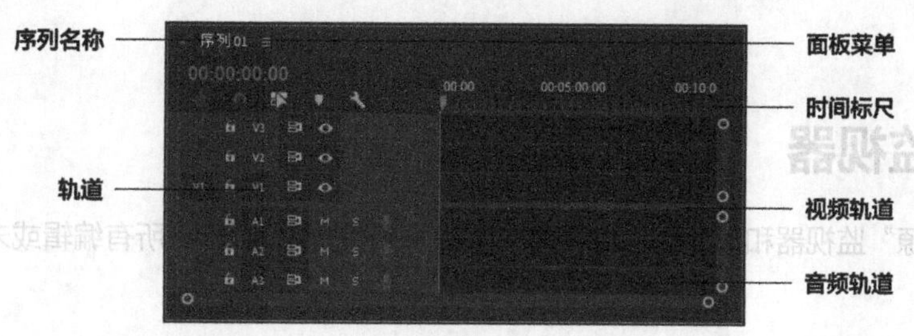

图1-5

“将序列作为嵌套或个别剪辑插入并覆盖”按钮：单击此按钮，可以将序列作为一个嵌套或个别剪辑文件插入时间轴并覆盖文件。

“对齐”按钮：单击此按钮，可以启动吸附功能，在“时间轴”面板中拖曳素材时，素材将自动贴合到邻近素材的边缘。

“链接选择项”按钮：单击此按钮，可以链接所有开放序列。

“添加标记”按钮：单击此按钮，可以在当前帧的位置设置标记。

“时间轴显示设置”按钮：可以设置“时间轴”面板的显示选项。

“切换轨道锁定”按钮：单击该按钮，当按钮变成状时，当前的轨道被锁定，处于不可编辑状态；当按钮变成状时，可以编辑该轨道。

“切换同步锁定”按钮：默认为启用状态，当进行插入、波纹删除或波纹剪辑操作时，编辑点右侧的内容会发生移动。

“切换轨道输出”按钮：单击此按钮，可以设置是否在监视器中显示该影片。

“静音轨道”按钮：激活该按钮，可以设置为静音，反之则播放声音。

“独奏轨道”按钮：激活该按钮，可以设置独奏轨道。

折叠/展开轨道：双击右侧的空白区域，可以隐藏或展开视频轨道工具栏或音频轨道工具栏。

“显示关键帧”按钮：单击此按钮，可以选择显示当前关键帧的方式。

“转到下一关键帧”按钮：可以设置将播放指示器定位在被选素材轨道的下一个关键帧上。

“添加－移除关键帧”按钮：在播放指示器所处的位置，或在轨道中被选素材的当前位置添加或移除关键帧。

“转到前一关键帧”按钮：可以设置将播放指示器定位在被选素材轨道的上一个关键帧上。

滚动条：放大或缩小轨道中素材的显示区域。

时间码 00:00:00:00：显示播放影片的进度。

序列名称：单击相应的标签可以在不同的节目间切换。

轨道：对轨道的显示、锁定等参数进行设置。

时间标尺：对剪辑的组进行时间定位。

面板菜单：对时间单位及剪辑参数进行设置。

视频轨道：可以编辑视频、图形、字幕和效果的轨道。

音频轨道：可以编辑录音、音效、音乐，还可以录制声音的轨道。

1.1.4 认识监视器

监视器分为“源”监视器和“节目”监视器，如图1-6和图1-7所示，所有编辑或未编辑的影片片段都在此显示效果。

图1-6

图1-7

“添加标记”按钮▼：设置影片片段标记。

“标记入点”按钮{：设置当前影片的起始点。

“标记出点”按钮}：设置当前影片的结束点。

“转到入点”按钮{←：单击此按钮，可将时间标记移到起始点位置。

“后退一帧（左侧）”按钮◀：此按钮是对素材进行逐帧倒播的控制按钮，每单击一次该按钮，播放就会后退1帧，按住Shift键的同时单击此按钮，每次后退5帧。

播放-停止切换按钮▶/■：控制监视器中的素材时，单击此按钮，会从监视器中时间标记的当前位置开始播放；在“节目”监视器中，在播放时按J键可以进行倒播。

“前进一帧（右侧）”按钮▶：此按钮是对素材进行逐帧播放的控制按钮。每单击一次该按钮，播放就会前进1帧，按住Shift键的同时单击此按钮，每次前进5帧。

“转到出点”按钮→}：单击此按钮，可将时间标记移到结束点位置。

“插入”按钮：单击此按钮，当插入一段影片时，重叠的片段将后移。

“覆盖”按钮：单击此按钮，当插入一段影片时，重叠的片段将被覆盖。

“提升”按钮：用于将轨道上入点与出点之间的内容删除，删除之后仍然留有空间。

“提取”按钮：用于将轨道上入点与出点之间的内容删除，删除之后不留空间，后面的素材会自动与前面的素材连接。

“导出帧”按钮：可导出一帧的影视画面。

“比较视图”按钮：可以进入比较视图模式观看视图。

分别单击面板右下方的“按钮编辑器”按钮+，会弹出图1-8和图1-9所示的对话框，对话框中包含一些已有和未显示的按钮。

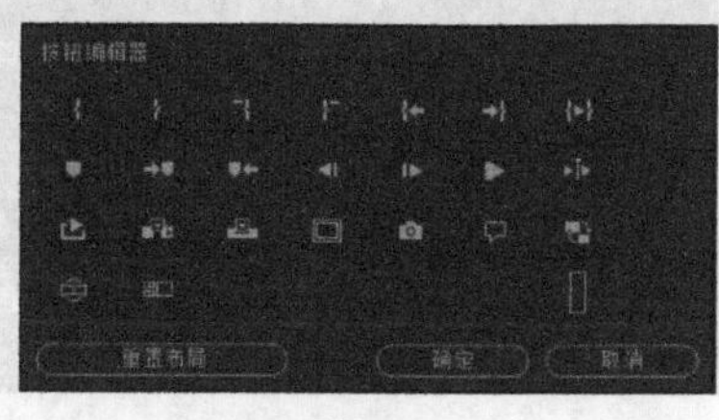
图1-8

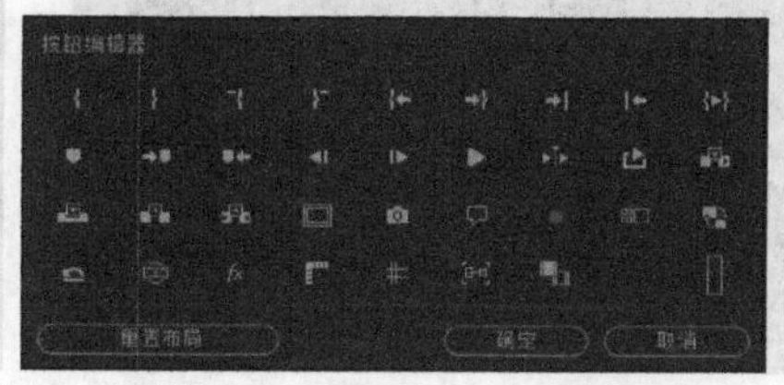
图1-9

“清除入点”按钮：清除设置的标记入点。

“清除出点”按钮：清除设置的标记出点。

“从入点到出点播放视频”按钮：单击此按钮，可以只播放入点到出点范围内的音/视频片段。

“转到下一标记”按钮：单击此按钮，可以快速切换到下一个标记点。

“转到上一标记”按钮：单击此按钮，可以快速切换到上一个标记点。

“播放邻近区域”按钮：单击此按钮，将播放时间标记当前位置前后邻近范围内的音/视频。

“循环播放”按钮：控制循环播放的按钮。单击此按钮，监视器就会不断循环播放素材，直至单击停止按钮。

“安全边距”按钮：单击该按钮，可以为影片设置安全边界线，以防影片画面太大而使播放不完整；再次单击可隐藏安全边界线。

“隐藏字幕显示”按钮：可隐藏字幕效果。

“切换代理”按钮：单击此按钮，可以在本机格式和代理格式之间进行切换。

“切换VR视频显示”按钮：单击此按钮，可以快速切换到VR视频显示。

“切换多机位视图”按钮：打开或关闭多机位视图。

“转到下一个编辑点”按钮：单击此按钮，可以转到同一轨道上当前编辑点的下一个编辑点。

“转到上一个编辑点”按钮：单击此按钮，可以转到同一轨道上当前编辑点的上一个编辑点。

“多机位录制开/关”按钮：可以控制多机位录制的开/关。

“还原裁剪对话”按钮：可以还原裁剪的对话。

“全局FX静音”按钮：单击此按钮，可以打开或关闭所有视频效果。

“显示标尺”按钮：单击此按钮，可以显示或隐藏标尺。

“显示参考线”按钮：单击此按钮，可以显示或隐藏参考线。

“贴靠图形”按钮：单击此按钮，可以将图形贴靠在一起。

可以直接将“按钮编辑器”对话框中需要的按钮拖曳到下面的显示框中，如图1-10所示；松开鼠标，按钮将被添加到监视器中，如图1-11所示。单击“确定”按钮，添加的按钮将显示在监视器中，如图1-12所示。可以用相同的方法添加多个按钮，如图1-13所示。

若要恢复默认的布局，再次单击监视器右下方的“按钮编辑器”按钮，在弹出的对话框中选择“重置布局”按钮，再单击“确定”按钮即可。

图1-10

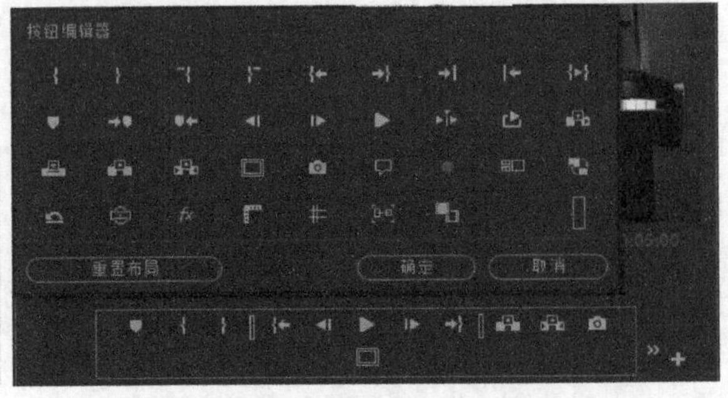

图1-11

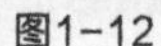
图1-12

图1-13

1.1.5 其他功能面板概述

除了以上面板，Premiere Pro 2020还提供了其他一些方便编辑操作的功能面板，下面逐一进行简要介绍。

1. “效果”面板

“效果”面板存放着Premiere Pro 2020自带的各种音频、视频效果和预设的特效。这些特效按照功能分为六大类，包括预设、Lumetri预设、音频效果、音频过渡、视频效果及视频过渡，如图1-14所示，每大类又包含了同类型的几个不同效果。用户安装的第三方效果插件也将显示在该面板的相应类别中。

2. “效果控件”面板

“效果控件”面板主要用于控制对象的运动、不透明度、过渡及效果等，如图1-15所示。

3. “音轨混合器”面板

“音轨混合器”面板可以更加有效地调节项目的音频，实时混合各轨道的音频对象，如图1-16所示。

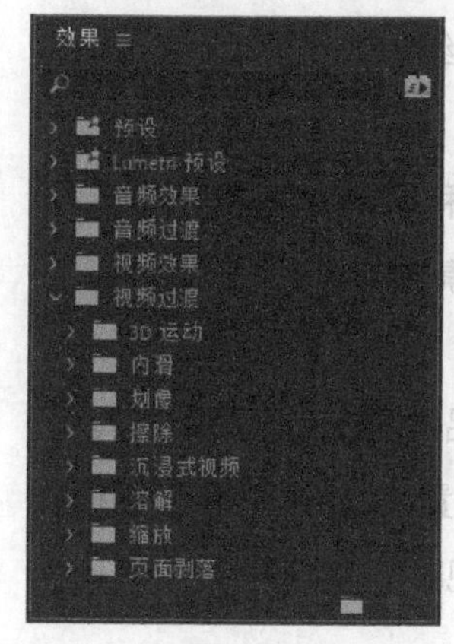

图1-14

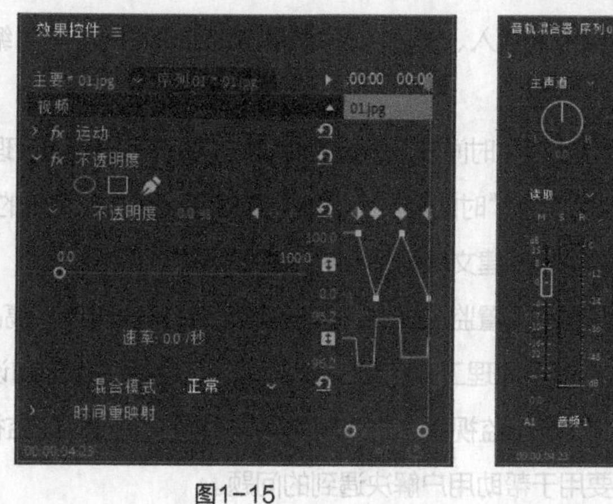

图1-15

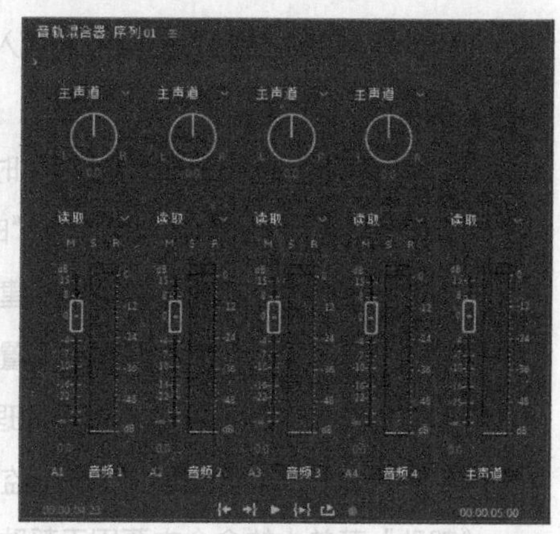

图1-16

4. “历史记录”面板

“历史记录”面板可以记录用户从建立项目以来进行的所有操作。在执行了错误操作后，可以单击该面板中相应的命令，撤销错误操作并重新返回到错误操作之前的步骤，如图1-17所示。

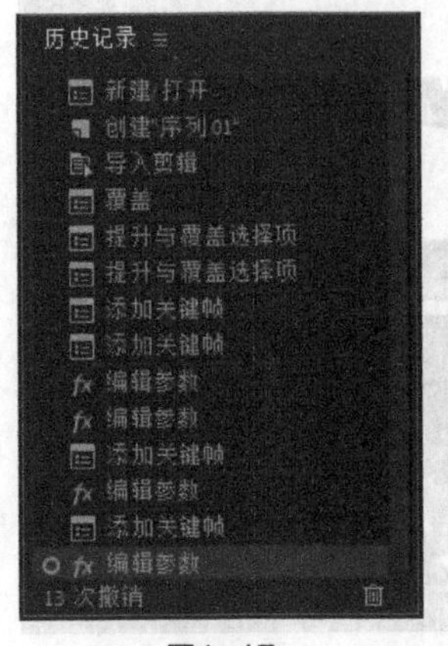

图1-17

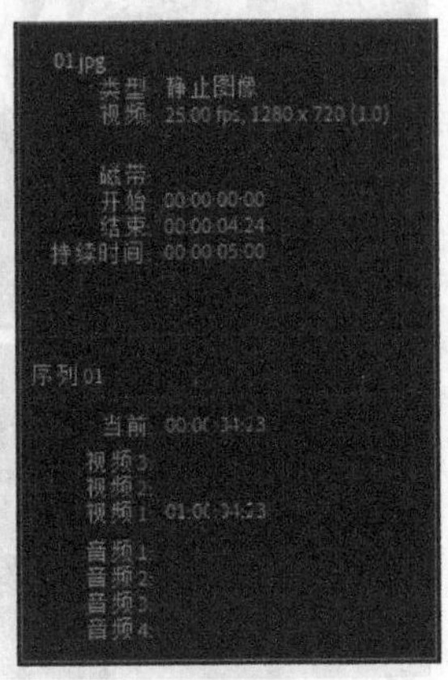

图1-18

5. “信息”面板

在Premiere Pro 2020中，“信息”面板作为一个独立面板显示，其主要功能是集中显示所选定素材对象的各项信息，如图1-18所示。不同的对象，其“信息”面板的内容也不相同。

在默认设置下，“信息”面板是空白的。如果在“时间轴”面板中导入一个素材并选中它，“信息”面板将显示选中素材的信息；如果有过渡，则显示过渡的信息；如果选定的是一段视频素材，“信息”面板将显示该素材的类型、持续时间、帧速率、入点、出点及鼠标指针的位置等；如果是静止图像，“信息”面板将显示素材的类型、大小、持续时间、帧速率、入点、出点及鼠标指针的位置等。

6. “工具”面板

“工具”面板主要用来对时间轴中的音频、视频等内容进行编辑，如图1-19所示。

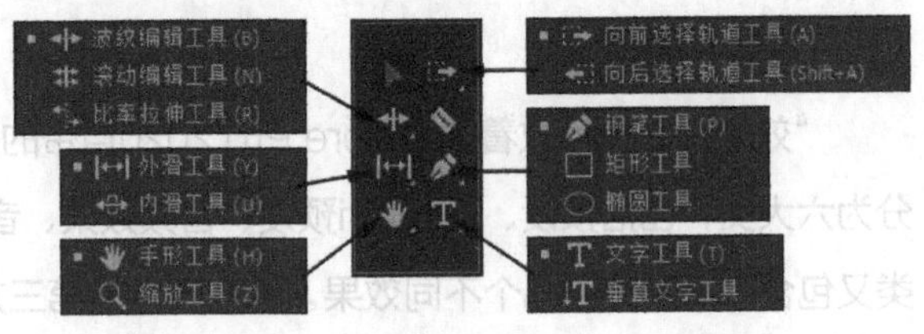

图1-19

1.1.6 菜单命令介绍

“文件”菜单中的命令主要用于新建、打开、关闭、保存、导入、导出、项目设置、项目管理等。

“编辑”菜单中的命令主要用于复制、粘贴、剪切、撤销和清除等。

“剪辑”菜单中的命令主要用于插入、覆盖、替换素材，自动匹配序列，编组、链接视音频等剪辑影片的操作。

“序列”菜单中的命令主要用于在“时间轴”面板中对项目片段进行编辑、管理和设置轨道属性等操作。

“标记”菜单中的命令主要用于对“时间轴”面板中的素材标记和监视器中的素材标记进行编辑处理。

“图形”菜单中的命令主要用于新建文本与图形并排布图层内容等。

“视图”菜单中的命令主要用于设置监视器的回放分辨率、暂停分辨率、高品质回放和显示模式等。

“窗口”菜单中的命令主要用于管理工作区域的各个面板，包括工作区的设置、“历史记录”面板、“工具”面板、“效果”面板、“源”监视器、“效果控件”面板、“节目”监视器和“项目”面板等。

“帮助”菜单中的命令主要用于帮助用户解决遇到的问题。

1.2 Premiere Pro 2020基本操作

本节将详细介绍管理项目文件的方法，如新建项目文件和打开项目文件等；编辑素材，如导入素材、解释素材和改变素材名称等。这些基本操作对后期的制作至关重要。

1.2.1 管理项目文件

在启动Premiere Pro 2020应用程序进行影视制作时，首先必须创建新的项目文件或打开已存在的项目文件，这是Premiere Pro 2020最基本的操作之一。

1. 新建项目文件

01 选择“开始 > 所有程序 > Adobe Premiere Pro 2020”命令，或双击桌面上的Adobe Premiere Pro 2020快捷方式图标，打开软件。

02 选择“文件 > 新建 > 项目”命令，或按Ctrl+Alt+N快捷键，会弹出“新建项目”对话框，如图1-20所示。在“名称”文本框中可以设置项目名称。单击“位置”选项右侧的浏览按钮，在弹出的对话框中可以选择项目文件保存的路径。在“常规”选项卡中可以设置视频渲染和回放、视频、音频及捕捉格式等。在“暂存盘”选项卡中可以设置捕捉的视频、视频预览、音频预览和项目自动保存等的暂存路径。在“收录设置”选项卡中可以设置收录选项。单击“确定”按钮，即可创建一个新的项目文件。

03 选择“文件 > 新建 > 序列”命令，或按Ctrl+N快捷键，会弹出“新建序列”对话框，如图1-21所示。在“序列预设”选项卡中可以选择项目文件格式，如选择“DV-PAL”制式下的“标准48kHz”，右侧的“预设描述”区域将列出相应的项目信息。在“设置”选项卡中可以设置编辑模式、时基、视频帧大小、像素长宽比和音频采样率等信息。在“轨道”选项卡中可以设置视音频轨道的相关信息。在“VR视频”选项卡中可以设置VR属性。单击“确定”按钮，即可创建一个新的序列。

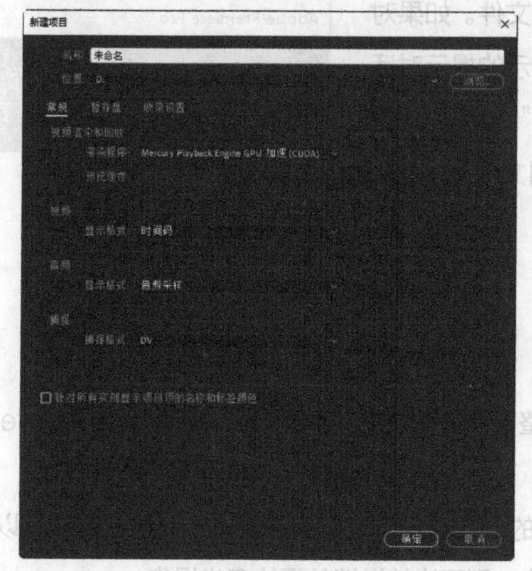

图1-20

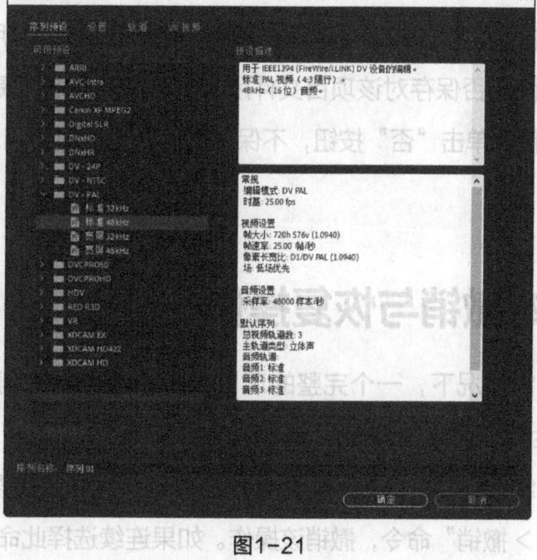

图1-21

2. 打开项目文件

选择“文件 > 打开项目”命令，或按Ctrl+O快捷键，在弹出的对话框中可以选择需要打开的项目文件，如图1-22所示。单击“打开”按钮，即可打开已选择的项目文件。

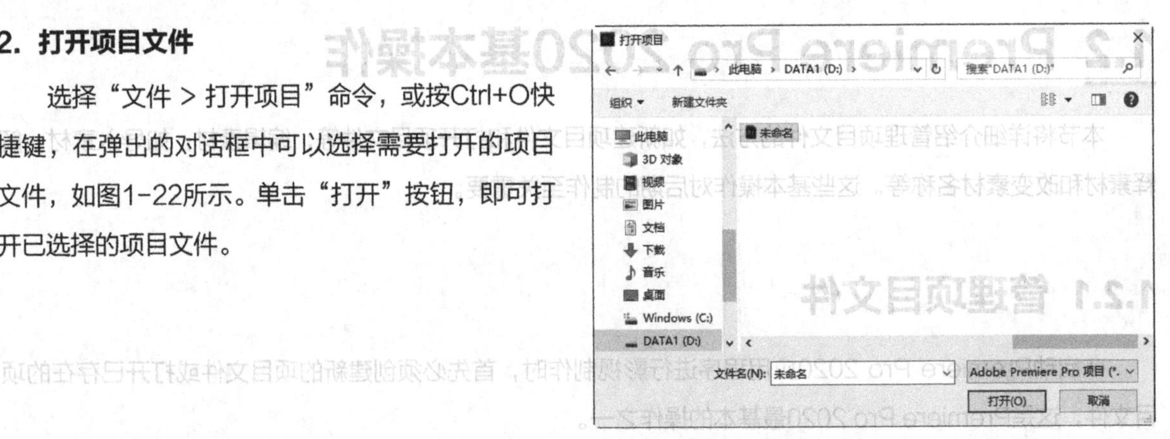

图1-22

选择“文件 > 打开最近使用的内容”命令，在其子菜单中选择需要打开的项目文件，如图1-23所示，即可打开所选的项目文件。

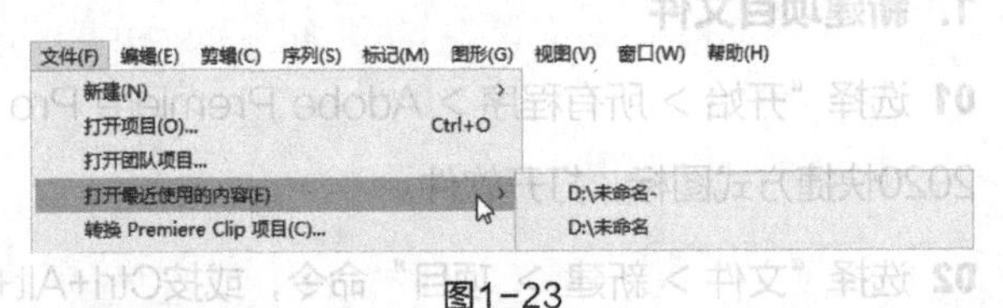

图1-23

3. 保存项目文件

刚启动Premiere Pro 2020应用程序时，系统会提示用户先保存一个设置好参数的项目，因此，对于编辑过的项目，直接选择“文件 > 保存”命令或按Ctrl+S快捷键，即可直接保存。另外，系统还会隔一段时间对项目自动保存一次。

选择“文件 > 另存为”命令，或按Ctrl+Shift+S快捷键，可以以其他名称或在其他位置保存项目。选择“文件 > 保存副本”命令，或按Ctrl+Alt+S快捷键，在弹出的对话框中完成设置后，单击“保存”按钮，可以保存项目文件的副本。

4. 关闭项目文件

选择“文件 > 关闭项目”命令，即可关闭当前项目文件。如果对当前文件做了修改却尚未保存，则系统会弹出图1-24所示的提示对话框，询问是否保存对该项目文件所做的修改。单击“是”按钮，保存项目文件；单击“否”按钮，不保存文件并直接退出项目文件。

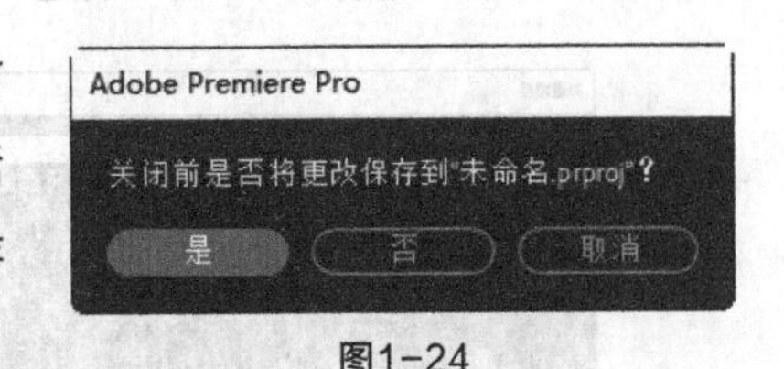

图1-24

1.2.2 撤销与恢复操作

通常情况下，一个完整的项目需要经过反复的调整、修改与比较才能完成，因此，Premiere Pro 2020为用户提供了“撤销”与“重做”命令。

在编辑视频或音频时，如果用户上一步操作是错误的，或对操作后得到的效果不满意，那么可以选择“编辑 > 撤销”命令，撤销该操作。如果连续选择此命令，则可连续撤销前面的多步操作。

如果要取消撤销操作，则可以选择“编辑 > 重做”命令。例如，删除一个素材，通过“撤销”命令来撤销该操作，如果还想将这些素材片段删除，则只要选择“编辑 > 重做”命令即可。

1.2.3 设置自动保存

设置自动保存功能的具体操作步骤如下。

01 选择“编辑 > 首选项 > 自动保存”命令，会弹出“首选项”对话框，如图1-25所示。

02 在“首选项”对话框的“自动保存”选项区域中，根据需要设置“自动保存时间间隔”及“最大项目版本”的数值。如在“自动保存时间间隔”文本框中输入20，在“最大项目版本”文本框中输入5，即表示每隔20分钟将自动保存一次，而且只存储最后5次存盘的项目文件。

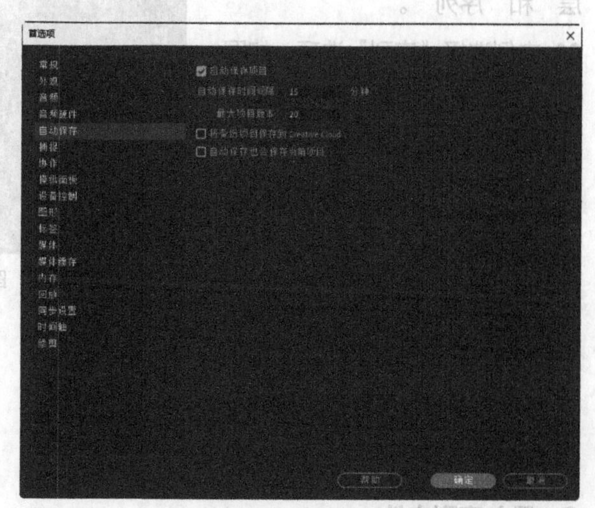
图1-25

03 设置完成后，单击“确定”按钮，退出对话框，返回工作界面。这样，在以后的编辑过程中，系统就会按照设置的参数自动保存文件，用户就可以不必担心由于意外而造成工作数据的丢失。

1.2.4 导入素材

Premiere Pro 2020支持大部分主流的视频、音频及图像文件格式。一般的导入方式为选择“文件 > 导入”命令，在“导入”对话框中选择所需要的文件格式和文件即可，如图1-26所示。

1. 导入图层文件

以素材的方式导入图层的设置方法如下。

01 选择“文件 > 导入”命令，在“导入”对话框中选择Photoshop、Illustrator等含有图层的文件格式，选择需要导入的文件，单击“打开”按钮，会弹出图1-27所示的提示对话框。

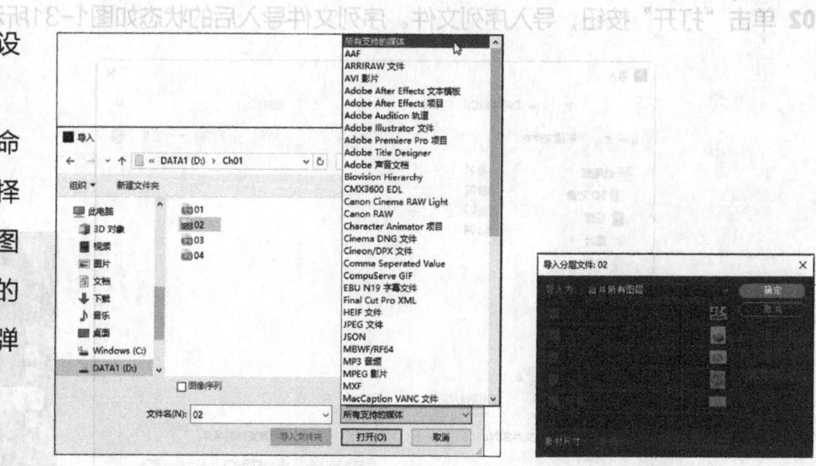
图1-26

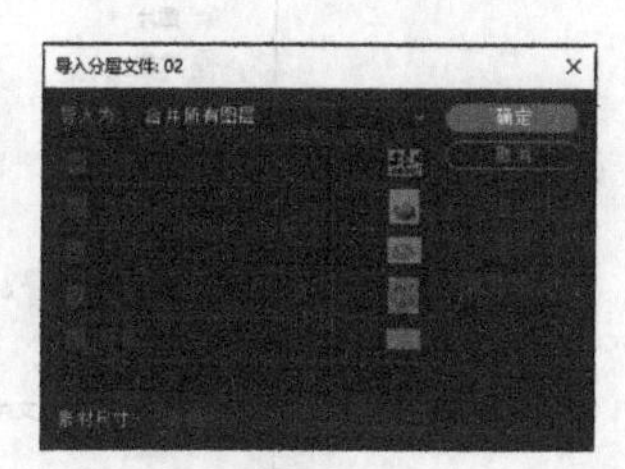
图1-27

在“导入分层文件”对话框中可以设置PSD图层素材导入的方式，可选择“合并所有图层”“合并的图层”“各个图层”和“序列”。

02 本例选择“序列”选项，如图1-28所示。单击“确定”按钮，在“项目”面板中会自动产生一个文件夹，其中包括序列文件和图层素材，如图1-29所示。

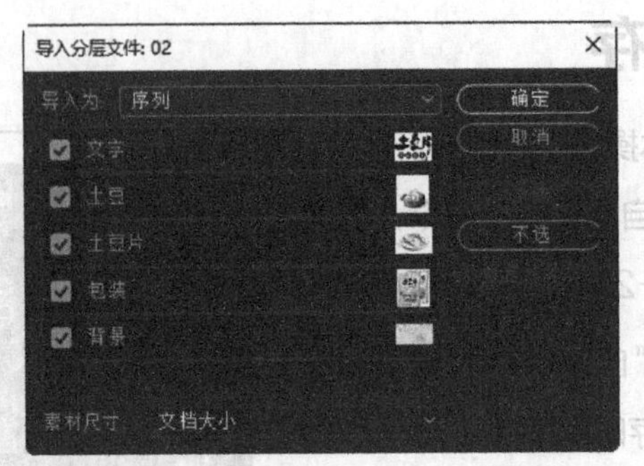

图1-28

图1-29

以序列的方式导入图层后，系统会按照图层的排列方式自动产生一个序列，可以打开该序列设置动画，进行编辑。

2. 导入序列文件

序列文件是一种非常重要的源素材。它由若干幅按序排列的图片组成，用来记录活动影片，每幅图片代表1帧。通常，可以在3ds Max、After Effects、Combustion软件中产生序列文件，然后导入Premiere Pro 2020中使用。

序列文件以数字序号为序进行排列。当导入序列文件时，应在“首选项”对话框中设置图片的帧速率，也可以在导入序列文件后，在选择解释素材命令后弹出的“修改编辑”对话框中改变帧速率。导入序列文件的方法如下。

01 在“项目”面板的空白区域双击，会弹出“导入”对话框，找到序列文件所在的位置，勾选“图像序列”复选框，如图1-30所示。

02 单击“打开”按钮，导入序列文件。序列文件导入后的状态如图1-31所示。

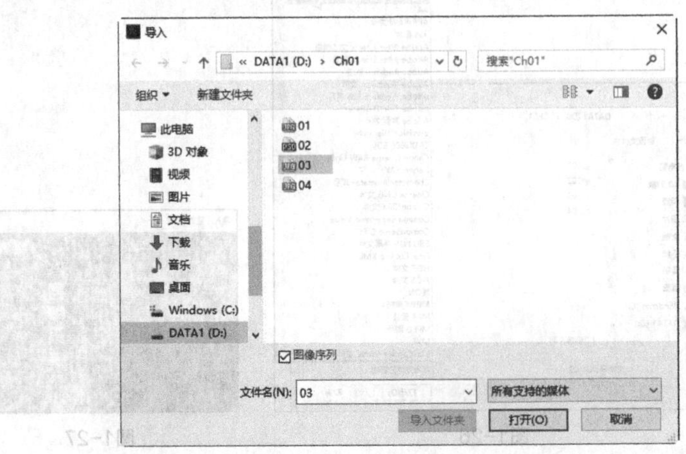

图1-30

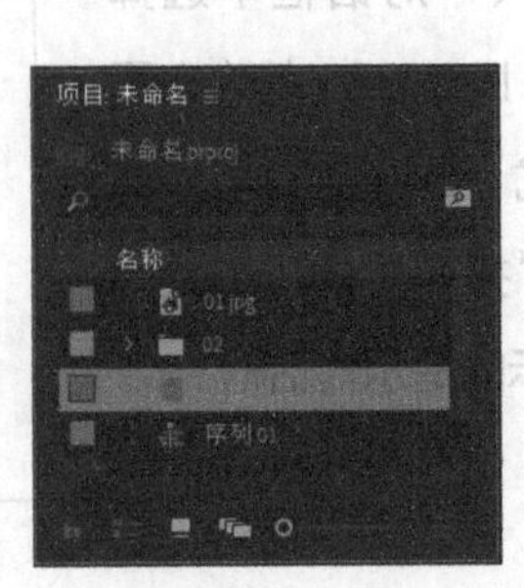

图1-31

1.2.5 解释素材

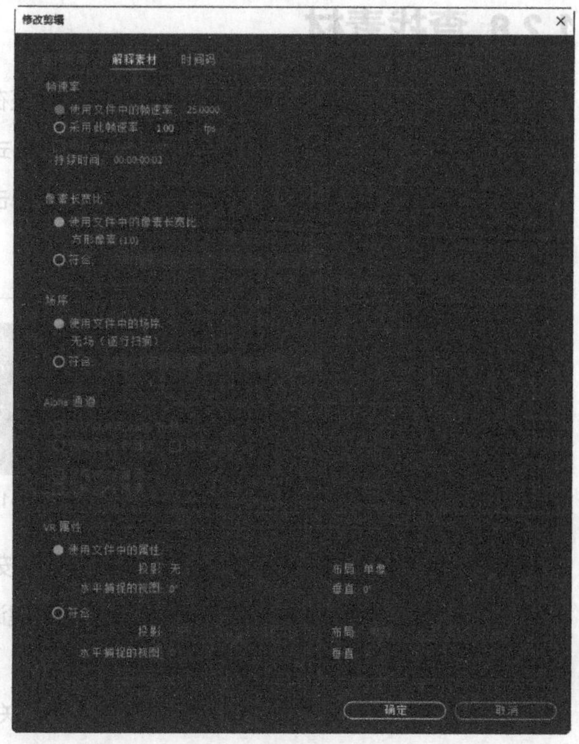

图1-32

项目的素材文件可以通过“解释素材”命令来修改其属性。在“项目”面板中的素材上单击鼠标右键，在弹出的菜单中选择“修改 > 解释素材”命令，会弹出“修改剪辑”对话框，如图1-32所示。“帧速率”选项可以设置影片的帧速率；“像素长宽比”选项可以设置使用文件中的像素长宽比；“场序”选项可以设置使用文件中的场序；“Alpha通道”选项可以对素材的透明通道进行设置；“VR属性”选项可以设置使用文件中的投影、布局和捕捉视图等。

1.2.6 改变素材名称

在“项目”面板中的素材上单击鼠标右键，在弹出的菜单中选择“重命名”命令，素材名称会处于可编辑状态，输入新名称即可，如图1-33所示。

剪辑人员可以给素材重命名，以改变素材原来的名称，这在一部影片中重复使用一个素材或复制了一个素材并为之设定新的入点和出点时极其有用。给素材重命名避免在“项目”面板和序列中观看一个复制的素材时产生混淆。

1.2.7 利用素材库组织素材

可以在“项目”面板中建立一个素材库（即素材箱）来管理素材。使用素材文件夹，可以将节目中的素材分门别类、有条不紊地组织起来，这在组织包含大量素材的复杂节目时特别有用。

单击“项目”面板下方的“新建素材箱”按钮，会自动创建新文件夹，如图1-34所示，单击左侧的按钮可以返回到上一层级素材列表，依次类推。

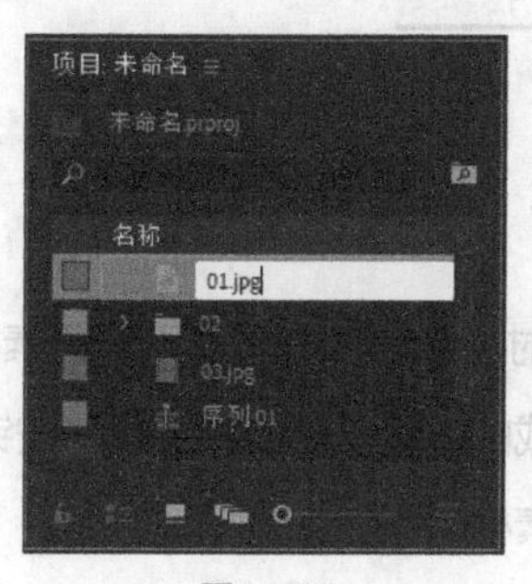

图1-33

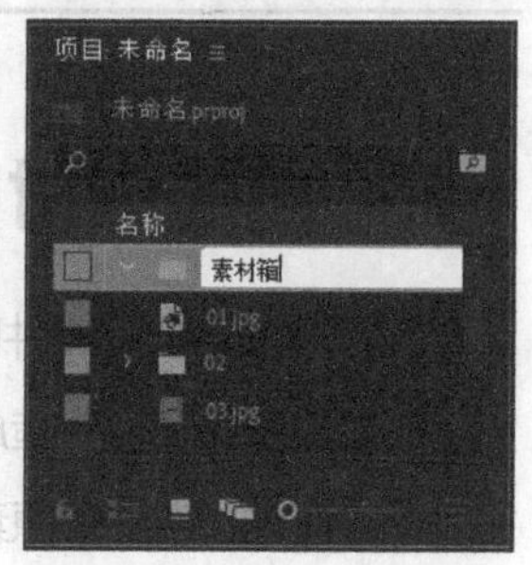

图1-34

1.2.8 查找素材

可以根据素材的名字、属性或附属的说明和标签在Premiere Pro 2020的“项目”面板中搜索素材，如可以查找文件格式相同的所有素材，如AVI和MP3格式等。

单击“项目”面板下方的“查找”按钮，或单击鼠标右键，在弹出的菜单中选择“查找”命令，会弹出“查找”对话框，如图1-35所示。

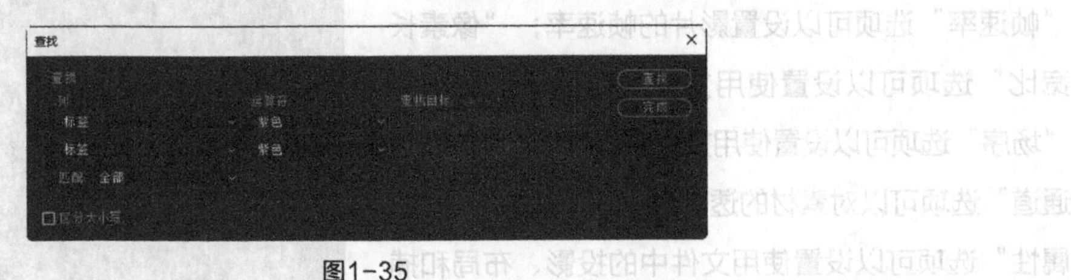

图1-35

在“查找”对话框中选择查找素材的属性，可按照素材的名称、媒体类型和标签等属性进行查找。在“匹配”选项的下拉列表中，可以选择要查找的关键词是全部匹配还是部分匹配。若勾选“区分大小写”复选框，则必须将关键词的大小写输入正确。

在对话框右侧的文本框中输入查找素材的属性关键词。例如，要查找图片文件，可选择查找的属性为“名称”，在文本框中输入“JPEG”或其他文件格式，然后单击“查找”按钮，系统会自动找到“项目”面板中的图片文件。如果“项目”面板中有多个图片文件，可再次单击“查找”按钮，查找下一个图片文件。单击“完成”按钮，可退出“查找”对话框。

提示 除了查找“项目”面板中的素材，用户还可以使序列中的影片自动定位，找到其项目中的源素材。在“时间轴”面板的素材上单击鼠标右键，在弹出的菜单中选择“在项目中显示”命令，如图1-36所示，即可找到“项目”面板中相应的素材，如图1-37所示。

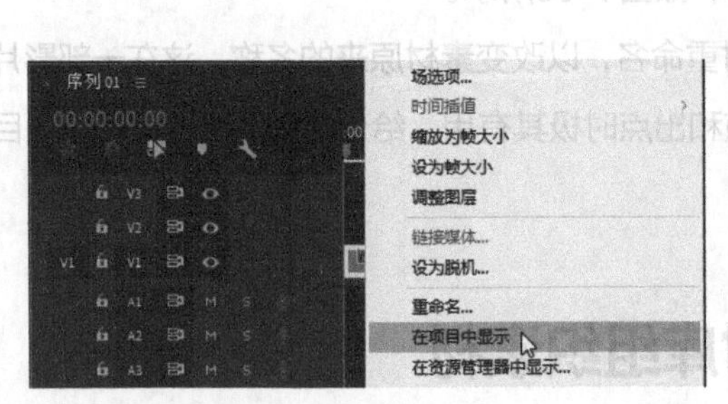

图1-36

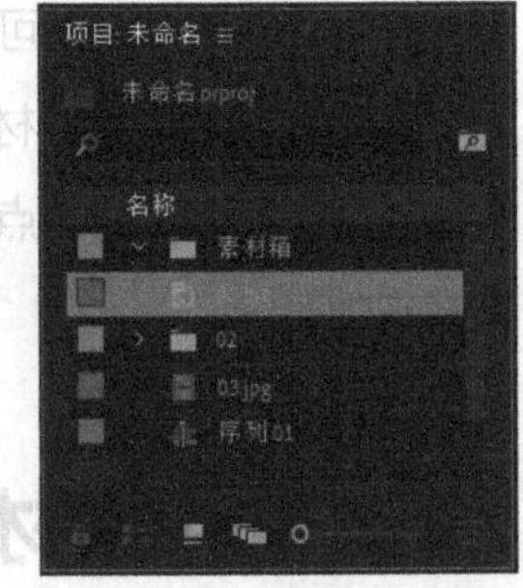

图1-37

1.2.9 离线素材

当打开一个项目文件时，系统若提示找不到源素材，如图1-38所示，这可能是源文件被改名或存在磁盘上的位置发生了变化造成的。可以单击“查找”按钮，直接在磁盘上找到源素材，也可以单击“脱机”按钮，建立离线文件代替源素材。

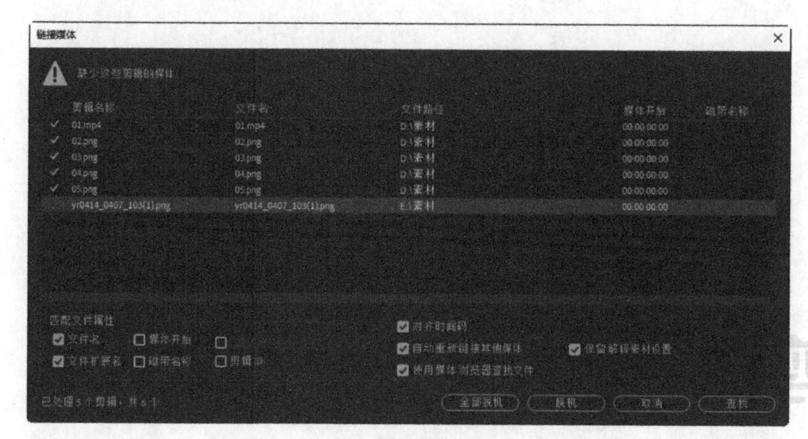

图1-38

在Premiere Pro 2020中，若磁盘上的源文件被删除或移动，在项目中就会发生无法找到其磁盘源文件的情况。此时，可以建立一个离线文件。离线文件具有和其所替换的源文件相同的属性，可以对其进行与普通素材完全相同的操作。当找到所需文件后，可以用该文件替换离线文件，以进行正常编辑。离线文件实际上起到一个占位符的作用，它可以暂时占据丢失文件所处的位置。

在“项目”面板中单击“新建项”按钮，在弹出的菜单中选择“脱机文件”命令，弹出“新建脱机文件”对话框，如图1-39所示。设置相关的参数后，单击“确定”按钮，弹出“脱机文件”对话框，如图1-40所示。

在“包含”选项的下拉列表中可以选择建立含有影像和声音的离线素材，或者仅含有其中一项的离线素材。在“音频格式”选项中可以设置音频的声道。在“磁带名称”文本框中可以输入磁带卷标。在“文件名”文本框中可以指定离线素材的名称。在“描述”文本框中可以输入一些备注。在“场景”文本框中可以输入注释离线素材与源文件场景的关联信息。在“拍摄/获取”文本框中可以输入拍摄信息。在“记录注释”文本框中可以记录离线素材的日志信息。在“时间码”选项区域中可以指定离线素材的时间。

如果以实际素材替换离线素材，则可以在“项目”面板的离线素材上单击鼠标右键，在弹出的菜单中选择“链接媒体”命令，在弹出的对话框中指定文件并进行替换。“项目”面板中离线素材的显示如图1-41所示。

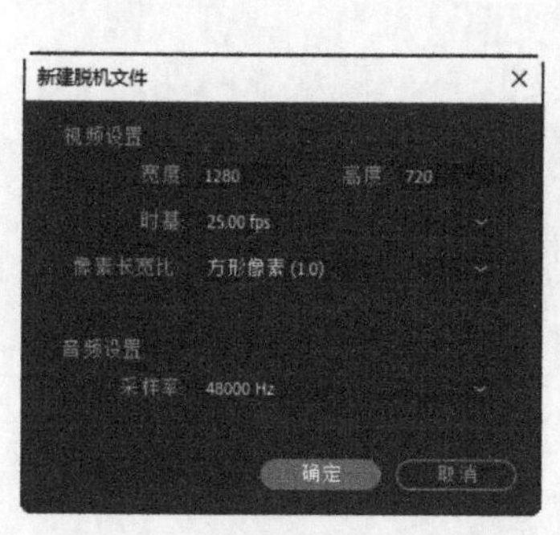

图1-39

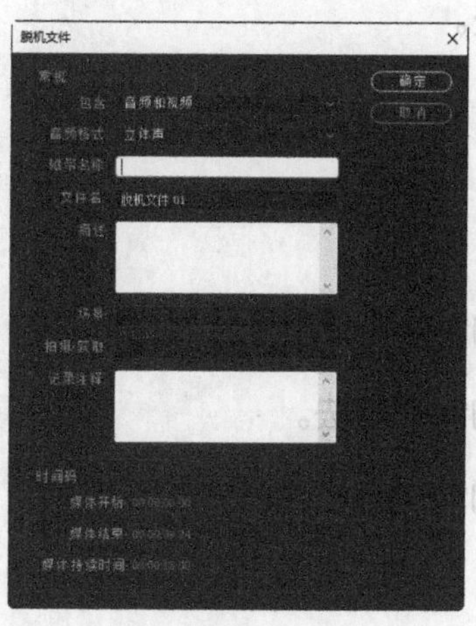

图1-40

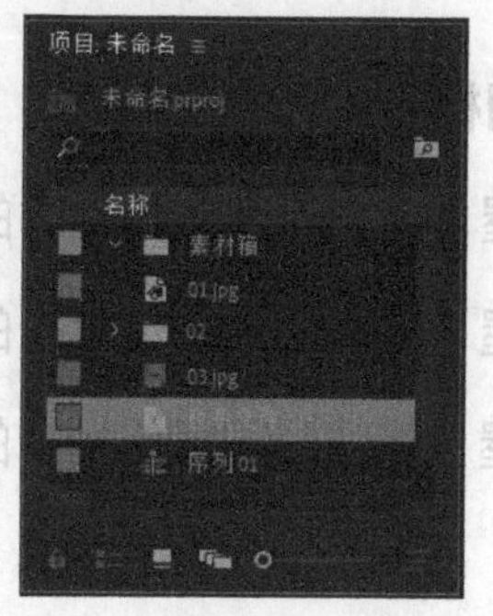

图1-41

第 2 章

影视剪辑

本章介绍

本章对Premiere Pro 2020中剪辑影片的基本技术和操作进行详细的讲解，其中包括剪辑素材、分离素材、编组、捕捉和上载视频，以及使用Premiere Pro 2020创建新元素等。通过本章的学习，读者可以掌握剪辑技术的使用方法和应用技巧。

学习目标

●熟练掌握剪辑素材的方法。
●掌握分离素材的技巧。
●了解将素材编组的方法。
●了解捕捉和上载视频的方法。
●掌握创建新元素的技巧。

技能目标

●掌握“活力青春宣传片”的制作方法。
●掌握“璀璨烟火宣传片”的制作方法。
●掌握“篮球公园宣传片”的制作方法。

2.1 剪辑素材

在Premiere Pro 2020中的编辑过程是非线性的，可以使用监视器和“时间轴”面板在任何时候插入、复制、替换和删除素材片段，还可以采取各种各样的顺序和效果进行试验，并在合成最终影片或输出到磁带前进行预演。

2.1.1 课堂案例——活力青春宣传片

案例学习目标 学习导入素材文件的方法，并对素材进行剪裁。

案例知识要点 使用“导入”命令导入素材文件，使用“标记”命令设置入点和出点，使用“剃刀”工具分割视频文件，使用“速度/持续时间”命令改变视频播放的快慢。活力青春宣传片的效果如图2-1所示。

效果所在位置 Ch02\活力青春宣传片\活力青春宣传片. prproj。

图2-1

01 启动Premiere Pro 2020应用程序，选择“文件 > 新建 > 项目”命令，会弹出“新建项目”对话框，如图2-2所示，单击“确定”按钮，新建项目。选择“文件 > 新建 > 序列”命令，会弹出“新建序列”对话框，切换到“设置”选项卡，具体设置如图2-3所示，单击“确定”按钮，新建序列。

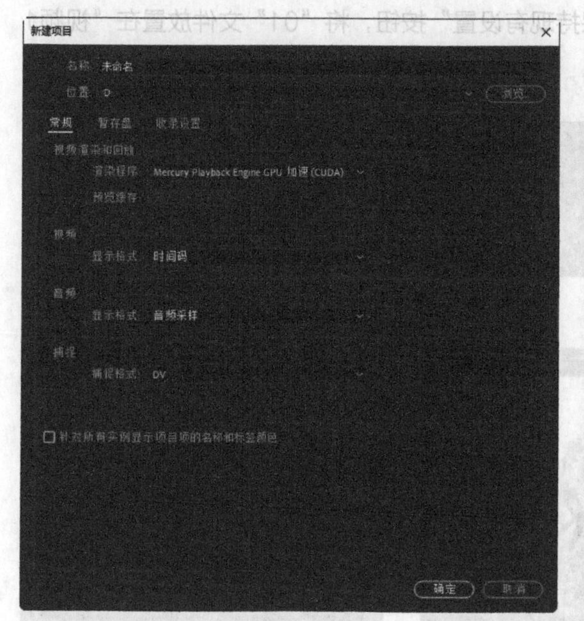

图2-2

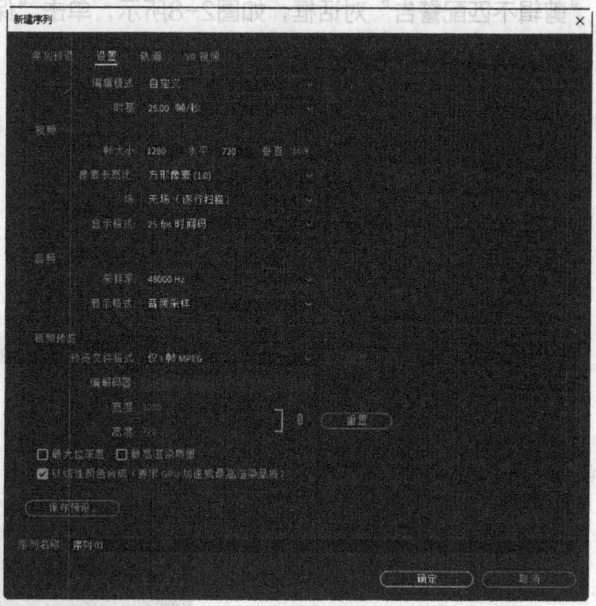

图2-3

02 选择“文件 > 导入”命令，会弹出“导入”对话框，选择本书学习资源中的“Ch02\活力青春宣传片\素材\01、02”文件，如图2-4所示，单击“打开”按钮，将素材文件导入“项目”面板中，如图2-5所示。

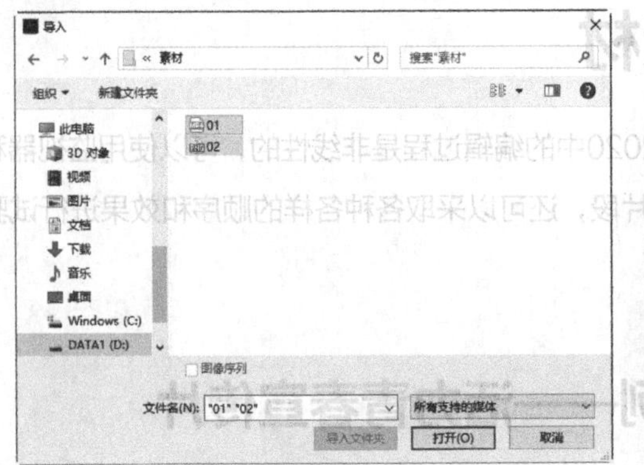

图2-4

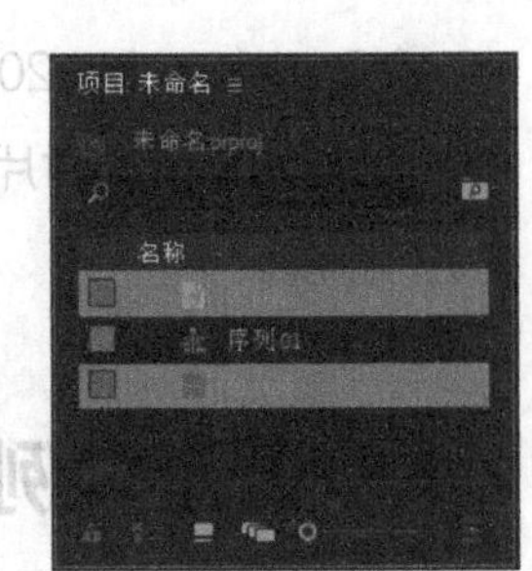

图2-5

03 双击“项目”面板中的“01”文件，在“源”监视器中打开“01”文件，如图2-6所示。将播放指示器放置在00:00:10:00的位置。单击“源”监视器中的“标记出点”按钮，标记出点，如图2-7所示。

图2-6

图2-7

04 将鼠标指针放置在“源”监视器中，将文件拖曳到“时间轴”面板的“视频1（V1）”轨道中，会弹出“剪辑不匹配警告”对话框，如图2-8所示，单击“保持现有设置”按钮，将“01”文件放置在“视频1（V1）”轨道中，如图2-9所示。

图2-8

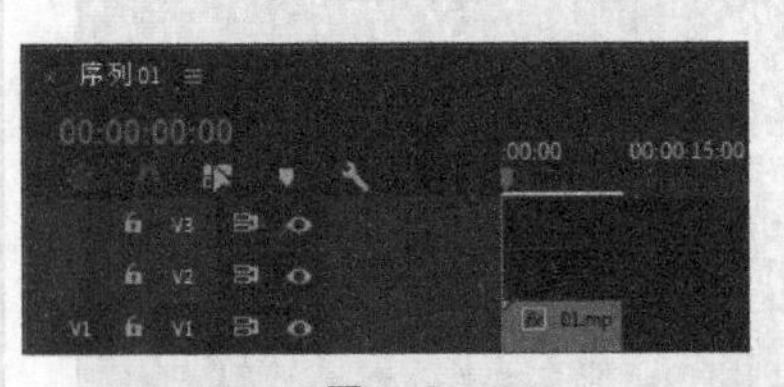

图2-9

05 切换到“源”监视器，选择“标记 > 清除出点”命令，清除设置的出点，如图2-10所示。按I键，标记入点，如图2-11所示。

图2-10

图2-11

06 将播放指示器放置在00:00:20:00的位置上。按O键，标记出点，如图2-12所示。将鼠标指针放置在“源”监视器中，将文件拖曳到“时间轴”面板的“视频1（V1）”轨道中，如图2-13所示。

图2-12

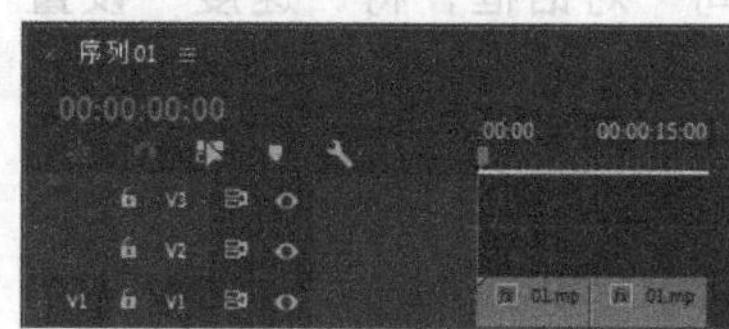

图2-13

07 切换到“源”监视器，选择“标记 > 清除入点和出点”命令，清除设置的入点和出点。按I键，标记入点，如图2-14所示。将鼠标指针放置在“源”监视器中，将文件拖曳到“时间轴”面板的“视频1（V1）”轨道中，如图2-15所示。

图2-14

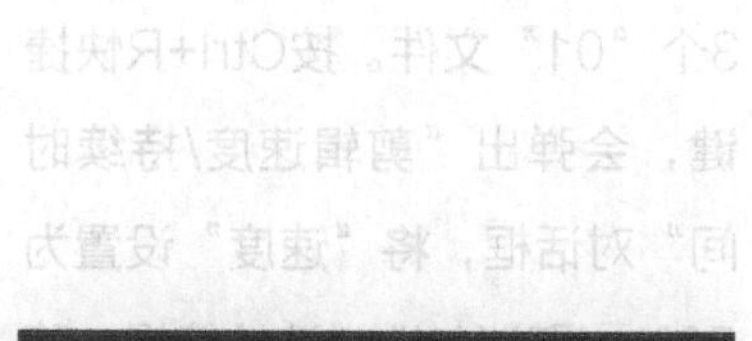
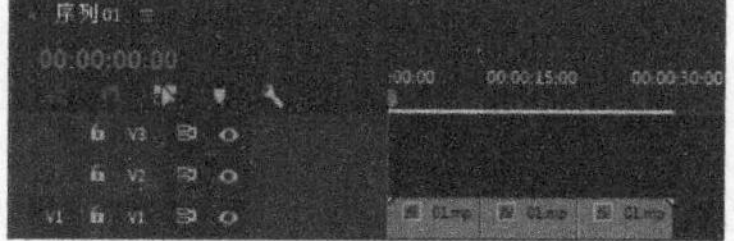

图2-15

08 在“时间轴”面板中选择第1个“01”文件，如图2-16所示。切换到“效果控件”面板，展开“运动”选项，将“缩放”设置为67.0，如图2-17所示。用相同的方法调整其他文件的缩放参数。

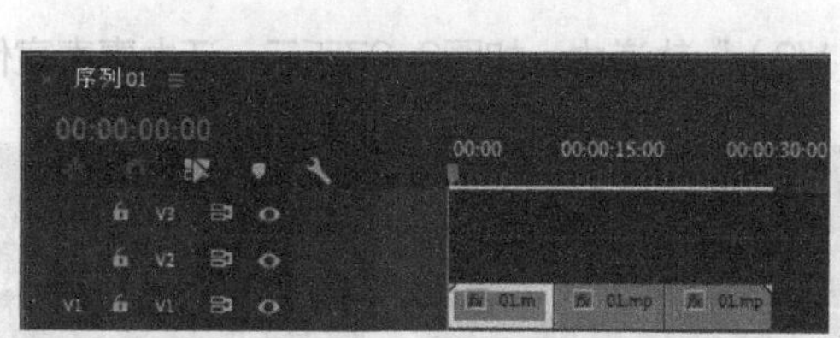

图2-16

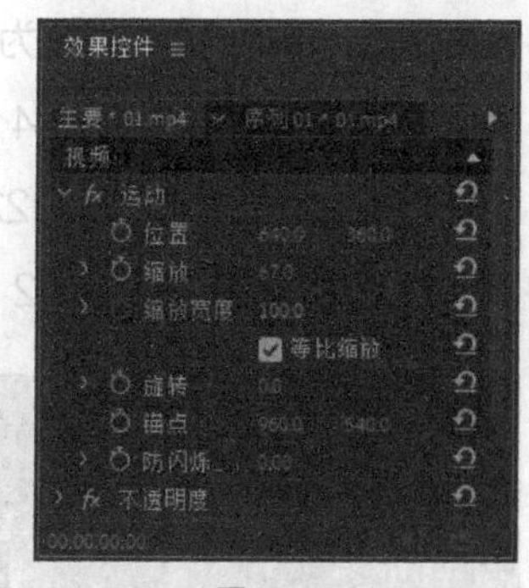

图2-17

09 在“时间轴”面板中选择第1个“01”文件。按Ctrl+R快捷键，会弹出“剪辑速度/持续时间”对话框，将“速度”设置为200%，勾选“波纹编辑，移动尾部剪辑”复选框，如图2-18所示，单击“确定”按钮，效果如图2-19所示。

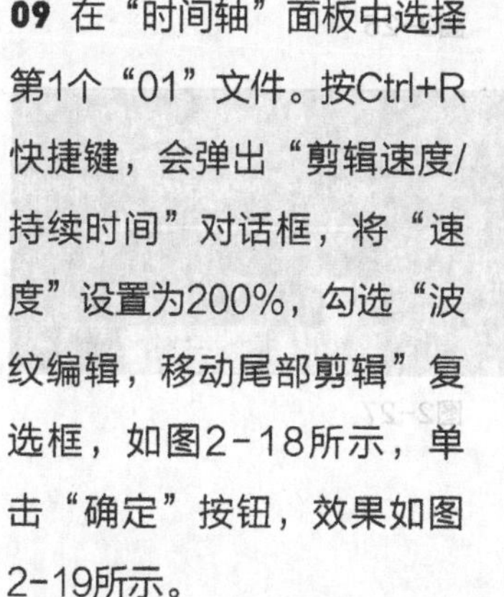

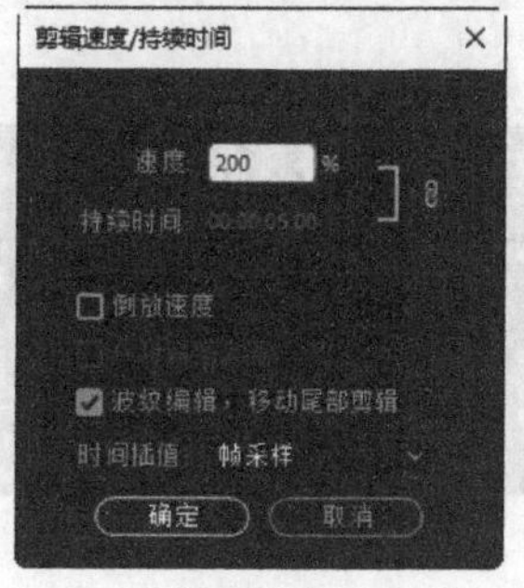

图2-18

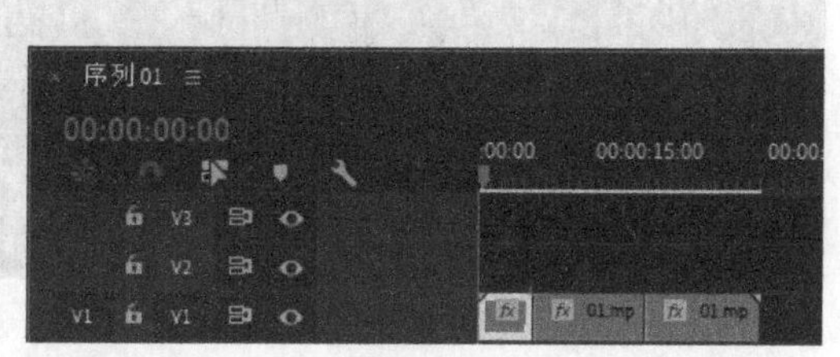

图2-19

10 在“时间轴”面板中选择第2个“01”文件。按Ctrl+R快捷键，会弹出“剪辑速度/持续时间”对话框，将“速度”设置为-200%，勾选“波纹编辑，移动尾部剪辑”复选框，如图2-20所示，单击“确定”按钮，效果如图2-21所示。

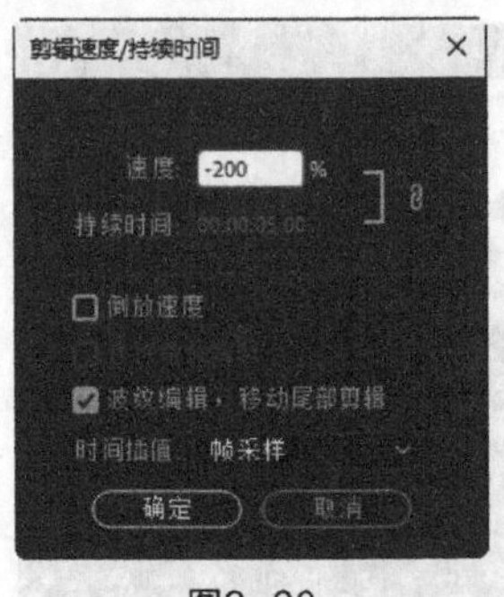

图2-20

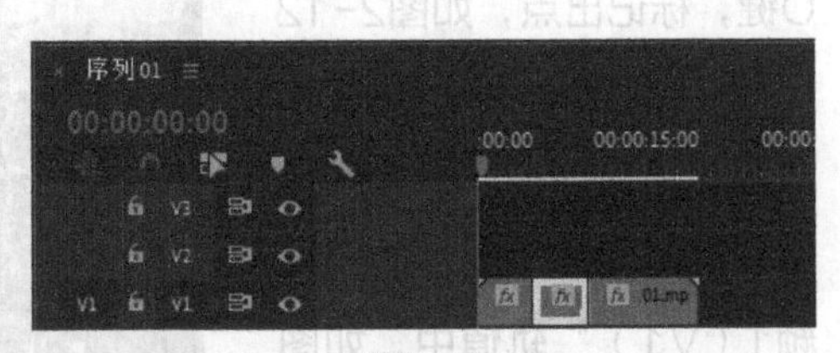

图2-21

11 在“时间轴”面板中选择第3个“01”文件。按Ctrl+R快捷键，会弹出“剪辑速度/持续时间”对话框，将“速度”设置为50%，取消勾选“波纹编辑，移动尾部剪辑”复选框，如图2-22所示，单击“确定”按钮，效果如图2-23所示。

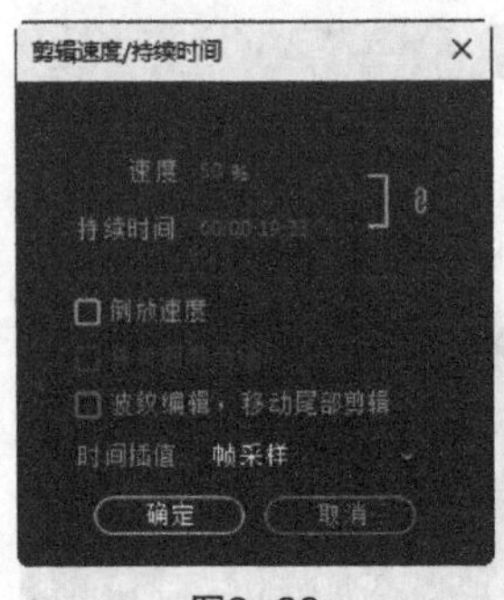

图2-22

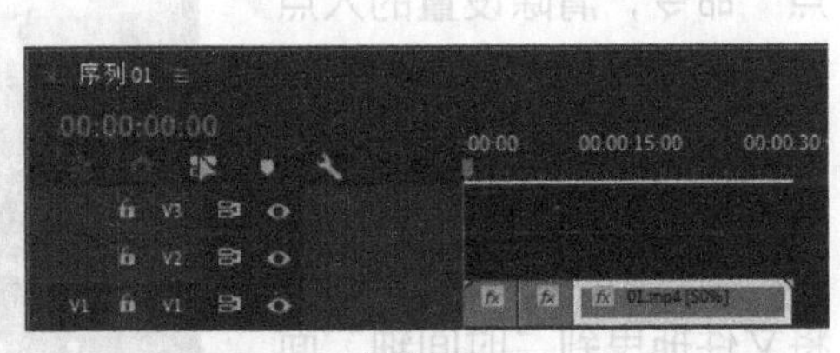

图2-23

12 将播放指示器放置在00:00:20:00的位置。选择“剃刀”工具，将鼠标指针放置在播放指示器所在的位置并单击，将视频素材切割为两段，如图2-24所示。选择“选择”工具，将播放指示器放置在00:00:22:12的位置。将鼠标指针放在第4个“01”文件的结束位置，当鼠标指针呈状时单击，选择编辑点，如图2-25所示。向左拖曳鼠标到00:00:22:12的位置，如图2-26所示。在“项目”面板中，选中“02”文件并将其拖曳到“时间轴”面板的“视频2（V2）”轨道中，如图2-27所示。活力青春宣传片制作完成。

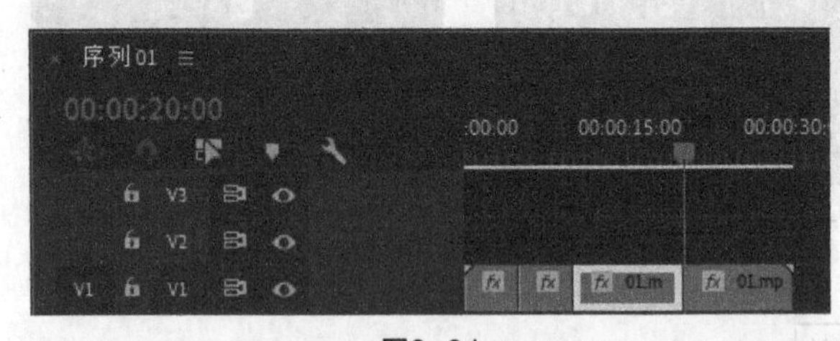

图2-24

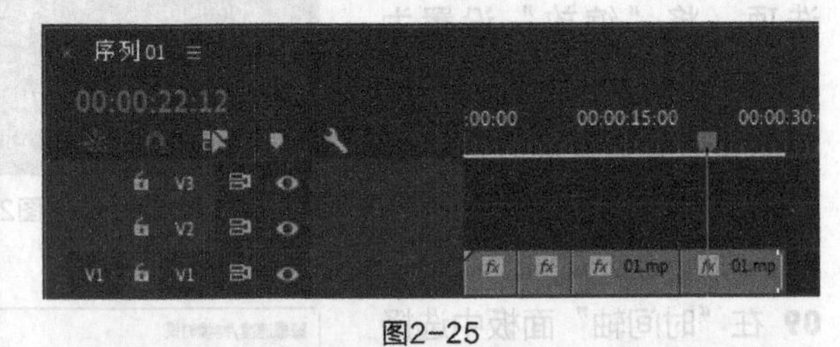

图2-25

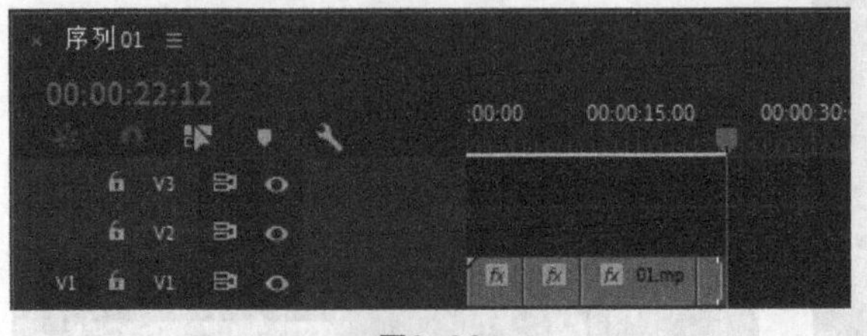

图2-26

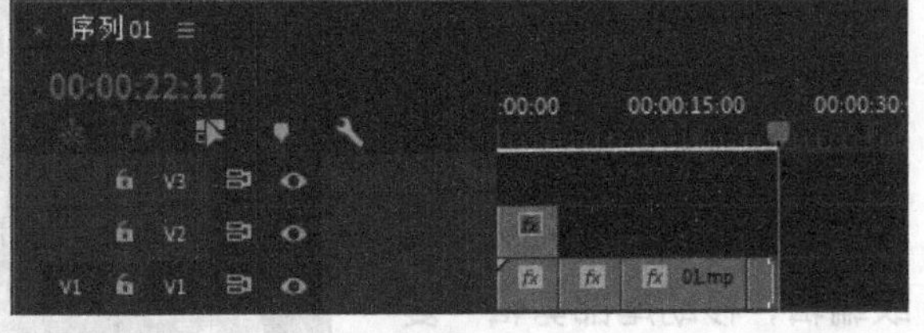

图2-27

2.1.2 认识监视器

在Premiere Pro中有两个监视器："源"监视器与"节目"监视器，分别用来显示素材与作品在编辑时的状况，如图2-28和图2-29所示。

用户可以在"源"监视器和"节目"监视器中设置安全区域，这对输出为电视机播放的影片非常有用。

电视机在播放视频图像时，屏幕的边缘会切除部分图像，这种现象叫作溢出扫描。不同的电视机溢出的扫描量不同，所以要把图像的重要部分放在"安全区域"内。在制作影片时，需要将重要的场景元素、演员、图表放在"运动安全区域"内；将标题、字幕放在"标题安全区域"内。图2-30中，外侧的方框为"运动安全区域"，内侧的方框为"标题安全区域"。

单击"源"监视器或"节目"监视器下方的"安全边距"按钮，可以显示或隐藏监视器中的安全区域。

图2-28

图2-29

图2-30

2.1.3 剪裁素材

剪辑可以通过增加或删除帧来改变素材的长度。素材开始帧的位置被称为入点，素材结束帧的位置被称为出点。用户可以在"源/节目"监视器和"时间轴"面板中剪裁素材。

1. 在"源"监视器中剪裁素材

在"源"监视器中改变入点和出点的方法如下。

01 在"项目"面板中双击要设置入点和出点的素材，将其在"源"监视器中打开。

02 在"源"监视器中拖曳播放指示器或按空格键，找到所需片段的开始位置。

03 单击"源"监视器下方的"标记入点"按钮或按I键，"源"监视器中显示当前素材入点画面，在监视器下方显示入点标记，如图2-31所示。

04 继续播放影片，找到所需片段的结束位置。单击"源"监视器下方的"标记出点"按钮或按O键，在监视器下方显示当前素材出点标记。入点和出点间显示为浅色，两点之间的片段即入点与出点间的素材片段，如图2-32所示。

图2-31

图2-32

05 单击“转到入点”按钮，可以自动跳到影片的入点位置；单击“转到出点”按钮，可以自动跳到影片的出点位置。

当声音同步要求非常严格时，用户可以为音频素材设置高精度的入点。音频素材的入点可以使用高达1/600s的精度来调节。对于音频素材，入点和出点的播放指示器出现在波形图相应的点处，如图2-33所示。

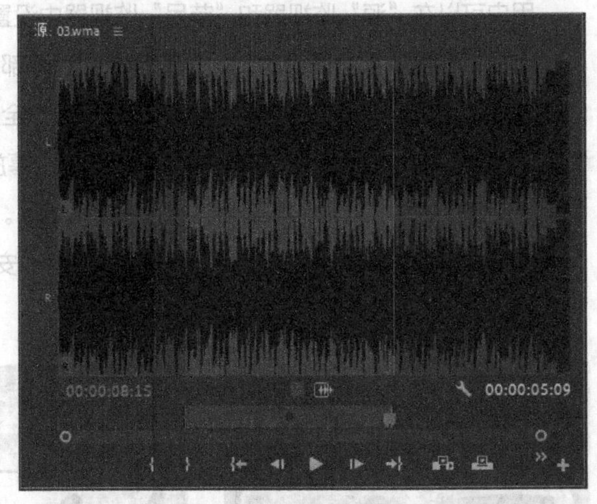

图2-33

将一个同时含有音频和视频的素材拖曳到“时间轴”面板中，该素材的音频和视频部分会被分别放到相应的轨道中。用户在为素材设置入点和出点时，对素材的音频和视频部分同时起作用，也可以为素材的音频和视频部分单独设置入点和出点。

为素材的视频或音频部分单独设置入点和出点的方法如下。

01 在“源”监视器中打开要设置入点和出点的素材。

02 在“源”监视器中拖曳播放指示器或按空格键，找到所需片段的开始位置。选择“标记 > 标记拆分”命令，会弹出子菜单，如图2-34所示。

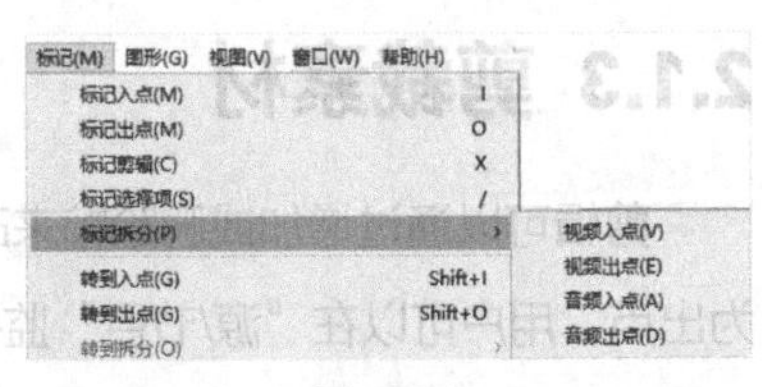

图2-34

03 在弹出的子菜单中选择“视频入点”和“视频出点”命令，为两点之间的视频部分设置入点和出点，如图2-35所示。继续播放影片，找到使用音频片段的开始或结束位置。选择“音频入点”和“音频出点”命令，为两点之间的音频部分设置入点和出点，如图2-36所示。

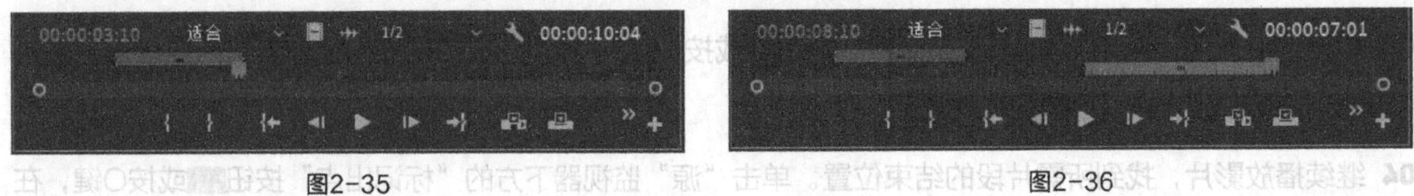

图2-35

图2-36

2. 在“时间轴”面板中剪辑素材

在Premiere Pro 2020中，可以在“时间轴”面板中通过增加或删除帧来剪辑素材，以改变素材的长度。使用影片的编辑点剪辑素材的方法如下。

01 将“项目”面板中要剪辑的素材拖曳到“时间轴”面板中。

02 将“时间轴”面板中的播放指示器放置到要剪辑的位置，如图2-37所示。

03 将鼠标指针放置在素材文件的开始位置，当鼠标指针呈⊣状时单击，显示编辑点，如图2-38所示。

04 向右拖曳编辑点到播放指示器的位置，如图2-39所示，松开鼠标，效果如图2-40所示。

05 将“时间轴”面板中的播放指示器再次移到要剪辑的位置。将鼠标指针放置在素材文件的结束位置，当鼠标指针呈⊣状时单击，显示编辑点，如图2-41所示。按E键，将所选编辑点扩展到播放指示器的位置，如图2-42所示。

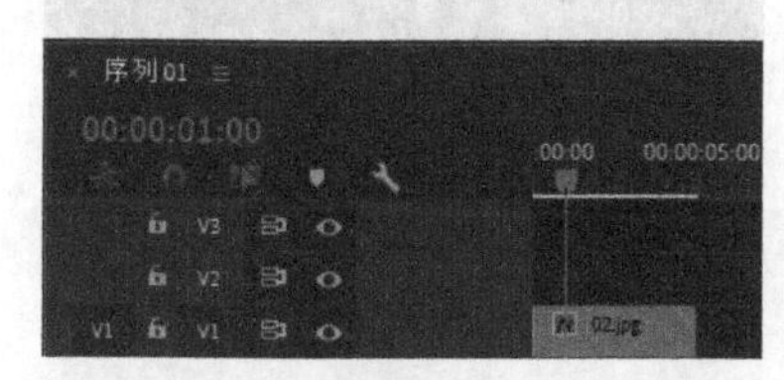

图2-37

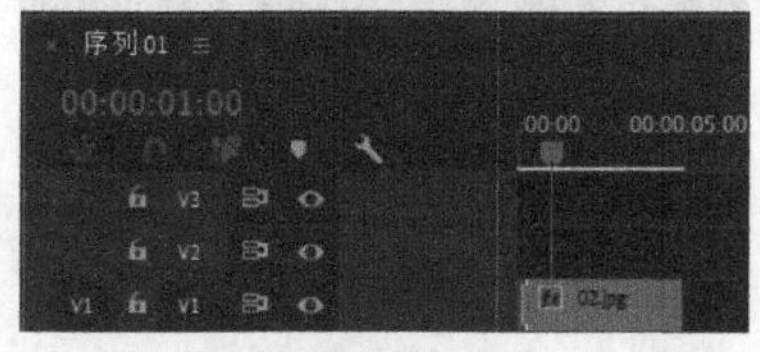

图2-38

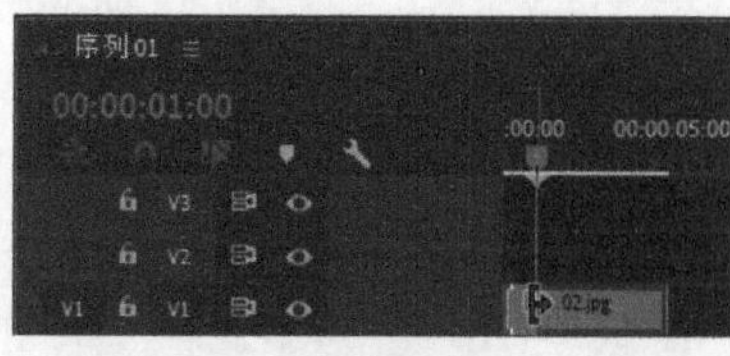

图2-39

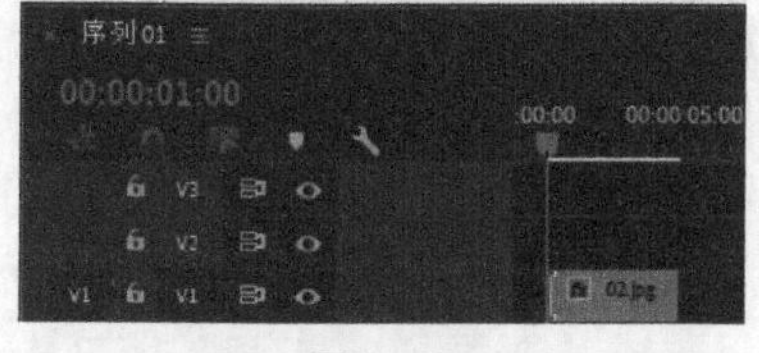

图2-40

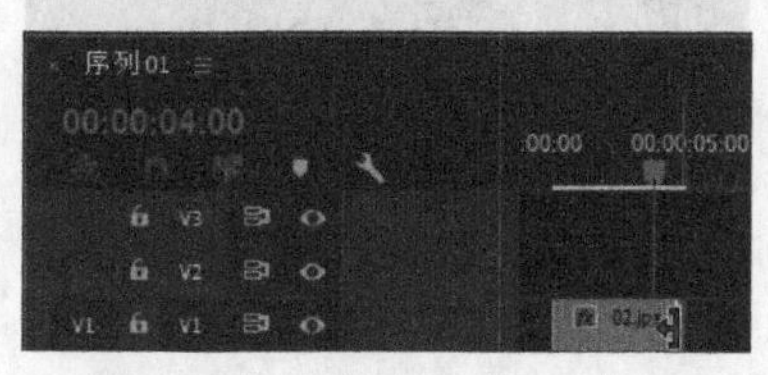

图2-41

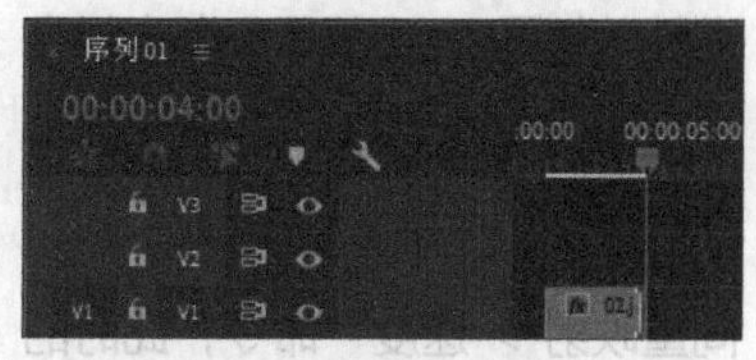

图2-42

3. 导出单帧

单击“节目”监视器下方的“导出帧”按钮，会弹出“导出帧”对话框，在“名称”文本框中输入文件的名称，在“格式”选项中选择文件格式，“路径”可以设置保存文件的路径，如图2-43所示。设置完成后，单击“确定”按钮，即可导出当前时间轴上的单帧图像。

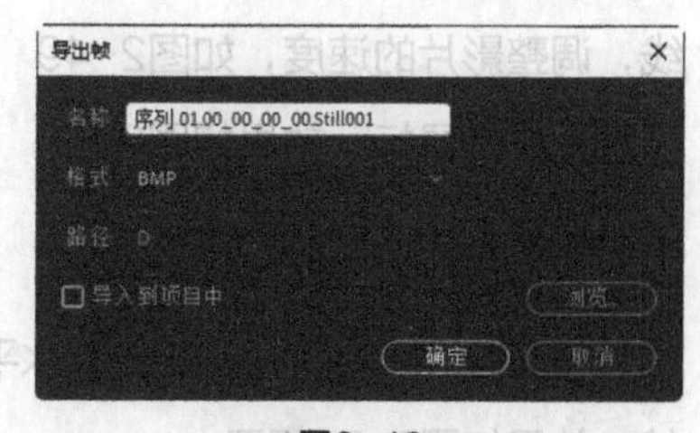

图2-43

4. 改变影片的速度

在Premiere Pro 2020中，用户可以根据需要随意更改影片的播放速度，具体操作步骤如下。

01 在“时间轴”面板的某一个文件上单击鼠标右键，在弹出的菜单中选择“速度/持续时间”命令，会弹出图2-44所示的对话框。设置完成后，单击“确定”按钮，完成更改。

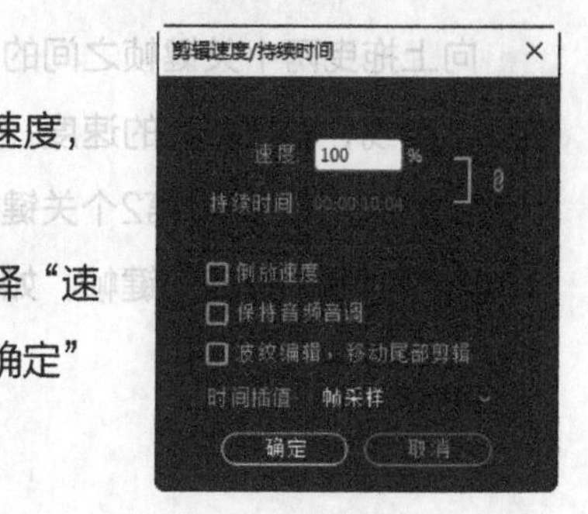

图2-44

速度：用于设置播放速度的百分比，以决定影片的播放速度。

持续时间：单击右侧的时间码，修改时间值。时间值越长，影片播放的速度越慢；时间值越短，影片播放的速度越快。

倒放速度：勾选此复选框，影片将向反方向播放。

保持音频音调：勾选此复选框，影片将保持音频的播放速度不变。

波纹编辑，移动尾部剪辑：勾选此复选框，变化剪辑后的素材，使其与相邻的素材保持跟随。

时间插值：选择速度更改后的时间插值，包含帧采样、帧混合和光流法。

02 选择“比率拉伸”工具，将鼠标指针放置在素材文件的开始位置，当鼠标指针呈状时，向左拖曳到适当的位置，如图2-45所示，调整影片的速度。当鼠标指针呈状时，向右拖曳到适当的位置，如图2-46所示，调整影片的速度。

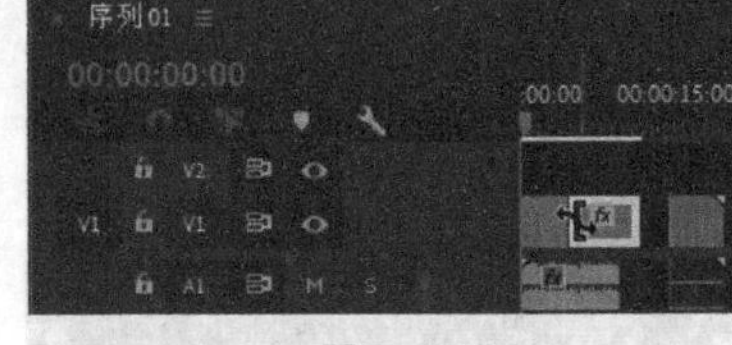

图2-45

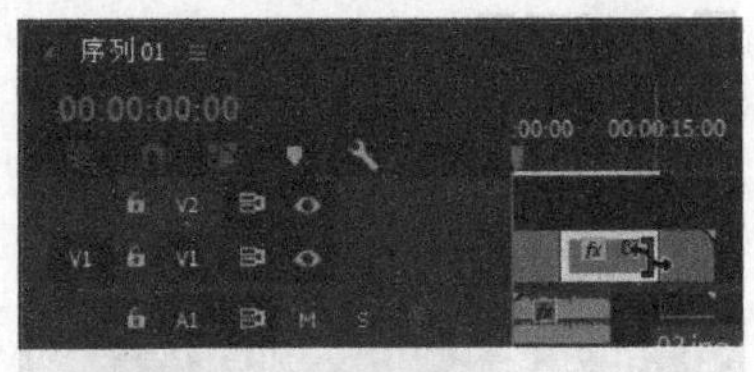

图2-46

03 在“时间轴”面板中选择素材文件，如图2-47所示。在素材文件上单击鼠标右键，在弹出的菜单中选择“显示剪辑关键帧 > 时间重映射 > 速度”命令，此时的效果如图2-48所示。

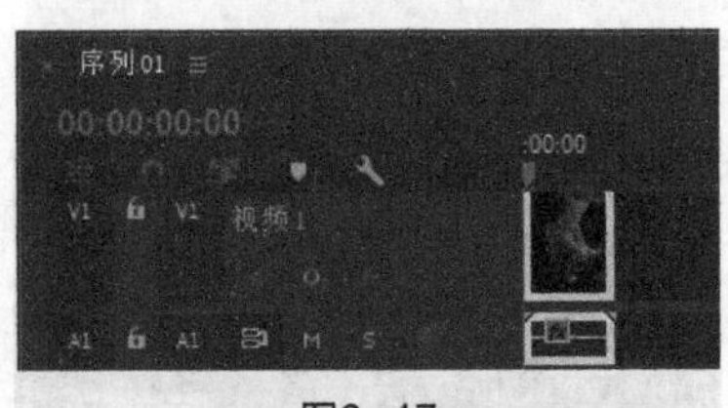

图2-47

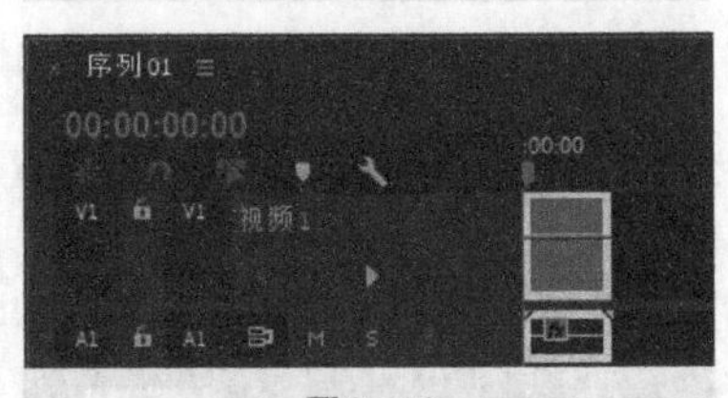

图2-48

向下拖曳中心的速度水平线，调整影片的速度，如图2-49所示，松开鼠标，效果如图2-50所示。

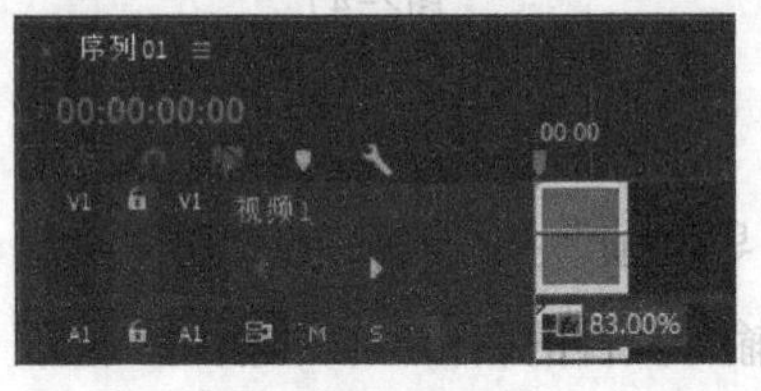

图2-49

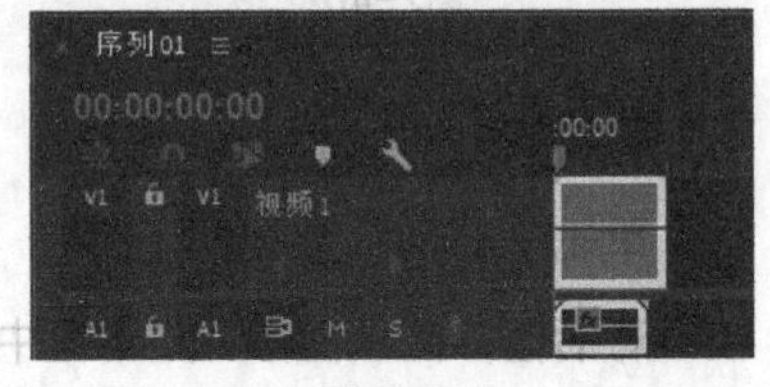

图2-50

按住Ctrl键的同时，在速度水平线上单击，生成关键帧，如图2-51所示。用相同的方法再次添加关键帧，效果如图2-52所示。

向上拖曳两个关键帧之间的速度水平线，调整影片的速度，如图2-53所示。拖曳第2个关键帧的右半部分，拆分关键帧，如图2-54所示。

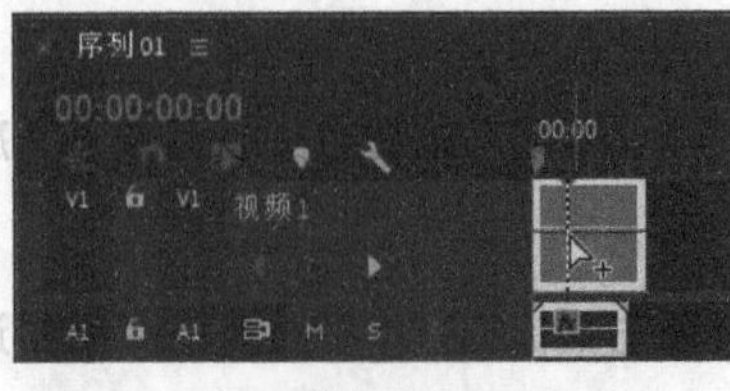

图2-51

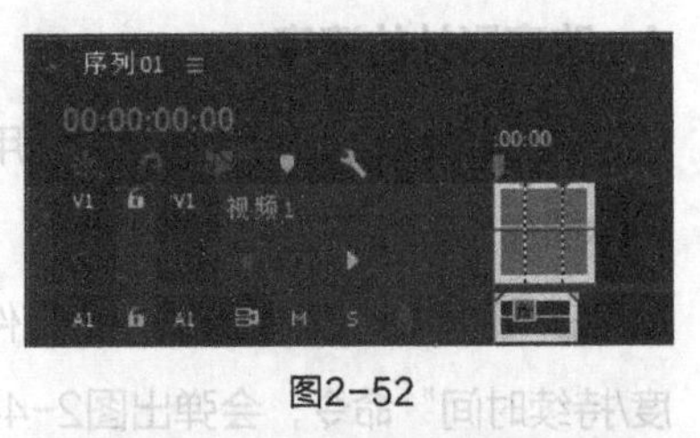

图2-52

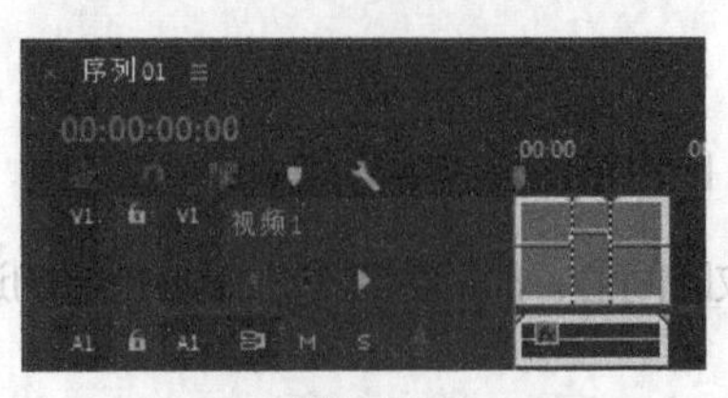

图2-53

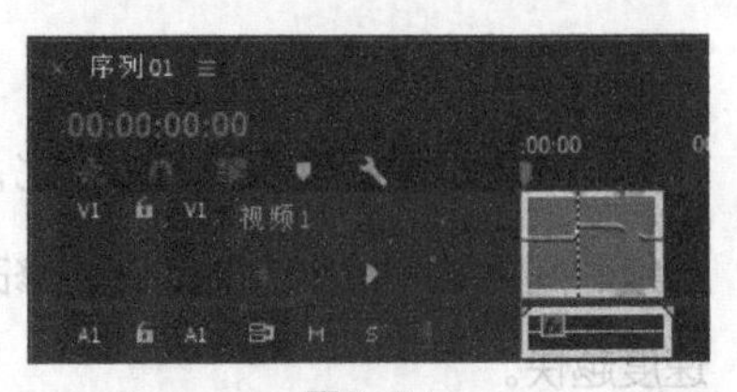

图2-54

5. 粘贴素材

Premiere Pro 2020提供了标准的Windows编辑命令，用于剪切、复制和粘贴素材，这些命令都在“编辑”菜单命令中。

使用“粘贴插入”命令的具体操作步骤如下。

01 在“时间轴”面板中选择素材，然后选择“编辑 > 复制”命令，或按Ctrl+C快捷键。

02 将播放指示器移动到需要粘贴素材的位置，如图2-55所示。

03 选择“编辑 > 粘贴插入”命令，或按Ctrl+Shift+V快捷键，复制的影片被粘贴到播放指示器位置，其后的影片等距离后退，如图2-56所示。

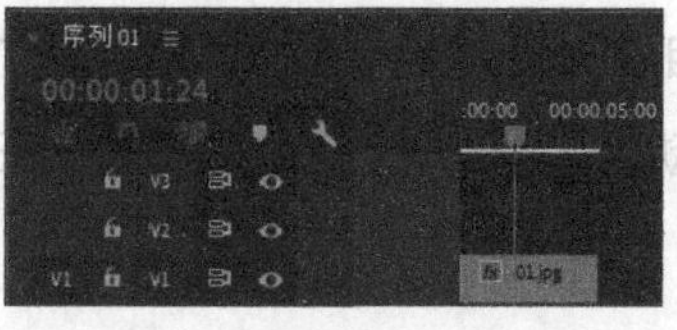

图2-55

图2-56

“粘贴属性”即粘贴一个素材的属性（包括滤镜效果、运动设定及不透明度设定等）到另一个素材上。

6. 删除素材

如果用户决定不使用“时间轴”面板中的某个素材片段，则可以在“时间轴”面板中将其删除。在“时间轴”面板中删除的素材并不会在“项目”面板中删除。当用户删除一个已经应用于“时间轴”面板的素材后，在“时间轴”面板的轨道上该素材处留下空位。用户也可以选择“波纹删除”命令，即将该素材轨道上的内容向左移动，覆盖被删除的素材留下的空位。

使用“清除”命令删除素材的方法如下。

01 在“时间轴”面板中选择一个或多个素材。

02 按Delete键或选择“编辑 > 清除”命令。

使用“波纹删除”命令删除素材的方法如下。

01 在“时间轴”面板中选择一个或多个素材。

02 如果不希望其他轨道的素材移动，可以锁定该轨道。

03 选中素材并单击鼠标右键，在弹出的菜单中选择“波纹删除”命令，或按Shift+Delete快捷键。

2.1.4 设置标记点

为了查看素材的帧与帧之间是否对齐，用户需要在素材或标尺上做一些标记。

1. 添加标记

为影片添加标记的具体操作步骤如下。

01 将“时间轴”面板中的播放指示器移到需要添加标记的位置，单击左侧的“添加标记”按钮，该标记将被添加到播放指示器停放的地方，如图2-57所示。

02 如果“时间轴”面板左侧的“对齐”按钮![]处于选中状态，将一个素材拖曳到轨道标记处，则素材的入点将会自动与标记对齐。

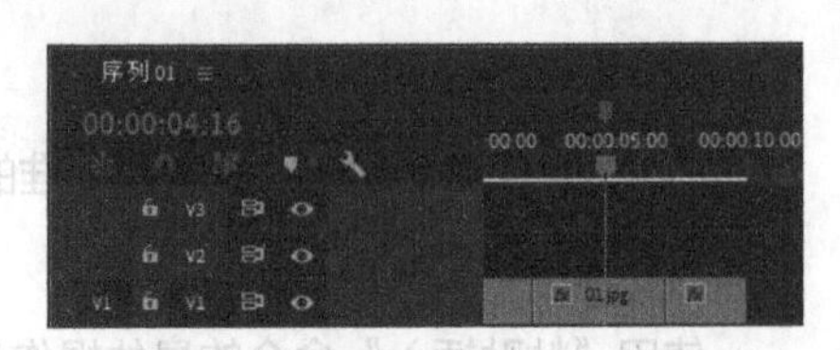

图2-57

2. 跳转标记

在“时间轴”面板的标尺上单击鼠标右键，在弹出的菜单中选择“转到下一个标记”命令，也可以按Shift+M快捷键，播放指示器会自动跳转到下一个标记；选择“转到上一个标记”命令，也可以按Ctrl+Shift+M快捷键，播放指示器会自动跳转到上一个标记，如图2-58所示。

3. 删除标记

如果用户在使用标记的过程中发现有不需要的标记，可以将其删除，具体的删除步骤如下。

在“时间轴”面板的标尺上单击鼠标右键，在弹出的菜单中选择“清除所选的标记”命令，如图2-59所示，也可以按Ctrl+Alt+M快捷键，可清除当前选取的标记。选择“清除所有标记”命令，或按Ctrl+Shift+Alt+M快捷键，即可将“时间轴”面板中的所有标记清除。

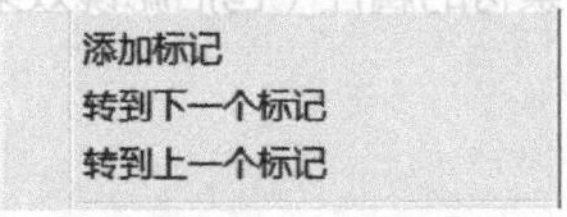

添加标记
转到下一个标记
转到上一个标记

图2-58

清除所选的标记
清除所有标记

图2-59

2.2 分离素材

在“时间轴”面板中可以将一个单独的素材切割成为两个或更多个单独的素材，也可以对素材进行插入、覆盖、提升和提取编辑。

2.2.1 课堂案例——璀璨烟火宣传片

案例学习目标 学习将图像插入“时间轴”面板并对视频进行切割。

案例知识要点 使用“导入”命令导入视频文件，使用“插入”命令插入视频文件，使用“剃刀”工具![]切割影片，使用“基本图形”面板添加文本。璀璨烟火宣传片的效果如图2-60所示。

效果所在位置 Ch02\璀璨烟火宣传片\璀璨烟火宣传片. prproj。

图2-60

01 启动Premiere Pro 2020应用程序，选择“文件 > 新建 > 项目”命令，会弹出“新建项目”对话框，如图2-61所示，单击“确定”按钮，新建项目。选择“文件 > 新建 > 序列”命令，会弹出“新建序列”对话框，切换到“设置”选项卡，具体设置如图2-62所示，单击“确定”按钮，新建序列。

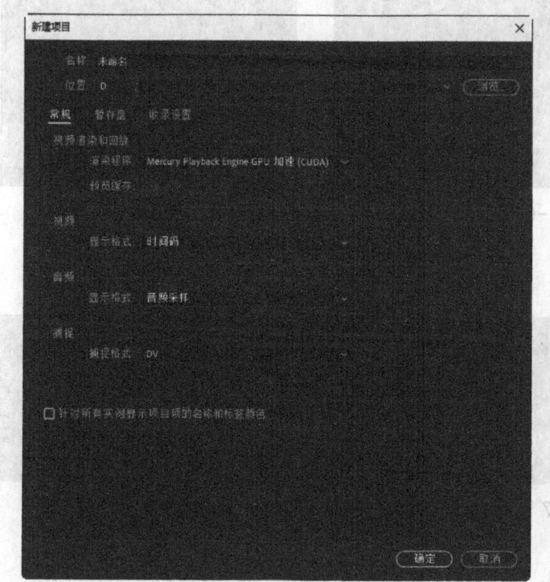

图2-61

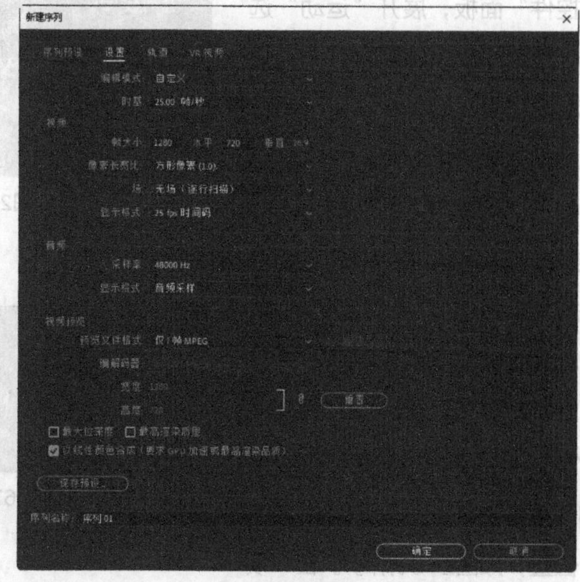

图2-62

02 选择“文件 > 导入”命令，会弹出“导入”对话框，选择本书学习资源中的“Ch02\璀璨烟火宣传片\素材\01、02”文件，如图2-63所示，单击“打开”按钮，将素材文件导入“项目”面板中，如图2-64所示。

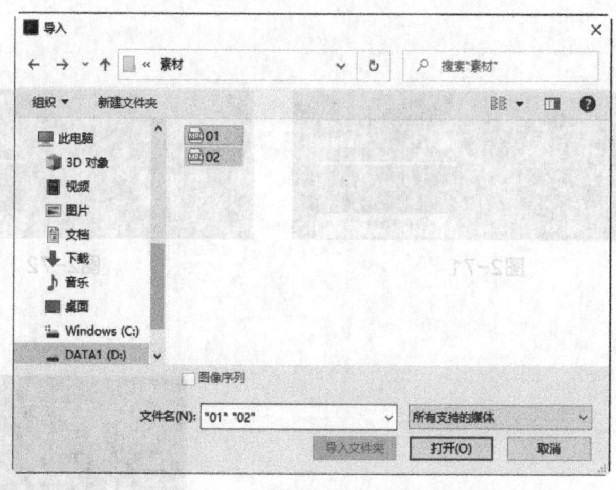

图2-63

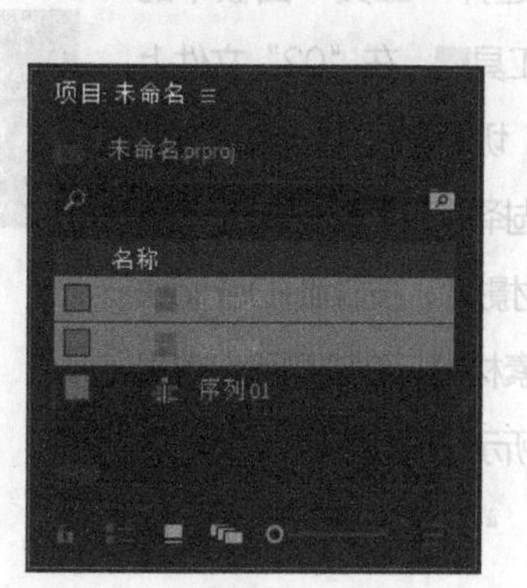

图2-64

03 在“项目”面板中，选中“01”文件并将其拖曳到“时间轴”面板的“视频1（V1）”轨道中，会弹出“剪辑不匹配警告”对话框，单击“保持现有设置”按钮，在保持现有序列设置的情况下将“01”文件放置在“视频1（V1）”轨道中，如图2-65所示。选择“时间轴”面板中的“01”文件。选择“效果控件”面板，展开“运动”选项，将“缩放”设置为67.0，如图2-66所示。

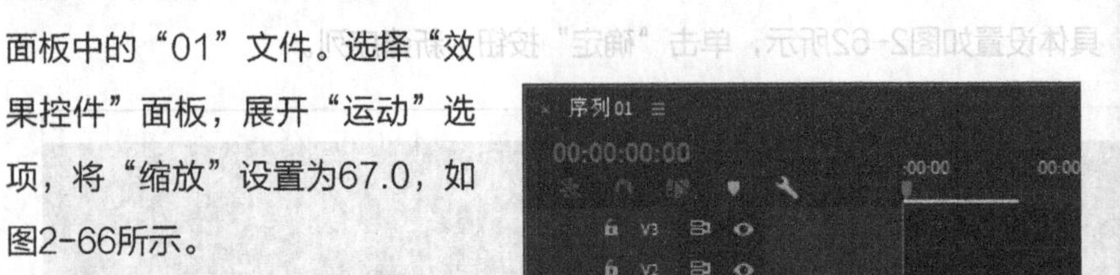

图2-65

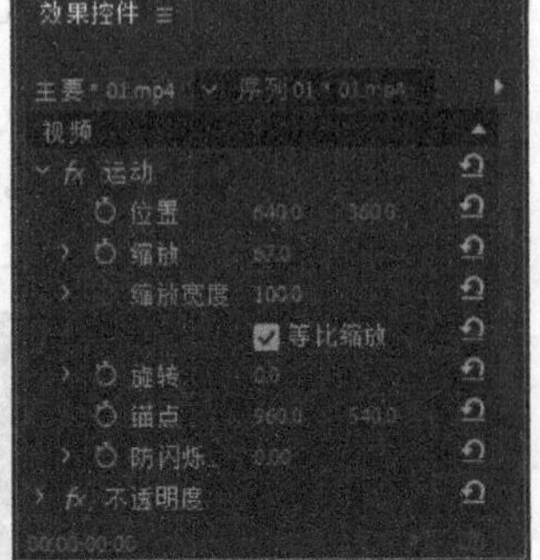

图2-66

04 将播放指示器放置在00:00:10:00的位置。选择“工具”面板中的“剃刀”工具，在“01”素材上单击鼠标，切割影片，如图2-67所示。用“选择”工具选择切割后右侧的素材影片，按Delete键删除文件，效果如图2-68所示。

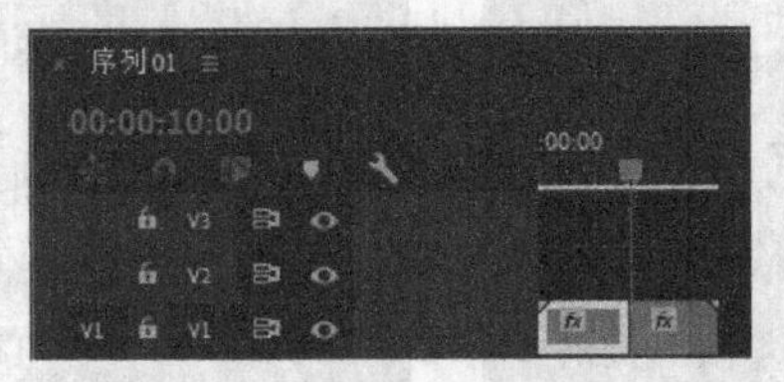

图2-67

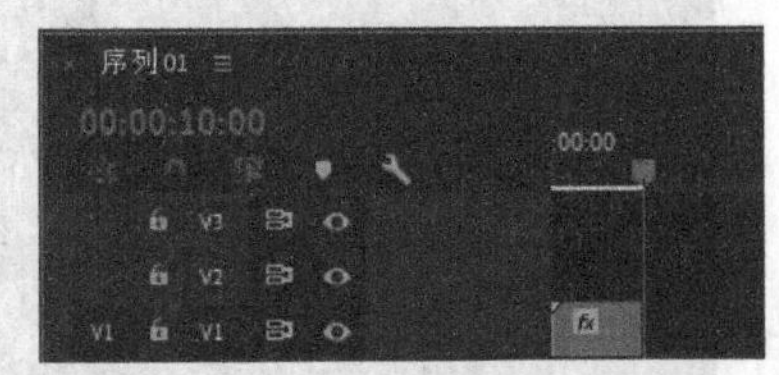

图2-68

05 将播放指示器放置在00:00:03:00的位置，如图2-69所示。在“项目”面板中的“02”文件上单击鼠标右键，在弹出的菜单中选择“插入”命令，在“时间轴”面板中插入“02”文件，如图2-70所示。

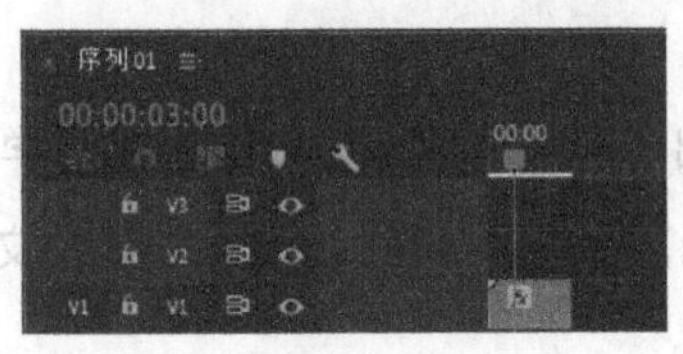

图2-69

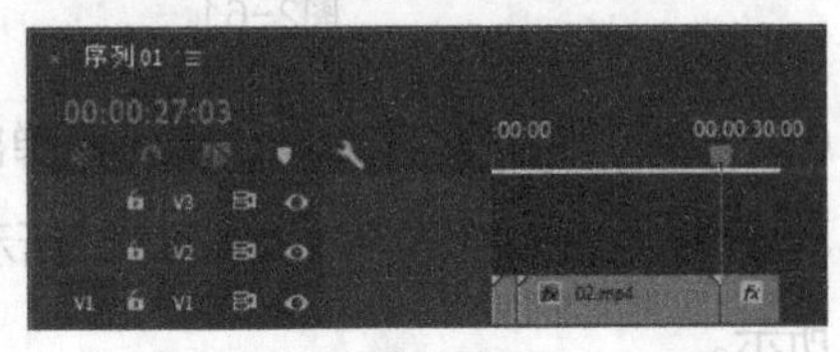

图2-70

06 将播放指示器放置在00:00:08:00的位置。选择“工具”面板中的“剃刀”工具，在“02”文件上单击鼠标，切割影片，如图2-71所示。用“选择”工具，选择切割后右侧的素材影片，按Shift+Delete快捷键，对素材进行波纹删除，效果如图2-72所示。

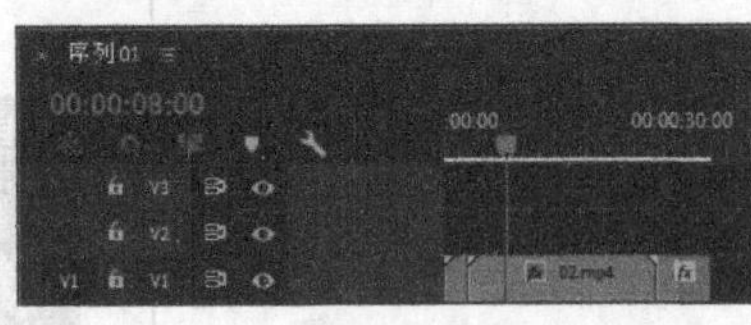

图2-71

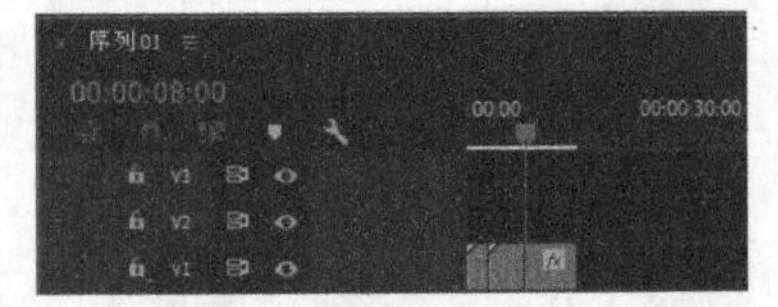

图2-72

07 选择“时间轴”面板中的“02”文件，如图2-73所示。在“效果控件”面板中展开“运动”选项，将“缩放”设置为67.0，如图2-74所示。

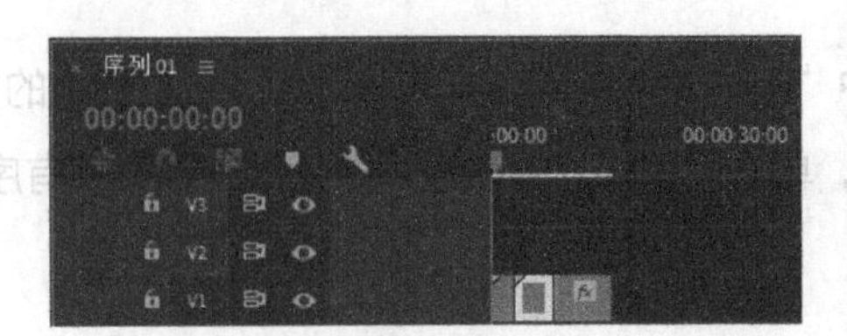

图2-73

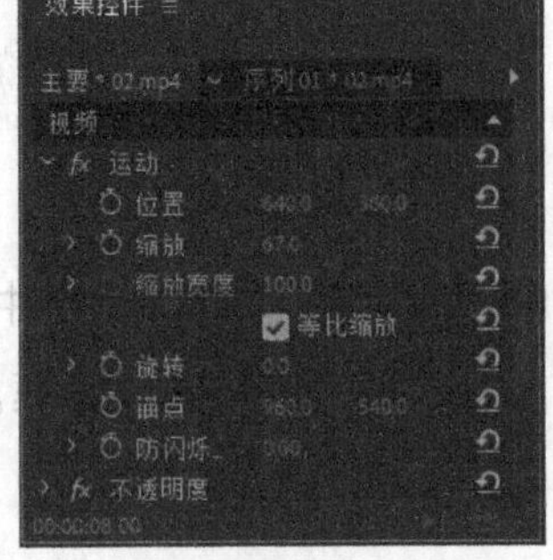

图2-74

08 将播放指示器放置在0s的位置。在“基本图形”面板中，切换到“编辑”选项卡，单击“新建图层”按钮，在弹出的菜单中选择“文本”命令，如图2-75所示。在“时间轴”面板的“视频2（V2）”轨道中生成“新建文本图层”文件，如图2-76所示，此时“节目”监视器中的效果如图2-77所示。在“节目”监视器中修改文字，效果如图2-78所示。

图2-75

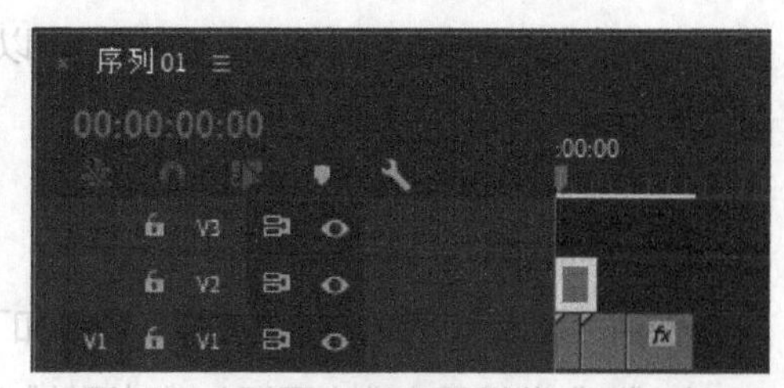

图2-76

图2-77

图2-78

09 在“基本图形”面板中选择“烟火”文字图层，在“对齐并变换”栏中进行设置，如图2-79所示，接着在“文本”栏中进行设置，如图2-80所示。此时“节目”监视器中的效果如图2-81所示。璀璨烟火宣传片制作完成。

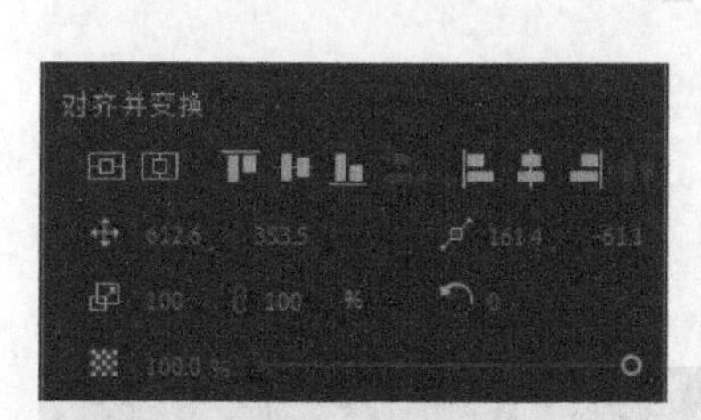

图2-79

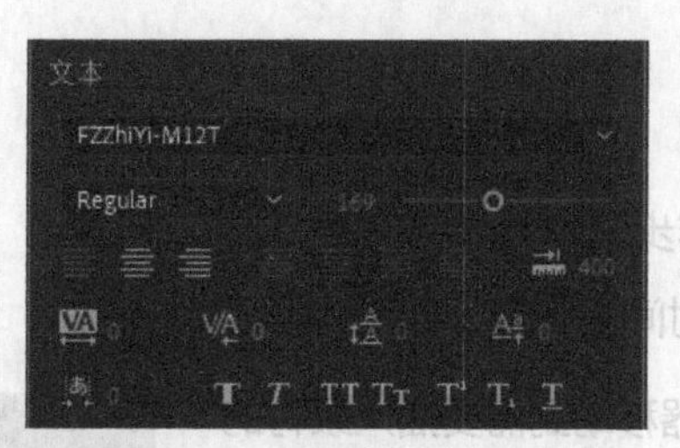

图2-80

图2-81

2.2.2 切割素材

在Premiere Pro 2020中，当素材被添加到“时间轴”面板的轨道中后，可以使用“工具”面板中的“剃刀”工具对此素材进行分割，具体操作步骤如下。

01 在“时间轴”面板中添加要切割的素材。

02 选择工具箱中的“剃刀”工具，将鼠标指针移到需要切割的位置并单击，该素材即被切割为两个素材，每一个素材都有独立的长度及入点与出点，如图2-82所示。

03 如果要将多个轨道上的素材在同一点分割，则按住Shift键，显示多重刀片，在轨道上未锁定的素材都在该位置被分割成两段，如图2-83所示。

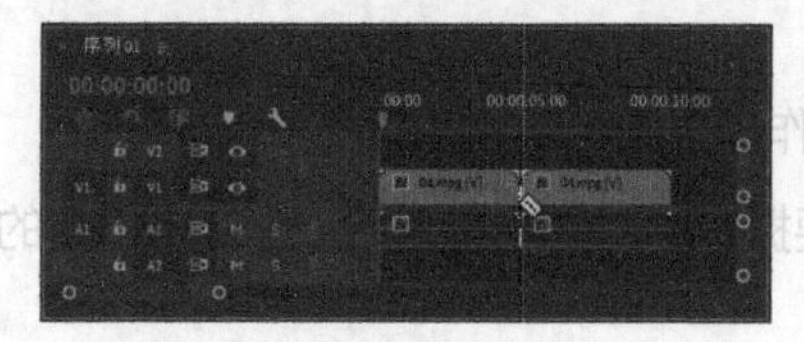

图2-82

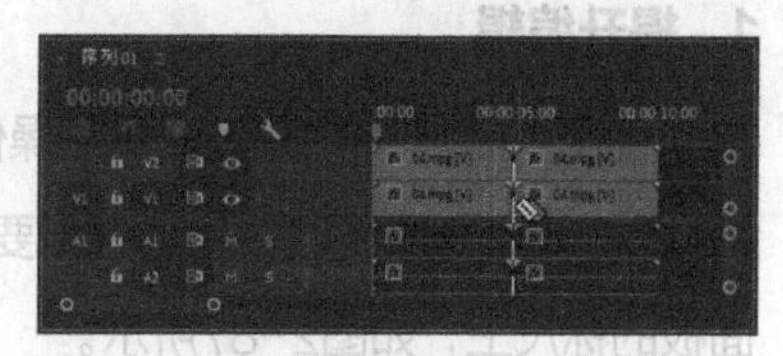

图2-83

2.2.3 插入和覆盖编辑

“插入”按钮和“覆盖”按钮可以将“源”监视器中的片段直接置入“时间轴”面板中播放指示器所在位置的当前轨道中。

1. 插入编辑

使用“插入”按钮的具体操作步骤如下。

01 在“源”监视器中选中要插入“时间轴”面板中的素材。

02 在“时间轴”面板中将播放指示器移动到需要插入素材的位置，如图2-84所示。

03 单击“源”监视器下方的“插入”按钮，将选择的素材插入“时间轴”面板中，插入的新素材会直接插入其中，把原有素材分为两段，原有素材的后半部分将自动向后移动，接在新素材之后，效果如图2-85所示。

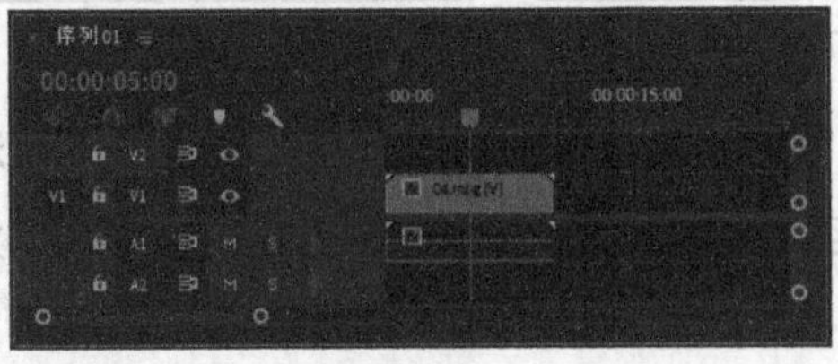

图2-84

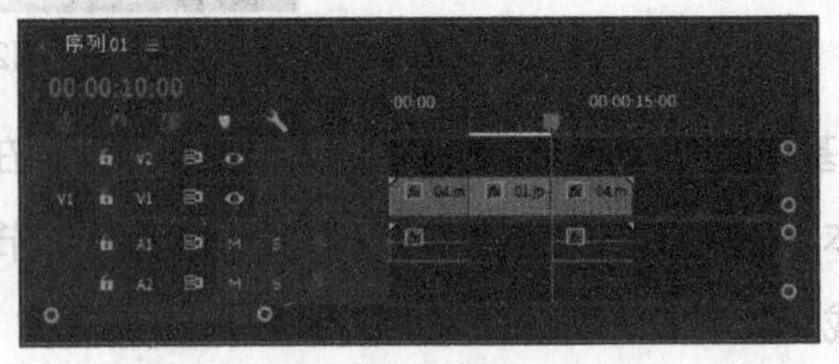

图2-85

2. 覆盖编辑

使用“覆盖”按钮的具体操作步骤如下。

01 在“源”监视器中选中要插入“时间轴”面板中的素材。

02 在“时间轴”面板中将播放指示器移动到需要插入素材的位置。

03 单击“源”监视器下方的“覆盖”按钮，将选择的素材插入“时间轴”面板中，加入的新素材将覆盖播放指示器右侧的原有素材，如图2-86所示。

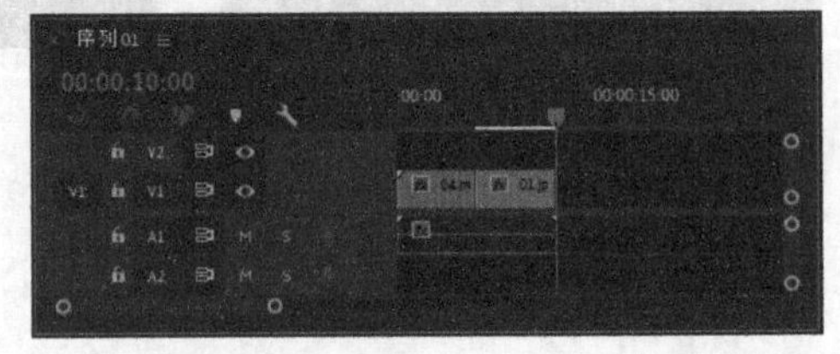

图2-86

2.2.4 提升和提取编辑

使用“提升”按钮和“提取”按钮可以在“时间轴”面板的指定轨道上删除指定的节目片段。

1. 提升编辑

使用“提升”按钮的具体操作步骤如下。

01 在“节目”监视器中为素材需要提升的部分设置入点和出点。设置的入点和出点同时显示在“时间轴”面板的标尺上，如图2-87所示。

02 单击“节目”监视器下方的“提升”按钮，入点和出点之间的素材会被删除，删除后的区域留下空白间隙，如图2-88所示。

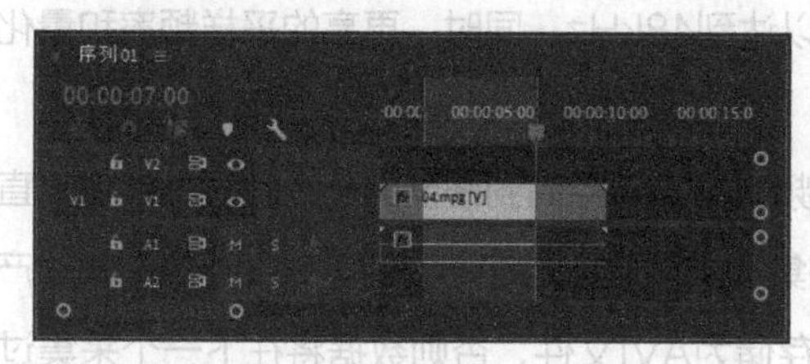

图2-87　　图2-88

2. 提取编辑

使用“提取”按钮的具体操作步骤如下。

01 在“节目”监视器中为素材需要提取的部分设置入点和出点。设置的入点和出点同时显示在“时间轴”面板的标尺上。

02 单击“节目”监视器下方的“提取”按钮，入点和出点之间的素材会被删除，其后面的素材自动前移，填补空缺处，如图2-89所示。

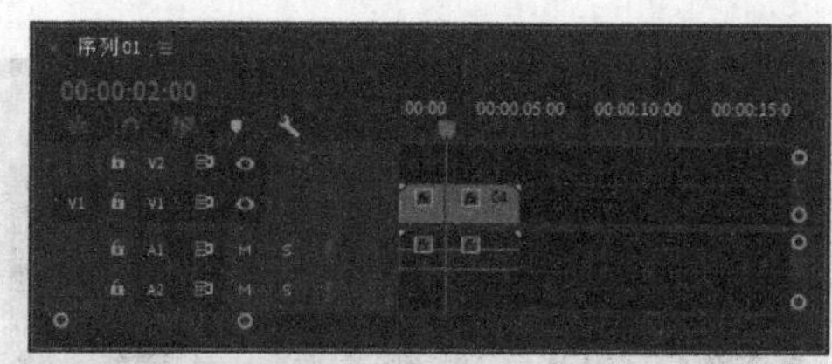

图2-89

2.3 编组

在项目编辑工作中，经常要对多个素材进行整体操作。这时使用“编组”命令，可以将多个片段组合为一个整体来进行移动和复制等操作。

为素材编组的具体操作步骤如下。

01 在“时间轴”面板中框选要编组的素材。按住Shift键再次单击，可以加选素材。

02 在选定的素材上单击鼠标右键，在弹出的菜单中选择“编组”命令，则选定的素材被编组。

素材被编组后，在进行移动和复制等操作的时候，就会作为一个整体进行操作。如果要取消编组效果，可以在编组的对象上单击鼠标右键，在弹出的菜单中选择“取消编组”命令即可。

2.4 捕捉和上载视频

用户可以使用两种方法采集满屏视频：用硬件压缩实时采集和用由计算机精确控制帧的录像机或影碟机实施非实时采集。一般使用硬件压缩实时采集视频。

非实时采集方式是每次抓取硬盘的一帧或一段，直到采集完成所有的影片。这种方式需要一个原始录像带上有时间码和用于执行非实时采集视频的第三方设备控制器。非实时采集视频一般不会得到较高质量的素材。

数字化音频的质量和声音文件的大小，取决于采样的频率和位深度，这些参数决定了模拟音频信号被数字化后的状态。例如，以22kHz和16位精度采样的音频明显比11kHz和8位精度采样的音频质量高。CD音频通常以44kHz和16位精度数字化，而数码音带则可以达到48kHz。同时，更高的采样频率和量化指标会带来数据量的增大。

使用Premiere Pro 2020采集视频时，它先将视频数据临时存储到硬盘的一个临时文件中，直到用户将该视频存储为一个AVI文件。用户需要在硬盘中为采集的文件预留足够的空间，以便存放采集时产生的临时文件。另外，用户必须在采集视频后将采集的视频存储为AVI文件，否则数据将在下一个采集过程中被重写。

使用Premiere Pro 2020采集的具体操作步骤如下。

01 确定设备已正确连接，打开Premiere Pro 2020应用程序，选择“文件＞捕捉”命令（或按F5键），会弹出“捕捉”面板，如图2-90所示。

02 对捕捉设备进行设置，在“捕捉”面板右侧的“设置”选项卡中切换至对应的面板，如图2-91所示。

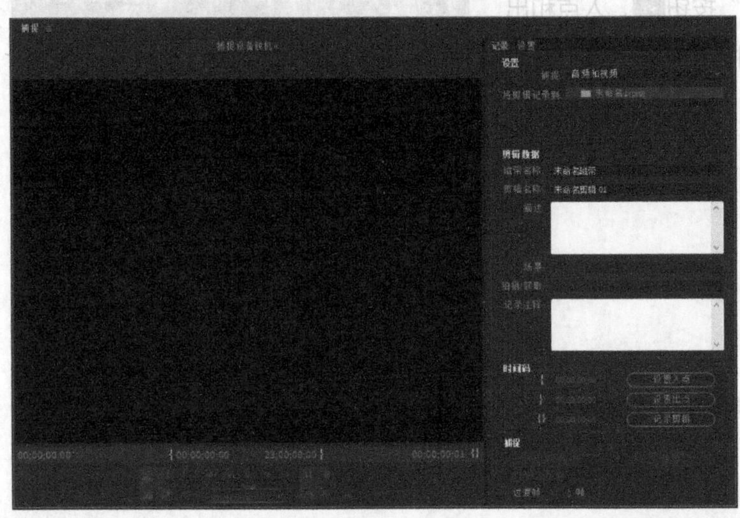

图2-90

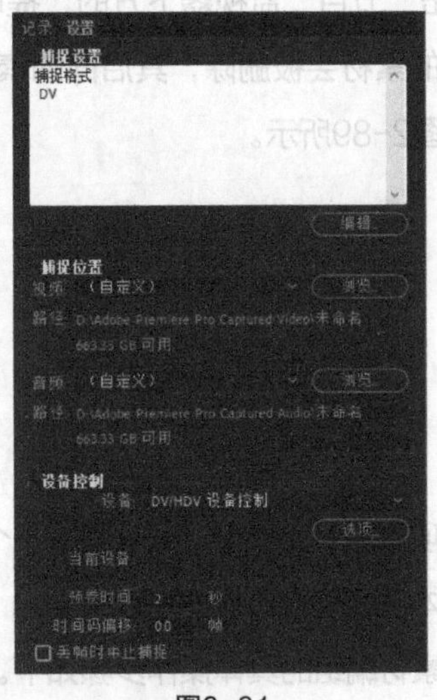

图2-91

03 在“捕捉设置”区域栏中显示当前可用的采集设备，单击“编辑”按钮，会弹出图2-92所示的“捕捉设置”对话框。在对话框中设置捕捉的格式，单击“确定”按钮，返回到“捕捉”面板。

04 在“捕捉位置”区域栏中设定采集使用的暂存盘，如图2-93所示。在“视频”和“音频”栏中分别指定采集的暂存盘。从原则上讲，应该指定计算机中的SCSI硬盘作为暂存盘，如果没有高速视频硬盘，可以选择剩余空间较大的硬盘作为暂存盘。

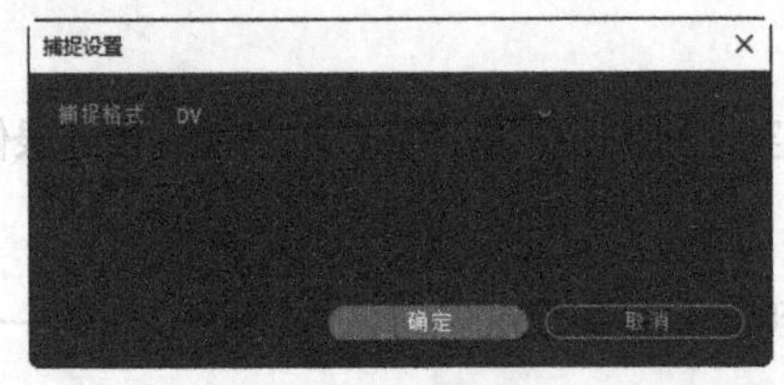

图2-92

图2-93

05 在“设备控制”区域栏中对采集设备控制进行设置，如图2-94所示。在“设备”的下拉列表中可以指定采集时所使用的设备遥控器。单击“选项”按钮，可以在弹出的对话框中对设备控制进行进一步的设置，如图2-95所示。

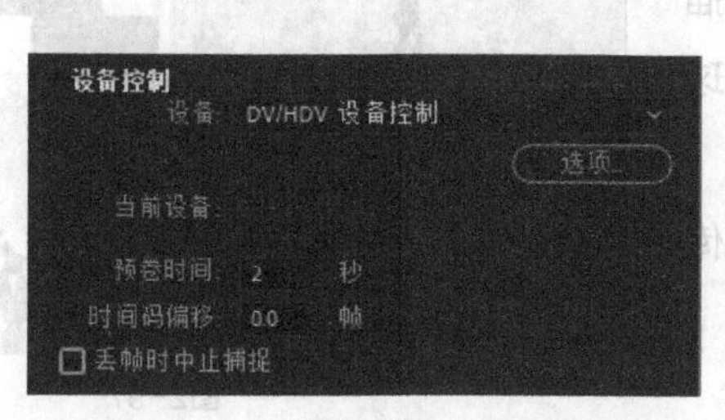

图2-94

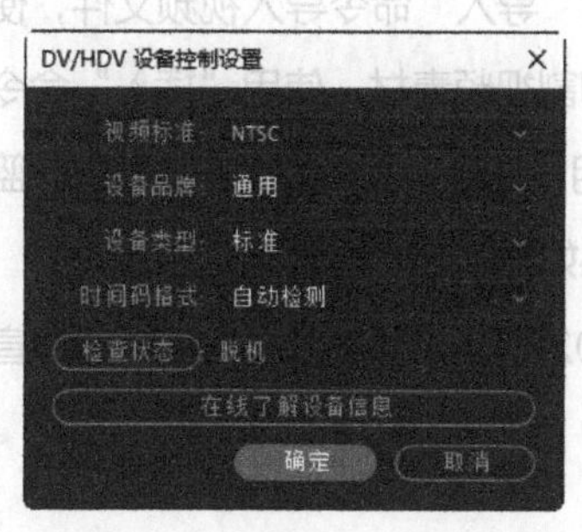

图2-95

“预卷时间”可以设置预计的入点播放磁带时间。“时间码偏移”可以设置嵌入在所捕捉视频中的时间码。

由于数字卡或其他硬件的问题，有可能在采集的时候发生丢帧的情况，如果丢帧的情况严重，可能会使影片无法流畅地播放。勾选“丢帧时中止捕捉”复选框，如果在采集素材过程中出现丢帧，则采集会自动停止。

06 在图2-96所示的“记录”选项卡中，“剪辑数据”区域栏用于对采集的素材进行备注设置，主要是填写一些注释信息。在素材比较多的情况下，加入备注是非常有用的，可以方便管理素材。“时间码”栏是比较重要的，可以在该参数栏中设置采集影片的开始（设置入点）和结束（设置出点）位置。对于具有遥控录像机功能的设备来说，由于可以精确控制时间码，使用打点采集非常方便。在“捕捉”栏中单击“入点/出点”按钮，可以采集“时间码”栏中设定的入点与出点间的设定片段，单击“磁带”按钮则可以采集整个磁带。

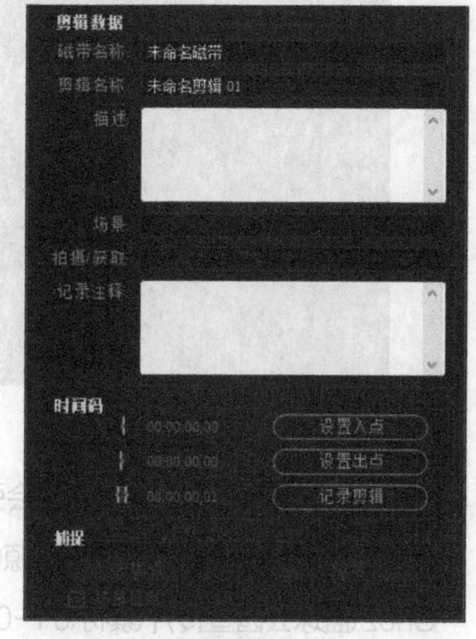

图2-96

07 设置完成后，开始上载（采集）素材。用控制面板遥控录像机进行采集，当录像带开始播放后，单击“录制”按钮开始录制采集，按Esc键可中止采集。

采集完毕后，可以在“项目”面板中找到所采集的影片片段。

2.5 创建新元素

Premiere Pro 2020除了使用导入的素材，还可以建立一些新素材元素，本节将进行详细讲解。

2.5.1 课堂案例——篮球公园宣传片

案例学习目标 学习新建HD彩条。

案例知识要点 使用“导入”命令导入视频文件，使用“剃刀”工具切割视频素材，使用“插入”命令插入素材文件，使用“新建”命令新建HD彩条。篮球公园宣传片的效果如图2-97所示。

效果所在位置 Ch02\篮球公园宣传片\篮球公园宣传片. prproj。

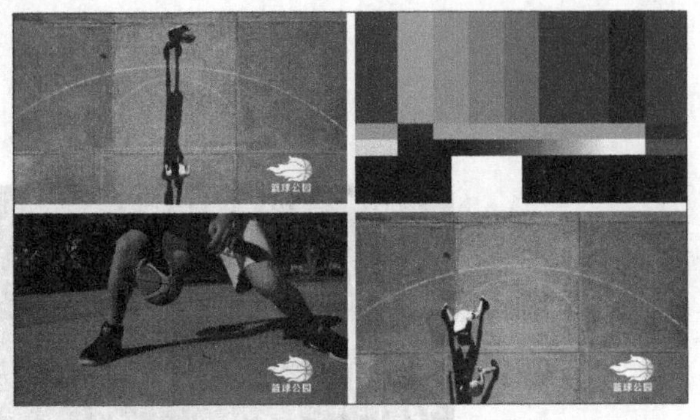

图2-97

01 启动Premiere Pro 2020应用程序，选择“文件 > 新建 > 项目”命令，会弹出“新建项目”对话框，如图2-98所示，单击“确定”按钮，新建项目。选择“文件 > 新建 > 序列”命令，会弹出“新建序列”对话框，切换到“设置”选项卡，具体设置如图2-99所示，单击“确定”按钮，新建序列。

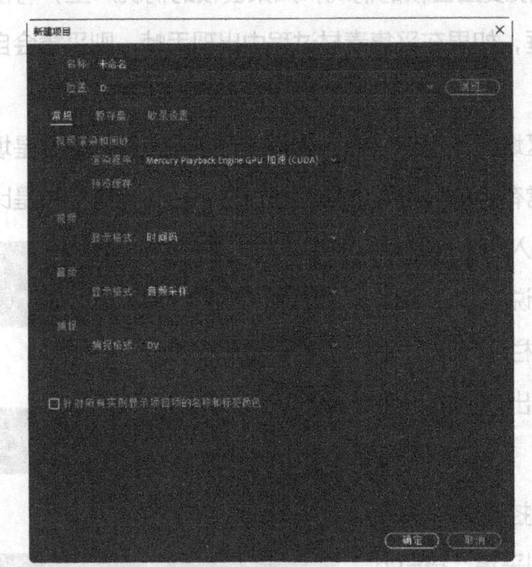

图2-98

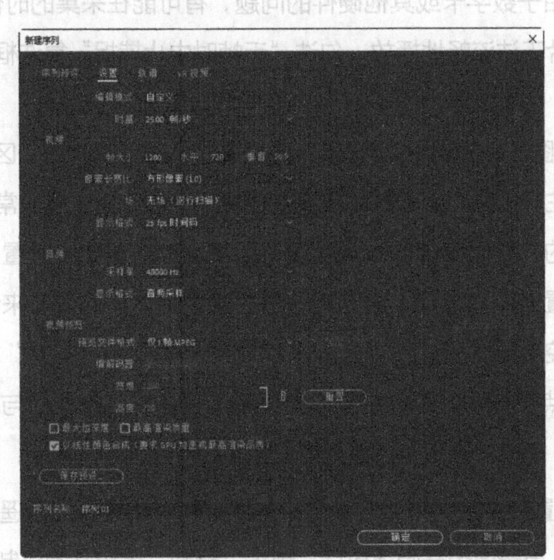

图2-99

02 选择“文件 > 导入”命令，会弹出“导入”对话框，选择本书学习资源中的“Ch02\篮球公园宣传片\素材\01~03”文件，如图2-100所示，单击“打开”按钮，将素材文件导入“项目”面板中，如图2-101所示。取消“时间轴”面板中“链接选择项”按钮的选取状态。

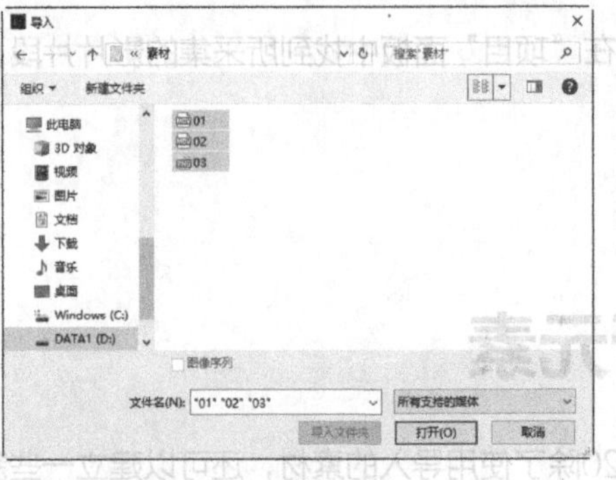

图2-100

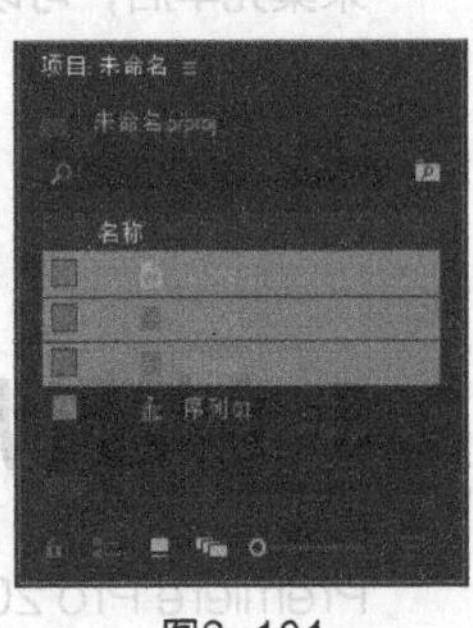

图2-101

03 在“项目”面板中，选中“01”文件并将其拖曳到“时间轴”面板的“视频1（V1）”轨道中，会弹出“剪辑不匹配警告”对话框，单击“保持现有设置”按钮，在保持现有序列设置的情况下将“01”文件放置在“视频1（V1）”轨道中，如图2-102所示。选择“时间轴”面板中的“01”文件。选择“效果控件”面板，展开“运动”选项，将“缩放”设置为67.0，如图2-103所示。

04 将播放指示器放置在00:00:05:00的位置。在“项目”面板中选中“02”文件，在文件上单击鼠标右键，在弹出的菜单中选择“插入”命令，在“时间轴”面板中播放指示器的位置插入“02”文件，如图2-104所示。

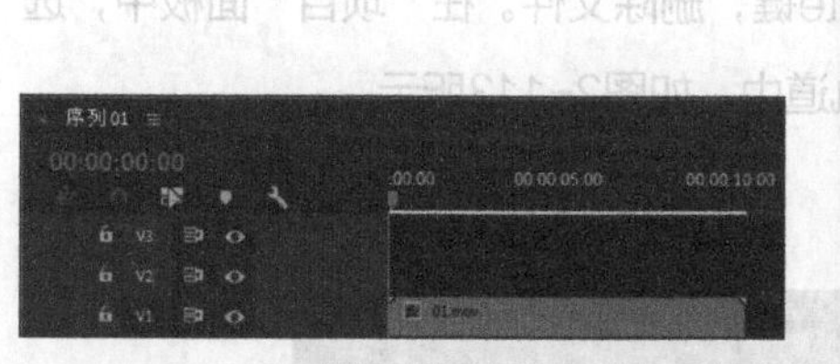

图2-102

图2-103

图2-104

05 将播放指示器放置在00:00:08:00的位置。选择“剃刀”工具，将鼠标指针移到播放指示器所在位置并单击，切割素材，如图2-105所示。

06 用“选择”工具选择切割后右侧的“02”文件。在文件上单击鼠标右键，在弹出的菜单中选择“波纹删除”命令，删除文件且右侧的“01”文件自动前移，如图2-106所示。选中“时间轴”面板中的“02”文件。在“效果控件”面板中展开“运动”选项，将“缩放”设置为67.0，如图2-107所示。

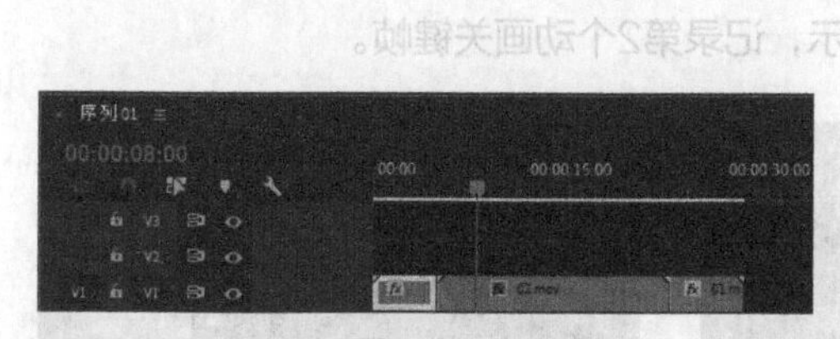

图2-105

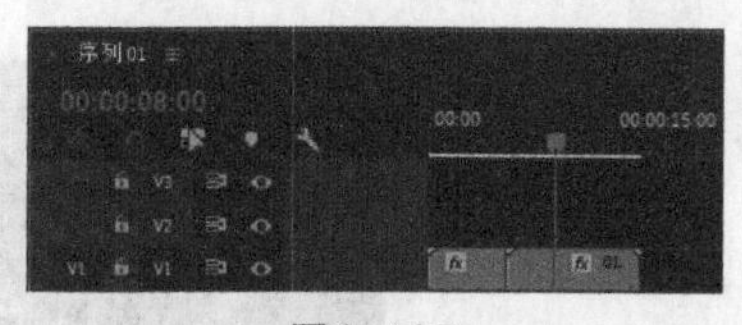

图2-106

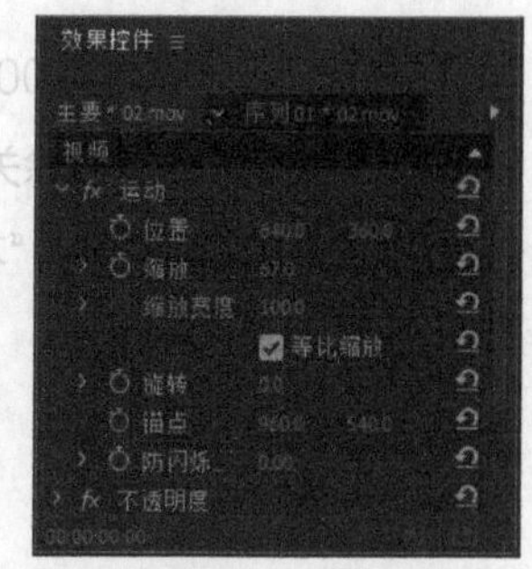

图2-107

07 选择“项目”面板。选择“文件 > 新建 > HD彩条”命令，会弹出“新建HD彩条”对话框，如图2-108所示，单击“确定”按钮，在“项目”面板中新建“HD彩条”文件，如图2-109所示。

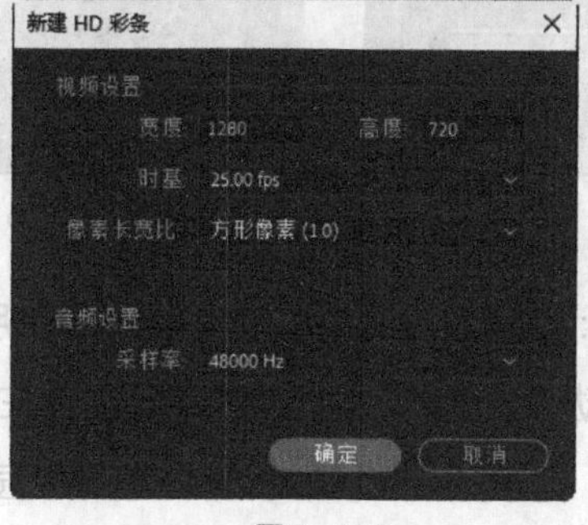

图2-108

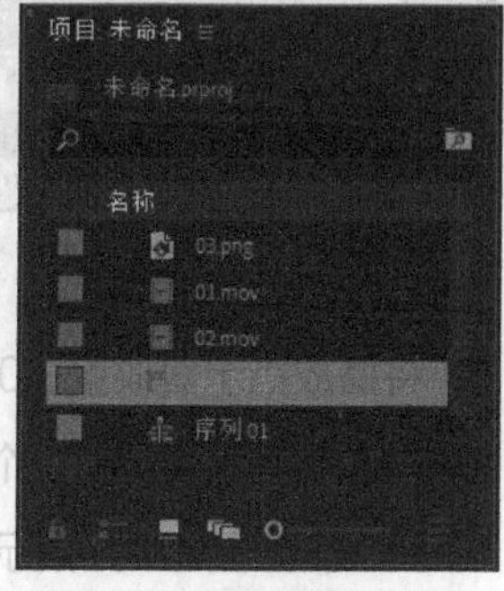

图2-109

08 在“项目”面板中，选中“HD彩条”文件并将其拖曳到“时间轴”面板的“视频2（V2）”轨道中，如图2-110所示。将播放指示器放置在00:00:05:08的位置。将鼠标指针放在“HD彩条”文件的结束位置，当鼠标指针呈◀状时，向左拖曳鼠标到00:00:05:08的位置，如图2-111所示。

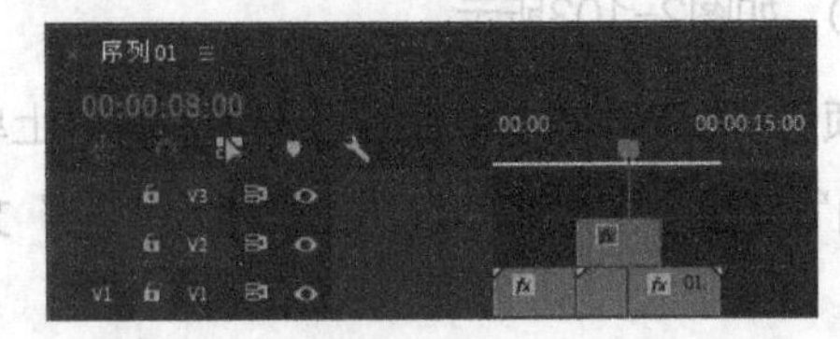

图2-110

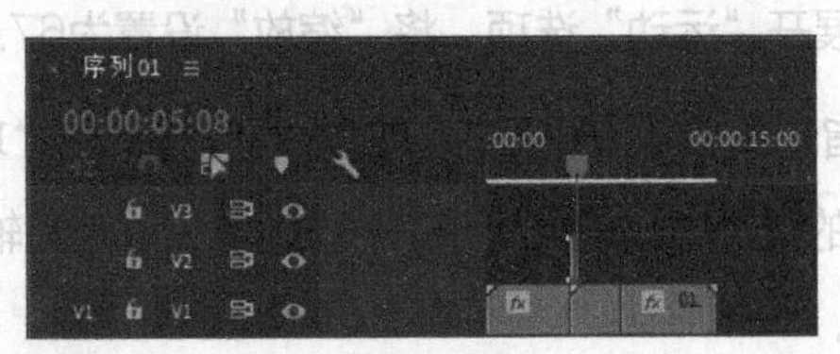

图2-111

09 选择“音频2”轨道中的音频文件，如图2-112所示，按Delete键，删除文件。在“项目”面板中，选中“03”文件并将其拖曳到“时间轴”面板的“视频3（V3）”轨道中，如图2-113所示。

图2-112

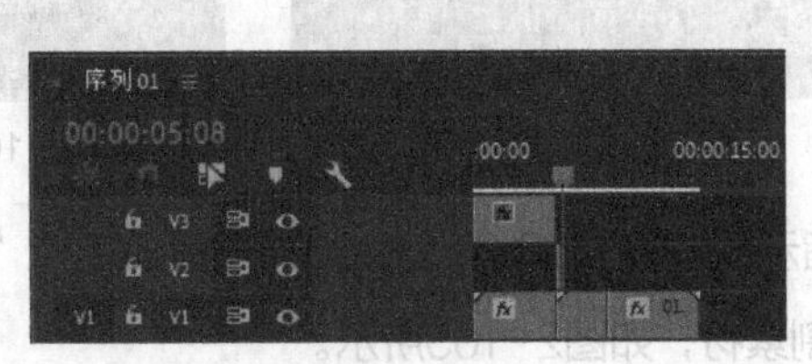

图2-113

10 将鼠标指针放在“03”文件的结束位置，当鼠标指针呈◀状时，向右拖曳鼠标到“01”文件的结束位置，如图2-114所示。选择“时间轴”面板中的“03”文件。在“效果控件”面板中展开“运动”选项，设置“位置”为1067.0和610.0，“缩放”为27.0，如图2-115所示。

11 将播放指示器放置在00:00:04:24的位置，在“效果控件”面板中展开“不透明度”选项，单击“不透明度”右侧的“添加/移除关键帧”按钮◉，如图2-116所示，记录第1个动画关键帧。将播放指示器放置在00:00:05:00的位置，将“不透明度”设置为0，如图2-117所示，记录第2个动画关键帧。

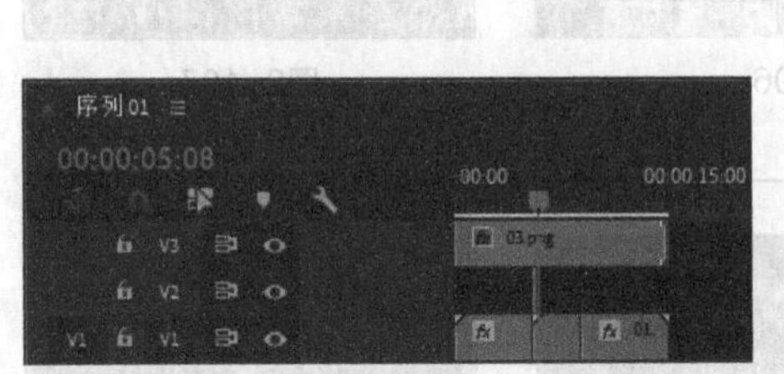

图2-114

图2-115

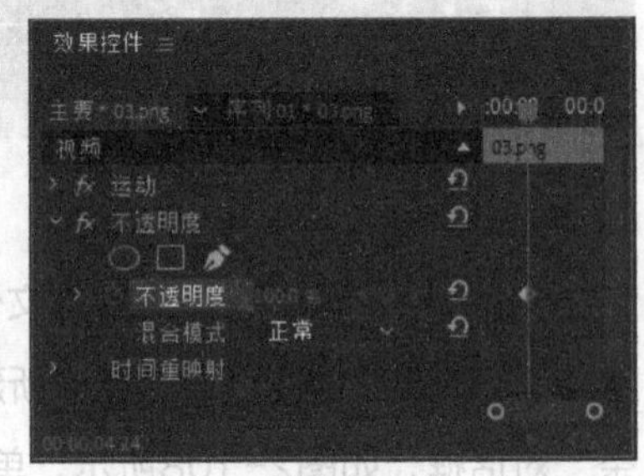

图2-116

12 将播放指示器放置在00:00:05:08的位置，单击“不透明度”右侧的“添加/移除关键帧”按钮◉，如图2-118所示，记录第3个动画关键帧。将播放指示器放置在00:00:05:09的位置，将“不透明度”设置为100.0%，如图2-119所示，记录第4个动画关键帧。篮球公园宣传片制作完成。

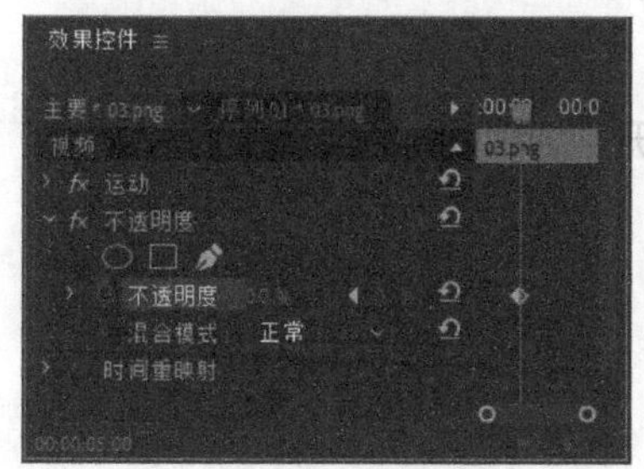

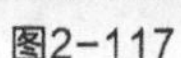
图2-117

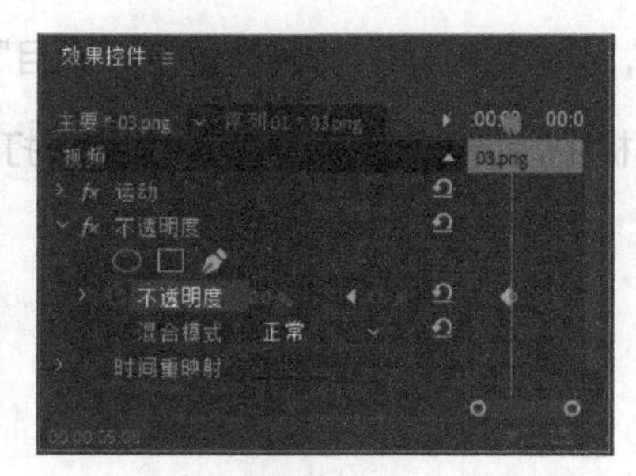

图2-118

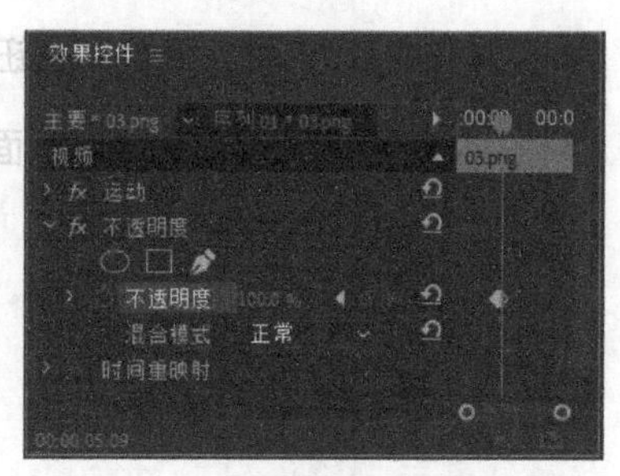

图2-119

2.5.2 通用倒计时片头

通用倒计时片头通常用于影片开始前的倒计时准备中。Premiere Pro 2020提供了现成的通用倒计时片头，用户可以非常便捷地创建一个标准的倒计时素材，并可以在Premiere Pro 2020中随时对其进行修改，如图2-120所示。

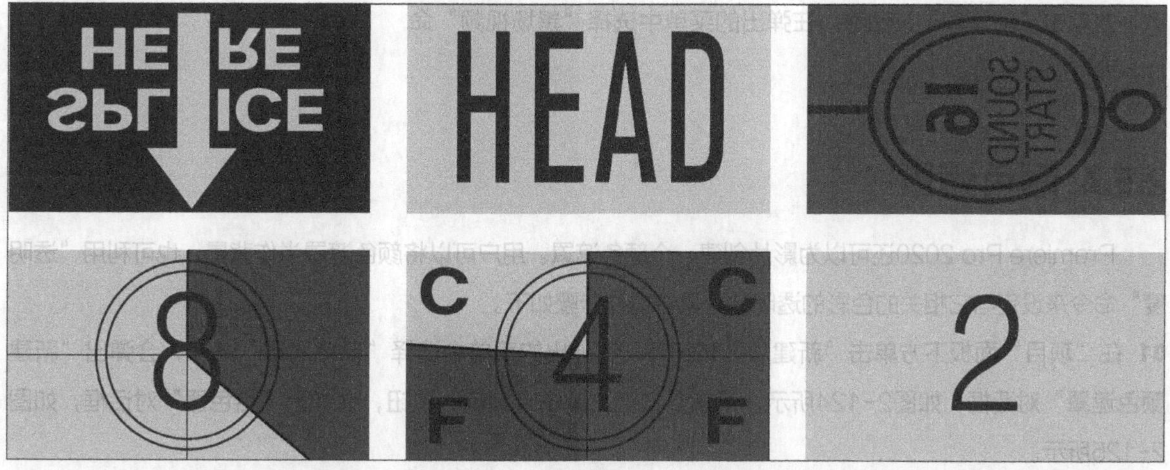

图2-120

创建倒计时素材的具体操作步骤如下。

01 单击“项目”面板下方的“新建项”按钮，在弹出的菜单中选择“通用倒计时片头”命令，会弹出“新建通用倒计时片头”对话框，如图2-121所示。设置完成后，单击“确定”按钮，会弹出“通用倒计时设置”对话框，如图2-122所示。

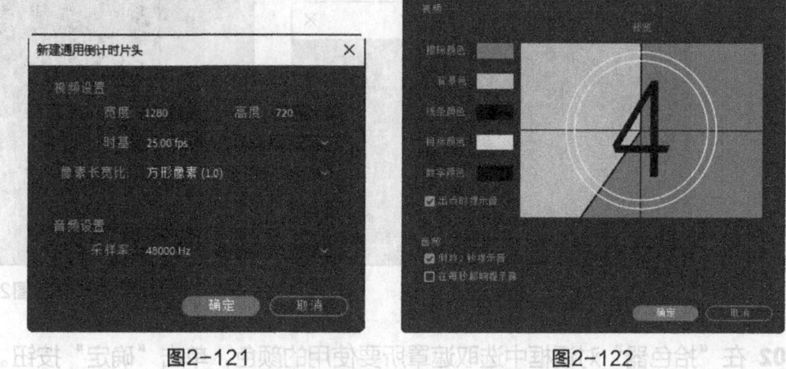

图2-121

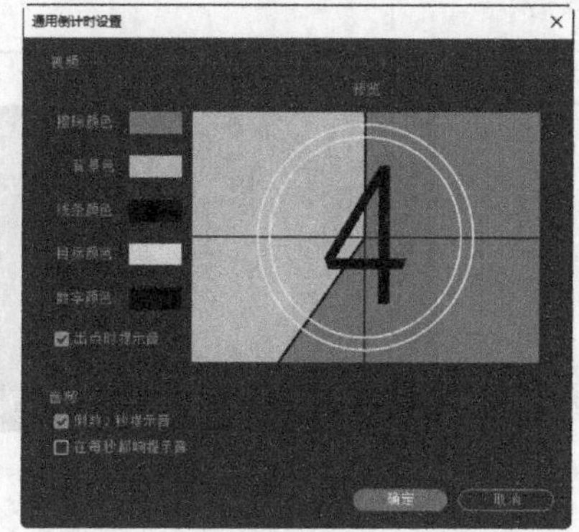

图2-122

02 设置完成后，单击“确定”按钮，该段倒计时影片将自动加入“项目”面板中。

03 在“项目”面板或“时间轴”面板中，双击倒计时素材，随时可以打开“通用倒计时设置”对话框进行修改。

2.5.3 彩条和黑场

1. 彩条

Premiere Pro 2020可以为影片在开始前加入一段彩条，如图2-123所示。在“项目”面板下方单击“新建项”按钮，在弹出的菜单中选择“彩条”命令，即可创建彩条。

图2-123

2. 黑场

Premiere Pro 2020可以在影片中创建一段黑场。在“项目”面板下方单击“新建项”按钮，在弹出的菜单中选择“黑场视频”命令，即可创建黑场。

2.5.4 颜色遮罩

Premiere Pro 2020还可以为影片创建一个颜色遮罩。用户可以将颜色遮罩当作背景，也可利用“透明度”命令来设定与它相关的色彩的透明性，具体操作步骤如下。

01 在“项目”面板下方单击“新建项”按钮，在弹出的菜单中选择“颜色遮罩”命令，会弹出“新建颜色遮罩”对话框，如图2-124所示。设置参数后，单击“确定”按钮，会弹出“拾色器”对话框，如图2-125所示。

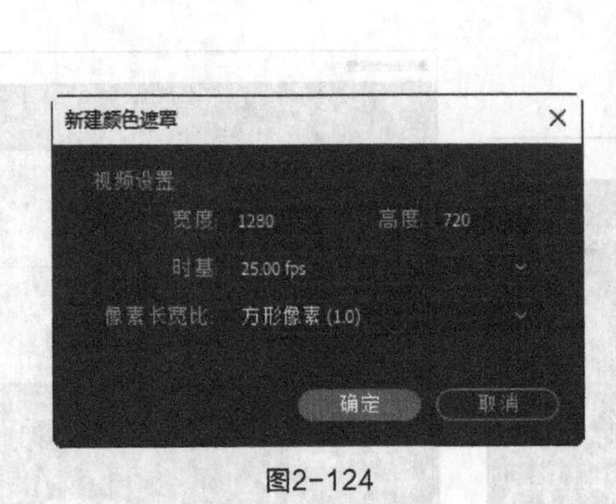

图2-124

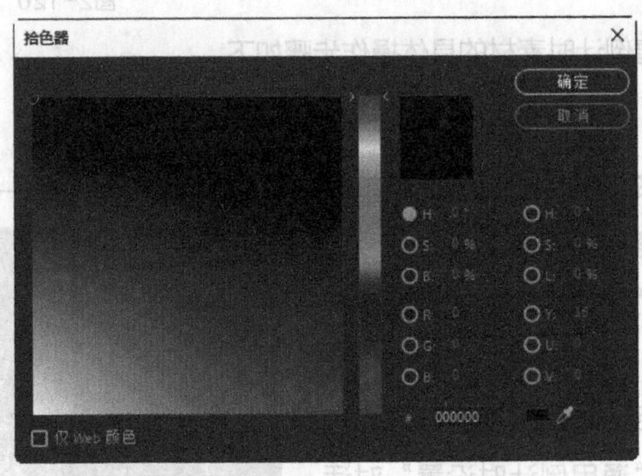

图2-125

02 在“拾色器”对话框中选取遮罩所要使用的颜色，单击“确定”按钮。

03 在“项目”面板或“时间轴”面板中双击颜色遮罩，随时可以打开“拾色器”对话框进行修改。

2.5.5 透明视频

在Premiere Pro 2020中，可以创建一个透明的视频层，它能够将效果应用到一系列的影片剪辑中，而无须重复地复制和粘贴属性。只要应用一个效果到透明视频轨道上，该效果将自动出现在下面的所有视频轨道中。

课堂练习——快乐假日宣传片

练习知识要点 使用“导入”命令导入视频文件，使用编辑点的设置和拖曳剪辑素材，使用“效果控件”面板调整影视文件的位置和缩放。快乐假日宣传片的效果如图2-126所示。

效果所在位置 Ch02\快乐假日宣传片\快乐假日宣传片. prproj。

图2-126

课后习题——音乐节节目片头

习题知识要点 使用“导入”命令导入视频文件，使用“通用倒计时片头”命令制作通用倒计时。音乐节节目片头的效果如图2-127所示。

效果所在位置 Ch02\音乐节节目片头\音乐节节目片头. prproj。

图2-127

第3章

视频过渡

本章介绍

本章主要介绍如何在Premiere Pro 2020的影片素材或静止图像素材之间建立丰富多彩的过渡效果。每一个图像过渡的控制方式都具有很多可调的选项。本章内容对影视剪辑中的镜头过渡有着非常重要的意义，它可以使剪辑的画面更加富于变化，更加生动多姿。

学习目标

- 掌握视频过渡效果的设置方法。
- 掌握视频过渡效果的应用技巧。

技能目标

- 掌握“陶瓷艺术宣传片”的制作方法。
- 掌握“时尚女孩电子相册”的制作方法。
- 掌握“美食新品宣传片”的制作方法。
- 掌握“儿童成长电子相册”的制作方法。

3.1 过渡效果设置

过渡效果设置包括镜头过渡使用、镜头过渡设置、镜头过渡调整和默认过渡设置等多种基本操作。下面对过渡效果的设置进行讲解。

3.1.1 课堂案例——陶瓷艺术宣传片

案例学习目标 学习使用过渡效果制作图像转场效果。

案例知识要点 使用“波纹编辑”工具编辑素材文件，使用“带状内滑”“交叉划像”“页面剥落”“VR渐变擦除”“VR色度泄漏”效果制作图片之间的过渡效果，使用“效果控件”面板调整过渡效果。陶瓷艺术宣传片的效果如图3-1所示。

效果所在位置 Ch03\陶瓷艺术宣传片\陶瓷艺术宣传片. prproj。

图3-1

01 启动Premiere Pro 2020应用程序，选择“文件 > 新建 > 项目”命令，会弹出“新建项目”对话框，如图3-2所示，单击“确定”按钮，新建项目。选择“文件 > 新建 > 序列”命令，会弹出“新建序列”对话框，切换到“设置”选项卡，具体设置如图3-3所示，单击“确定”按钮，新建序列。

02 选择“文件 > 导入”命令，会弹出“导入”对话框，选择本书学习资源中的“Ch03\陶瓷艺术宣传片\素材\01~04”文件，如图3-4所示，单击“打开”按钮，将素材文件导入“项目”面板中，如图3-5所示。

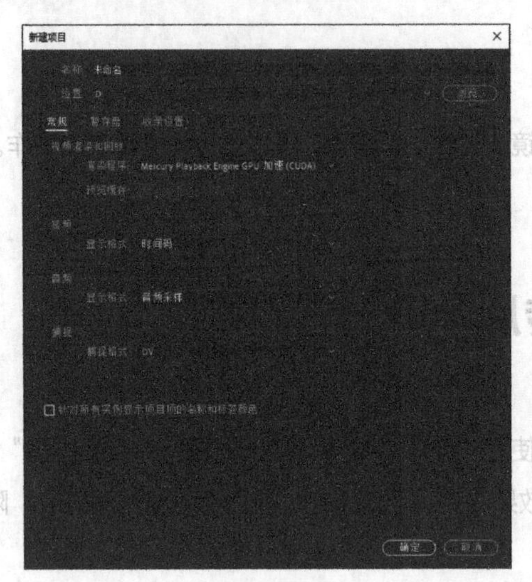

图3-2

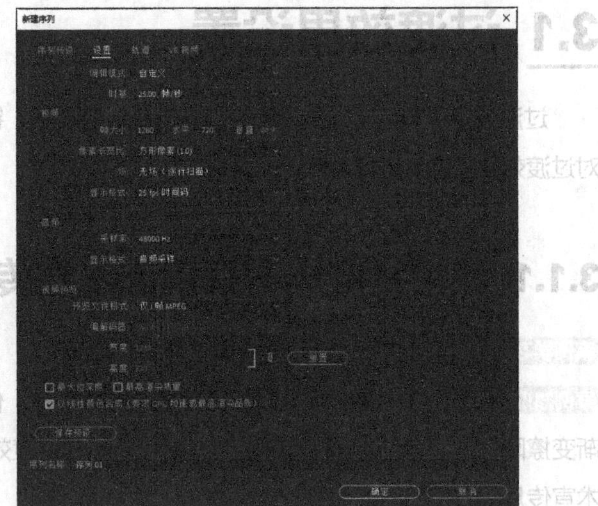

图3-3

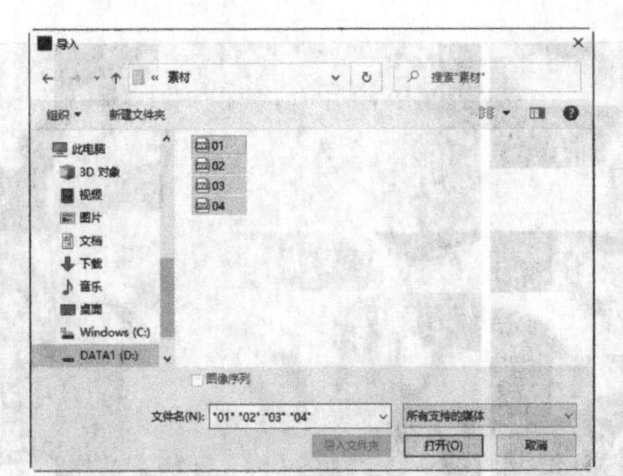

图3-4

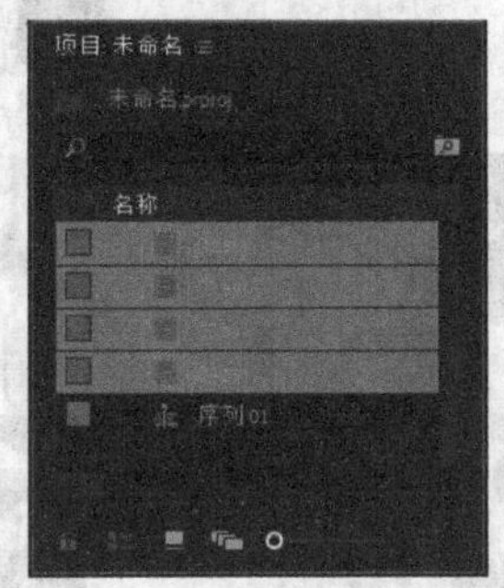

图3-5

03 在“项目”面板中，选中“01~04”文件并将其拖曳到“时间轴”面板的“视频1（V1）”轨道中，会弹出“剪辑不匹配警告”对话框，单击“保持现有设置”按钮，在保持现有序列设置的情况下将文件放置在“视频1（V1）”轨道中，如图3-6所示。将播放指示器放置在00:00:41:00的位置。选择“波纹编辑”工具，将鼠标指针放在“03”文件的结束位置，当鼠标指针呈状时单击，选择编辑点。按E键，将所选编辑点扩展到播放指示器所在的位置，如图3-7所示。

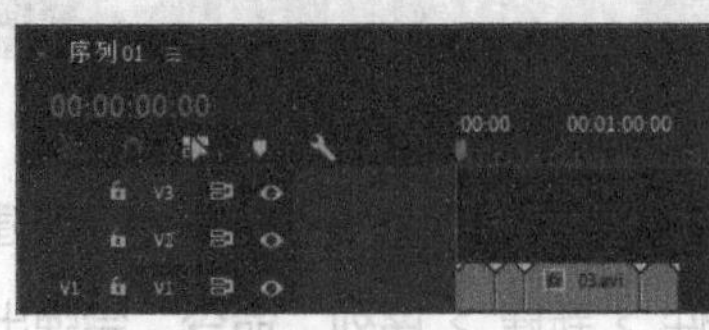

图3-6

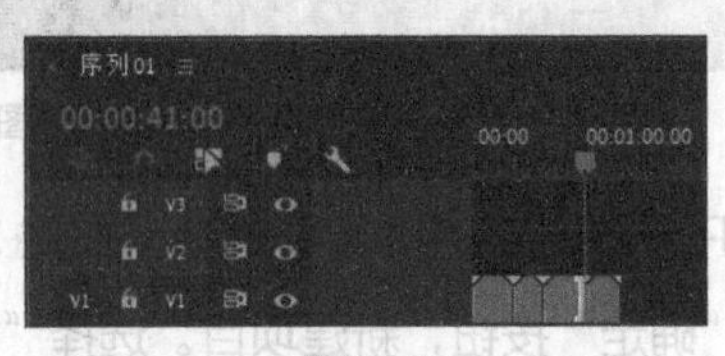

图3-7

04 将播放指示器放置在0s的位置。选择“时间轴”面板中的“01”文件。在“效果控件”面板中展开“运动”选项，将“缩放”设置为67.0，如图3-8所示。用相同的方法调整其他素材文件的缩放参数。

05 在“效果”面板中展开“视频过渡”分类选项，单击“内滑”文件夹前面的按钮将其展开，选中“带状内滑”效果，如图3-9所示。将“带状内滑”效果拖曳到“时间轴”面板“视频1（V1）”轨道中“01”文件的开始位置，如图3-10所示。

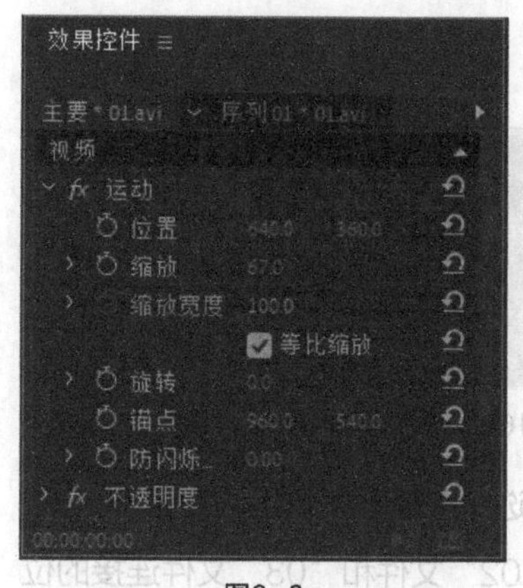

图3-8

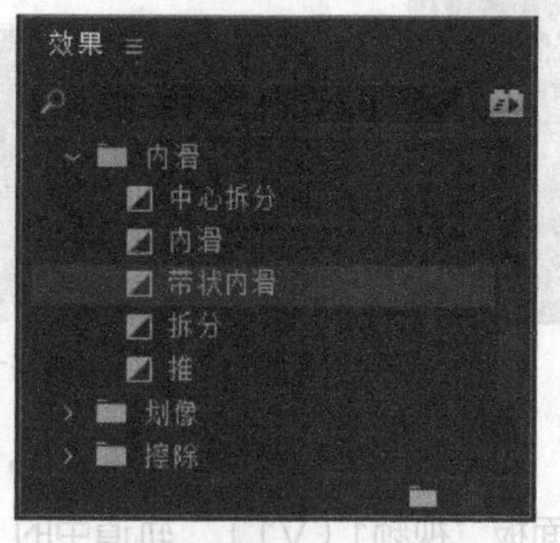

图3-9

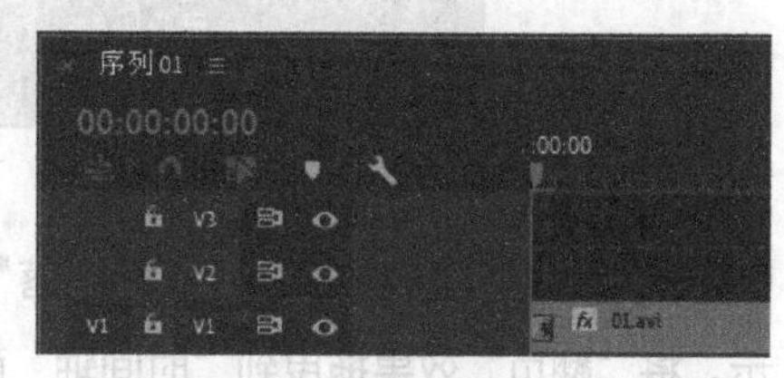

图3-10

06 选择“时间轴”面板中的“带状内滑”效果。在“效果控件”面板中将“持续时间”设置为00:00:02:00，如图3-11所示，“时间轴”面板如图3-12所示。

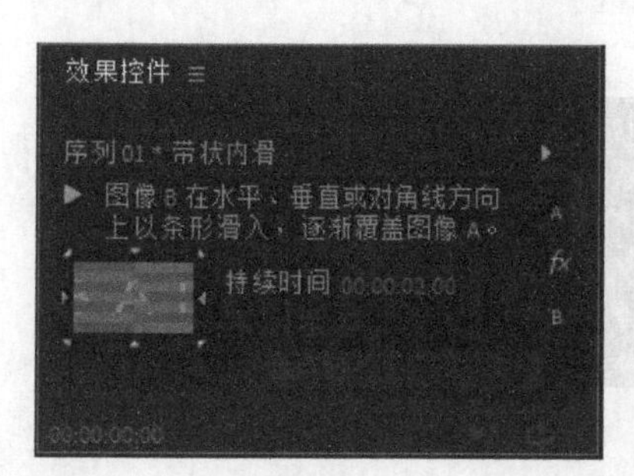

图3-11

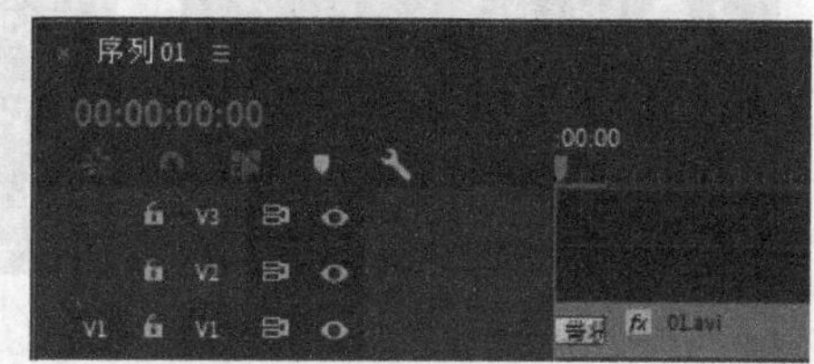

图3-12

07 在“效果”面板中，单击“划像”文件夹前面的按钮将其展开，选中“交叉划像”效果，如图3-13所示。将“交叉划像”效果拖曳到“时间轴”面板“视频1（V1）”轨道中的“01”文件和“02”文件连接的位置，如图3-14所示。

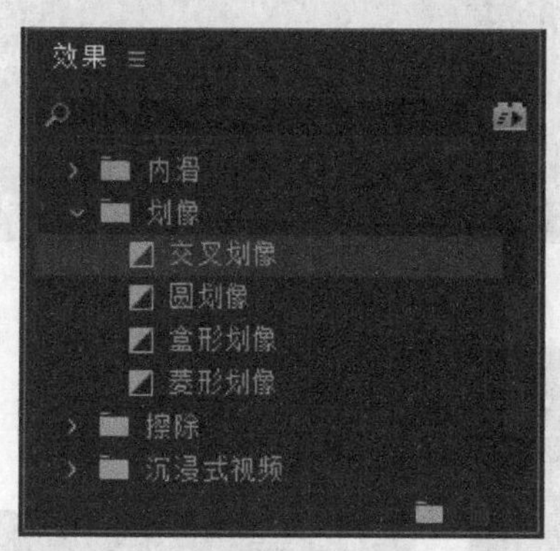

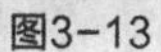

图3-13

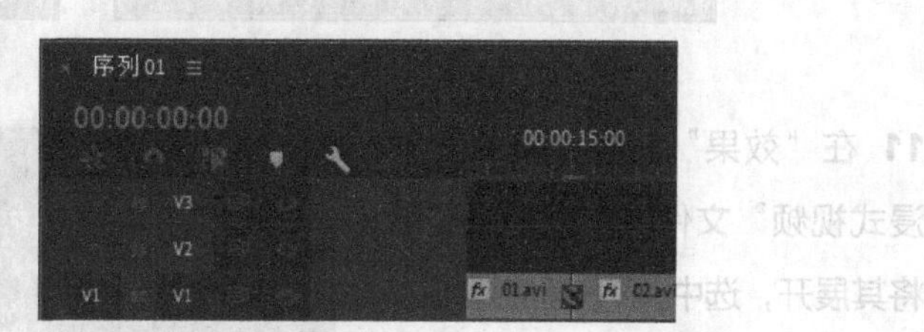

图3-14

08 选择“时间轴”面板中的“交叉划像”效果。在“效果控件”面板中将“持续时间”设置为00:00:02:00，其他选项的设置如图3-15所示，“时间轴”面板如图3-16所示。

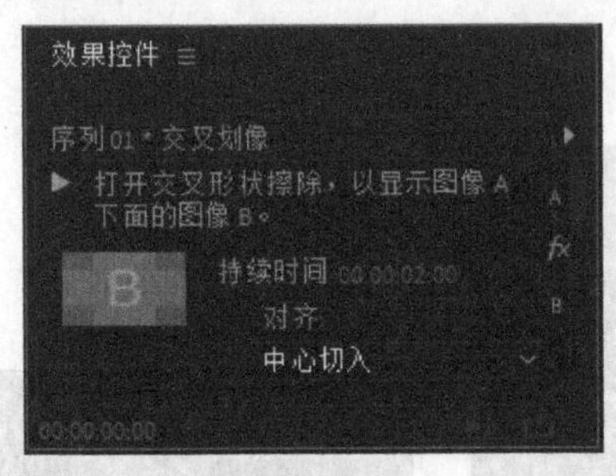

图3-15

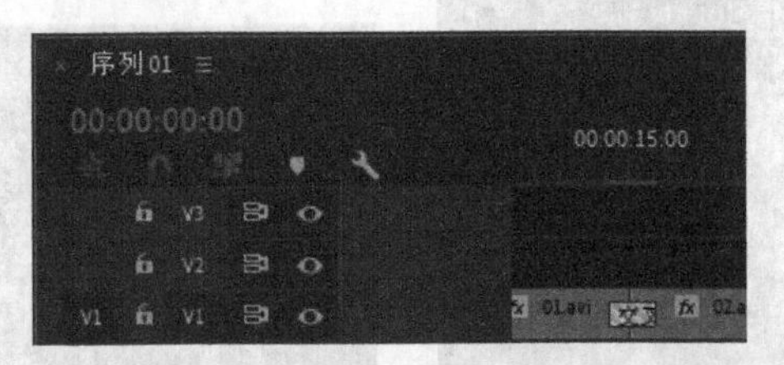

图3-16

09 在“效果”面板中单击“页面剥落”文件夹前面的▶按钮将其展开，选中“翻页”效果，如图3-17所示。将“翻页”效果拖曳到“时间轴”面板“视频1（V1）”轨道中的“02”文件和“03”文件连接的位置，如图3-18所示。

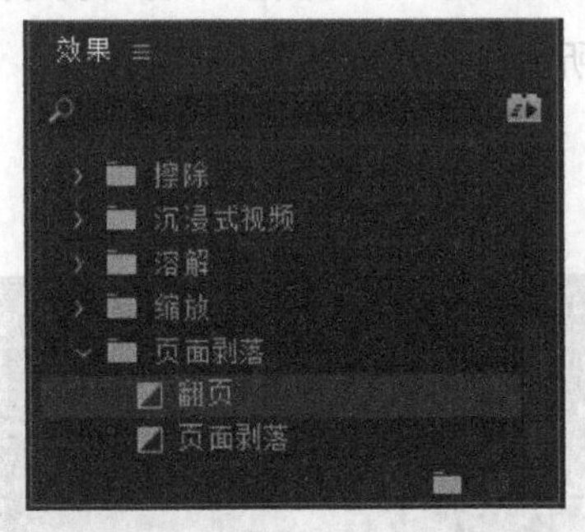

图3-17

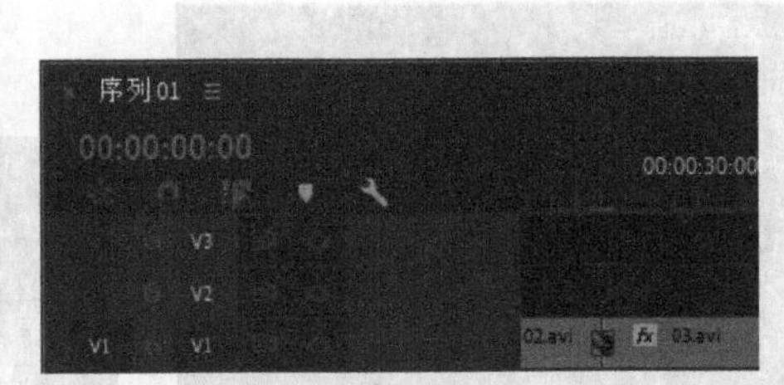

图3-18

10 选择“时间轴”面板中的“翻页”效果。在“效果控件”面板中将“持续时间”设置为00:00:03:00，在过渡块上拖曳鼠标调整其位置，如图3-19所示，“时间轴”面板如图3-20所示。

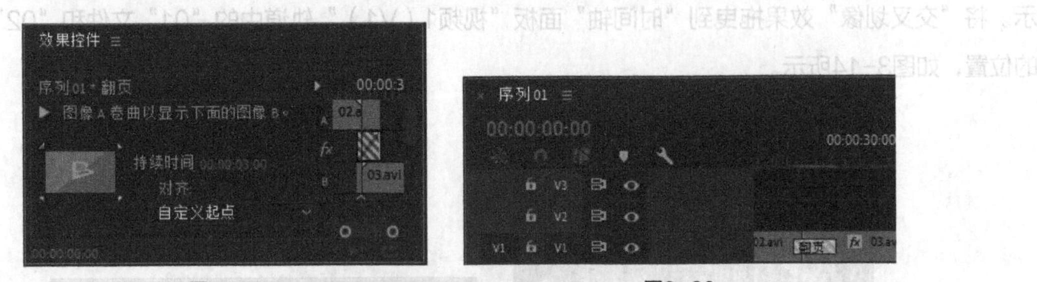

图3-19

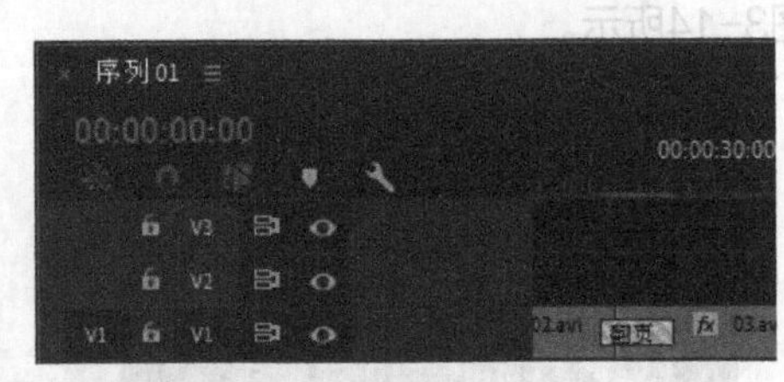

图3-20

11 在“效果”面板中单击“沉浸式视频”文件夹前面的▶按钮将其展开，选中“VR渐变擦除”效果，如图3-21所示。将“VR渐变擦除”效果拖曳到“时间轴”面板“视频1（V1）”轨道中“04”文件的开始位置，如图3-22所示。

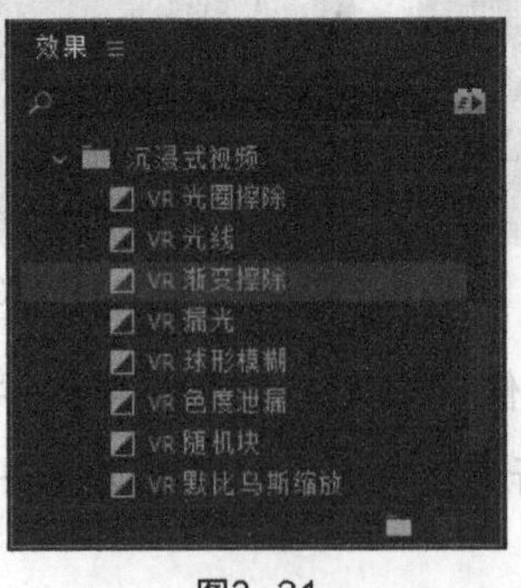

图3-21

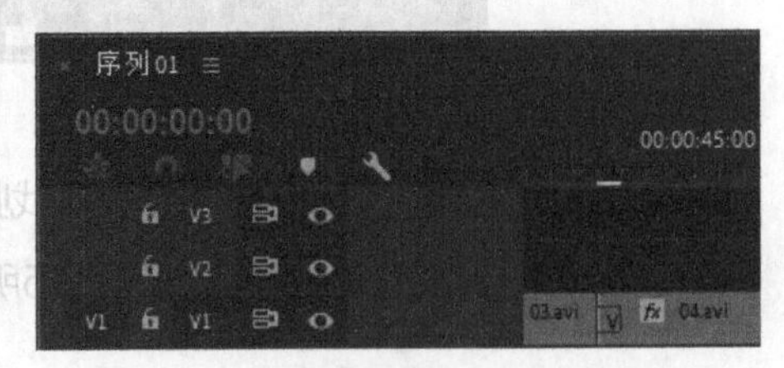

图3-22

12 选择“时间轴”面板中的“VR渐变擦除”效果。在“效果控件”面板中将“持续时间”设置为00:00:01:20，如图3-23所示，“时间轴”面板如图3-24所示。

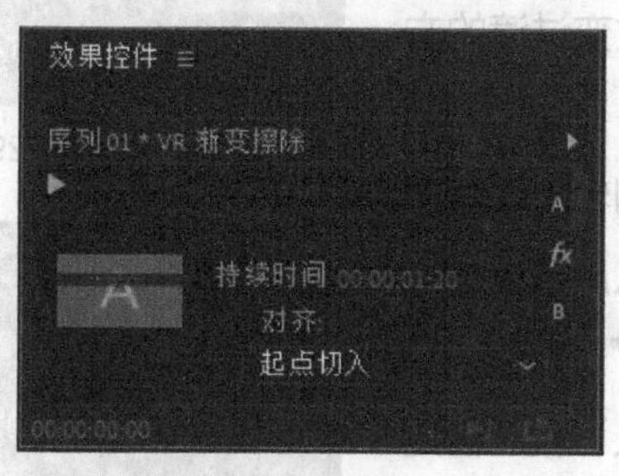

图3-23

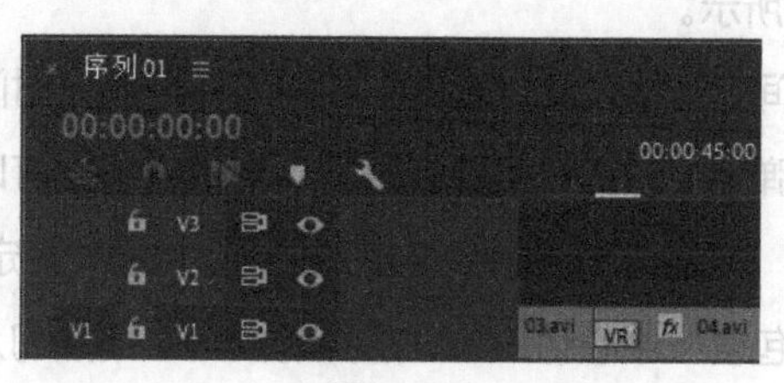

图3-24

13 在“效果”面板中选中“VR色度泄漏”效果，如图3-25所示。将“VR色度泄漏”效果拖曳到“时间轴”面板“视频1（V1）”轨道中“04”文件的结束位置，如图3-26所示。陶瓷艺术宣传片制作完成。

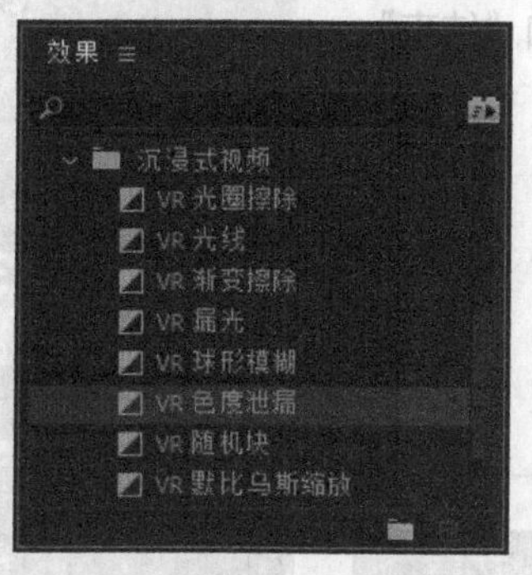

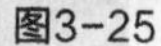
图3-25

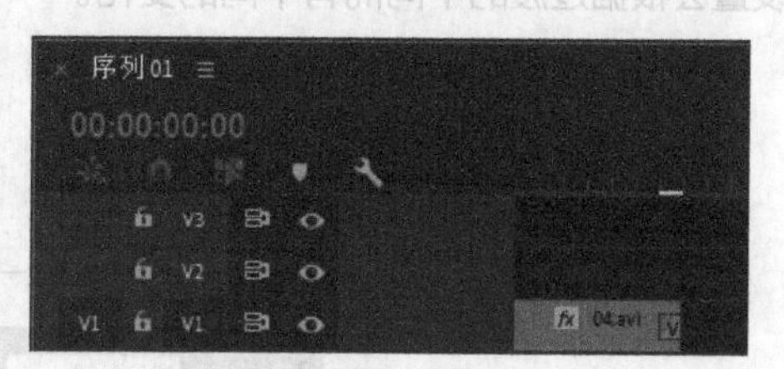

图3-26

3.1.2 镜头过渡使用

一般情况下，过渡在同一轨道的两个相邻素材之间使用，如图3-27所示。也可以单独为一个素材添加过渡，此时，素材与其下方轨道的素材进行过渡，但是下方轨道的素材只是作为背景使用，并不能被过渡控制，如图3-28所示。

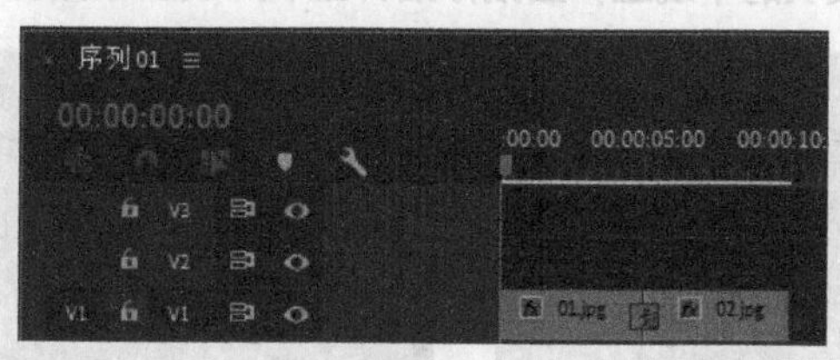

图3-27

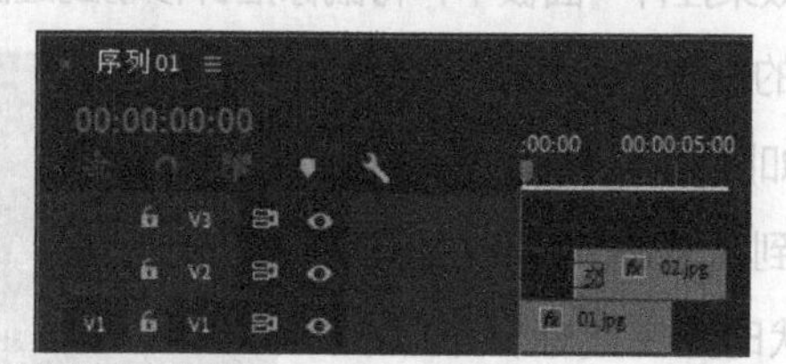

图3-28

3.1.3 镜头过渡设置

两段影片加入过渡后，时间轴上会有一个重叠区域，这个重叠区域就是发生过渡的范围。通过“效果控件”面板和“时间轴”面板可以对过渡进行设置。

在“效果控件”面板上方单击▶按钮，可以在小视窗中预览过渡效果，如图3-29所示。对于某些有方向性的过渡来说，可以在小视窗中单击箭头改变过渡的方向。例如，单击右上角的箭头改变过渡的方向，如图3-30所示。

图3-29

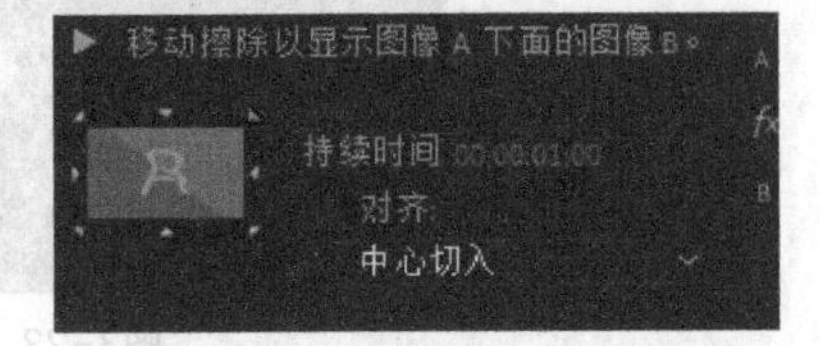

图3-30

“持续时间”可以设置过渡的持续时间。双击“时间轴”面板中的过渡块，会弹出“设置过渡持续时间”对话框，也可以用于设置过渡的持续时间，如图3-31所示，设置完成后，单击“确定”按钮。

“对齐”包含“中心切入”“起点切入”“终点切入”和“自定义起点”4种切入对齐方式。

“开始”和“结束”可以设置过渡的起始和结束状态。按住Shift键并拖曳滑块，可以使开始和结束滑块以相同的数值变化。

勾选“显示实际源”复选框，可以在上方的“开始”和“结束”视图窗中显示过渡的开始帧和结束帧，如图3-32所示。

其他选项的设置会根据过渡的不同而有不同的变化。

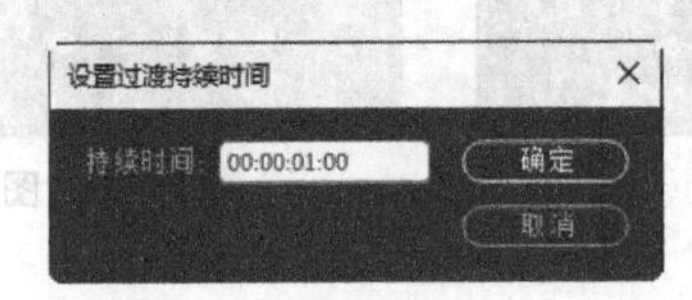

图3-31

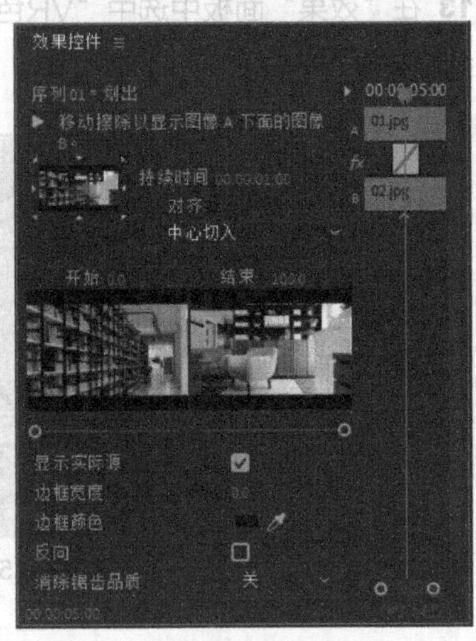

图3-32

3.1.4 镜头过渡调整

在“效果控件”面板的右侧区域和“时间轴”面板中，还可以对过渡进行进一步的调整。

在“效果控件”面板中，将鼠标指针移动到过渡块的中线上，当鼠标指针呈⇼状时拖曳鼠标，可以改变素材影片的持续时间和过渡的影响区域，如图3-33所示。将鼠标指针移动到过渡块上，当鼠标指针呈⇔状时拖曳鼠标，可以改变过渡的切入位置，如图3-34所示。

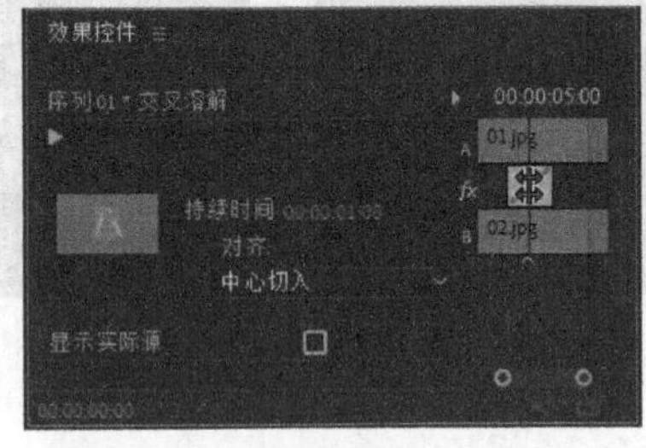

图3-33

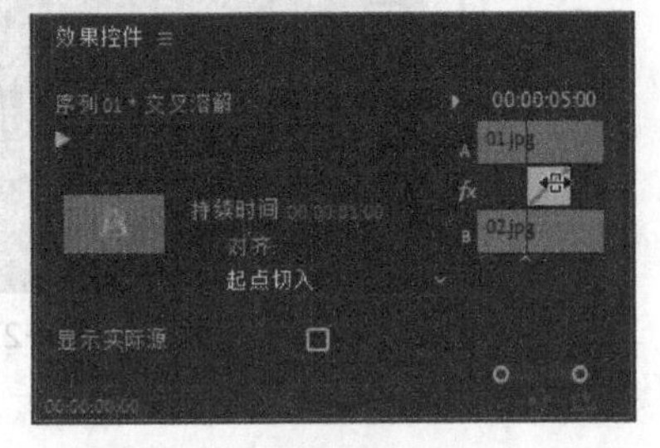

图3-34

在“效果控件”面板中，将鼠标指针移动到过渡块的左侧边缘，当鼠标指针呈▸状时拖曳鼠标，可以改变过渡的长度，如图3-35所示。在“时间轴”面板中，将鼠标指针移动到过渡块的右侧边缘，当鼠标指针呈◂状时拖曳鼠标，也可以改变过渡的长度，如图3-36所示。

图3-35

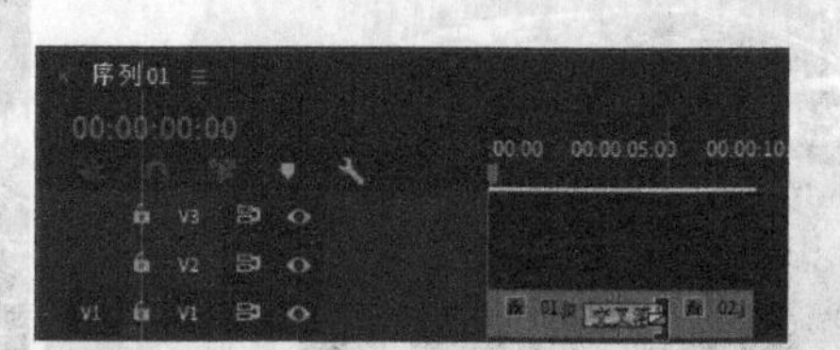

图3-36

3.1.5 默认过渡设置

选择“编辑 > 首选项 > 时间轴”命令，会弹出“首选项”对话框，可以分别设置视频和音频过渡的默认持续时间，如图3-37所示。

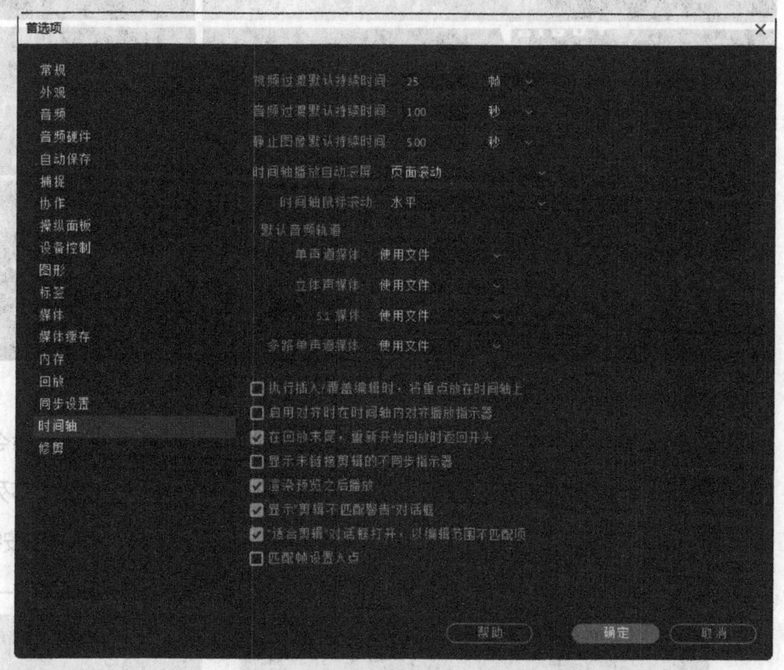

图3-37

3.2 过渡效果应用

Premiere Pro 2020将各种转换效果根据类型的不同分别放在“效果”面板的“视频效果”文件夹的子文件夹中，用户可以根据使用的转换类型，方便地进行查找。

3.2.1 课堂案例——时尚女孩电子相册

案例学习目标 学习使用过渡效果制作图像转场效果。

案例知识要点 使用“导入”命令导入素材文件，使用“立方体旋转”“圆划像”“楔形擦除”“百叶窗”“风车”“插入”效果制作图片之间的过渡，使用“效果控件”面板调整视频的缩放。时尚女孩电子相册的效果如图3-38所示。

效果所在位置 Ch03\时尚女孩电子相册\时尚女孩电子相册. prproj。

图3-38

01 启动Premiere Pro 2020应用程序，选择“文件 > 新建 > 项目”命令，会弹出“新建项目”对话框，如图3-39所示，单击“确定”按钮，新建项目。选择“文件 > 新建 > 序列”命令，会弹出“新建序列”对话框，切换到“设置”选项卡，具体设置如图3-40所示，单击“确定”按钮，新建序列。

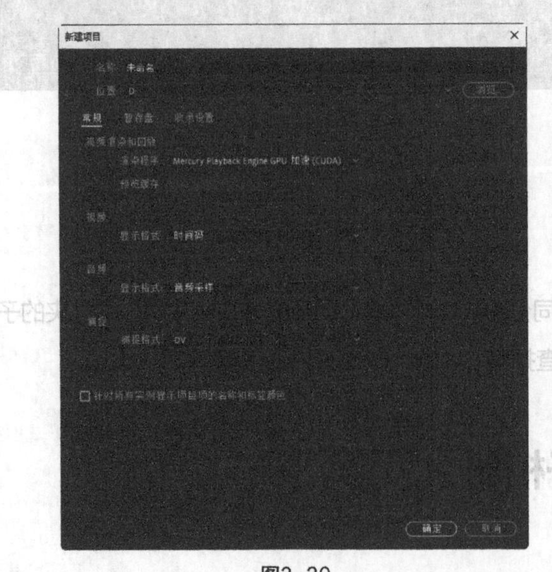

图3-39

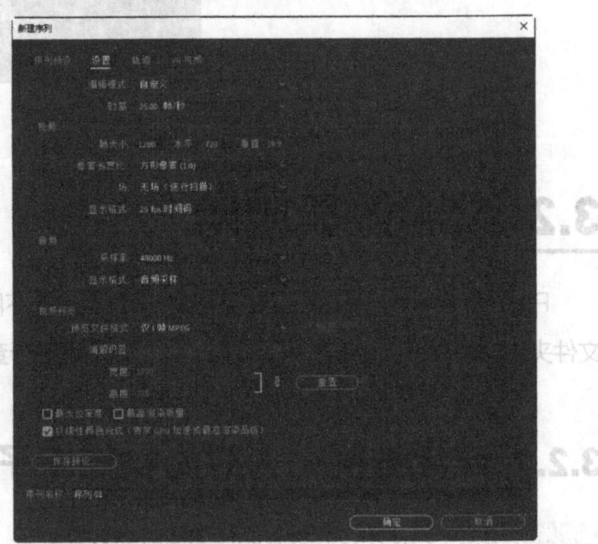

图3-40

02 选择“文件 > 导入”命令，会弹出“导入”对话框，选择本书学习资源中的“Ch03\时尚女孩电子相册\素材\01~05”文件，如图3-41所示，单击“打开”按钮，将素材文件导入“项目”面板中，如图3-42所示。

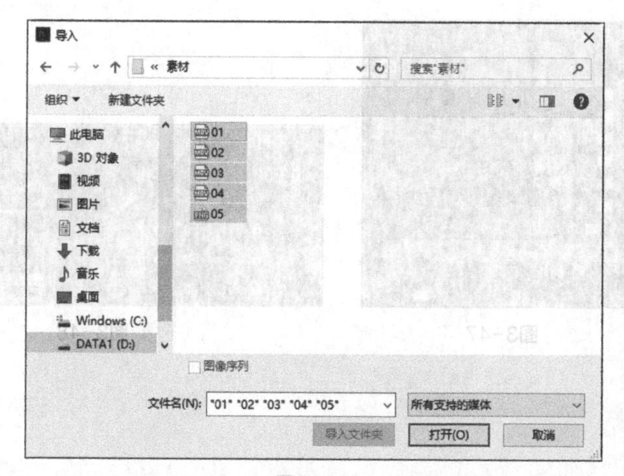

图3-41

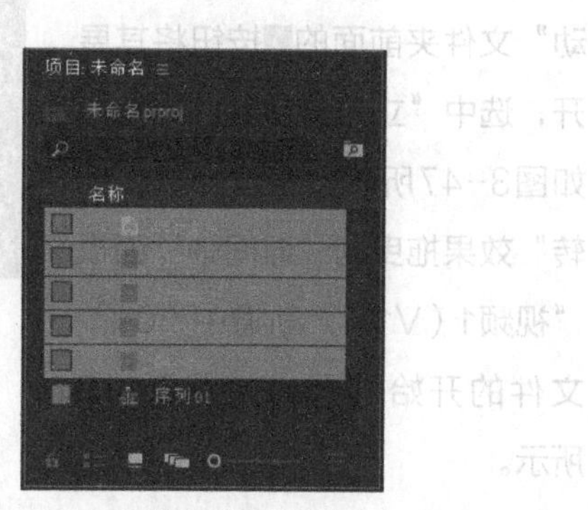

图3-42

03 在“项目”面板中，选中“01~04”文件并将其拖曳到“时间轴”面板的“视频1（V1）”轨道中，会弹出“剪辑不匹配警告”对话框，单击“保持现有设置”按钮，在保持现有序列设置的情况下将文件放置在“视频1（V1）”轨道中，如图3-43所示。选择“时间轴”面板中的“01”文件。在“效果控件”面板中展开“运动”选项，将“缩放”设置为67.0，如图3-44所示。用相同的方法调整其他素材文件的缩放参数。

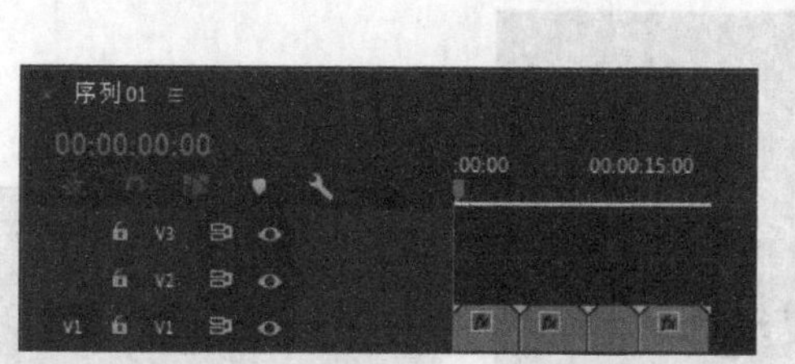

图3-43

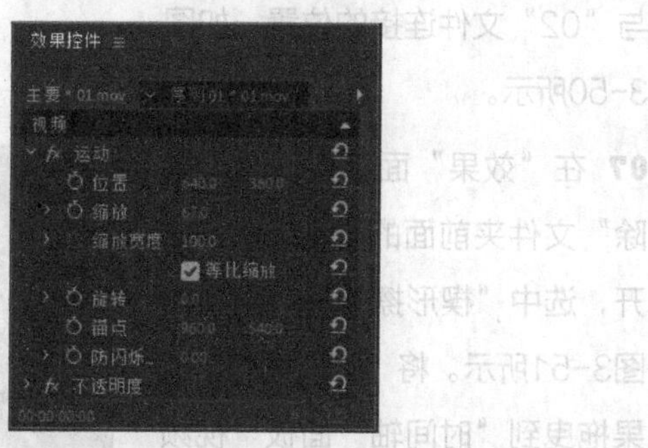

图3-44

04 在“项目”面板中，选中“05”文件并将其拖曳到“时间轴”面板的“视频2（V2）”轨道中，如图3-45所示。选择“时间轴”面板中的“05”文件。在“效果控件”面板中展开“运动”选项，将“缩放”设置为130.0，如图3-46所示。

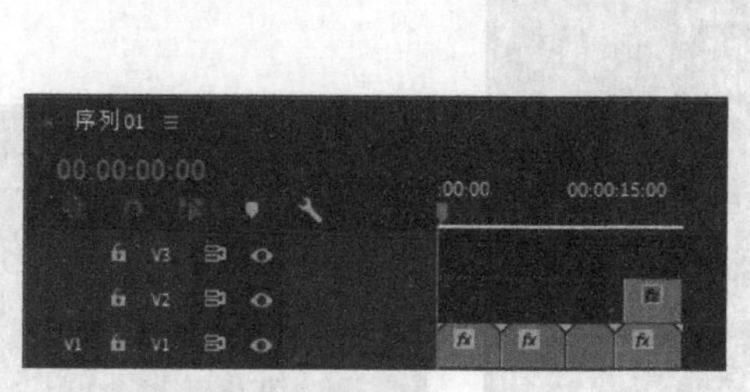

图3-45

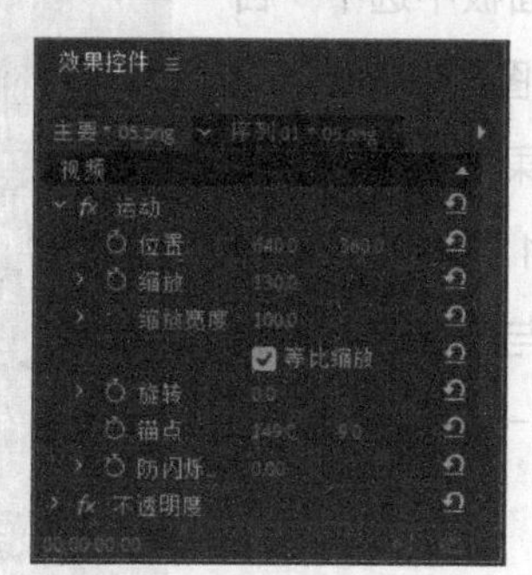

图3-46

05 在“效果”面板中展开“视频过渡”分类选项，单击“3D运动”文件夹前面的▶按钮将其展开，选中“立方体旋转”效果，如图3-47所示。将“立方体旋转”效果拖曳到“时间轴”面板“视频1（V1）”轨道中“01”文件的开始位置，如图3-48所示。

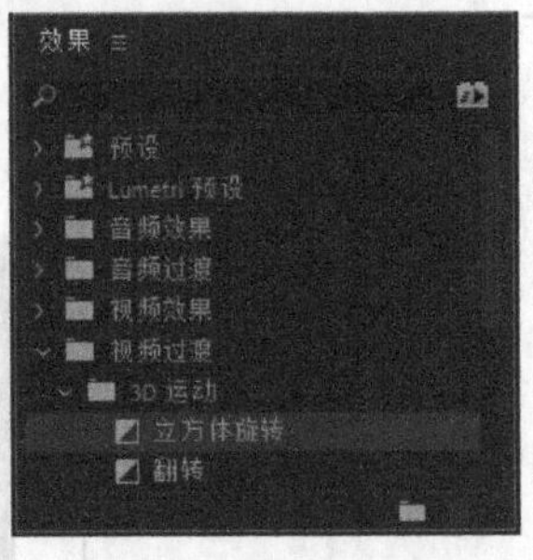

图3-47

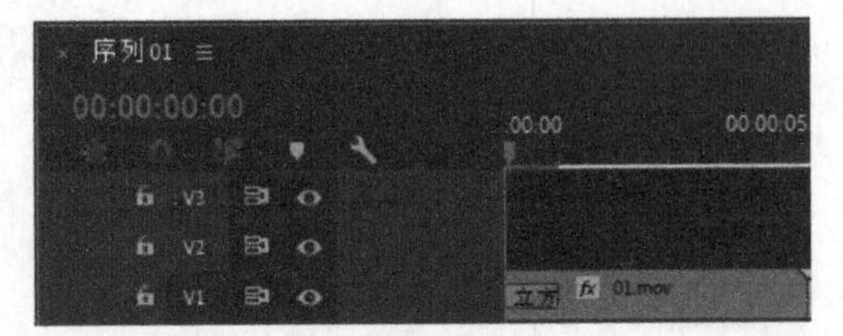

图3-48

06 在“效果”面板中单击“划像”文件夹前面的▶按钮将其展开，选中“圆划像”效果，如图3-49所示。将“圆划像”效果拖曳到“时间轴”面板“视频1（V1）”轨道中的“01”文件与“02”文件连接的位置，如图3-50所示。

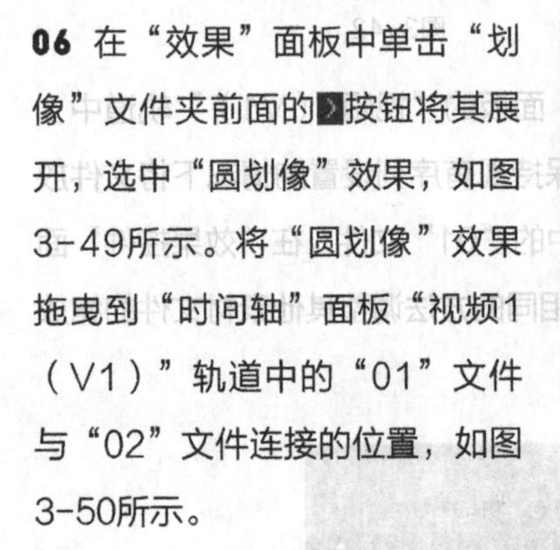

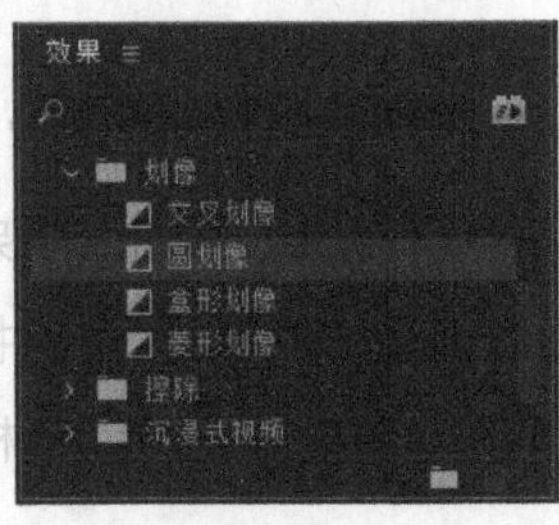

图3-49

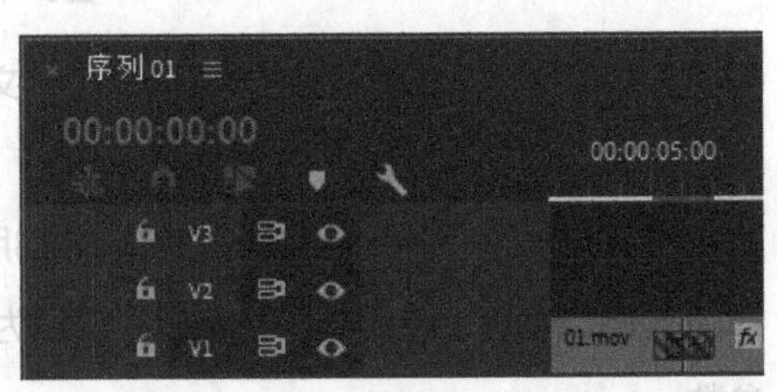

图3-50

07 在“效果”面板中单击“擦除”文件夹前面的▶按钮将其展开，选中“楔形擦除”效果，如图3-51所示。将“楔形擦除”效果拖曳到“时间轴”面板“视频1（V1）”轨道中的“02”文件与“03”文件连接的位置，如图3-52所示。

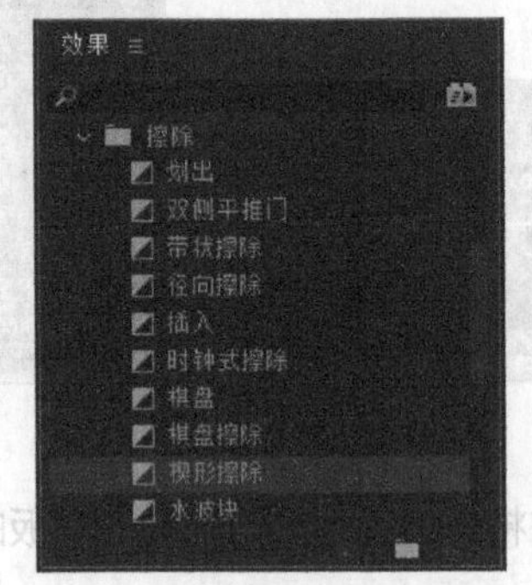

图3-51

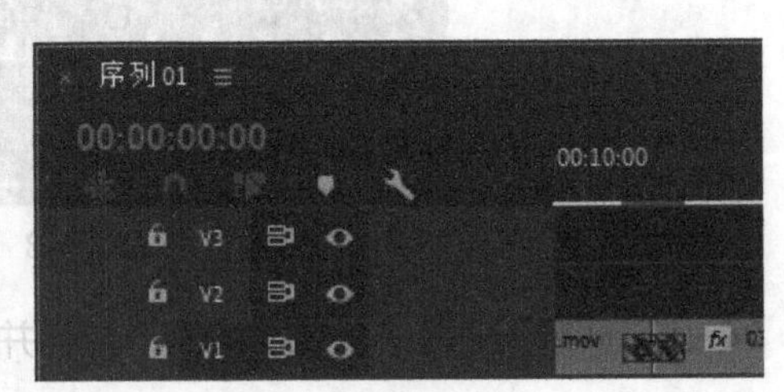

图3-52

08 在“效果”面板中选中“百叶窗”效果，如图3-53所示。将“百叶窗”效果拖曳到“时间轴”面板“视频1（V1）”轨道中的“03”文件与“04”文件连接的位置，如图3-54所示。

图3-53

图3-54

09 在“效果”面板中选中“风车”效果，如图3-55所示。将“风车”效果拖曳到“时间轴”面板“视频2（V2）”轨道中“04”文件的结束位置，如图3-56所示。

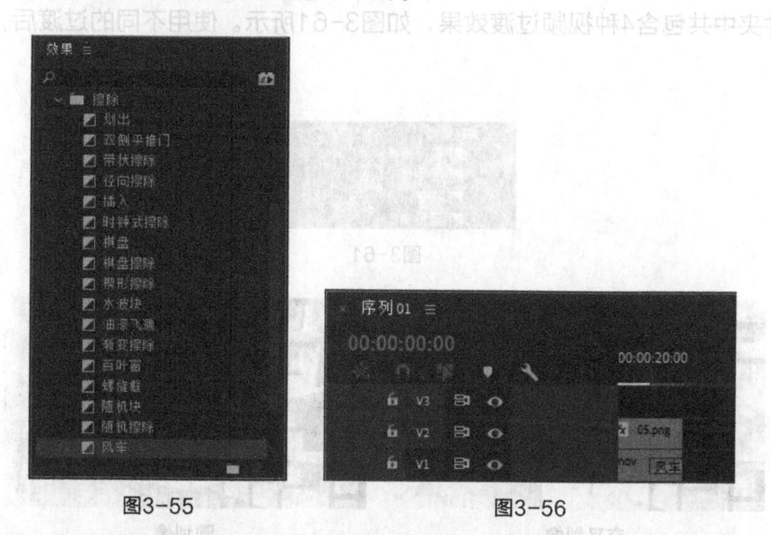

图3-55　　图3-56

10 在“效果”面板中选中“插入”效果，如图3-57所示。将“插入”效果拖曳到“时间轴”面板“视频2（V2）”轨道中“05”文件的开始位置，如图3-58所示。时尚女孩电子相册制作完成。

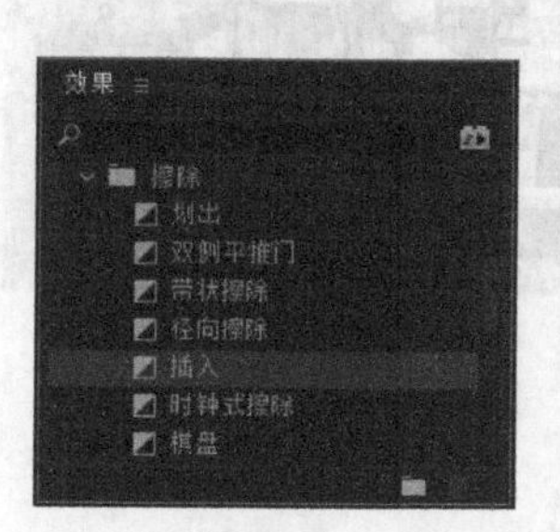

图3-57

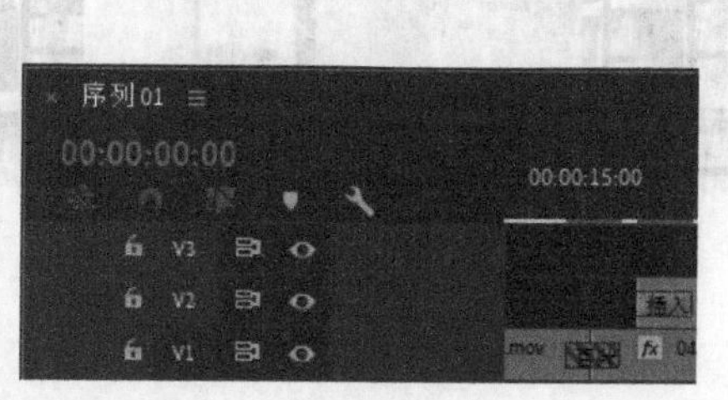

图3-58

3.2.2 3D 运动

“3D 运动”文件夹中共包含两种视频过渡效果，如图3-59所示。使用不同的过渡后，呈现的效果如图3-60所示。

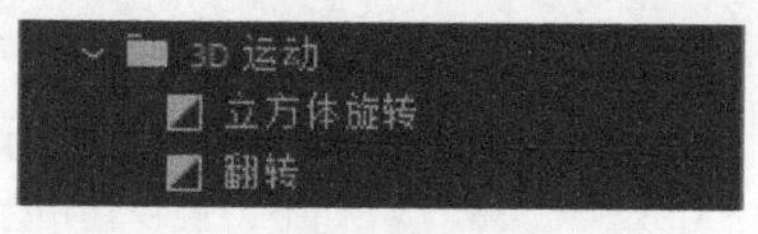

图3-59

立方体旋转

翻转

图3-60

3.2.3 划像

“划像”文件夹中共包含4种视频过渡效果，如图3-61所示。使用不同的过渡后，呈现的效果如图3-62所示。

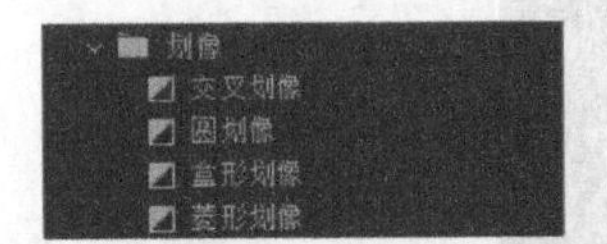

图3-61

交叉划像

圆划像

盒形划像

菱形划像

图3-62

3.2.4 擦除

“擦除”文件夹中共包含17种视频过渡效果，如图3-63所示。使用不同的过渡后，呈现的效果如图3-64所示。

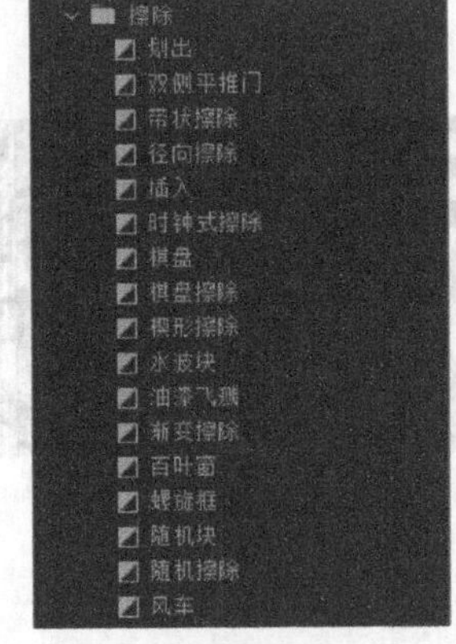

图3-63

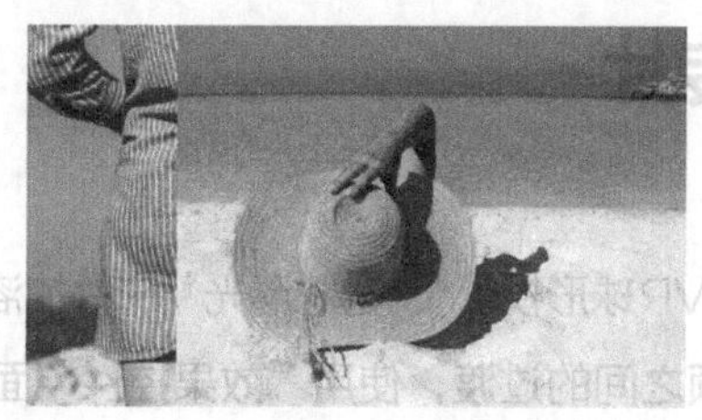
划出

双侧平推门

带状擦除

径向擦除

插入

时钟式擦除

棋盘

棋盘擦除

楔形擦除

水波块

油漆飞溅

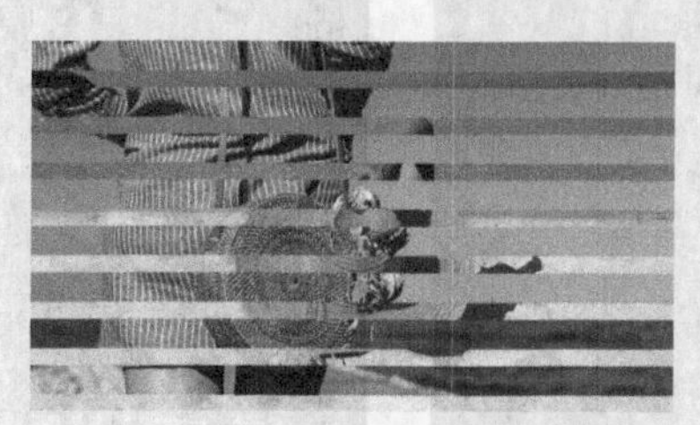
渐变擦除

百叶窗

螺旋框

随机块

随机擦除

风车

图3-64

3.2.5 课堂案例——美食新品宣传片

案例学习目标 学习使用转场过渡制作图像转场效果。

案例知识要点 使用“导入”命令导入视频文件，使用“VR球形模糊”“VR漏光”“叠加溶解”“非叠加溶解”“VR默比乌斯缩放”“交叉溶解”效果制作视频之间的过渡，使用“效果控件”面板编辑视频的缩放。美食新品宣传片的效果如图3-65所示。

效果所在位置 Ch03\美食新品宣传片\美食新品宣传片.prproj。

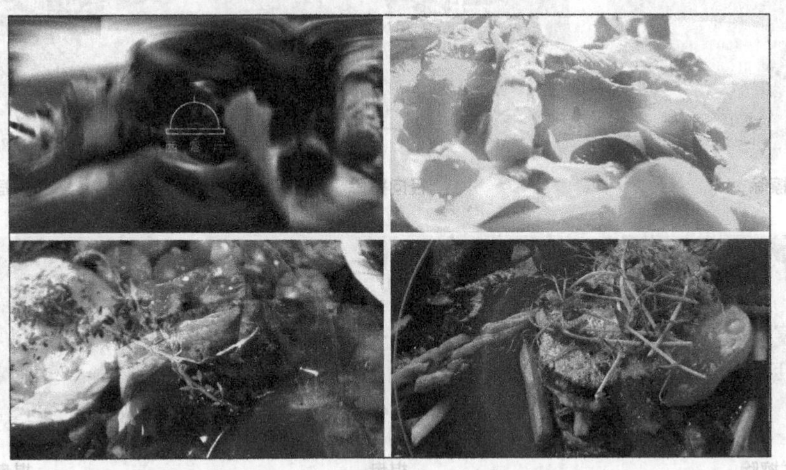

图3-65

01 启动Premiere Pro 2020应用程序，选择“文件 > 新建 > 项目”命令，会弹出“新建项目”对话框，如图3-66所示，单击“确定”按钮，新建项目。选择“文件 > 新建 > 序列”命令，会弹出“新建序列”对话框，切换到“设置”选项卡，具体设置如图3-67所示，单击“确定”按钮，新建序列。

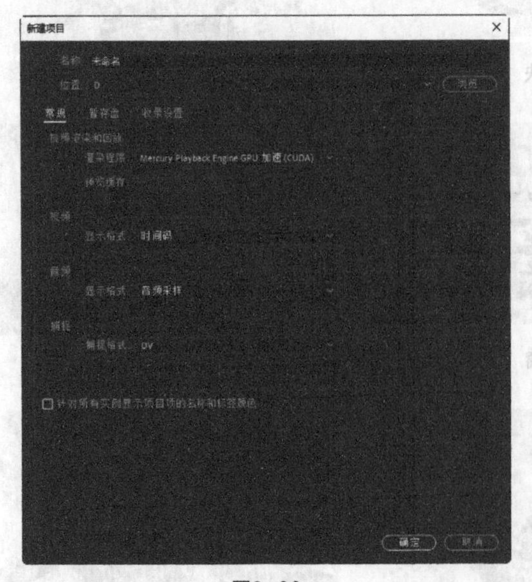

图3-66

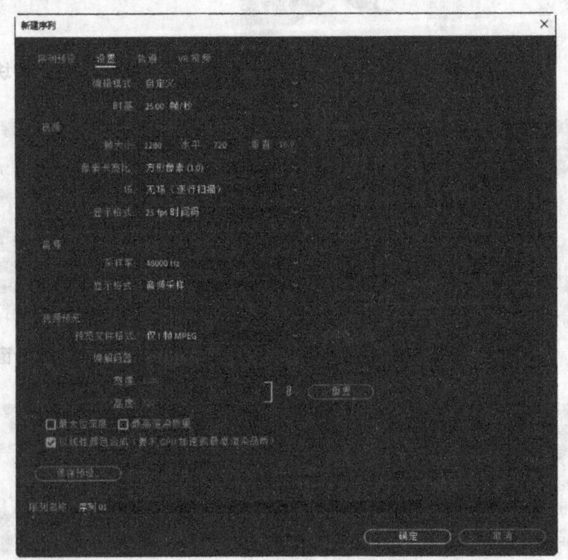

图3-67

02 选择“文件 > 导入”命令，会弹出“导入”对话框，选择本书学习资源中的“Ch03\美食新品宣传片\素材\01~05”文件，如图3-68所示，单击“打开”按钮，将素材文件导入“项目”面板中，如图3-69所示。

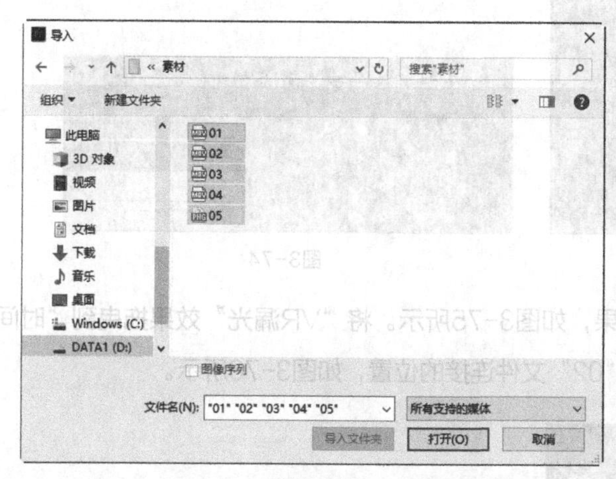

图3-68

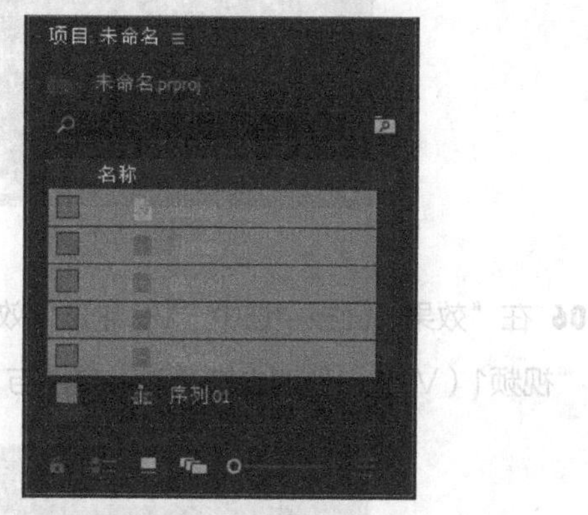

图3-69

03 在“项目”面板中，选中“01~04”文件并将其拖曳到“时间轴”面板的“视频1（V1）”轨道中，会弹出“剪辑不匹配警告”对话框，单击“保持现有设置”按钮，在保持现有序列设置的情况下将文件放置在“视频1（V1）”轨道中，如图3-70所示。选择“时间轴”面板中的“01”文件。在“效果控件”面板中展开“运动”选项，将“缩放”设置为67.0，如图3-71所示。用相同的方法调整其他素材文件的缩放参数。

04 在“项目”面板中，选中“05”文件并将其拖曳到“时间轴”面板的“视频2（V2）”轨道中，如图3-72所示。

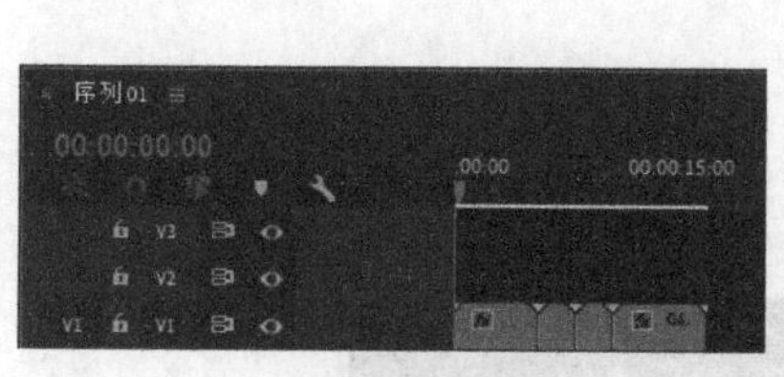

图3-70

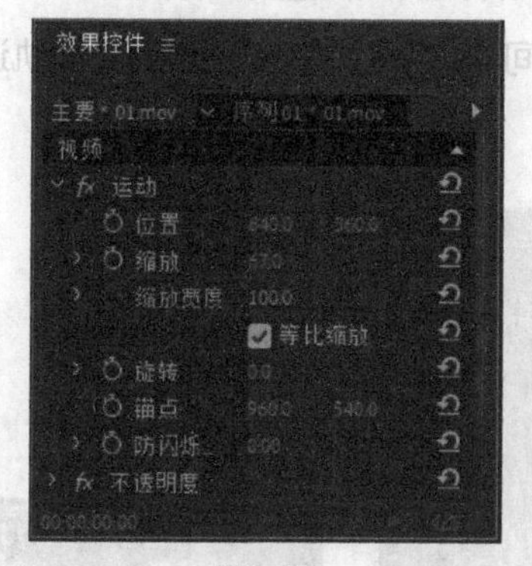

图3-71

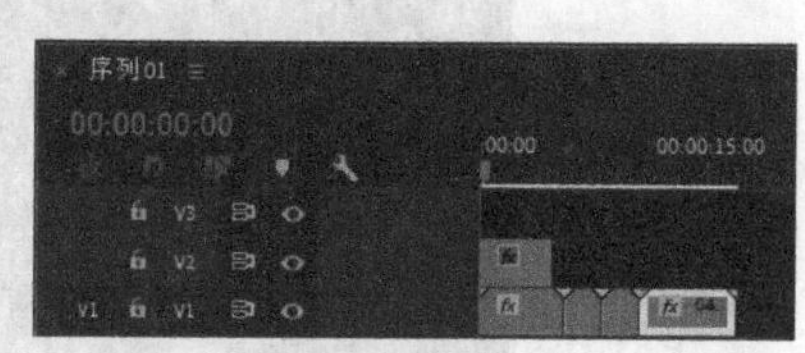

图3-72

05 在“效果”面板中展开“视频过渡”分类选项，单击“沉浸式视频”文件夹前面的▸按钮将其展开，选中“VR球形模糊”效果，如图3-73所示。将“VR球形模糊”效果拖曳到“时间轴”面板“视频1（V1）”轨道中“01”文件的开始位置，如图3-74所示。

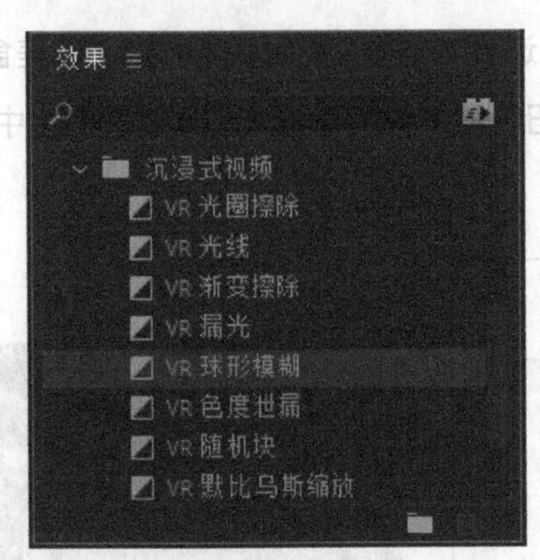

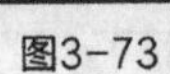

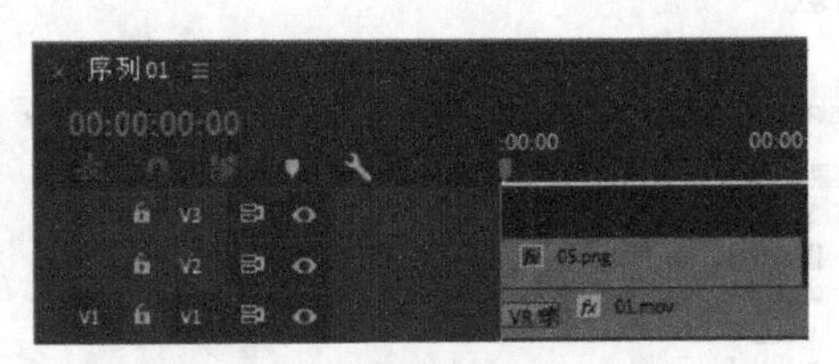

图3-73　　图3-74

06 在“效果”面板中选中“VR漏光”效果，如图3-75所示。将“VR漏光”效果拖曳到“时间轴”面板“视频1（V1）”轨道中的“01”文件与“02”文件连接的位置，如图3-76所示。

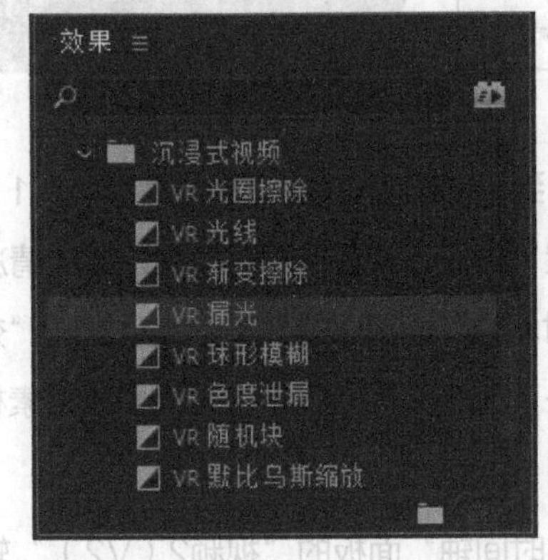

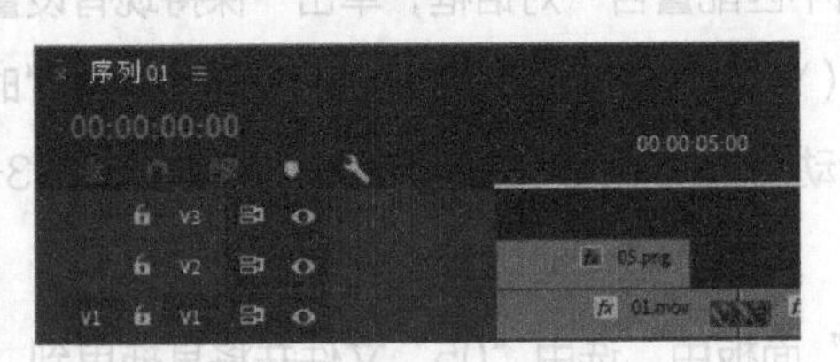

图3-75　　图3-76

07 在“效果”面板中单击“溶解”文件夹前面的▶按钮将其展开，选中“叠加溶解”效果，如图3-77所示。将“叠加溶解”效果拖曳到“时间轴”面板“视频1（V1）”轨道中的“02”文件与“03”文件连接的位置，如图3-78所示。

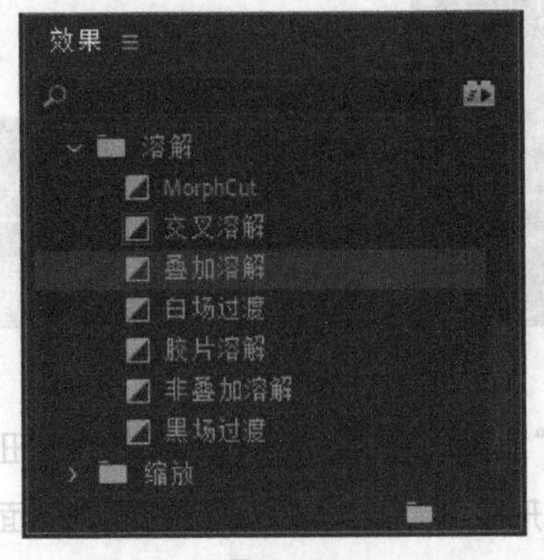

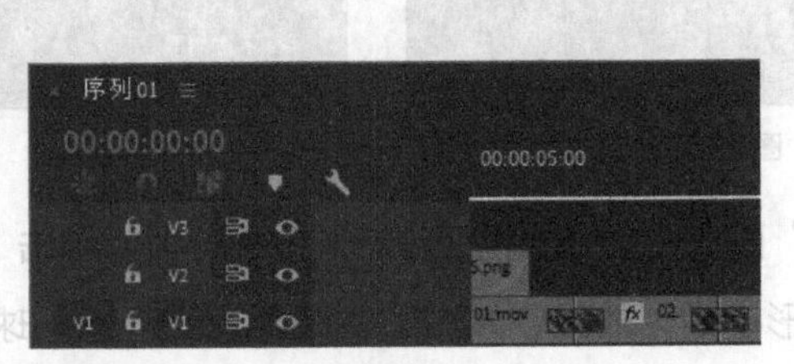

图3-77　　图3-78

08 在“效果”面板中选中“非叠加溶解”效果，如图3-79所示。将“非叠加溶解”效果拖曳到“时间轴”面板“视频1（V1）”轨道中的“03”文件与“04”文件连接的位置，如图3-80所示。

图3-79

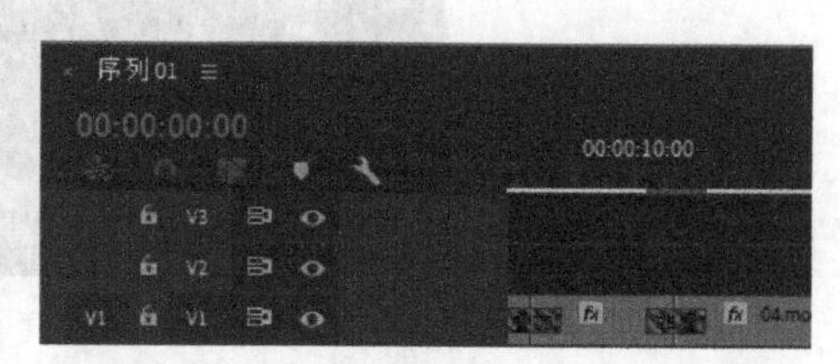

图3-80

09 在“效果”面板中单击“沉浸式视频”文件夹前面的▶按钮将其展开，选中“VR默比乌斯缩放”效果，如图3-81所示。将“VR默比乌斯缩放”效果拖曳到“时间轴”面板“视频1（V1）”轨道中“04”文件的结束位置，如图3-82所示。

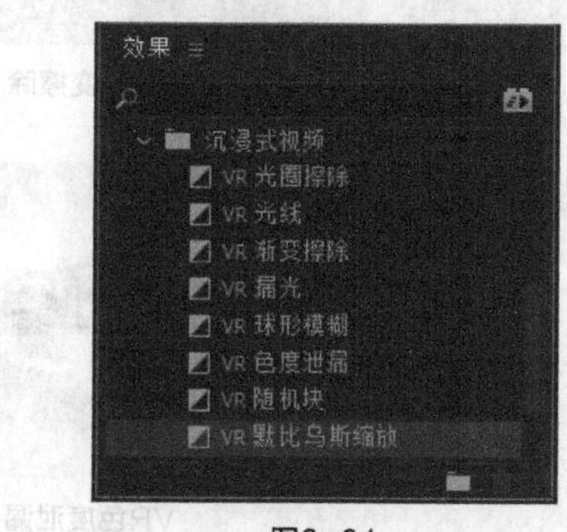

图3-81

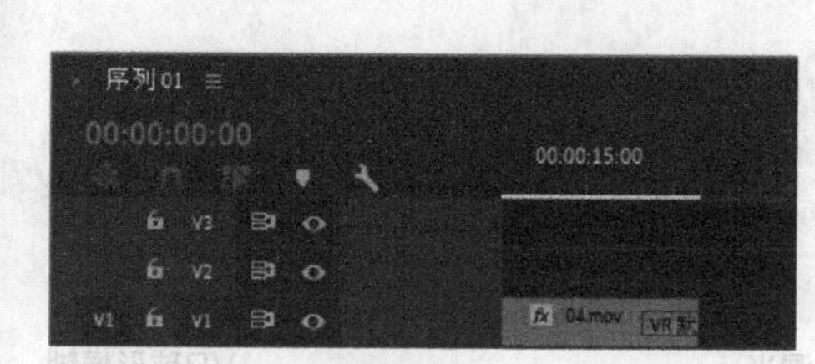

图3-82

10 在“效果”面板中单击“溶解”文件夹前面的▶按钮将其展开，选中“交叉溶解”效果，如图3-83所示。将“交叉溶解”效果拖曳到“时间轴”面板“视频2（V2）”轨道中“05”文件的开始位置，如图3-84所示。美食新品宣传片制作完成。

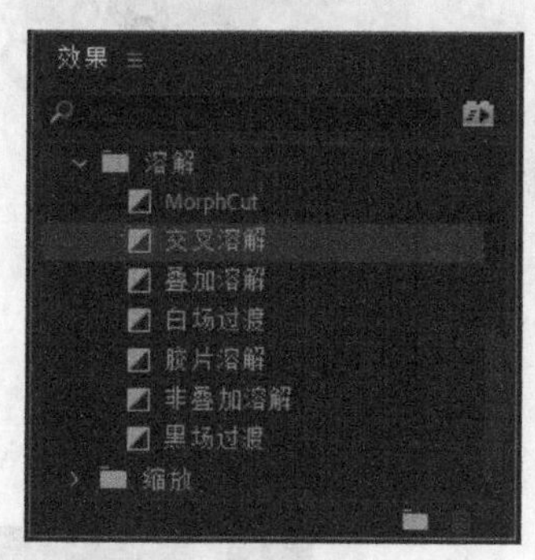

图3-83

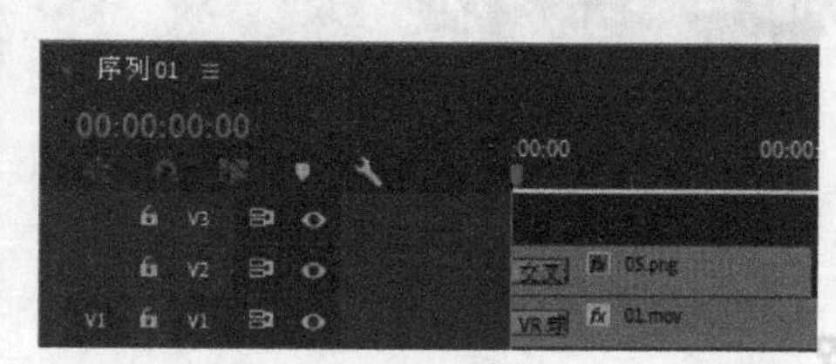

图3-84

3.2.6 沉浸式视频

“沉浸式视频”文件夹中共包含8种视频过渡效果，如图3-85所示。使用不同的过渡后，呈现的效果如图3-86所示。

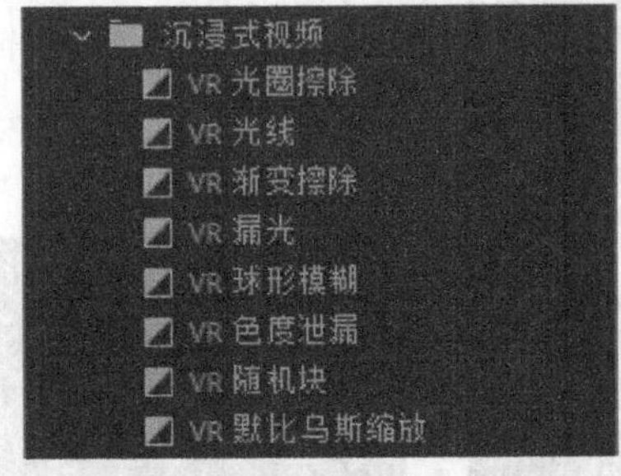

图3-85

VR光圈擦除

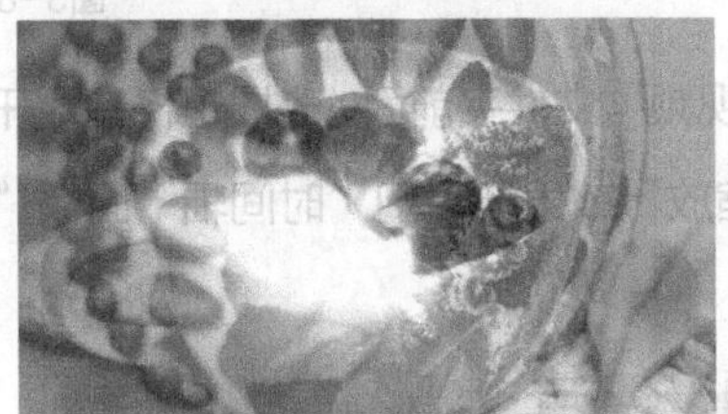

VR光线

VR渐变擦除

VR漏光

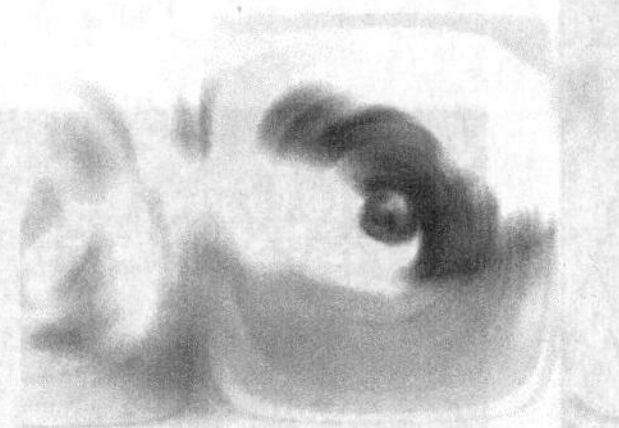

VR球形模糊

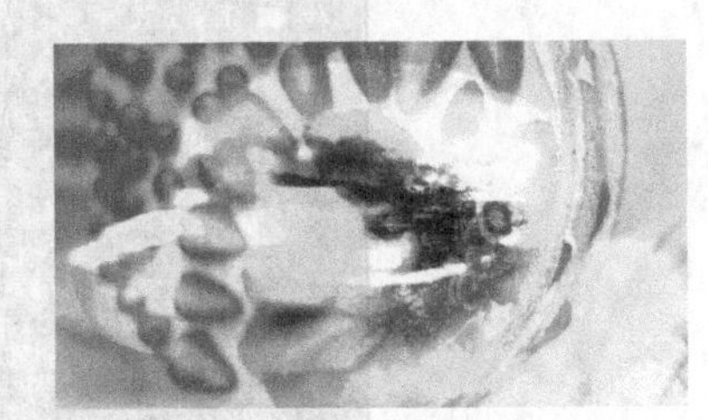

VR色度泄漏

VR随机块

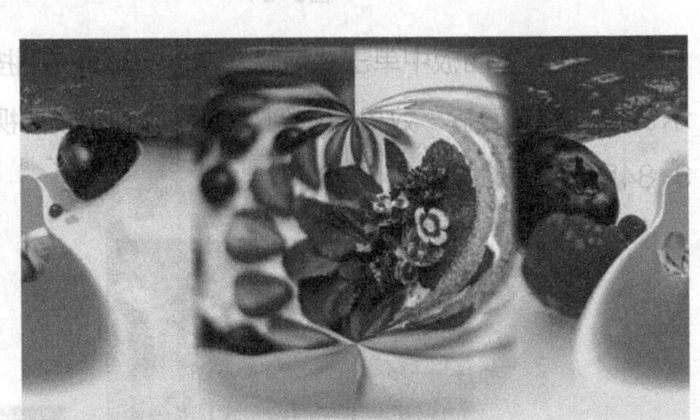

VR默比乌斯缩放

图3-86

3.2.7 溶解

“溶解”文件夹中共包含7种视频过渡效果，如图3-87所示。使用不同的过渡后，呈现的效果如图3-88所示。

溶解
MorphCut
交叉溶解
叠加溶解
白场过渡
胶片溶解
非叠加溶解
黑场过渡

图3-87

图3-88

3.2.8 课堂案例——儿童成长电子相册

案例学习目标 学习使用转场过渡制作图像转场效果。

案例知识要点 使用“导入”命令导入视频文件，使用“交叉缩放”“内滑”“拆分”“页面剥落”效果制作视频之间的过渡，使用“效果控件”面板编辑视频的缩放。儿童成长电子相册的效果如图3-89所示。

效果所在位置 Ch03\儿童成长电子相册\儿童成长电子相册.prproj。

图3-89

01 启动Premiere Pro 2020应用程序，选择“文件 > 新建 > 项目”命令，会弹出“新建项目”对话框，如图3-90所示，单击“确定”按钮，新建项目。选择“文件 > 新建 > 序列”命令，会弹出“新建序列”对话框，切换到“设置”选项卡，具体设置如图3-91所示，单击“确定”按钮，新建序列。

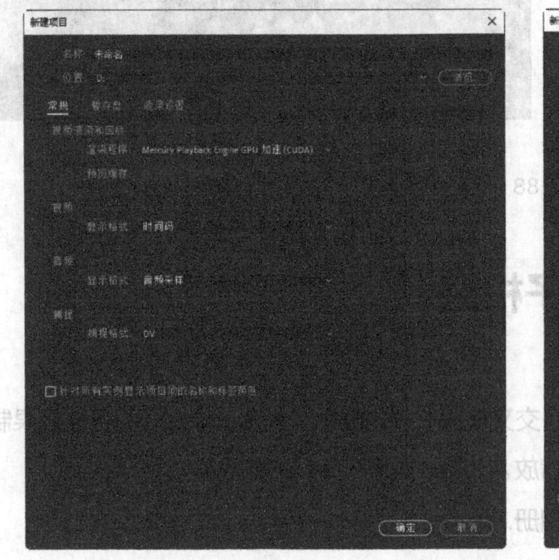

图3-90

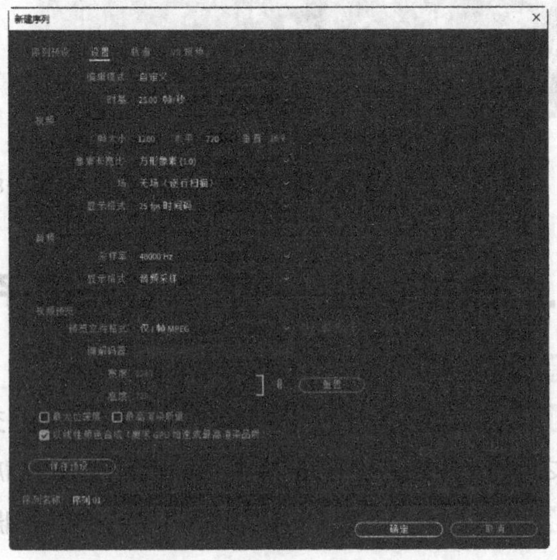

图3-91

02 选择“文件 > 导入”命令，会弹出“导入”对话框，选择本书学习资源中的“Ch03\儿童成长电子相册\素材\01~06”文件，如图3-92所示，单击“打开”按钮，将素材文件导入“项目”面板中，如图3-93所示。

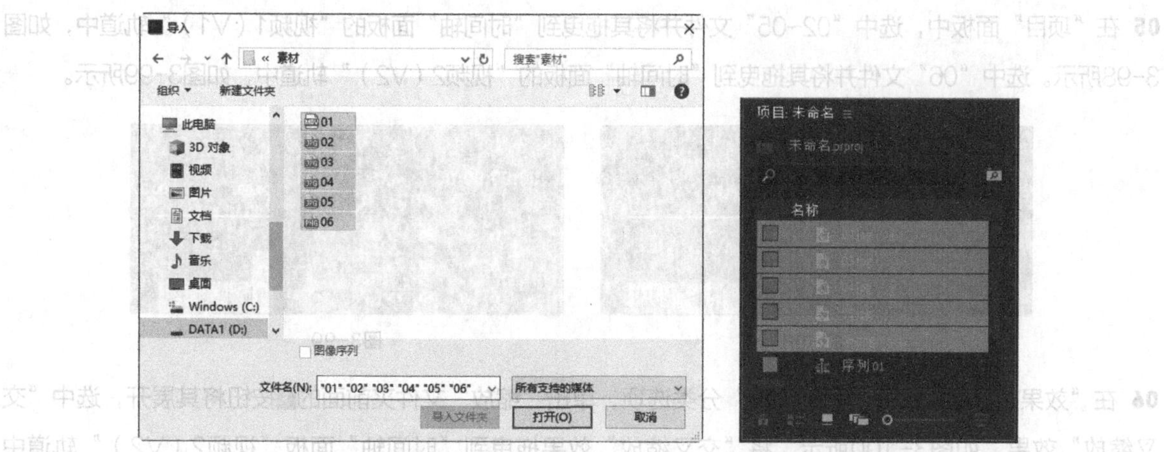

图3-92

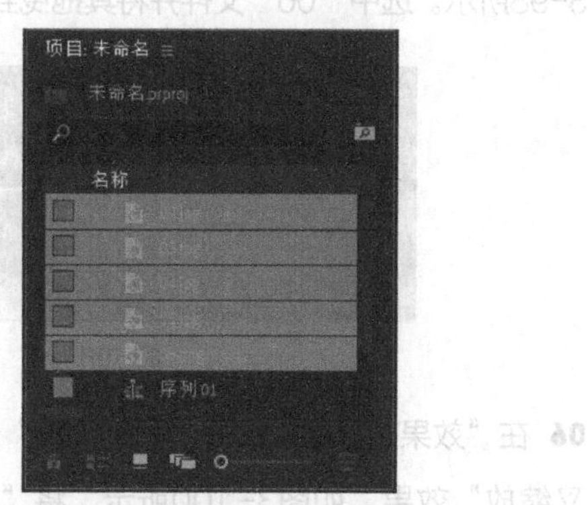

图3-93

03 在“项目”面板中，选中“01”文件并将其拖曳到“时间轴”面板的“视频1（V1）”轨道中，会弹出“剪辑不匹配警告”对话框，单击“保持现有设置”按钮，在保持现有序列设置的情况下将“01”文件放置在“视频1（V1）”轨道中，如图3-94所示。选择“时间轴”面板中的“01”文件。在“效果控件”面板中展开“运动”选项，将“缩放”设置为50.0，如图3-95所示。

图3-94

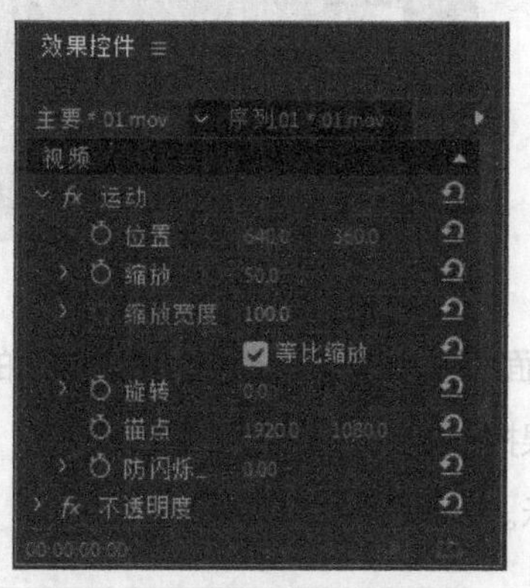

图3-95

04 选择“剪辑 > 速度/持续时间”命令，在弹出的对话框中进行设置，如图3-96所示，单击“确定”按钮，效果如图3-97所示。

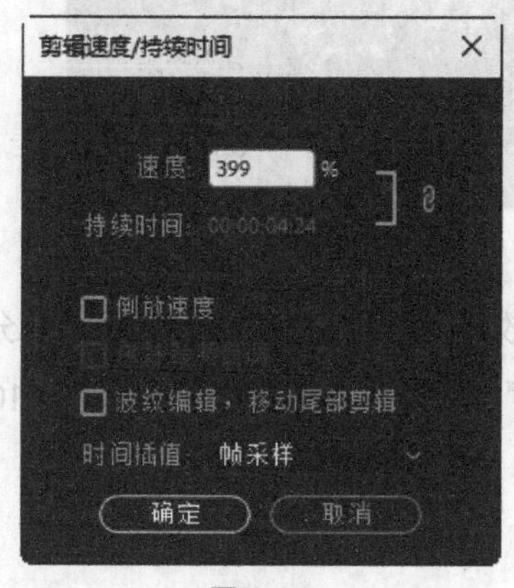

图3-96

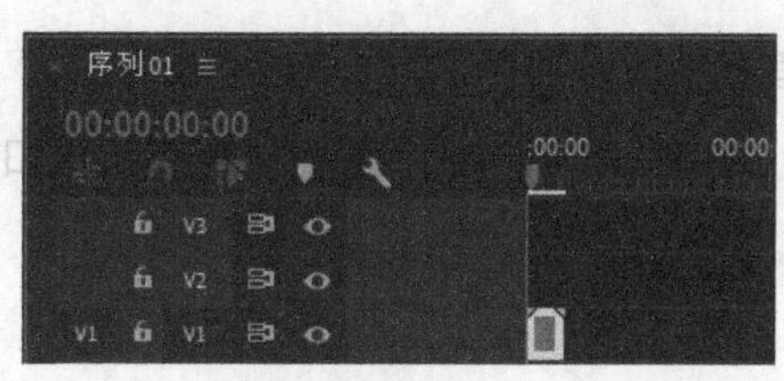

图3-97

05 在“项目”面板中，选中“02~05”文件并将其拖曳到“时间轴”面板的“视频1（V1）”轨道中，如图3-98所示。选中“06”文件并将其拖曳到“时间轴”面板的“视频2（V2）”轨道中，如图3-99所示。

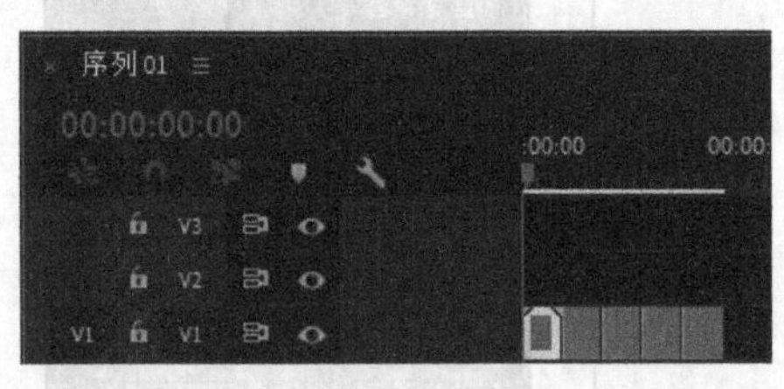

图3-98

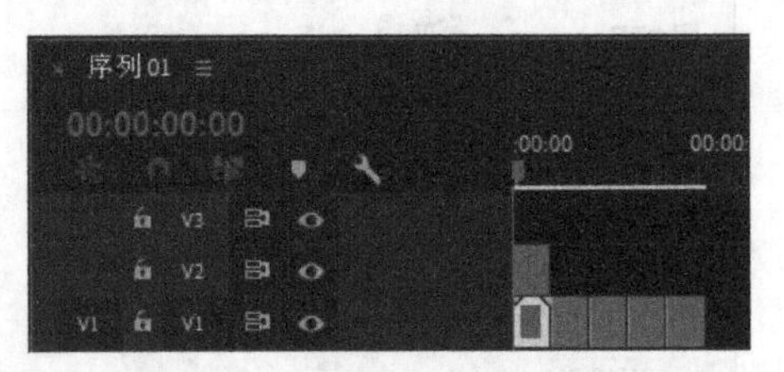

图3-99

06 在“效果”面板中展开“视频过渡”分类选项，单击“缩放”文件夹前面的▶按钮将其展开，选中“交叉缩放”效果，如图3-100所示。将“交叉缩放”效果拖曳到“时间轴”面板“视频2（V2）”轨道中“06”文件的开始位置，如图3-101所示。

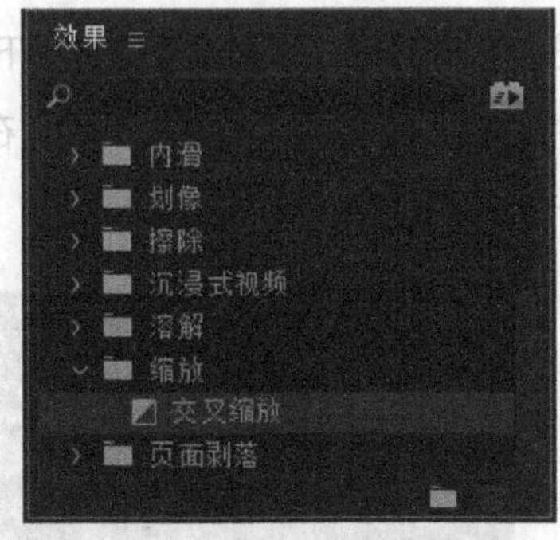

图3-100

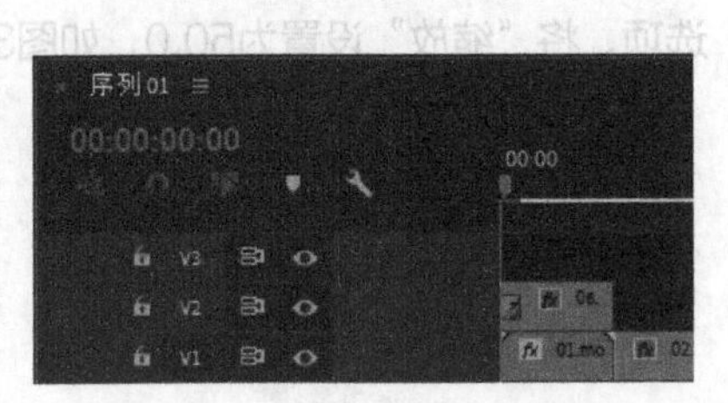

图3-101

07 在“效果”面板中单击“内滑”文件夹前面的▶按钮将其展开，选中“内滑”效果，如图3-102所示。将“内滑”效果拖曳到“时间轴”面板“视频1（V1）”轨道中的“02”文件和“03”文件连接的位置，如图3-103所示。

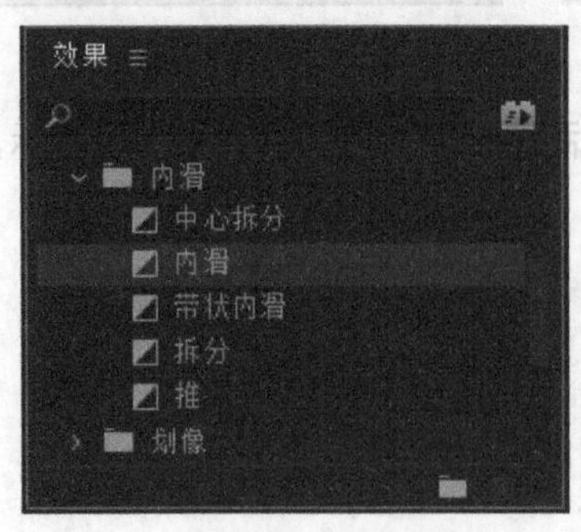

图3-102

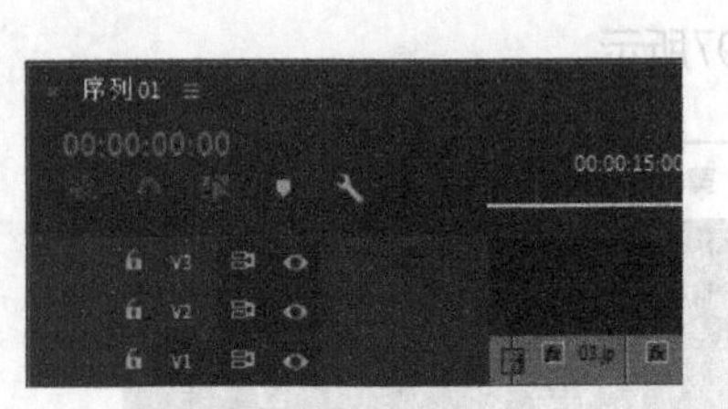

图3-103

08 在“效果”面板中选择“内滑”文件夹中的“拆分”效果，如图3-104所示。将“拆分”效果拖曳到“时间轴”面板“视频1（V1）”轨道中的“03”文件和“04”文件连接的位置，如图3-105所示。

图3-104

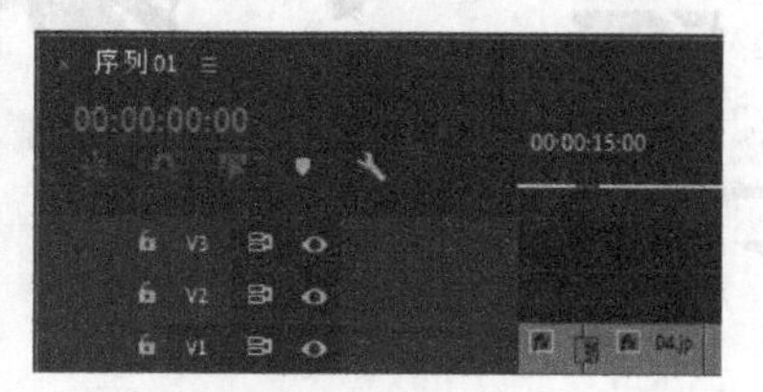

图3-105

09 在“效果”面板中单击“页面剥落”文件夹前面的▶按钮将其展开，选中“翻页”效果，如图3-106所示。将“翻页”效果拖曳到“时间轴”面板“视频1（V1）”轨道中的“04”文件和“05”文件连接的位置，如图3-107所示。儿童成长电子相册制作完成。

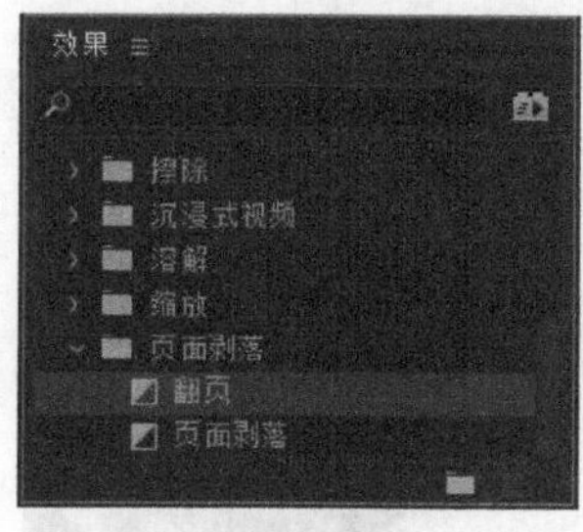

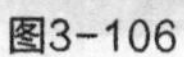

图3-106

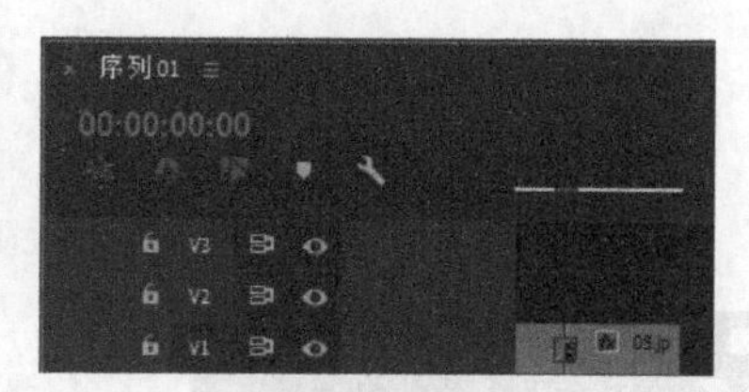

图3-107

3.2.9 内滑

“内滑”文件夹中共包含5种视频过渡效果，如图3-108所示。使用不同的过渡后，呈现的效果如图3-109所示。

图3-108

中心拆分

内滑

图3-109

带状内滑

拆分

推

图3-109（续）

3.2.10 缩放

“缩放”文件夹中只有1种视频过渡效果，如图3-110所示。使用不同的过渡后，呈现的效果如图3-111所示。

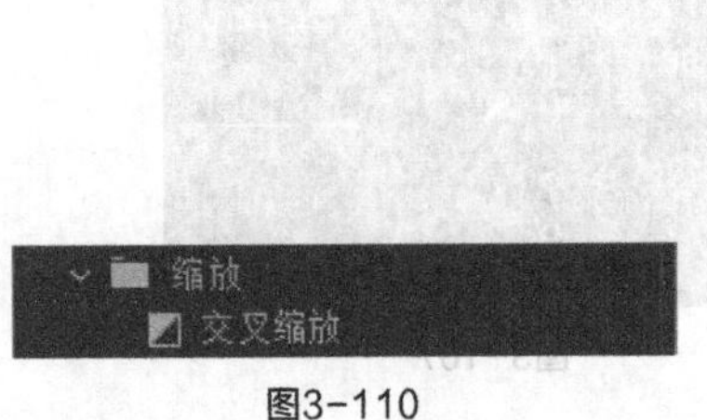

图3-110

交叉缩放

图3-111

3.2.11 页面剥落

“页面剥落”文件夹中共包含两种视频过渡效果，如图3-112所示。使用不同的过渡后，呈现的效果如图3-113所示。

图3-112

翻页

页面剥落

图3-113

课堂练习——个人旅拍Vlog短视频

练习知识要点 使用“导入”命令导入素材文件，使用“菱形划像”“时钟式擦除”“带状内滑”效果制作图片之间的过渡。个人旅拍Vlog短视频的效果如图3-114所示。

效果所在位置 Ch03\个人旅拍Vlog短视频\个人旅拍Vlog短视频.prproj。

图3-114

课后习题——自驾行宣传片

习题知识要点 使用“导入”命令导入视频文件，使用“带状内滑”“推”“交叉缩放”“翻页”效果制作视频之间的过渡，使用“效果控件”面板编辑视频的缩放。自驾行宣传片的效果如图3-115所示。

效果所在位置 Ch03\自驾行宣传片\自驾行宣传片. prproj。

图3-115

第 4 章

视频效果

本章介绍

本章主要介绍Premiere Pro 2020中的视频效果，这些效果可以应用在视频、图片和文字上。通过本章的学习，读者可以快速了解并掌握视频效果制作的精髓，随心所欲地创造出丰富多彩的视觉效果。

学习目标

- ●掌握使用关键帧控制效果的方法。
- ●掌握视频效果的应用方法。

技能目标

- ●熟练掌握“峡谷风光宣传片”的制作方法。
- ●熟练掌握“涂鸦女孩电子相册”的制作方法。
- ●熟练掌握“旅行节目片头”的制作方法。

4.1 添加视频效果

为素材添加一个视频效果很简单，只需从“效果”面板中拖曳一个效果到“时间轴”面板的素材片段上即可。如果素材片段处于被选中状态，也可以双击“效果”面板中的效果或直接将效果拖曳到该片段的“效果控件”面板中。

4.2 使用关键帧

在Premiere Pro 2020中，可以添加、选择和编辑关键帧。下面对关键帧的基本操作进行具体介绍。

4.2.1 认识关键帧

若使效果随时间产生变化，可以使用关键帧技术。当创建了一个关键帧后，就可以指定一个效果属性在确切时间点上的值。当为多个关键帧赋予不同的值时，Premiere Pro 2020会自动计算关键帧之间的值，这个处理过程被称为“插补”。大多数标准效果都可以在素材的整个时间长度中设置关键帧。对于固定效果，如位置和缩放，可以设置关键帧，使素材产生动画效果，也可以移动、复制或删除关键帧和改变插补的模式。

4.2.2 激活关键帧

为了设置动画效果属性，必须先激活属性的关键帧，任何支持关键帧的效果属性都有“切换动画”按钮，单击该按钮可插入一个关键帧。插入关键帧（即激活关键帧）后，就可以添加和调整素材所需要的属性，效果如图4-1所示。

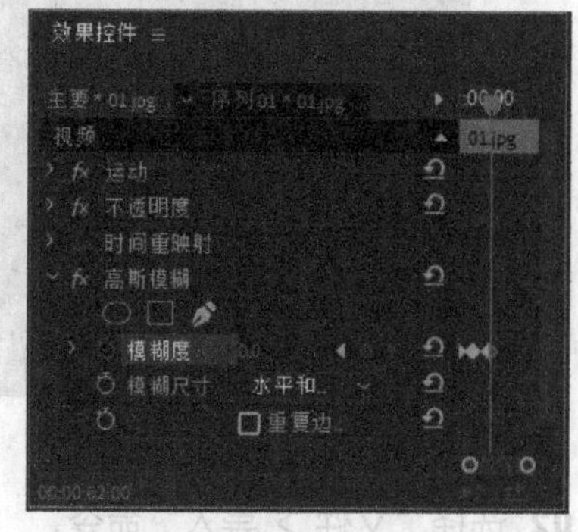

图4-1

4.3 应用视频效果

在认识了视频效果的基本使用方法之后，下面将对Premiere Pro 2020中各视频效果进行详细的介绍。

4.3.1 课堂案例——峡谷风光宣传片

案例学习目标 使用“扭曲”和“变换”效果制作宣传片。

案例知识要点 使用“缩放”改变图像的大小，使用“镜像”效果制作镜像图像，使用“裁剪”效果裁剪图像，使用“不透明度”改变图像的不透明度。峡谷风光宣传片的效果如图4-2所示。

效果所在位置 Ch04\峡谷风光宣传片\峡谷风光宣传片. prproj。

图4-2

01 启动Premiere Pro 2020应用程序，选择“文件 > 新建 > 项目”命令，会弹出“新建项目”对话框，如图4-3所示，单击“确定”按钮，新建项目。选择“文件 > 新建 > 序列”命令，会弹出“新建序列”对话框，切换到“设置”选项卡，具体设置如图4-4所示，单击“确定”按钮，新建序列。

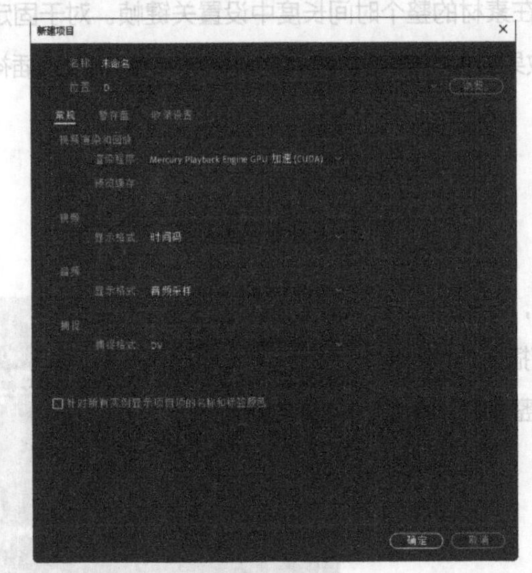

图4-3

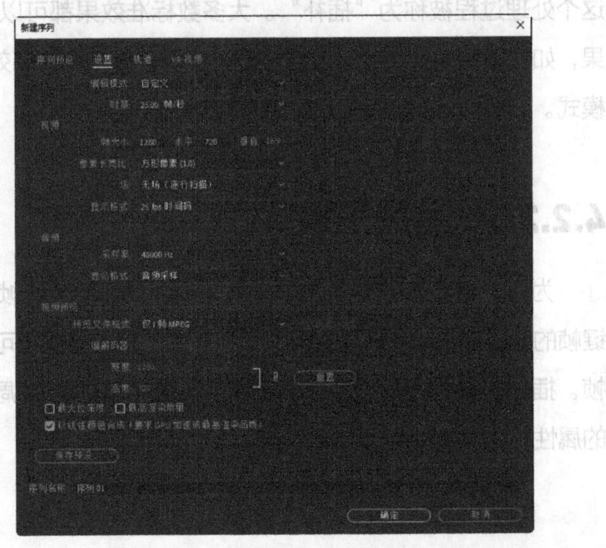

图4-4

02 选择“文件 > 导入”命令，会弹出“导入”对话框，选择本书学习资源中的“Ch04\峡谷风光宣传片\素材\01、02”文件，如图4-5所示，单击“打开”按钮，将素材文件导入“项目”面板中，如图4-6所示。

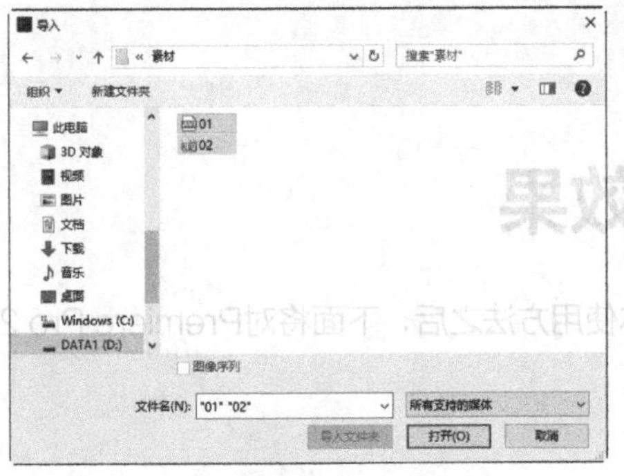

图4-5

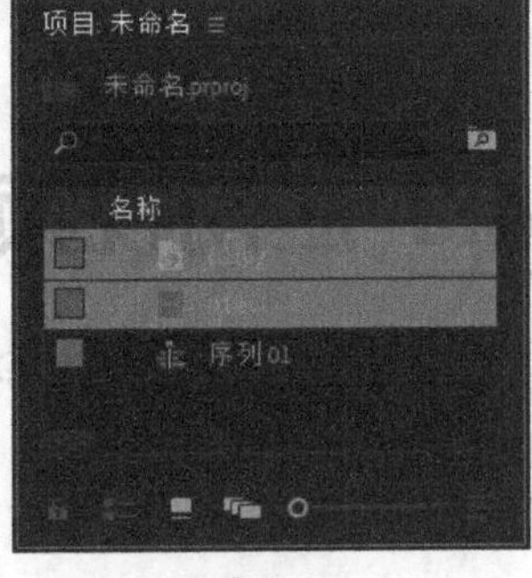

图4-6

03 在“项目”面板中，选中“01”文件并将其拖曳到“时间轴”面板的“视频1（V1）”轨道中，会弹出“剪辑不匹配警告”对话框，单击“保持现有设置”按钮，在保持现有序列设置的情况下将文件放置在“视频1（V1）”轨道中，如图4-7所示。选择“时间轴”面板中的“01”文件。在“效果控件”面板中展开“运动”选项，将“缩放”设置为162.0，如图4-8所示。

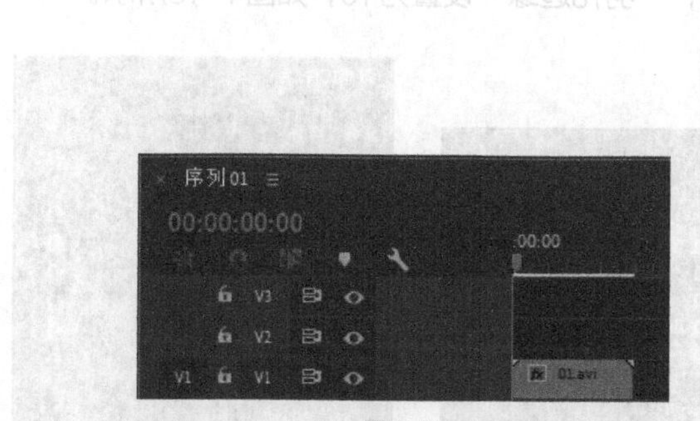

图4-7

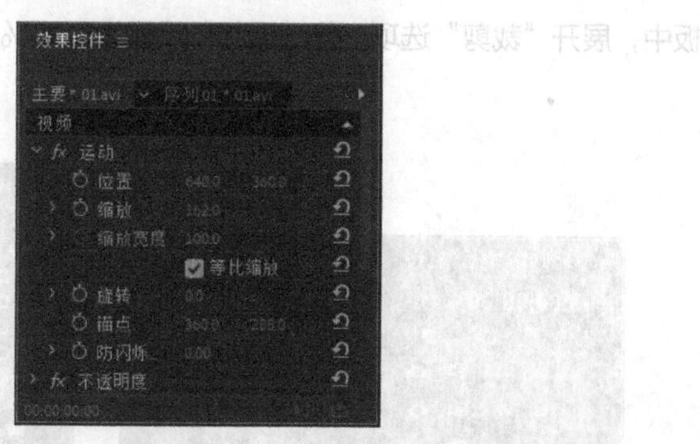

图4-8

04 切换到“效果”面板，展开“视频效果”分类选项，单击“扭曲”文件夹左侧的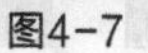按钮将其展开，选中“镜像”效果，如图4-9所示。将“镜像”效果拖曳到“时间轴”面板“视频1（V1）”轨道中的“01”文件上，如图4-10所示。

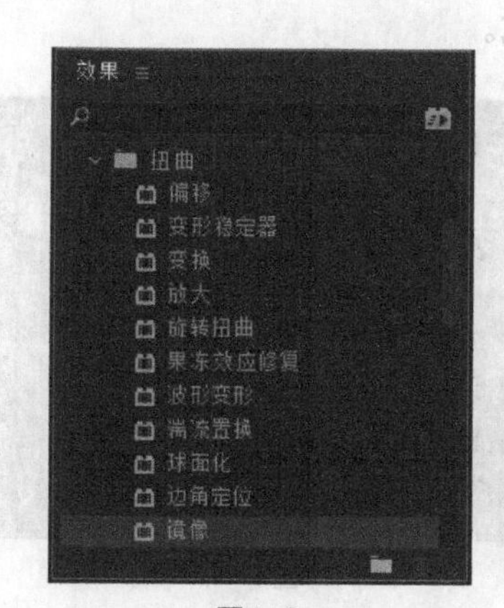

图4-9

图4-10

05 切换到“效果控件”面板，展开“镜像”选项，将“反射中心”设置为698.0和362.0，“反射角度”设置为90.0°，如图4-11所示。在“节目”监视器中预览效果，如图4-12所示。

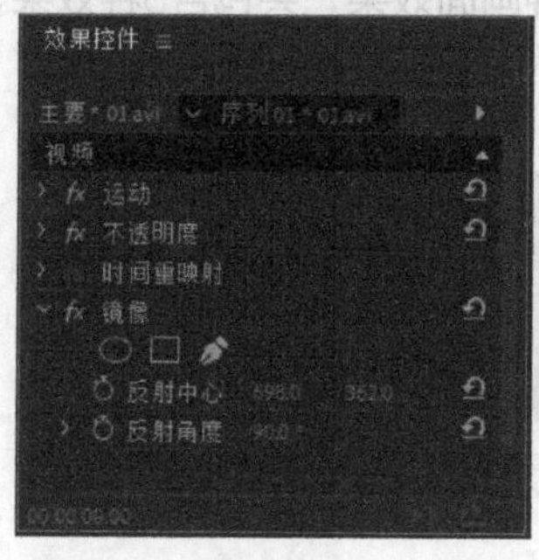

图4-11

图4-12

06 在“项目”面板中，选中“02”文件并将其拖曳到“时间轴”面板的“视频2（V2）”轨道中，如图4-13所示。在“时间轴”面板中，选中“视频2（V2）”轨道中的“02”文件。

07 切换到“效果”面板，单击“变换”文件夹左侧的▶按钮将其展开，选中“裁剪”效果，如图4-14所示。将“裁剪”效果拖曳到“时间轴”面板“视频2（V2）”轨道中的“02”文件上。在“效果控件”面板中，展开“裁剪”选项，将“顶部”设置为67.0%，“羽化边缘”设置为10，如图4-15所示。

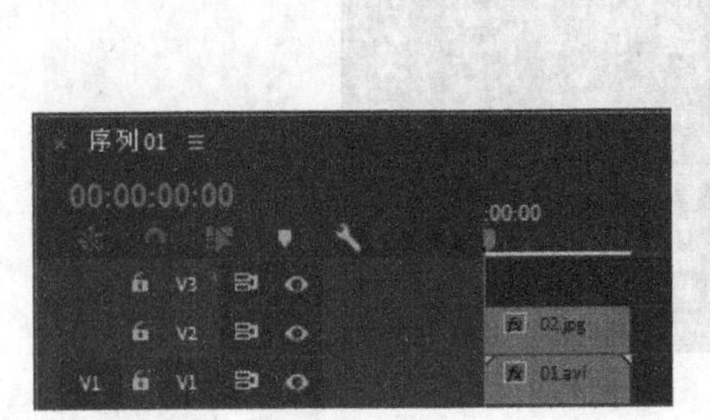

图4-13

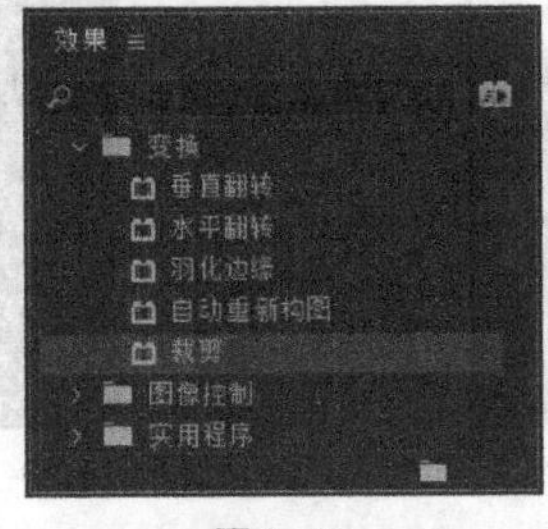

图4-14

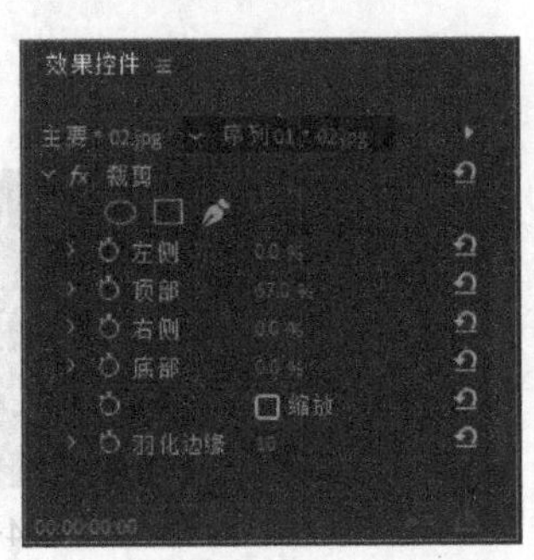

图4-15

08 在“效果控件”面板中，展开“不透明度”选项，将“不透明度”设置为65.0%，如图4-16所示，记录第1个动画关键帧。将播放指示器放置在00:00:05:00的位置，将“不透明度”设置为45.0%，如图4-17所示，记录第2个动画关键帧。峡谷风光宣传片制作完成。

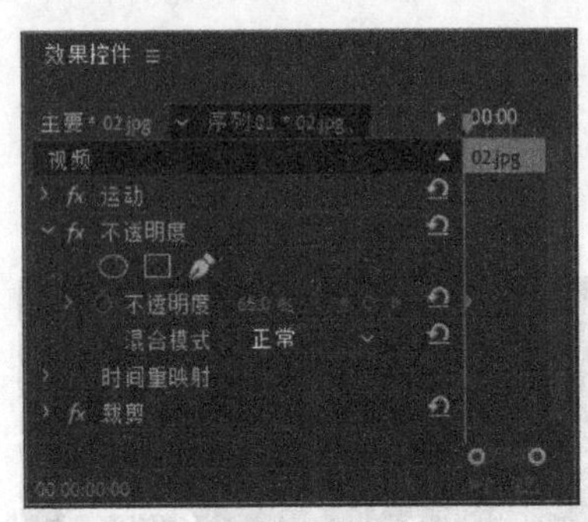

图4-16

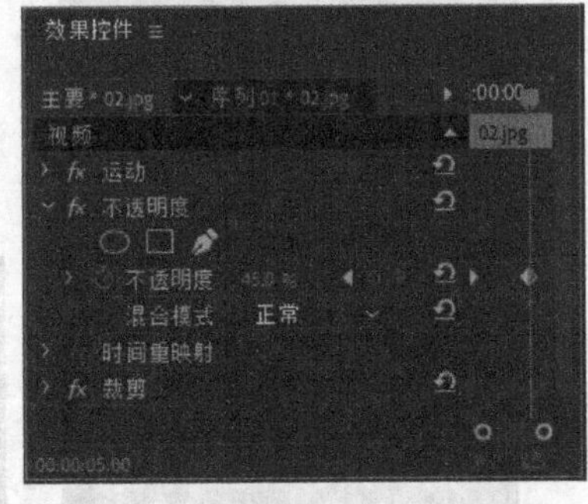

图4-17

4.3.2 “变换”效果

“变换”效果主要通过对影像进行变换来制作出各种画面效果，共包含5种效果，如图4-18所示。使用不同的效果后，呈现的效果如图4-19所示。

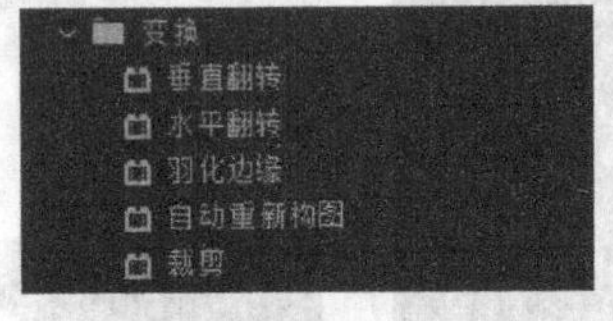

图4-18

原图　　垂直翻转　　水平翻转

羽化边缘　　自动重新构图　　裁剪

图4-19

4.3.3 “实用程序”效果

“实用程序”效果只包含“Cineon转换器”一种效果，该效果主要使用Cineon转换器对影像色调进行调整和设置，如图4-20所示。使用该效果后，呈现的效果如图4-21所示。

图4-20　　原图　　Cineon转换器

图4-21

4.3.4 “扭曲”效果

“扭曲”效果主要通过对图像进行几何扭曲变形来制作出各种画面变形效果，共包含12种效果，如图4-22所示。使用不同的效果后，呈现的效果如图4-23所示。

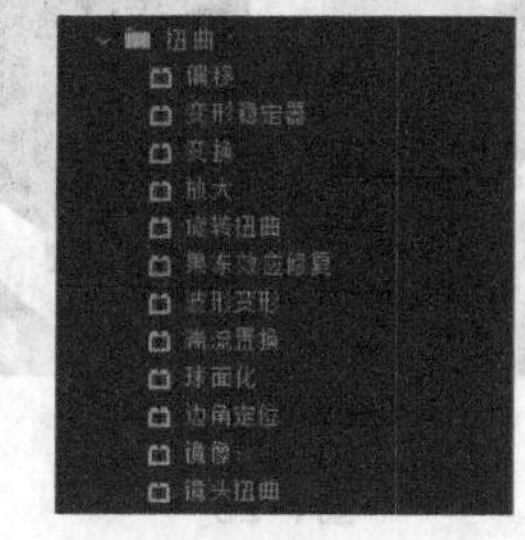

图4-22

原图　偏移　变形稳定器

变换　放大　旋转扭曲

果冻效应修复　波形变形　湍流置换

球面化　边角定位

镜像　镜头扭曲

图4-23

4.3.5 “时间”效果

“时间”效果用于对素材的时间特性进行控制，共包含两种效果，如图4-24所示。使用不同的效果后，呈现的效果如图4-25所示。

图4-24

原图

残影

色调分离时间

图4-25

4.3.6 “杂色与颗粒”效果

“杂色与颗粒”效果主要用于去除素材画面中的杂色及噪点，共包含6种效果，如图4-26所示。使用不同的效果后，呈现的效果如图4-27所示。

杂色与颗粒
中间值（旧版）
杂色
杂色 Alpha
杂色 HLS
杂色 HLS 自动
蒙尘与划痕

图4-26

原图

中间值（旧版）

杂色

杂色Alpha

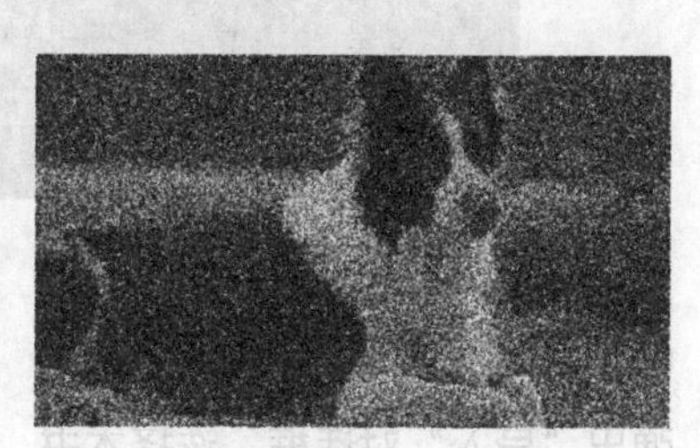

杂色HLS

杂色HLS自动

蒙尘与划痕

图4-27

4.3.7 课堂案例——涂鸦女孩电子相册

案例学习目标 使用“模糊与锐化”效果制作电子相册。

案例知识要点 使用“导入”命令导入素材文件，使用“效果控件”面板中的“缩放”调整图像的大小，使用“高斯模糊”和“方向模糊”效果制作素材文件的模糊效果。涂鸦女孩电子相册的效果如图4-28所示。

效果所在位置 Ch04\涂鸦女孩电子相册\涂鸦女孩电子相册. prproj。

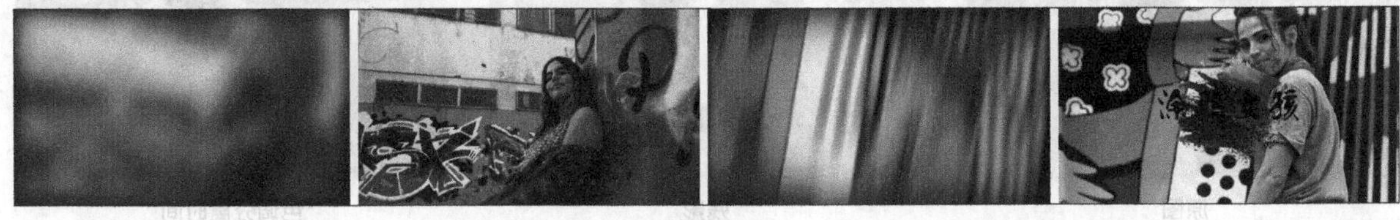

图4-28

01 启动Premiere Pro 2020应用程序，选择“文件 > 新建 > 项目”命令，会弹出“新建项目”对话框，如图4-29所示，单击“确定”按钮，新建项目。选择“文件 > 新建 > 序列”命令，会弹出“新建序列”对话框，切换到“设置”选项卡，具体设置如图4-30所示，单击“确定”按钮，新建序列。

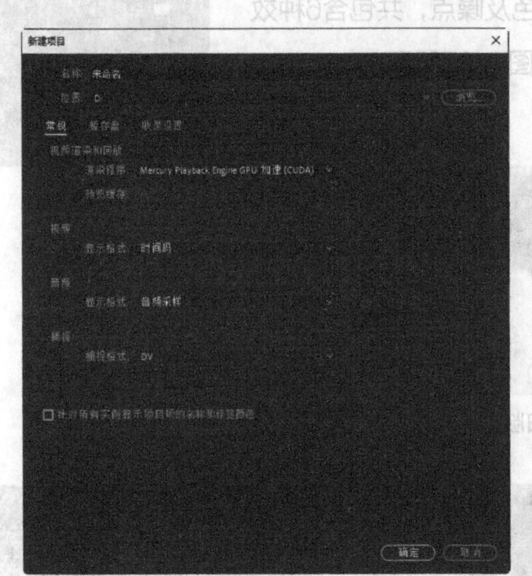

图4-29

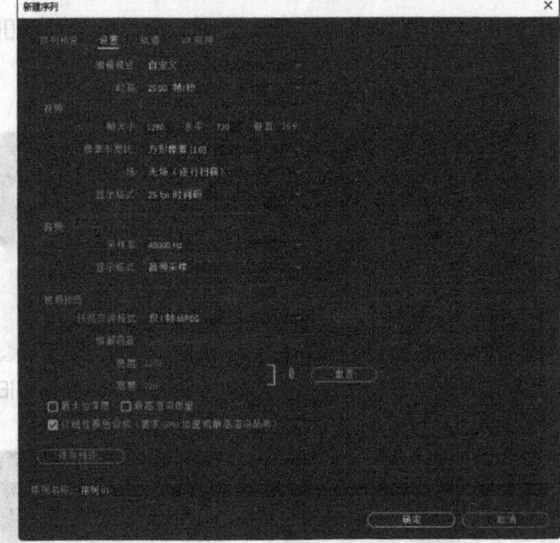

图4-30

02 选择“文件 > 导入”命令，会弹出“导入”对话框，选择本书学习资源中的“Ch04\涂鸦女孩电子相册\素材\01~03”文件，如图4-31所示，单击“打开”按钮，将素材文件导入“项目”面板中，如图4-32所示。

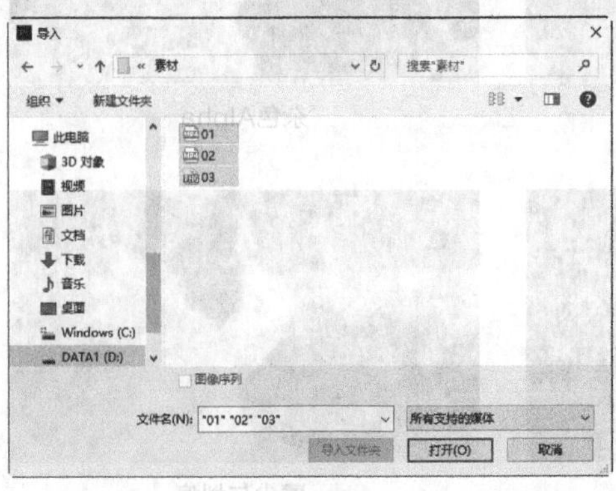

图4-31

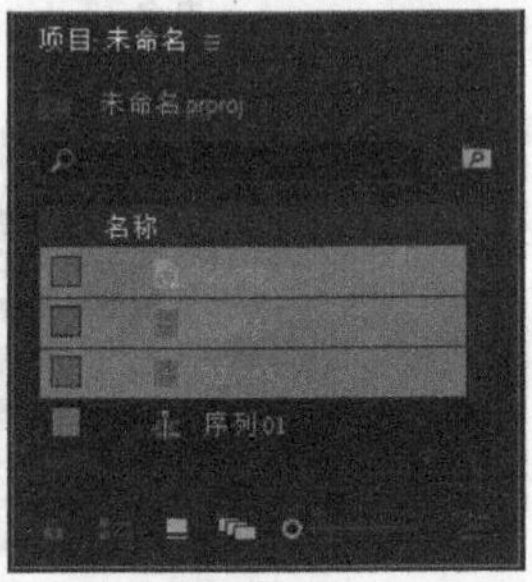

图4-32

03 在“项目”面板中，选中“01”和“02”文件并将其拖曳到“时间轴”面板的“视频1（V1）”轨道中，会弹出“剪辑不匹配警告”对话框，单击“保持现有设置”按钮，在保持现有序列设置的情况下将文件放置在“视频1（V1）”轨道中，如图4-33所示。选择“时间轴”面板中的“01”文件。在“效果控件”面板中展开“运动”选项，将“缩放”设置为67.0，如图4-34所示。用相同的方法调整“02”文件的缩放参数。

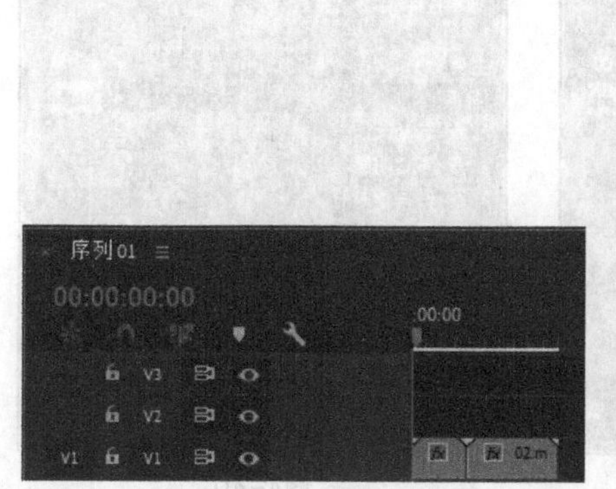

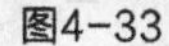
图4-33

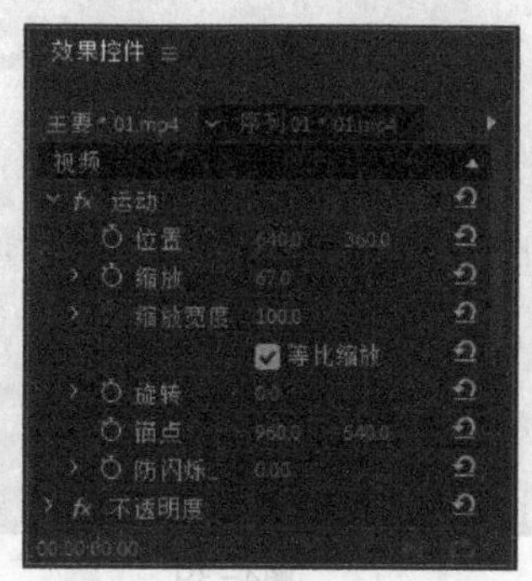

图4-34

04 将播放指示器放置在00:00:13:14的位置。在“项目”面板中，选中“03”文件并将其拖曳到“时间轴”面板的“视频2（V2）”轨道中，如图4-35所示。将鼠标指针放在“03”文件的结束位置，当鼠标指针呈◂状时，向右拖曳鼠标到“02”文件的结束位置，如图4-36所示。

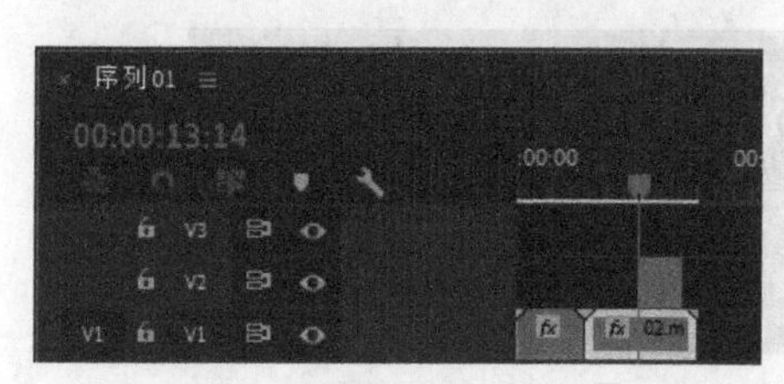

图4-35

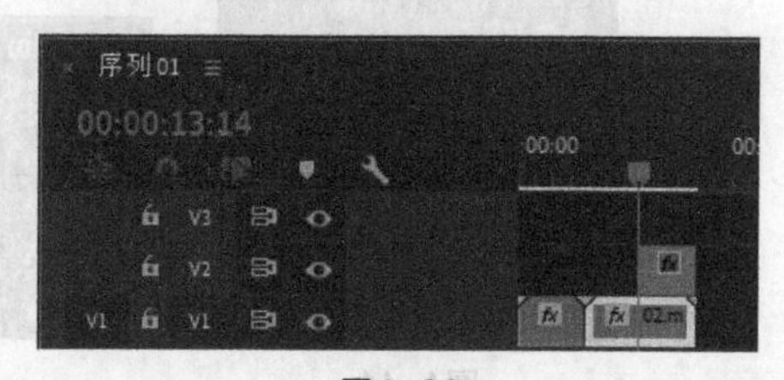

图4-36

05 切换到“效果”面板，展开“视频效果”分类选项，单击“模糊与锐化”文件夹前面的▸按钮将其展开，选中“高斯模糊”效果，如图4-37所示。将“高斯模糊”效果拖曳到“时间轴”面板“视频1（V1）”轨道中的“01”文件上，如图4-38所示。

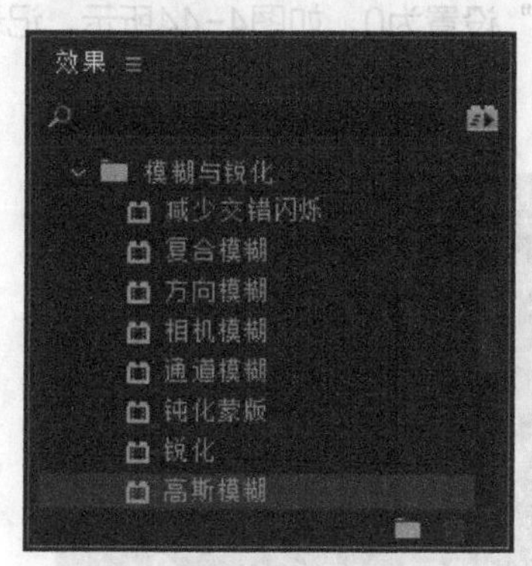

图4-37

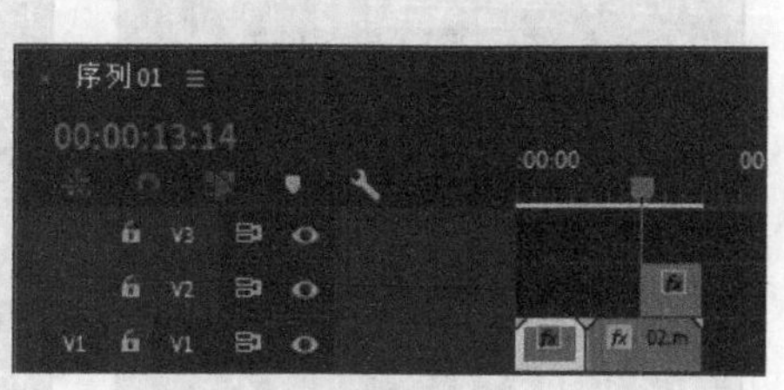

图4-38

06 将播放指示器放置在0s的位置。选中“时间轴”面板中的“01”文件。切换到“效果控件”面板，展开“高斯模糊”选项，将“模糊度”设置为200.0，单击“模糊度”左侧的“切换动画”按钮，如图4-39所示，记录第1个动画关键帧。将播放指示器放置在00:00:01:15的位置。将“模糊度”设置为0，如图4-40所示，记录第2个动画关键帧。

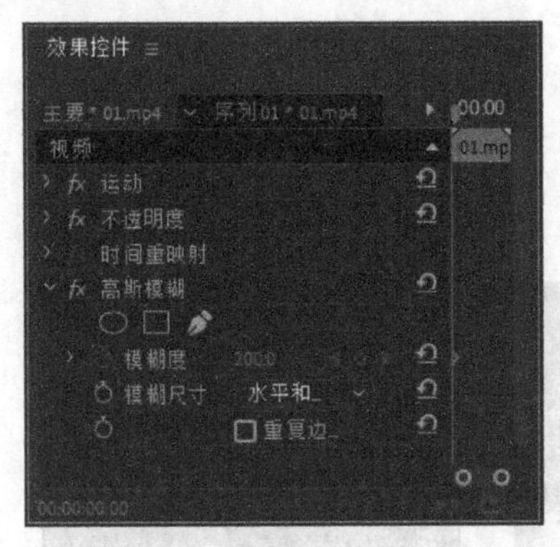

图4-39

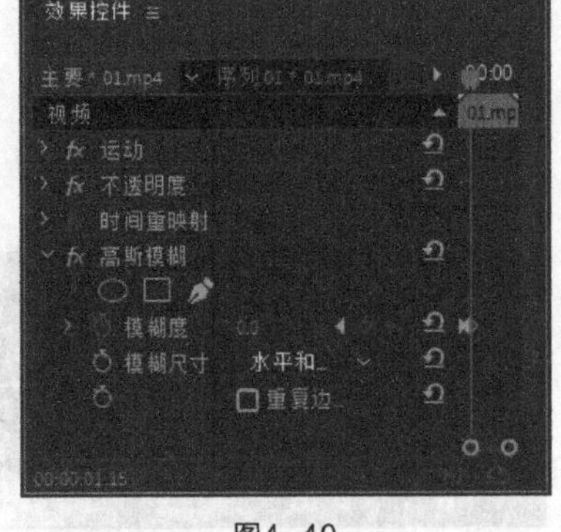

图4-40

07 切换到“效果”面板，选中“方向模糊”效果，如图4-41所示。将“方向模糊”效果拖曳到“时间轴”面板“视频1（V1）”轨道中的“02”文件上，如图4-42所示。

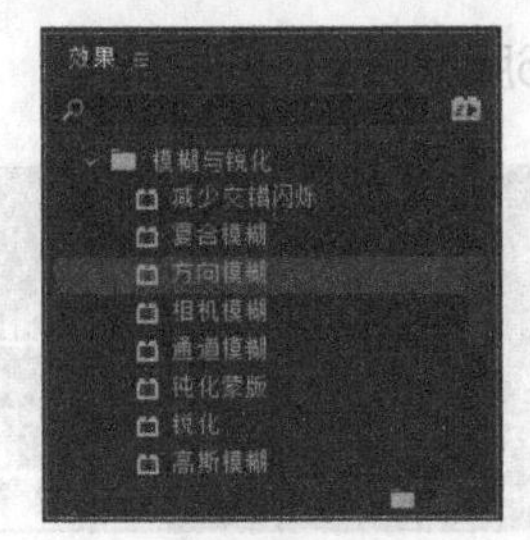

图4-41

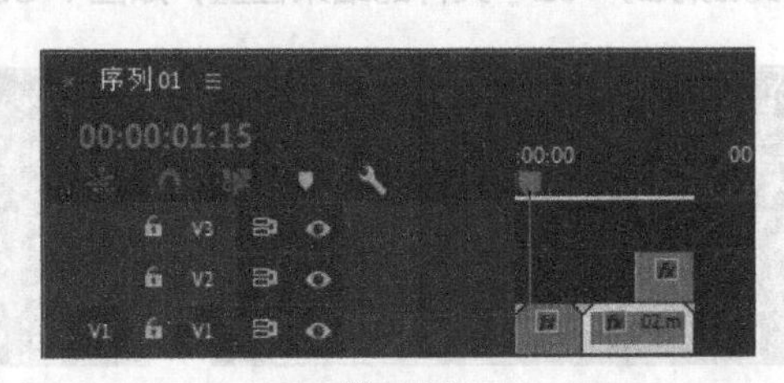

图4-42

08 将播放指示器放置在00:00:07:16的位置。选中“时间轴”面板中的“02”文件。在“效果控件”面板中展开“方向模糊”选项，将“方向”设置为0，“模糊长度”设置为200.0，单击“方向”和“模糊长度”左侧的“切换动画”按钮，如图4-43所示，记录第1个动画关键帧。将播放指示器放置在00:00:09:20的位置。将“方向”设置为30.0，“模糊长度”设置为0，如图4-44所示，记录第2个动画关键帧。

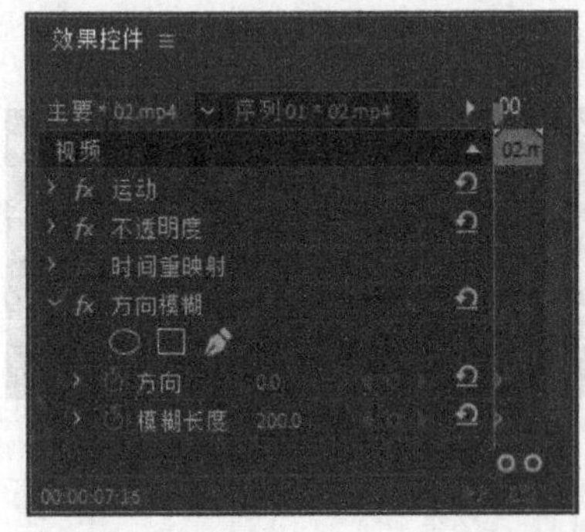

图4-43

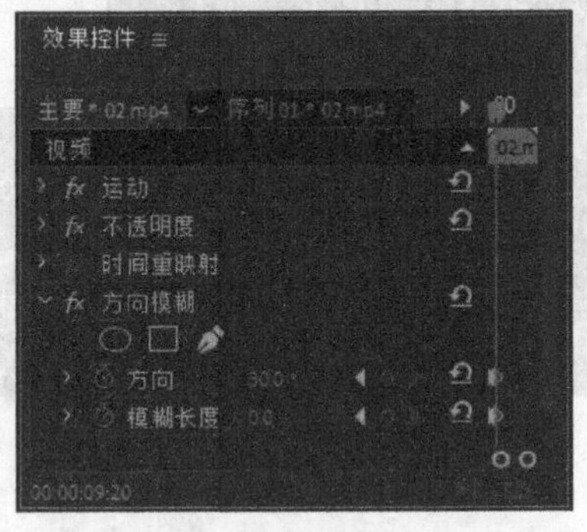

图4-44

09 将播放指示器放置在00:00:13:14的位置。选中“时间轴”面板中的“03”文件，如图4-45所示。切换到“效果控件”面板，展开“运动”选项，将“缩放”设置为140.0，如图4-46所示。

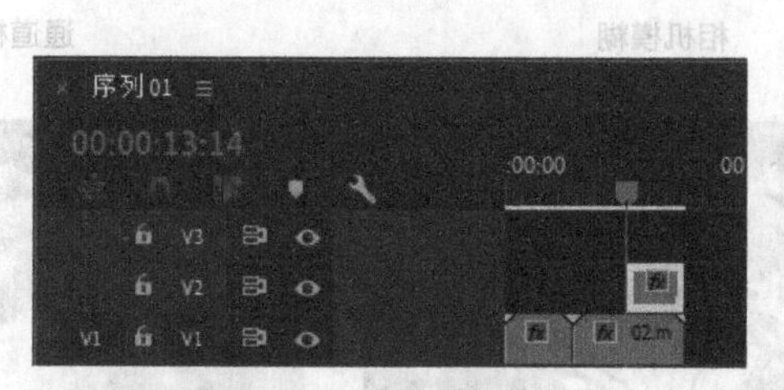

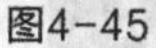
图4-45

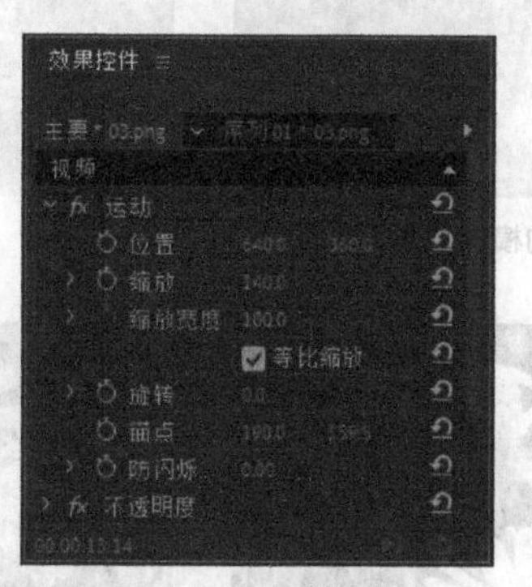

图4-46

10 切换到“效果控件”面板，展开“不透明度”选项，将“不透明度”设置为0，如图4-47所示，记录第1个动画关键帧。将播放指示器放置在00:00:15:00的位置上。将“不透明度”设置为100.0%，如图4-48所示，记录第2个动画关键帧。涂鸦女孩电子相册制作完成。

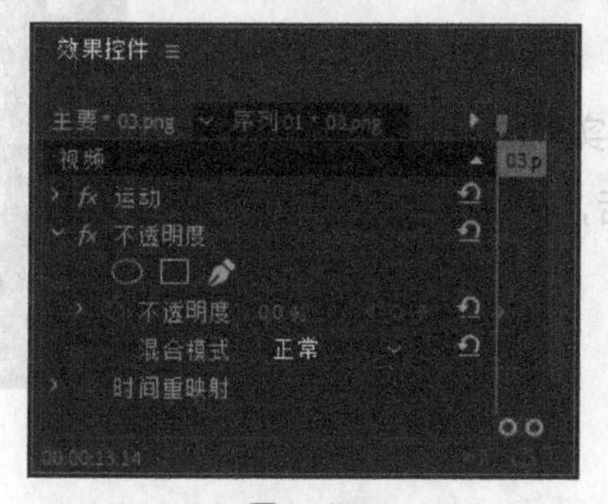

图4-47

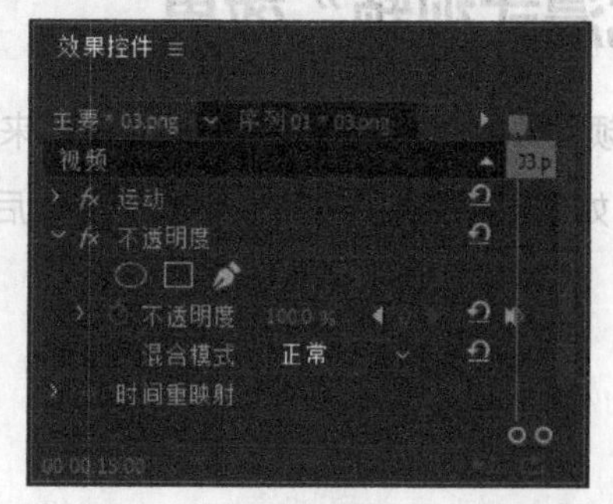

图4-48

4.3.8 “模糊与锐化”效果

“模糊与锐化”效果主要针对镜头画面进行模糊或锐化处理，共包含8种效果，如图4-49所示。使用不同的效果后，呈现的效果如图4-50所示。

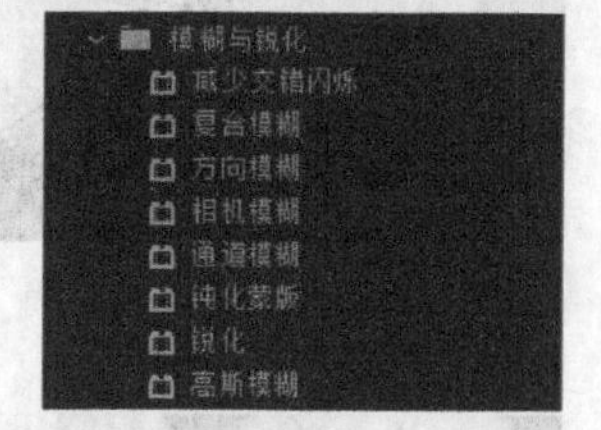

图4-49

原图

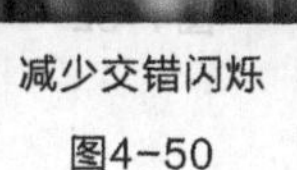
减少交错闪烁

复合模糊

图4-50

方向模糊

相机模糊

通道模糊

钝化蒙版

锐化

高斯模糊

图4-50（续）

4.3.9 “沉浸式视频”效果

“沉浸式视频”效果主要是通过虚拟现实技术来实现虚拟现实的效果，共包含11种效果，如图4-51所示。使用不同的效果后，呈现的效果如图4-52所示。

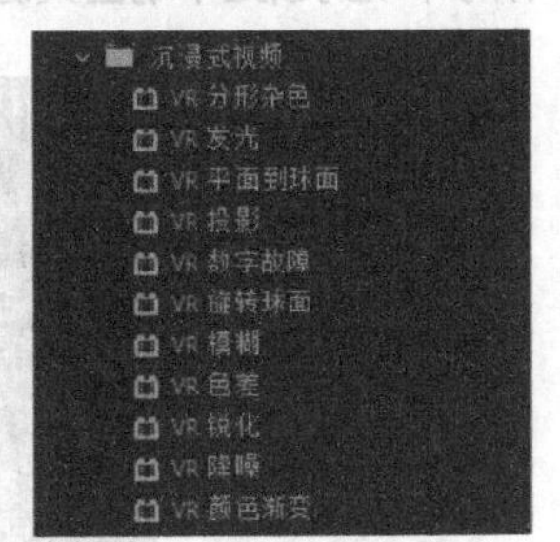

图4-51

原图

VR分形杂色

VR发光

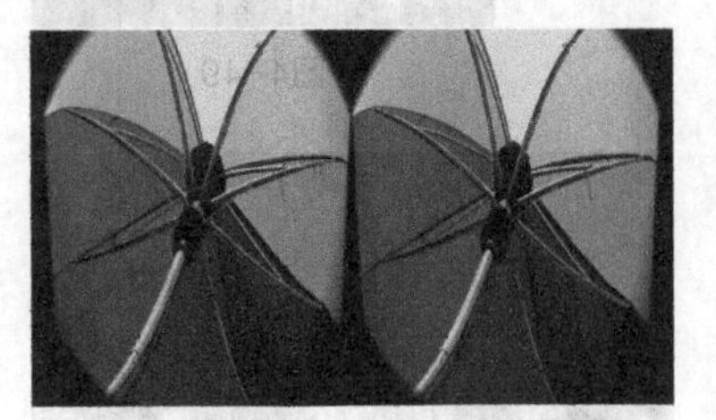

VR平面到球面

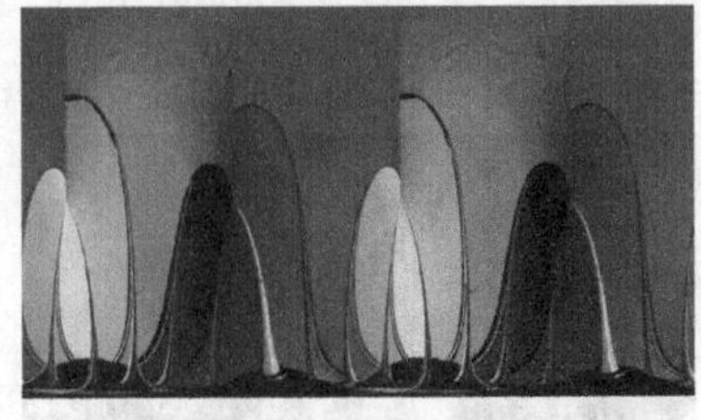

VR投影

VR数字故障

图4-52

VR旋转球面

VR模糊

VR色差

VR锐化

VR降噪

VR颜色渐变

图4-52（续）

4.3.10 “生成”效果

“生成”效果主要用来生成一些效果，共包含12种效果，如图4-53所示。使用不同的效果后，呈现的效果如图4-54所示。

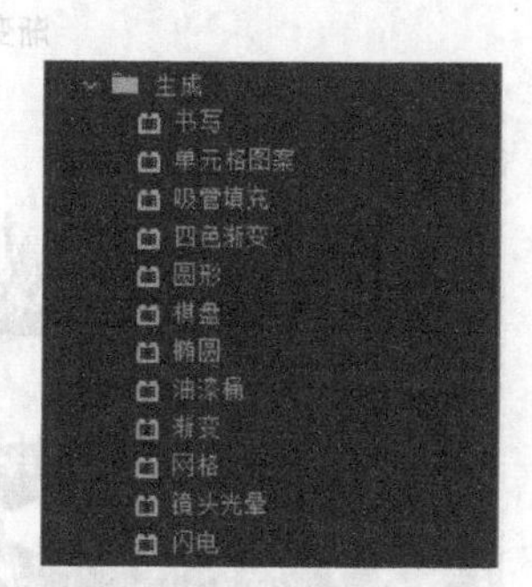

图4-53

原图

书写

单元格图案

吸管填充

四色渐变

圆形

图4-54

棋盘

椭圆

油漆桶

渐变

网格

镜头光晕

闪电

图4-54（续）

4.3.11 “视频”效果

“视频”效果用于对视频特性进行控制，共包含4种效果，如图4-55所示。使用不同的效果后，呈现的效果如图4-56所示。

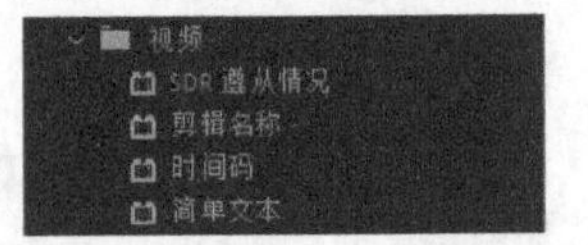

图4-55

原图

SDR遵从情况

图4-56

剪辑名称

时间码

简单文本

图4-56（续）

4.3.12 “过渡”效果

“过渡”效果主要用于对两个素材之间进行过渡变化，共包含了5种效果，如图4-57所示。使用不同的效果后，呈现的效果如图4-58所示。

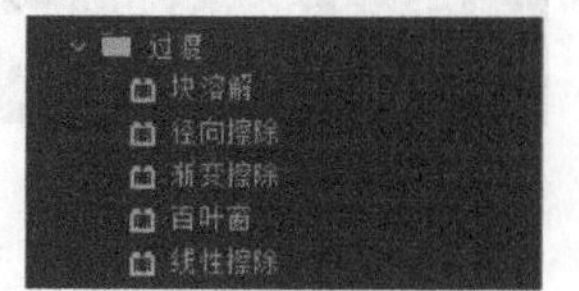

图4-57

原图

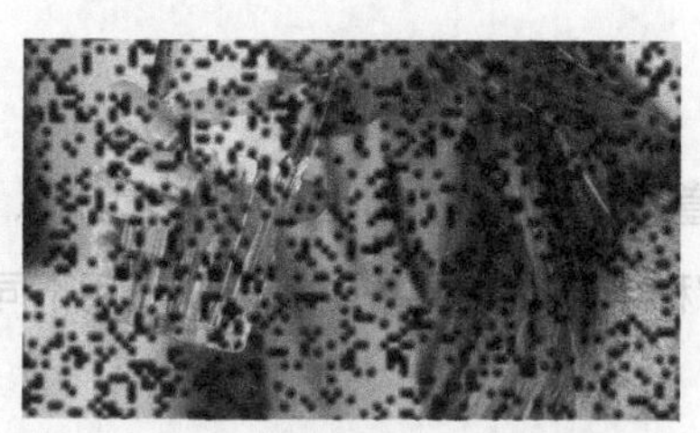

块溶解

径向擦除

渐变擦除

百叶窗

线性擦除

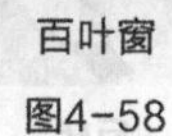

图4-58

4.3.13 “透视”效果

“透视”效果主要用于制作三维透视效果，使素材产生立体感或空间感，共包含5种效果，如图4-59所示。使用不同的效果后，呈现的效果如图4-60所示。

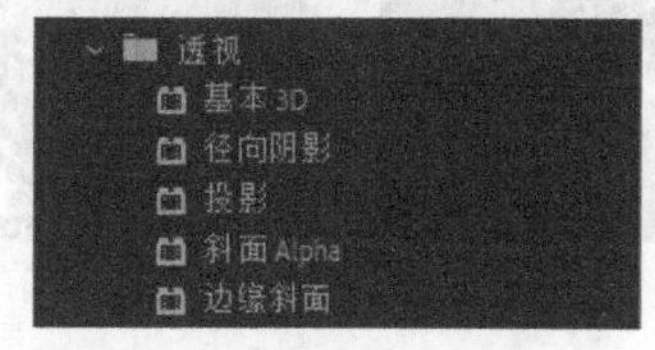

图4-59

原图

基本3D

径向阴影

投影

斜面Alpha

边缘斜面

图4-60

4.3.14 “通道”效果

“通道”效果可以对素材的通道进行处理，实现图像颜色、色调、饱和度和亮度等颜色属性的改变，共包含7种效果，如图4-61所示。使用不同的效果后，呈现的效果如图4-62所示。

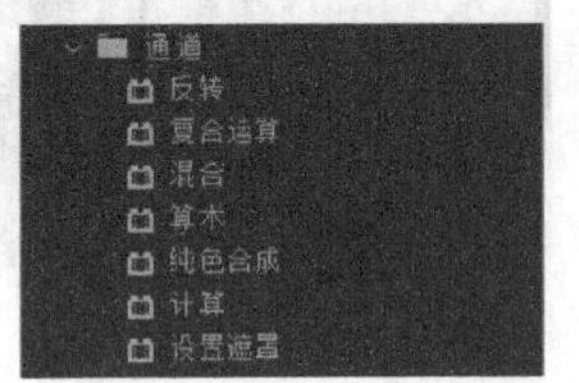

图4-61

原图

反转

复合运算

混合

算术

图4-62

纯色合成

计算

设置遮罩

图4-62（续）

4.3.15 课堂案例——旅行节目片头

案例学习目标 学习使用“风格化”效果编辑图像，制作节目片头。

案例知识要点 使用“效果控件”面板调整图像并制作动画效果，使用“彩色浮雕”效果制作图片的彩色浮雕效果。旅行节目片头的效果如图4-63所示。

效果所在位置 Ch04\旅行节目片头\旅行节目片头. prproj。

图4-63

01 启动Premiere Pro 2020应用程序，选择“文件 > 新建 > 项目”命令，会弹出“新建项目”对话框，如图4-64所示，单击“确定”按钮，新建项目。选择“文件 > 新建 > 序列”命令，会弹出“新建序列”对话框，切换到“设置”选项卡，具体设置如图4-65所示，单击“确定”按钮，新建序列。

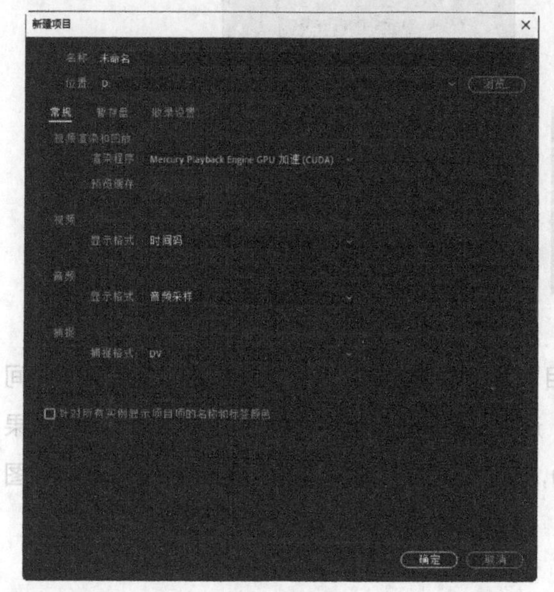

图4-64

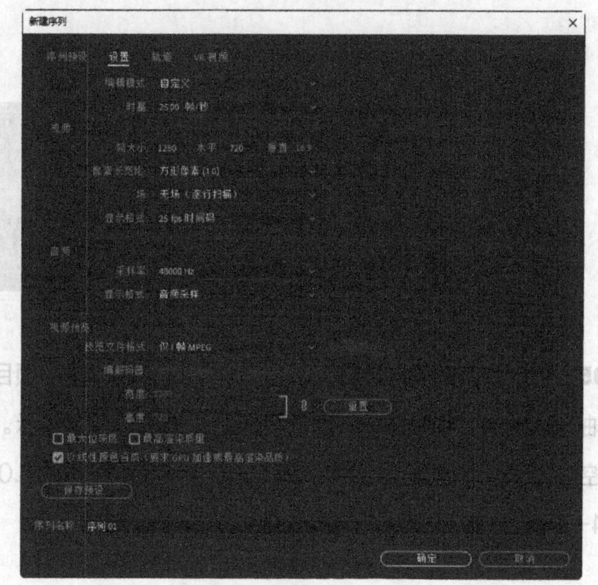

图4-65

02 选择“文件 > 导入”命令，会弹出“导入”对话框，选择本书学习资源中的“Ch04\旅行节目片头\素材\01~03”文件，如图4-66所示，单击“打开”按钮，将素材文件导入“项目”面板中，如图4-67所示。

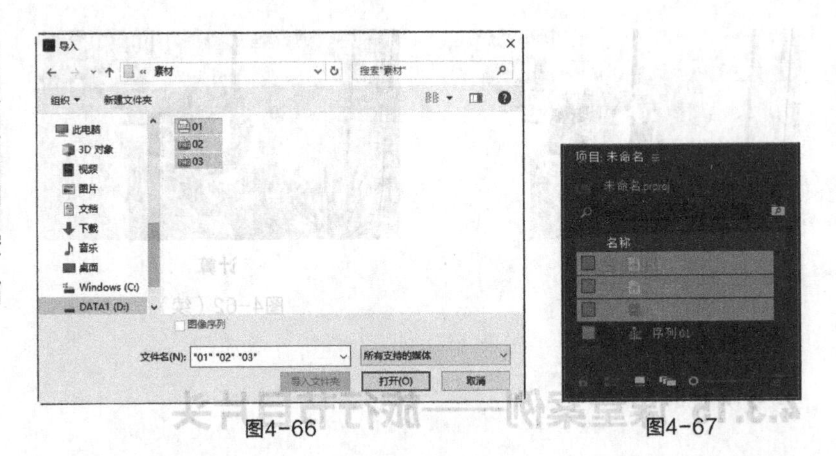

图4-66　图4-67

03 在“项目”面板中，选中“01”文件并将其拖曳到“时间轴”面板的“视频1（V1）”轨道中，会弹出“剪辑不匹配警告”对话框，单击“保持现有设置”按钮，在保持现有序列设置的情况下将“01”文件放置在“视频1（V1）”轨道中，如图4-68所示。将播放指示器放置在00:00:04:00的位置。将鼠标指针放在“01”文件的结束位置，当鼠标指针呈◀状时，向左拖曳鼠标到00:00:04:00的位置，如图4-69所示。

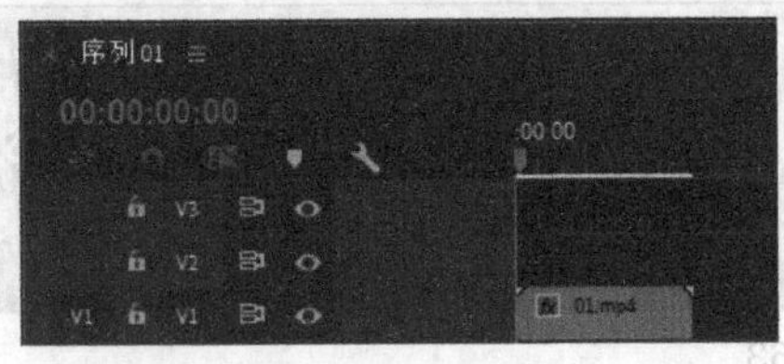

图4-68

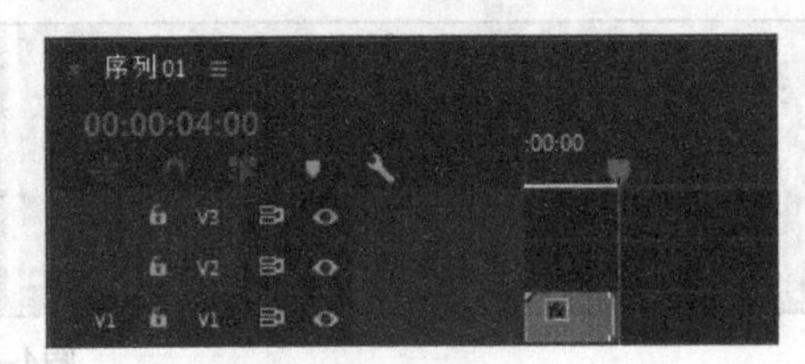

图4-69

04 选择“时间轴”面板中的“01”文件，如图4-70所示。切换到“效果控件”面板，展开“运动”选项，将“缩放”设置为67.0，如图4-71所示。

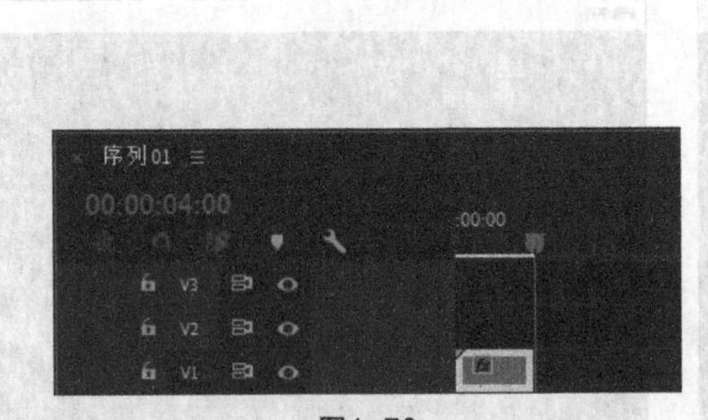

图4-70

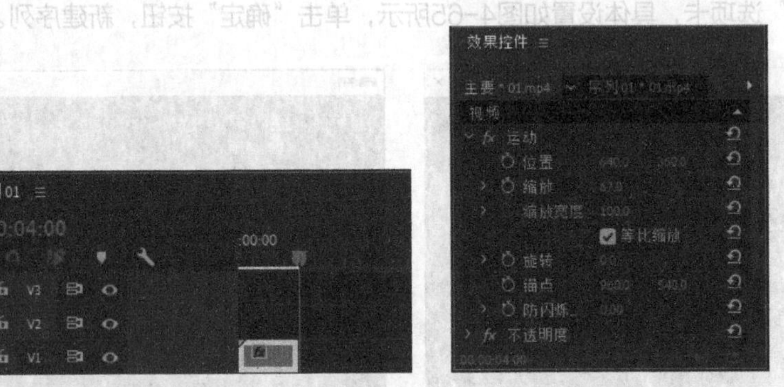

图4-71

05 将播放指示器放置在00:00:00:07的位置。在“项目”面板中，选中“02”文件并将其拖曳到“时间轴”面板的“视频2（V2）”轨道中，如图4-72所示。选择“时间轴”面板中的“02”文件。在“效果控件”面板中展开“运动”选项，将“缩放”设置为2.0，单击“缩放”左侧的“切换动画”按钮⏱，如图4-73所示，记录第1个动画关键帧。

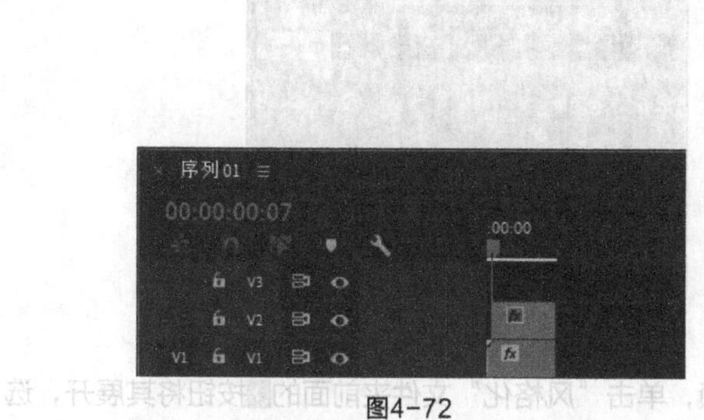

图4-72

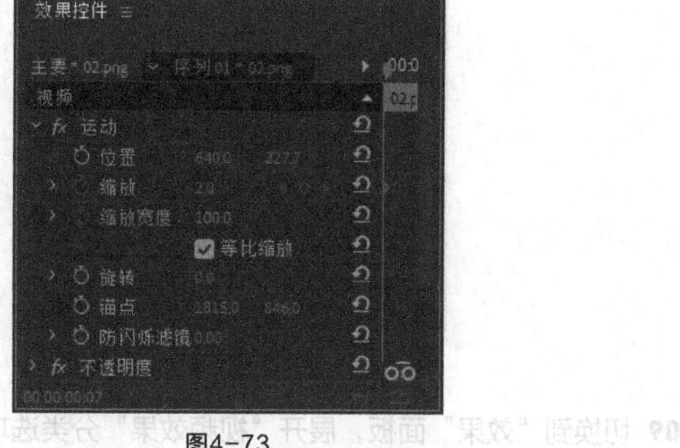

图4-73

06 将播放指示器放置在00:00:01:05的位置。将“缩放”设置为20.0，如图4-74所示，记录第2个动画关键帧。将播放指示器放置在00:00:02:01的位置。展开“不透明度”选项，单击“不透明度”右侧的“添加/移除关键帧”按钮，如图4-75所示，记录第1个动画关键帧。

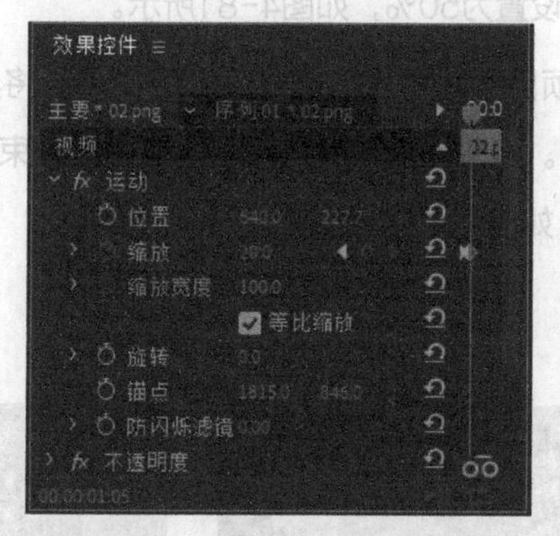

图4-74

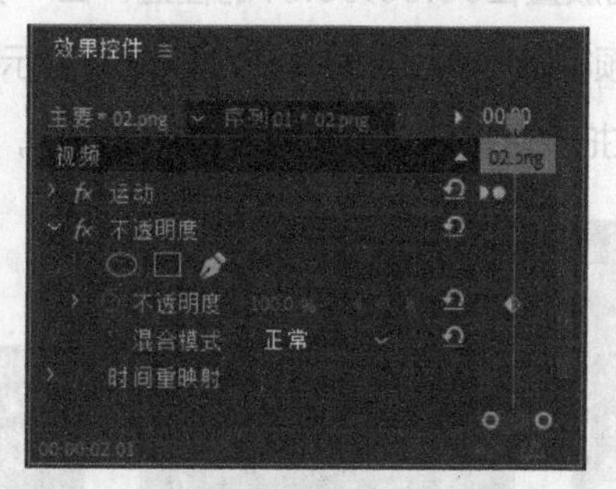

图4-75

07 将播放指示器放置在00:00:02:06的位置。将“不透明度”设置为0，如图4-76所示，记录第2个动画关键帧。将播放指示器放置在00:00:02:11的位置。将“不透明度”设置为100.0%，如图4-77所示，记录第3个动画关键帧。

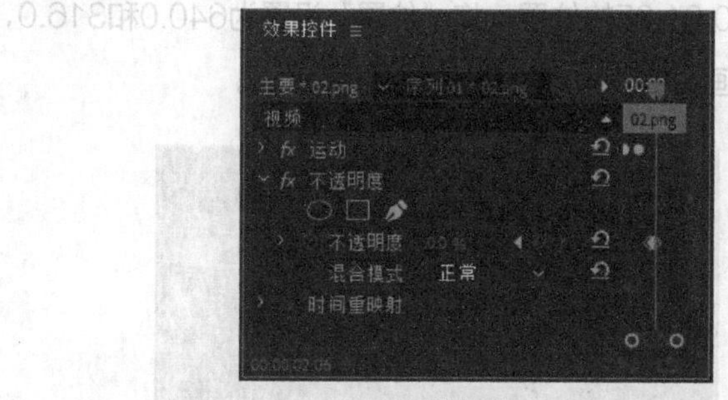

图4-76

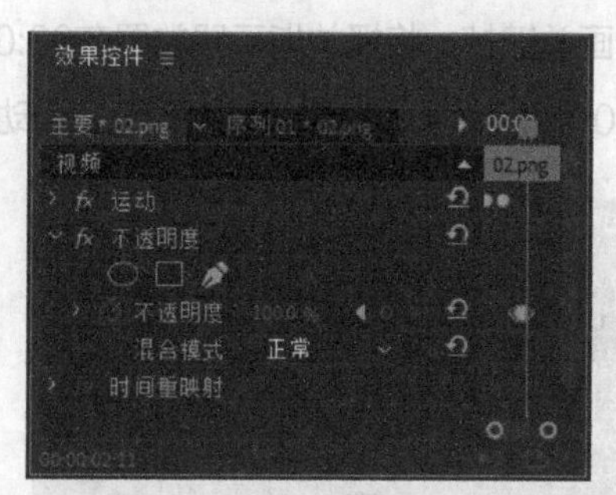

图4-77

08 将播放指示器放置在00:00:02:16的位置。将“不透明度”设置为0，如图4-78所示，记录第4个动画关键帧。将播放指示器放置在00:00:02:21的位置。将“不透明度”设置为100.0%，如图4-79所示，记录第5个动画关键帧。

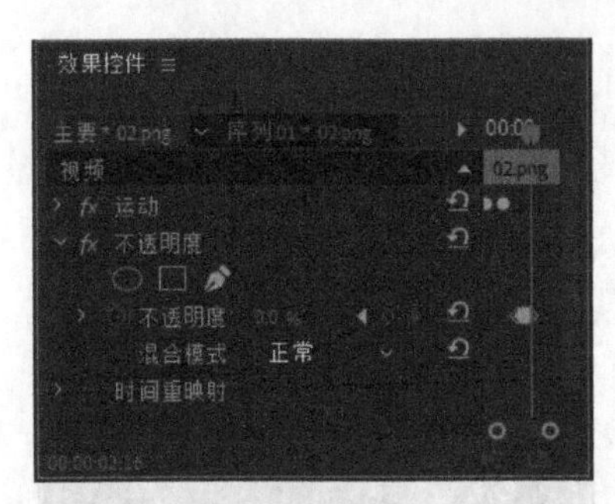

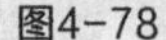
图4-78

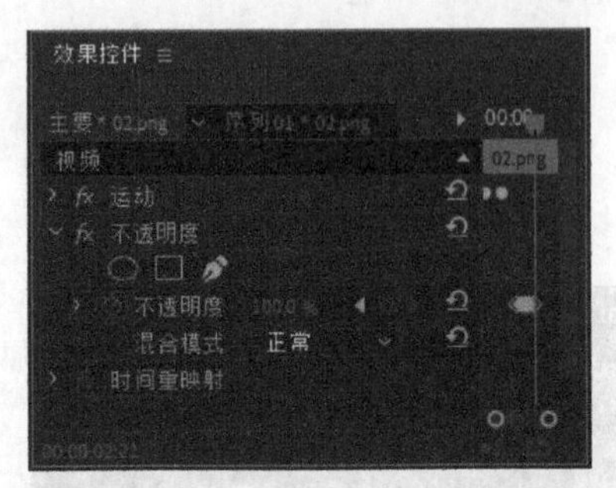

图4-79

09 切换到“效果”面板，展开“视频效果”分类选项，单击“风格化”文件夹前面的▶按钮将其展开，选中“彩色浮雕”效果，如图4-80所示。将“彩色浮雕”效果拖曳到“时间轴”面板“视频2（V2）”轨道中的“02”文件上。

10 切换到“效果控件”面板，展开“彩色浮雕”选项，将“方向”设置为45.0°，“起伏”设置为25.00，“对比度”设置为100，“与原始图像混合”设置为50%，如图4-81所示。

11 将播放指示器放置在00:00:00:07的位置。在“项目”面板中，选中“03”文件并将其拖曳到“时间轴”面板的“视频3（V3）”轨道中，如图4-82所示。将鼠标指针放在“03”文件的结束位置，当鼠标指针呈⟷状时，向左拖曳鼠标到“02”文件的结束位置，如图4-83所示。

图4-80

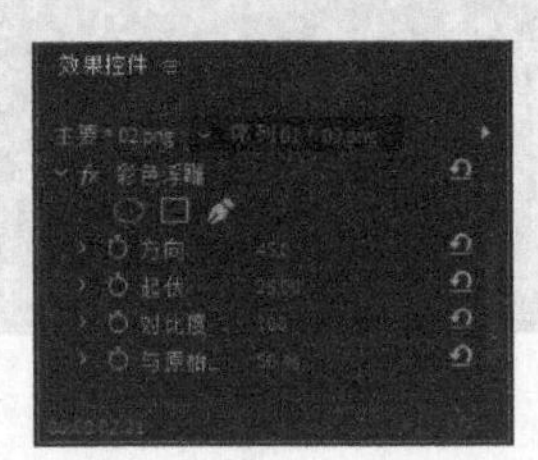

图4-81

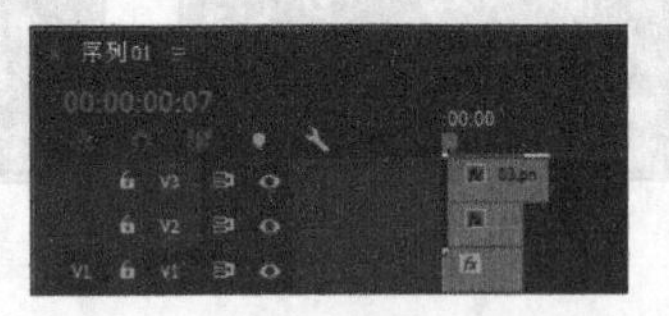

图4-82

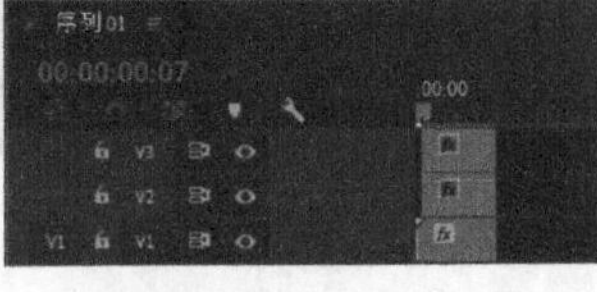

图4-83

12 选择“时间轴”面板中的“03”文件。切换到“效果控件”面板，展开“运动”选项，将“位置”设置为640.0和230.0，“缩放”设置为0，单击“位置”和“缩放”左侧的“切换动画”按钮◎，如图4-84所示，记录第1个动画关键帧。将播放指示器放置在00:00:01:05的位置。将“位置”设置为640.0和316.0，“缩放”设置为100.0，如图4-85所示，记录第2个动画关键帧。旅行节目片头制作完成。

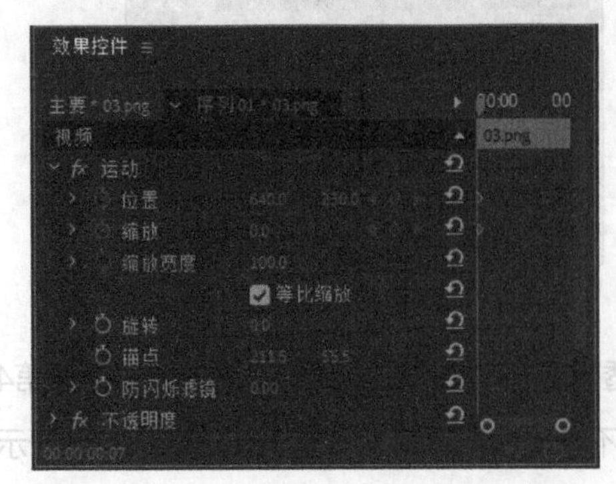

图4-84

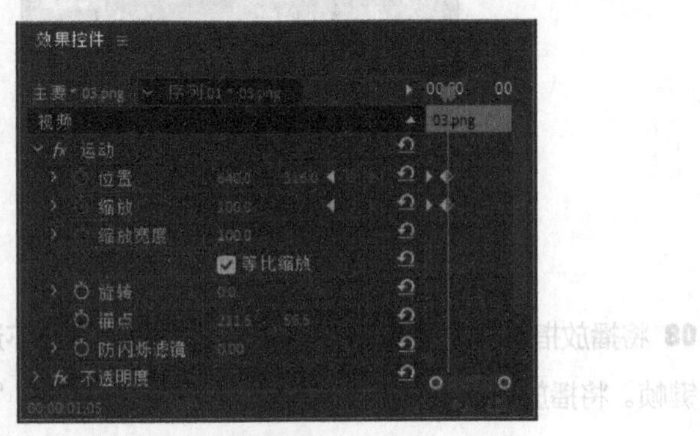

图4-85

4.3.16 “风格化”效果

“风格化”效果主要是模拟一些美术风格，实现丰富的画面效果，共包含13种效果，如图4-86所示。使用不同的效果后，呈现的效果如图4-87所示。

图4-86

原图

Alpha发光

复制

彩色浮雕

曝光过度

查找边缘

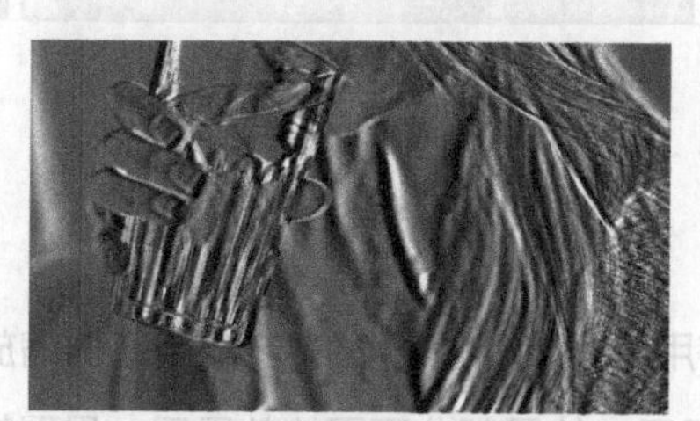

浮雕

画笔描边

粗糙边缘

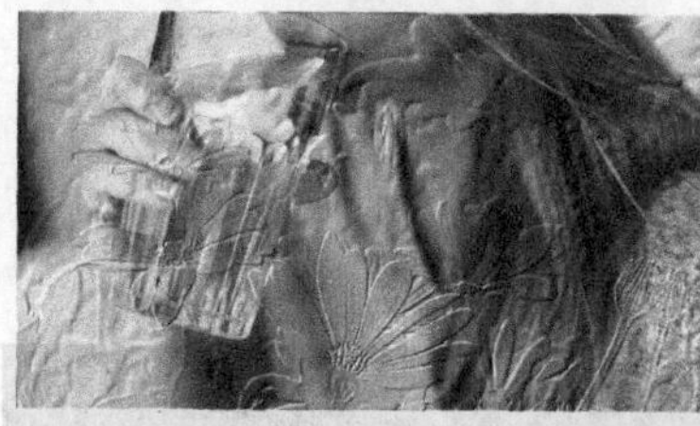

纹理

色调分离

闪光灯

阈值

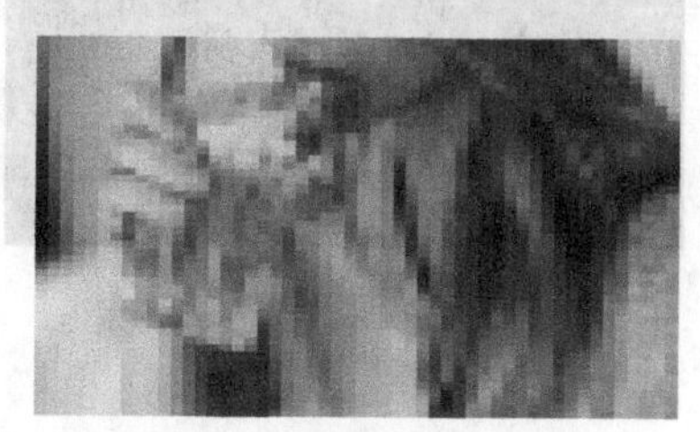

马赛克

图4-87

4.3.17 “预设”效果

1. “模糊”效果

预设的“模糊”效果主要使用预设制作出画面的快速模糊效果，共包含两种效果，如图4-88所示。使用不同的效果后，呈现的效果如图4-89所示。

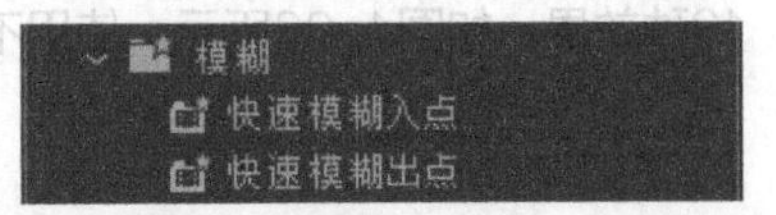

图4-88

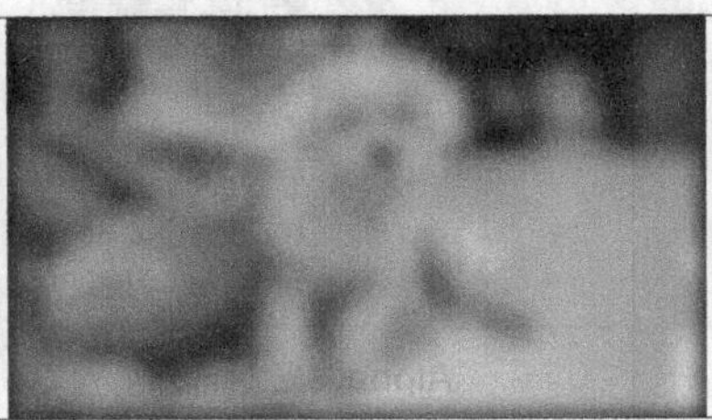

快速模糊入点

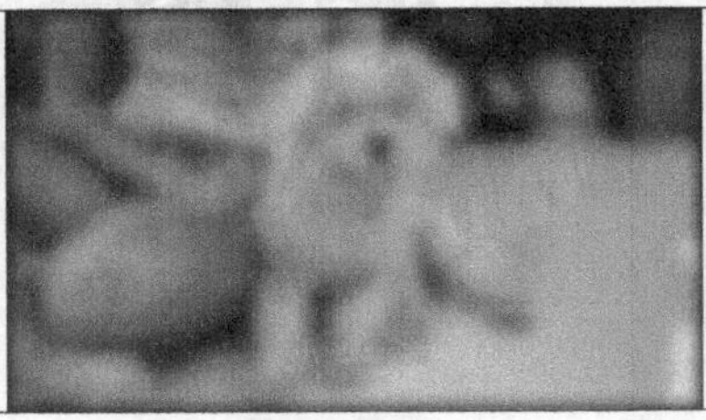

快速模糊出点

图4-89

2. “画中画”效果

预设的“画中画”效果主要使用预设制作出画面的位置和比例缩放效果，共包含38种效果，如图4-90所示。使用部分不同的效果后，呈现的效果如图4-91所示。

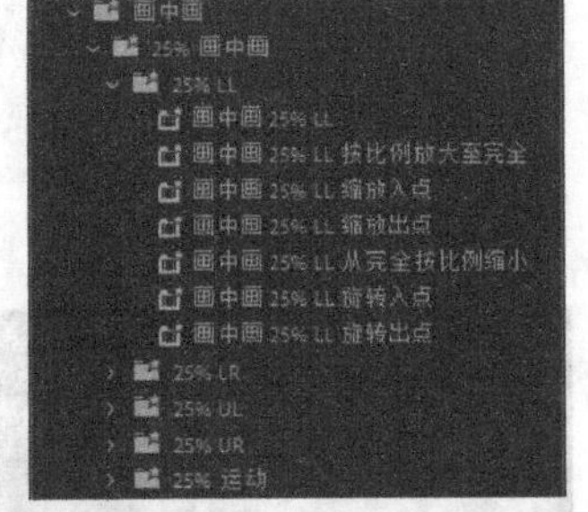

图4-90

画中画25%LL按比例放大至完全

图4-91

画中画25%UR旋转入点

画中画25%LR至LL

图4-91（续）

3. “马赛克”效果

预设的“马赛克”效果主要使用预设制作出画面的马赛克效果，共包含两种效果，如图4-92所示。使用不同的效果后，呈现的效果如图4-93所示。

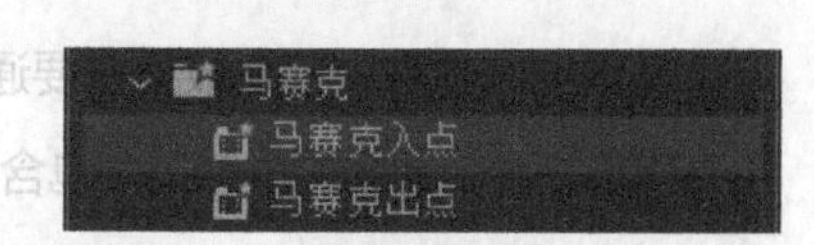

图4-92

马赛克入点

马赛克出点

图4-93

4. “扭曲”效果

预设的“扭曲”效果主要使用预设制作出画面的扭曲效果，共包含两种效果，如图4-94所示。使用不同的效果后，呈现的效果如图4-95所示。

图4-94

扭曲入点

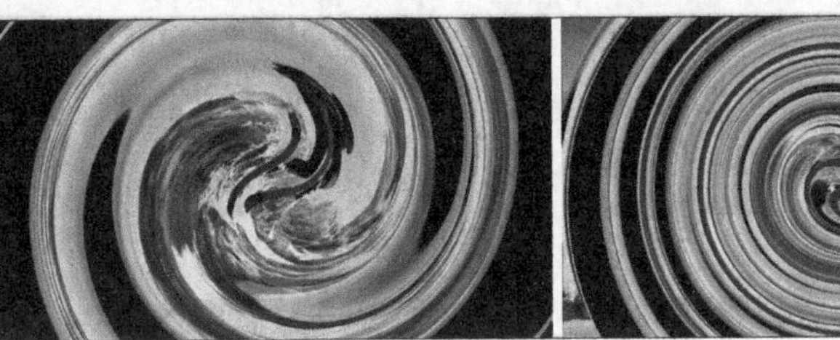

扭曲出点

图4-95

5. “卷积内核”效果

预设的“卷积内核”效果主要通过运算改变影片素材中每个像素的颜色和亮度值来改变图像的质感，共包含10种效果，如图4-96所示。使用不同的效果后，呈现的效果如图4-97所示。

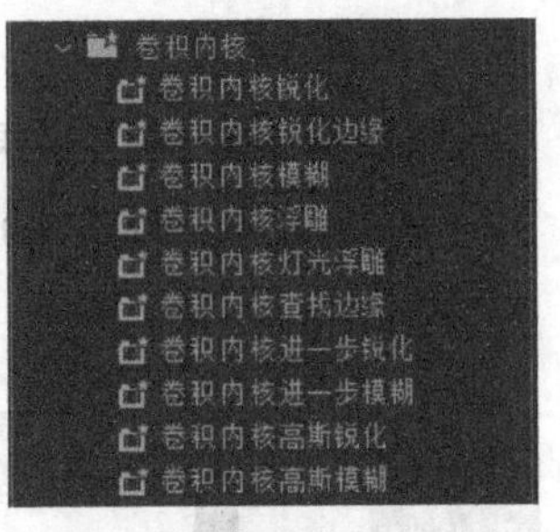

图4-96

原图

卷积内核锐化

卷积内核锐化边缘

卷积内核模糊

卷积内核浮雕

卷积内核灯光浮雕

图4-97

卷积内核查找边缘

卷积内核进一步锐化

卷积内核进一步模糊

卷积内核高斯锐化

卷积内核高斯模糊

图4-97（续）

6. “去除镜头扭曲”效果

预设的“去除镜头扭曲”效果主要对影片素材去除镜头扭曲，共包含62种效果，如图4-98所示。使用部分不同的效果后，呈现的效果如图4-99所示。

图4-98

原图

Phantom 2 Vision（480）

图4-99

Phantom 3 Vision（4K）

Hero 4 Session（1080-宽）

Hero2（960-宽）

Hero3 黑色版（4K影院-宽）

Hero3+ 黑色版（720-窄）

图4-99（续）

7. “斜角边”效果

预设的“斜角边”效果主要使用预设制作出斜角边画面效果，共包含两种效果，如图4-100所示。使用不同的效果后，呈现的效果如图4-101所示。

图4-100

原图

厚斜角边

薄斜角边

图4-101

8. “过度曝光”效果

预设的“过度曝光”效果主要使用预设制作出画面的过度曝光效果，共包含两种效果，如图4-102所示。使用不同的效果后，呈现的效果如图4-103所示。

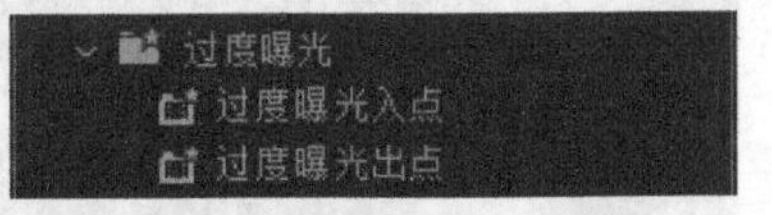

图4-102

过度曝光入点

图4-103

过度曝光出点

图4-103（续）

课堂练习——飞机起飞宣传片

练习知识要点 使用“杂色”效果为图像添加杂色，使用“旋转扭曲”效果为旋转图像制作扭曲效果。飞机起飞宣传片的效果如图4-104所示。

效果所在位置 Ch04\飞机起飞宣传片\飞机起飞宣传片. prproj。

图4-104

课后习题——健康饮食宣传片

习题知识要点 使用剪辑工具剪辑视频文件，使用“时间码”效果添加视频文件时间码，使用“渐变擦除”命令制作视频的过渡效果。健康出行宣传片的效果如图4-105所示。

效果所在位置 Ch04\健康饮食宣传片\健康饮食宣传片. prproj。

图4-105

第5章

调色与叠加

本章介绍

本章主要讲解在Premiere Pro 2020中对素材进行调色与叠加的基础设置方法。调色与叠加属于Premiere Pro 2020剪辑中较高级的应用，它们可以使影片通过剪辑产生完美的画面叠加效果。学习本章案例可加强理解相关知识，更好地掌握调色与叠加技术。

学习目标

●掌握视频调色技术。

●熟练掌握叠加技术。

技能目标

●熟练掌握“古风美景宣传片”的制作方法。

●熟练掌握“沙漠旅行宣传片”的制作方法。

●熟练掌握“海滨城市宣传片”的制作方法。

●熟练掌握“个人网站宣传片”的制作方法。

●熟练掌握“折纸世界栏目片头”的制作方法。

5.1 视频调色基础

Premiere Pro 2020的“效果”面板中包含了一些专门用于改变图像亮度、对比度和颜色的效果，它们集中于“视频效果”文件夹的5个子文件夹中，分别为“图像控制”“调整”“过时”“颜色校正”“Lumetri预设”。下面分别对这些效果进行详细讲解。

5.1.1 课堂案例——古风美景宣传片

案例学习目标 学习使用多个效果编辑图像之间的叠加效果。

案例知识要点 使用“黑白”效果将彩色图像转换为灰度图像，使用“查找边缘”效果制作图像的边缘，使用“色阶”效果调整图像的亮度和对比度，使用“高斯模糊”效果制作图像的模糊效果，使用“旧版标题”命令添加并编辑文字，使用“划出”效果制作文字过渡效果。古风美景宣传片的效果如图5-1所示。

效果所在位置 Ch05\古风美景宣传片\古风美景宣传片. prproj。

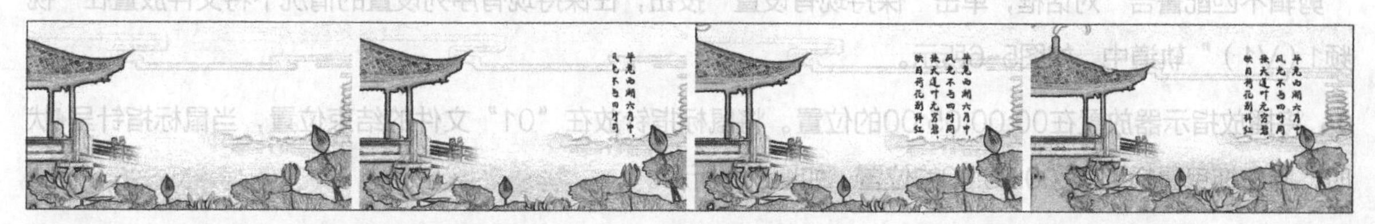

图5-1

1. 制作水墨效果

01 启动Premiere Pro 2020应用程序，选择“文件 > 新建 > 项目”命令，弹出“新建项目”对话框，如图5-2所示，单击“确定”按钮，新建项目。选择“文件 > 新建 > 序列”命令，弹出“新建序列”对话框，切换到“设置”选项卡，具体设置如图5-3所示，单击“确定”按钮，新建序列。

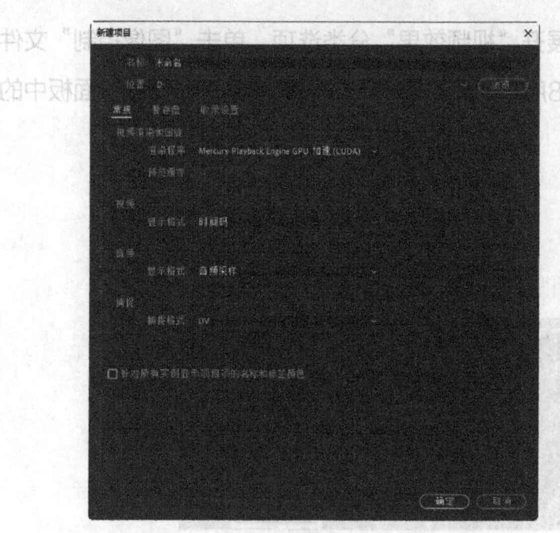

图5-2

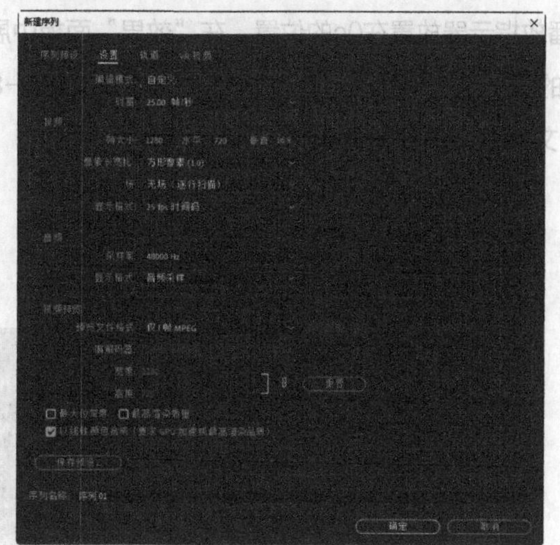

图5-3

02 选择“文件 > 导入”命令，弹出“导入”对话框，选择本书学习资源中的“Ch05\古风美景宣传片\素材\01”文件，如图5-4所示，单击“打开”按钮，将素材文件导入“项目”面板中，如图5-5所示。

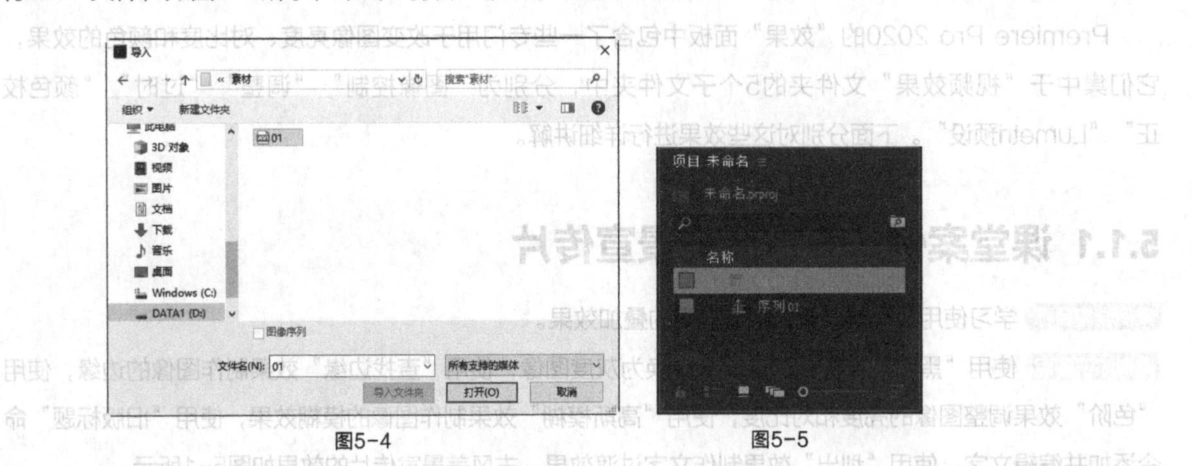

图5-4　　图5-5

03 在“项目”面板中，选中“01”文件并将其拖曳到“时间轴”面板的“视频1（V1）”轨道中，会弹出“剪辑不匹配警告”对话框，单击“保持现有设置”按钮，在保持现有序列设置的情况下将文件放置在“视频1（V1）”轨道中，如图5-6所示。

04 将播放指示器放置在00:00:05:00的位置。将鼠标指针放在“01”文件的结束位置，当鼠标指针呈状时，向左拖曳鼠标到00:00:05:00的位置，如图5-7所示。

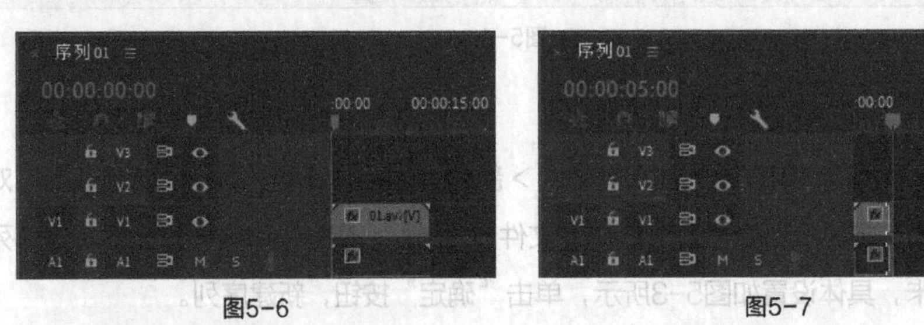

图5-6　　图5-7

05 将播放指示器放置在0s的位置。在“效果”面板中展开“视频效果”分类选项，单击“图像控制”文件夹前面的按钮将其展开，选中“黑白”效果，如图5-8所示。将“黑白”效果拖曳到“时间轴”面板中的“01”文件上，如图5-9所示。

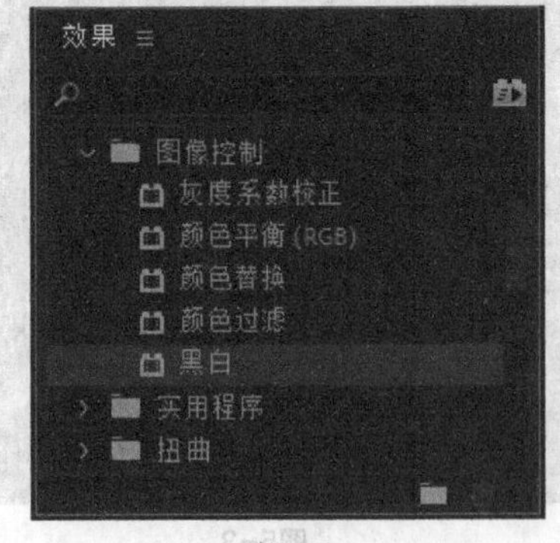

图5-8

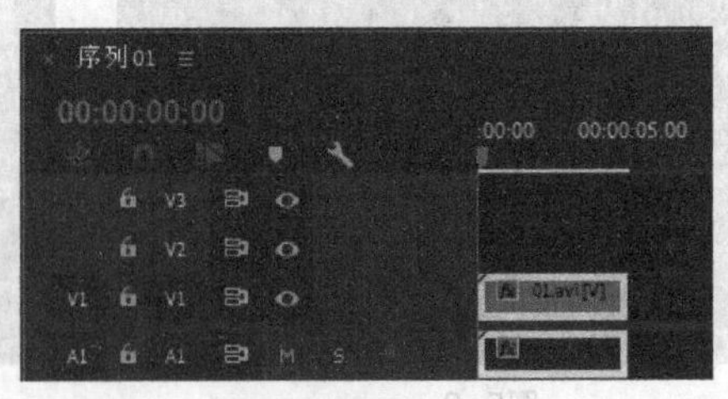

图5-9

06 在“效果”面板中单击“风格化”文件夹前面的▶按钮将其展开，选中“查找边缘”效果，如图5-10所示。将“查找边缘”效果拖曳到“时间轴”面板中的“01”文件上。在“效果控件”面板中展开“查找边缘”选项，将“与原始图像混合”设置为12%，如图5-11所示。

07 在“效果”面板中单击“调整”文件夹前面的▶按钮将其展开，选中“色阶”效果，如图5-12所示。将“色阶”效果拖曳到“时间轴”面板中的“01”文件上。在“效果控件”面板中展开“色阶”选项并进行参数设置，如图5-13所示。

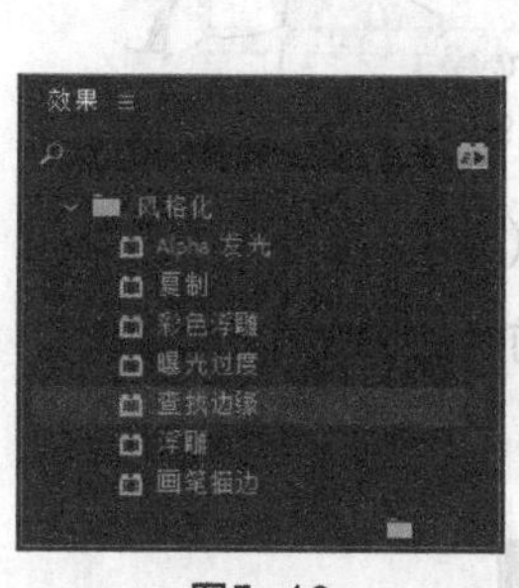

图5-10

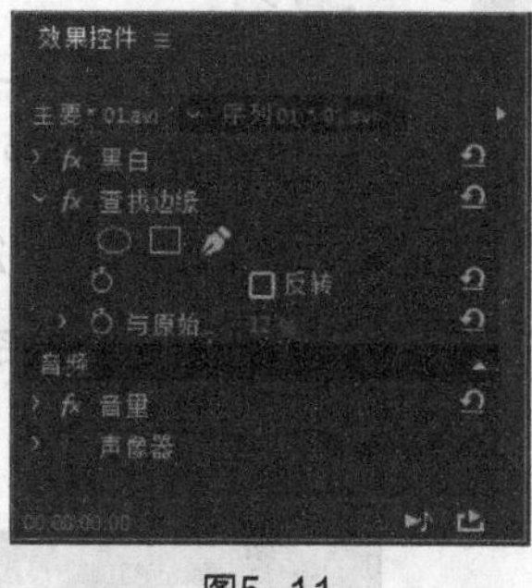

图5-11

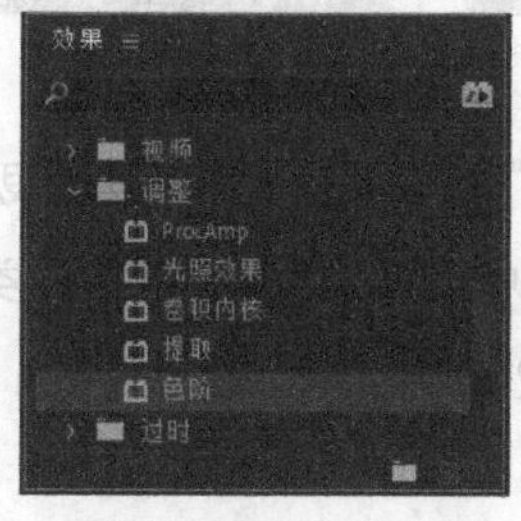

图5-12

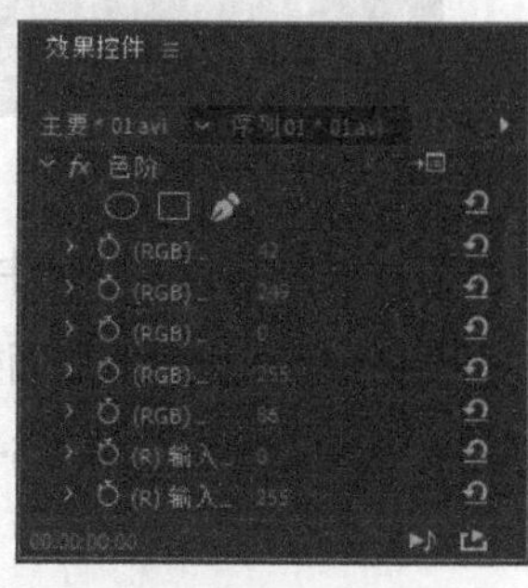

图5-13

08 在“效果”面板中单击“模糊与锐化”文件夹前面的▶按钮将其展开，选中“高斯模糊”效果，如图5-14所示。将“高斯模糊”效果拖曳到“时间轴”面板中的“01”文件上。在“效果控件”面板中展开“高斯模糊”选项，将“模糊度”设置为3.2，如图5-15所示。

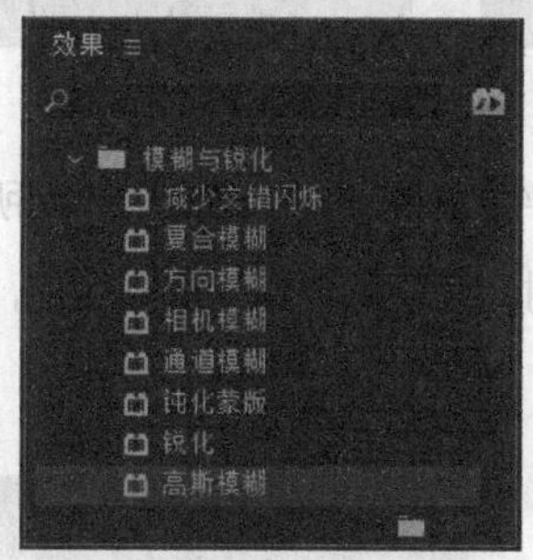

图5-14

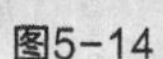

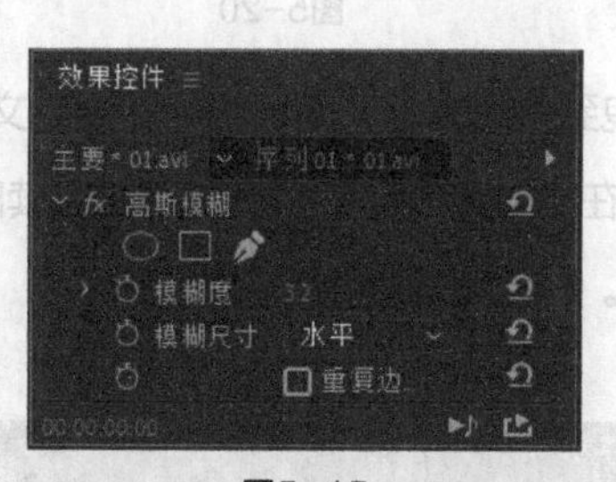

图5-15

2. 添加宣传文字

01 选择“文件 > 新建 > 旧版标题”命令，会弹出“新建字幕”对话框，具体设置如图5-16所示，单击“确定”按钮。选择“工具”面板中的“垂直文字”工具IT，在“字幕”面板中单击定位光标，输入需要的文字。

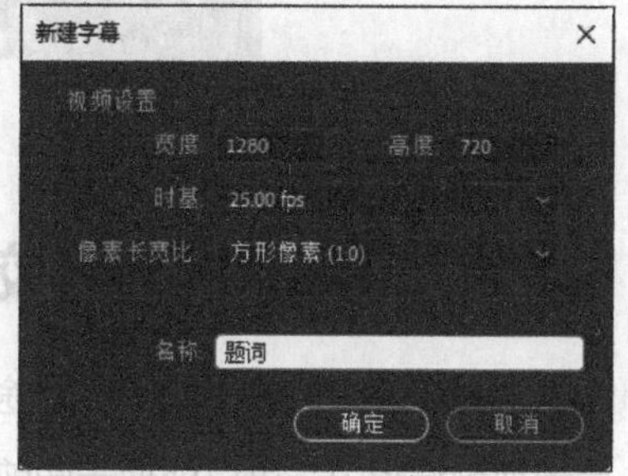

图5-16

02 在“旧版标题属性”面板中展开“变换”选项，具体设置如图5-17所示。展开“属性”选项，具体设置如图5-18所示。“字幕”面板如图5-19所示，新建的字幕文件会自动保存到“项目”面板中。

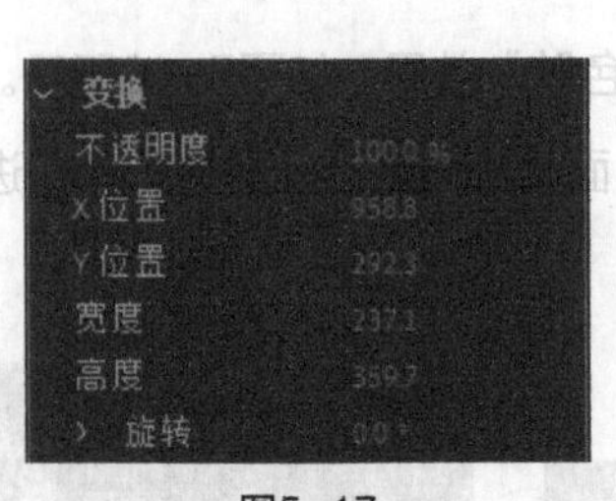

图5-17

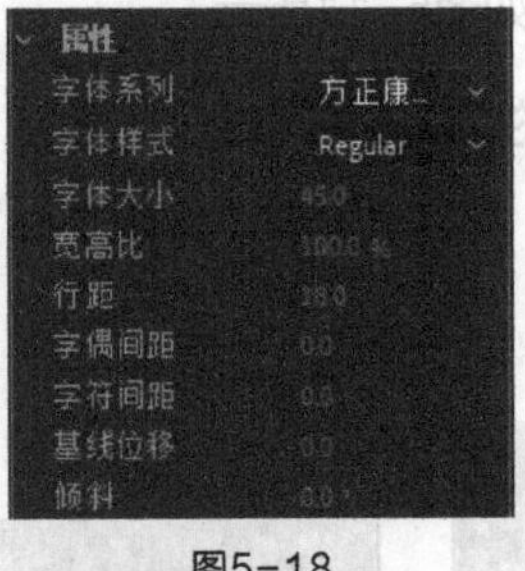

图5-18

图5-19

03 在“项目”面板中选中“题词”文件并将其拖曳到“时间轴”面板的“视频2（V2）”轨道中，如图5-20所示。在“效果”面板中展开“视频过渡”分类选项，单击“擦除”文件夹前面的▶按钮将其展开，选中“划出”效果，如图5-21所示。

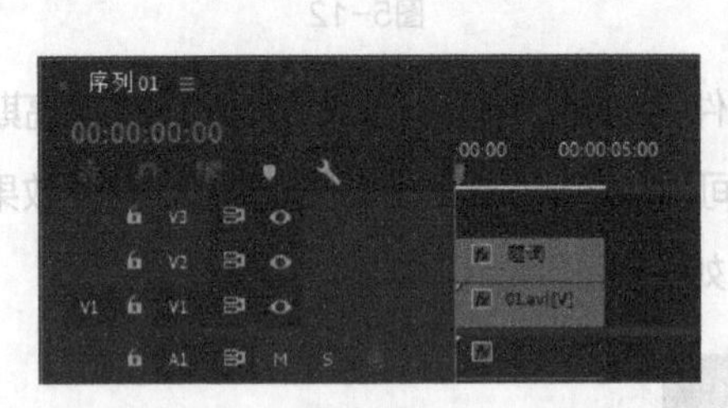

图5-20

图5-21

04 将“划出”效果拖曳到“时间轴”面板中“题词”文件的开始位置，如图5-22所示。选择“时间轴”面板中的“划出”效果。在“效果控件”面板中将“持续时间”设置为00:00:04:00，单击小视窗右侧中间的◀按钮，如图5-23所示。古风美景宣传片制作完成。

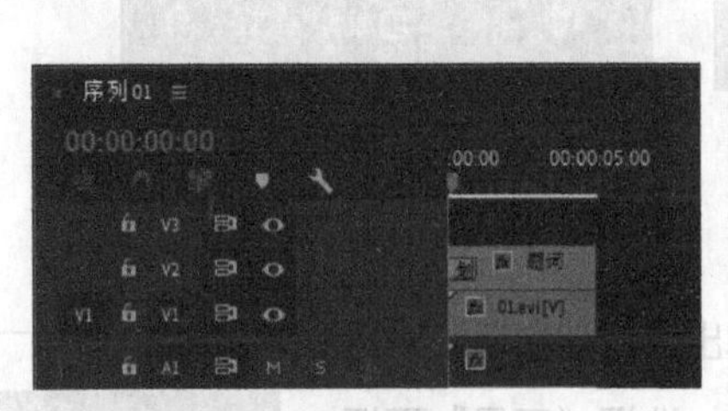

图5-22

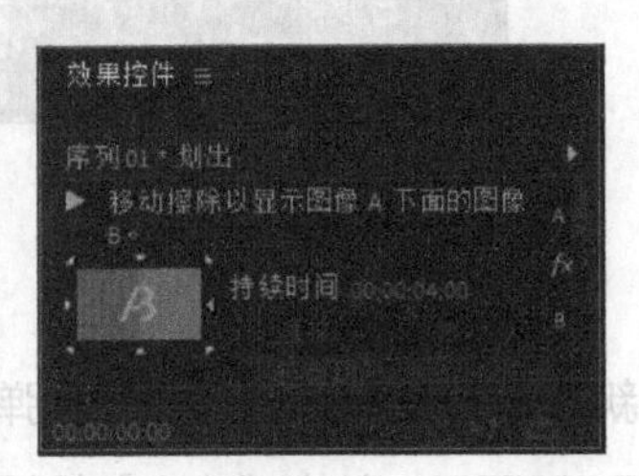

图5-23

5.1.2 “图像控制”效果

“图像控制”效果的主要用途是对素材的色彩进行处理。这种效果广泛应用于视频编辑中，可以处理一些前期拍摄中遗留的问题，还可以使素材达到某种预想的效果。“图像控制”效果是一组重要的视频效果，共包含5种，如图5-24所示。应用不同的效果后，呈现的效果如图5-25所示。

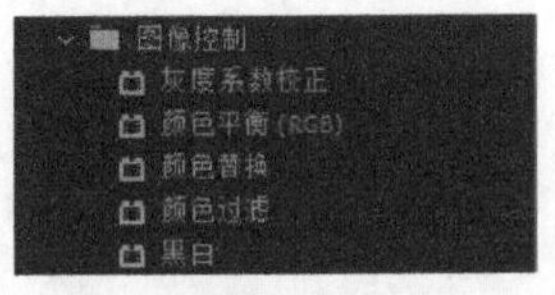

图5-24

原图　灰度系数校正　颜色平衡（RGB）

颜色替换　颜色过滤　黑白

图5-25

5.1.3 课堂案例——沙漠旅行宣传片

案例学习目标 使用多个“调整”效果制作宣传片。

案例知识要点 使用“导入”命令导入视频文件，使用“ProcAmp”效果调整图像的饱和度和对比度，使用“颜色平衡”效果调暗图像中的部分颜色，使用“DE_AgedFilm”外部效果制作老电影的效果。沙漠旅行宣传片的效果如图5-26所示。

效果所在位置 Ch05\沙漠旅行宣传片\沙漠旅行宣传片. prproj。

图5-26

01 启动Premiere Pro 2020应用程序，选择“文件 > 新建 > 项目”命令，弹出“新建项目”对话框，如图5-27所示，单击“确定”按钮，新建项目。选择“文件 > 新建 > 序列”命令，会弹出“新建序列”对话框，切换到“设置”选项卡，具体设置如图5-28所示，单击“确定”按钮，新建序列。

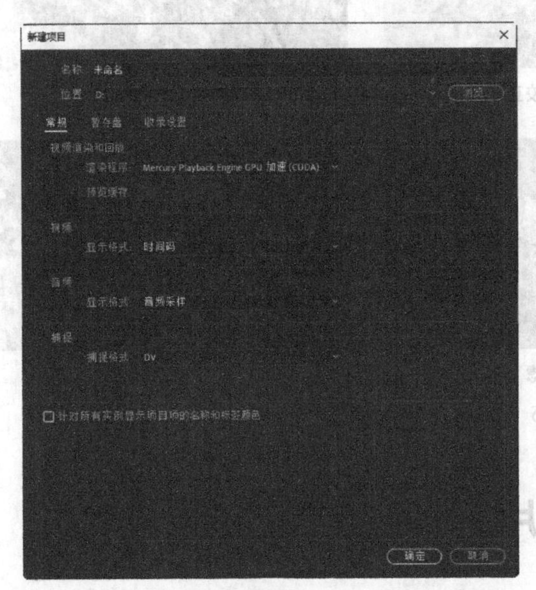

图5-27

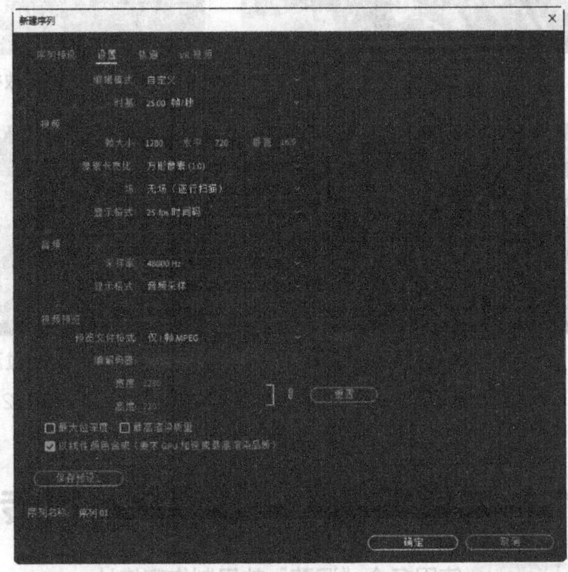

图5-28

02 选择“文件 > 导入”命令，弹出“导入”对话框，选择本书学习资源中的“Ch05\沙漠旅行宣传片\素材\01”文件，如图5-29所示，单击“打开”按钮，将素材文件导入“项目”面板中，如图5-30所示。

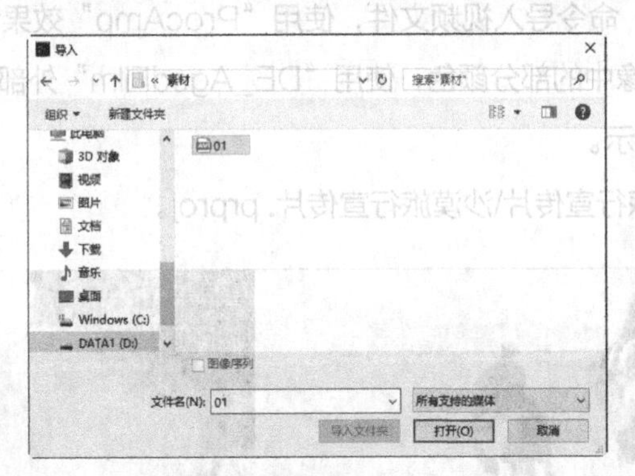

图5-29

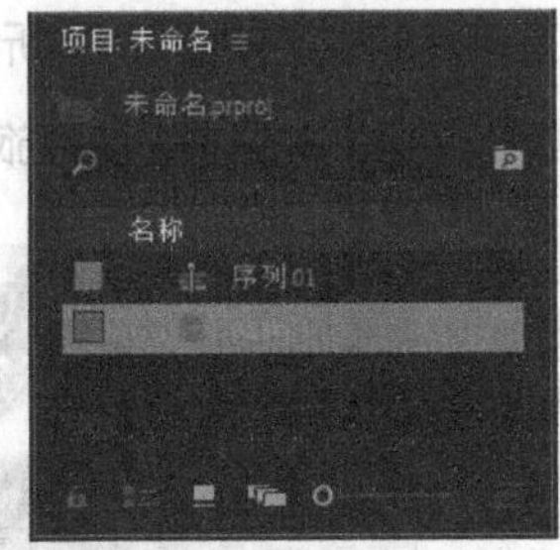

图5-30

03 在“项目”面板中，选中“01”文件并将其拖曳到“时间轴”面板的“视频1（V1）”轨道中，会弹出“剪辑不匹配警告”对话框，单击“保持现有设置”按钮，在保持现有序列设置的情况下将文件放置在“视频1（V1）”轨道中，如图5-31所示。在“效果控件”面板中展开“运动”选项，将“缩放”设置为150.0，如图5-32所示。

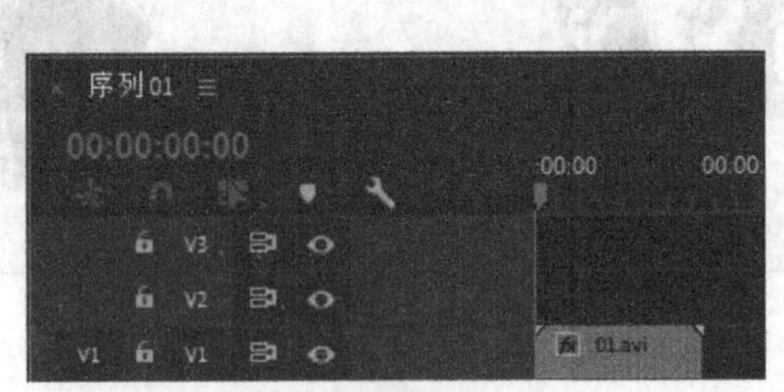

图5-31

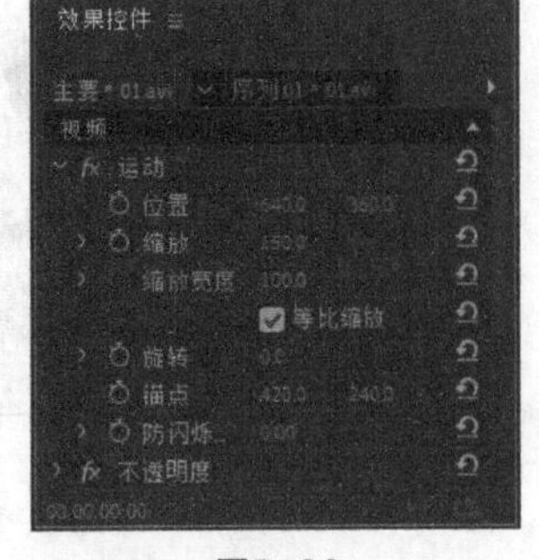

图5-32

04 在“效果”面板中展开“视频效果”分类选项，单击“调整”文件夹前面的▶按钮将其展开，选中“ProcAmp”效果，如图5-33所示。

05 将“ProcAmp”效果拖曳到“时间轴”面板中的“01”文件上，如图5-34所示。在“效果控件”面板中展开“ProcAmp”选项，将“对比度”设置为115.0，“饱和度”设置为50.0，如图5-35所示。

图5-33

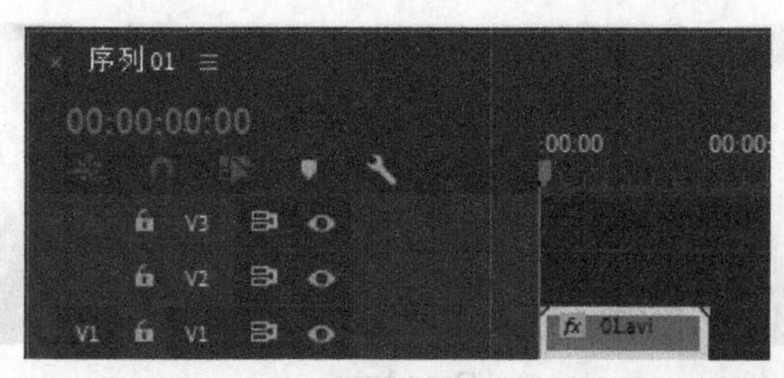

图5-34

图5-35

06 在“效果”面板中单击“颜色校正”文件夹前面的▶按钮将其展开，选中“颜色平衡”效果，如图5-36所示。将“颜色平衡”效果拖曳到“时间轴”面板中的“01”文件上。在“效果控件”面板中展开“颜色平衡”选项并进行参数设置，如图5-37所示。

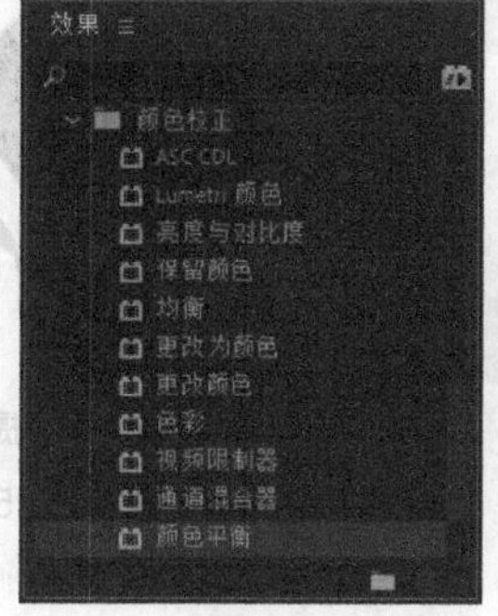

图5-36

图5-37

07 在“效果”面板中单击“Digieffects Damage v2.5”文件夹前面的▶按钮将其展开，选中“DE_AgedFilm”效果，如图5-38所示。将“DE_AgedFilm”效果拖曳到“时间轴”面板中的“01”文件上。

08 在“效果控件”面板中展开“DE_AgedFilm”选项并进行参数设置，如图5-39所示。沙漠旅行宣传片制作完成，如图5-40所示。

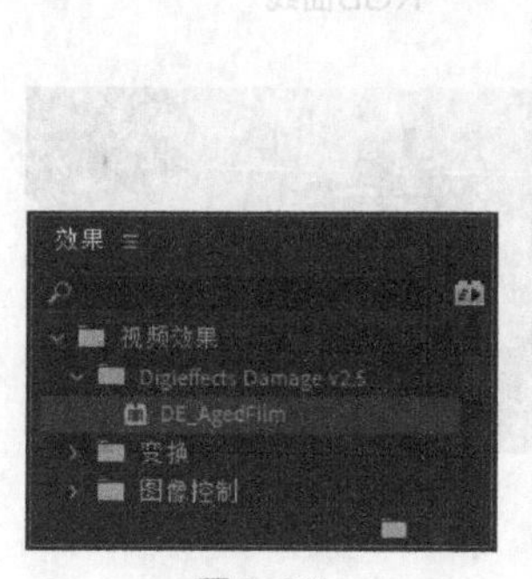

图5-38

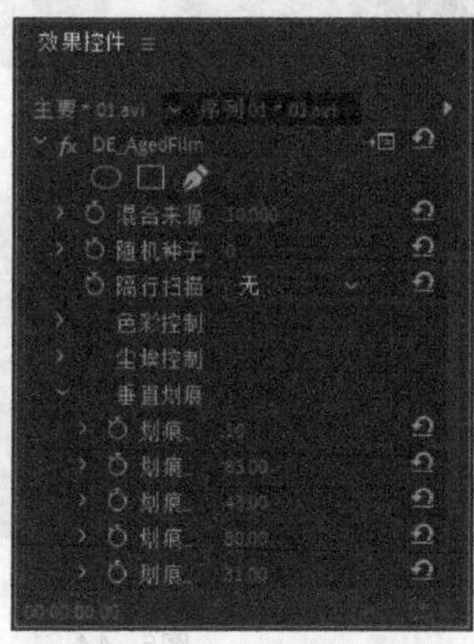

图5-39

图5-40

5.1.4 “调整”效果

“调整”效果可以调整素材文件的明暗度，并添加光照效果，共包含5种效果，如图5-41所示。使用不同的效果后，呈现的效果如图5-42所示。

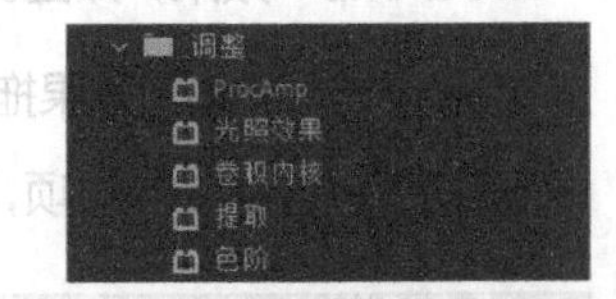

图5-41

原图

ProcAmp

光照效果

卷积内核

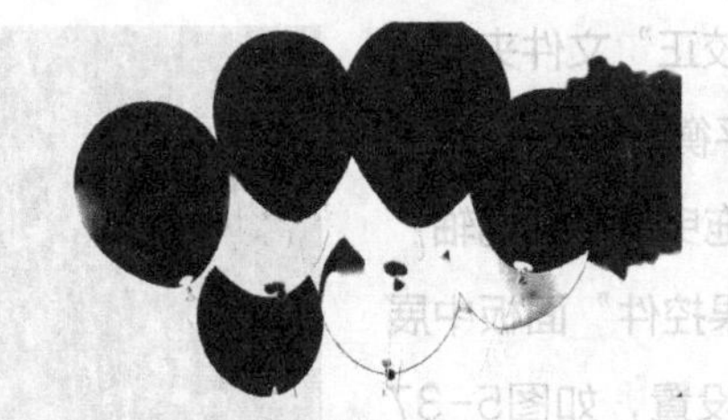

提取

色阶

图5-42

5.1.5 “过时”效果

“过时”效果用于对视频进行颜色分级与校正，共包含12种效果，如图5-43所示。使用不同的效果后，呈现的效果如图5-44所示。

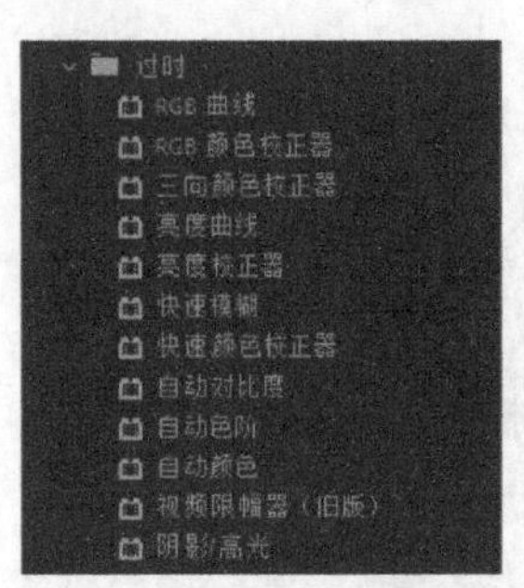

图5-43

原图

RGB曲线

RGB颜色校正器

三向颜色校正器

图5-44

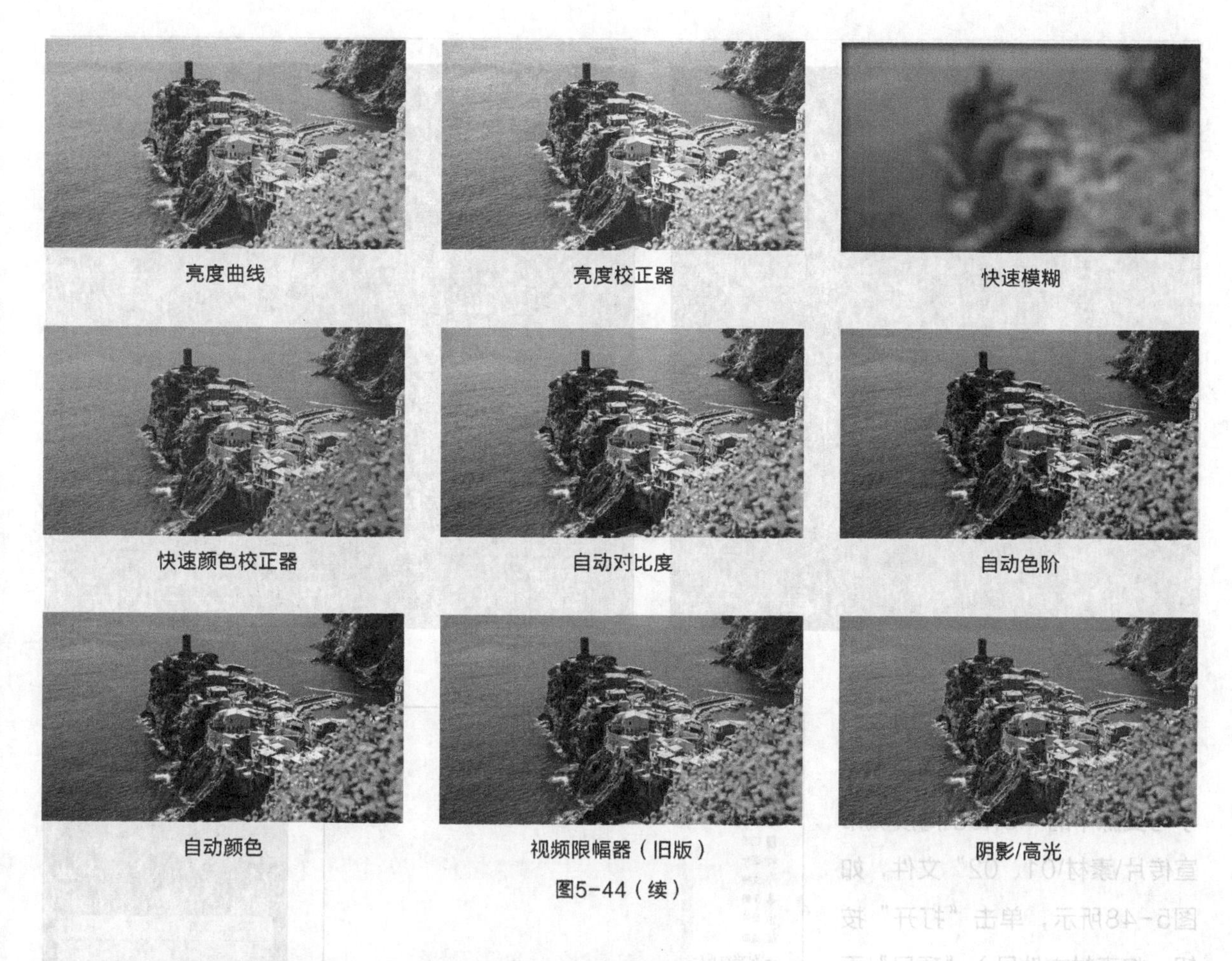

图5-44（续）

5.1.6 课堂案例——海滨城市宣传片

案例学习目标 使用“颜色校正”效果制作宣传片。

案例知识要点 使用“亮度与对比度”效果调整视频的亮度与对比度，使用“均衡”效果均衡图像颜色，使用“颜色平衡”效果调整图像的颜色。海滨城市宣传片的效果如图5-45所示。

效果所在位置 Ch05\海滨城市宣传片\海滨城市宣传片. prproj。

图5-45

01 启动Premiere Pro 2020应用程序，选择“文件 > 新建 > 项目”命令，弹出“新建项目”对话框，如图5-46所示，单击“确定”按钮，新建项目。选择“文件 > 新建 > 序列”命令，弹出“新建序列”对话框，切换到“设置”选项卡，具体设置如图5-47所示，单击“确定”按钮，新建序列。

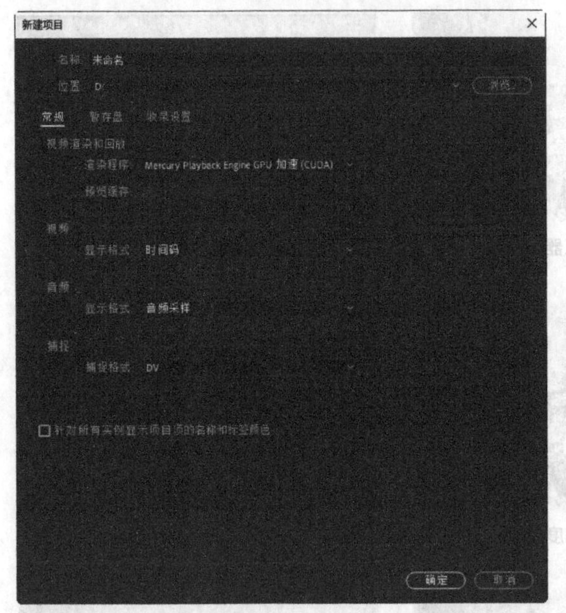

图5-46

图5-47

02 选择“文件 > 导入”命令，弹出“导入”对话框，选择本书学习资源中的“Ch05\海滨城市宣传片\素材\01、02”文件，如图5-48所示，单击“打开”按钮，将素材文件导入“项目”面板中，如图5-49所示。

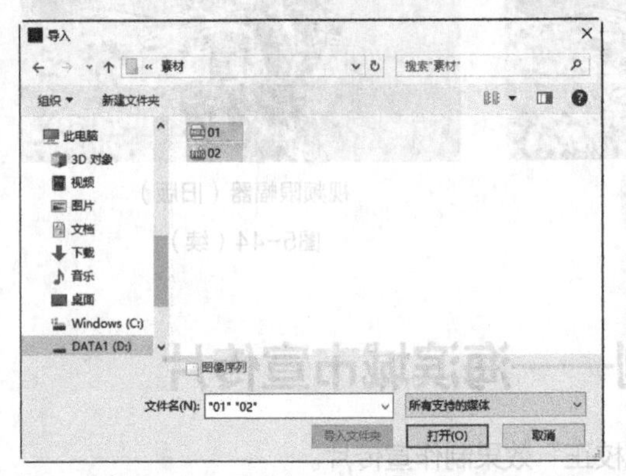

图5-48

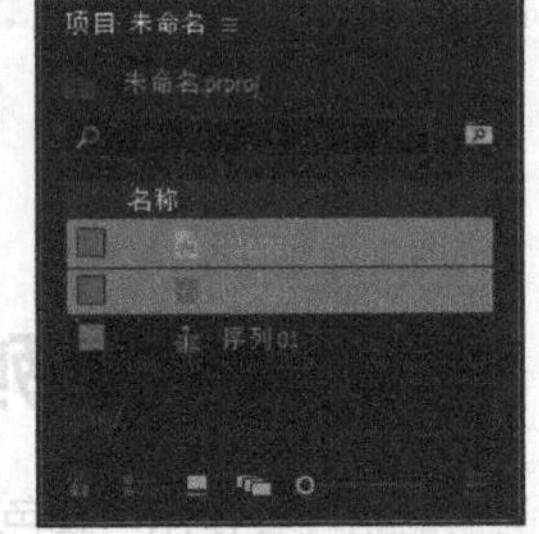

图5-49

03 在“项目”面板中，选中“01”文件并将其拖曳到“时间轴”面板的“视频1（V1）”轨道中，弹出“剪辑不匹配警告”对话框，单击“保持现有设置”按钮，在保持现有序列设置的情况下将文件放置在“视频1（V1）”轨道中，如图5-50所示。

04 将播放指示器放置在00:00:05:00的位置。将鼠标指针放在“01”文件的结束位置，当鼠标指针呈◀状时，向左拖曳鼠标到00:00:05:00的位置，如图5-51所示。

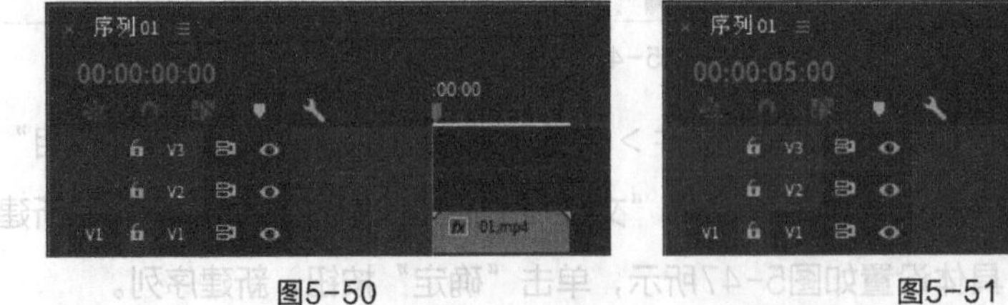

图5-50

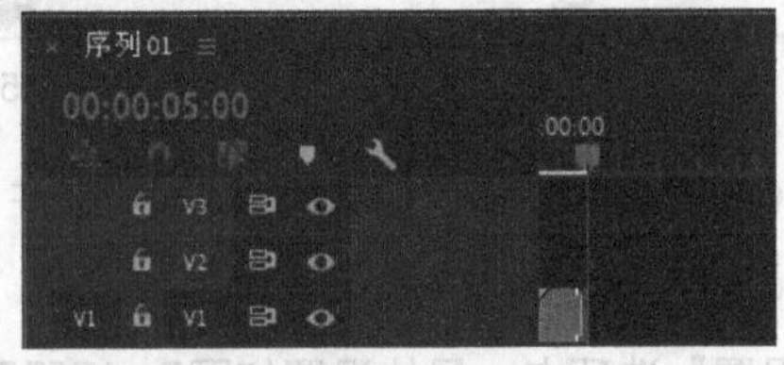

图5-51

05 将播放指示器放置在0s的位置。选择“时间轴”面板中的“01”文件，如图5-52所示。在“效果控件”面板中展开“运动”选项，将“缩放”设置为67.0，如图5-53所示。

图5-52

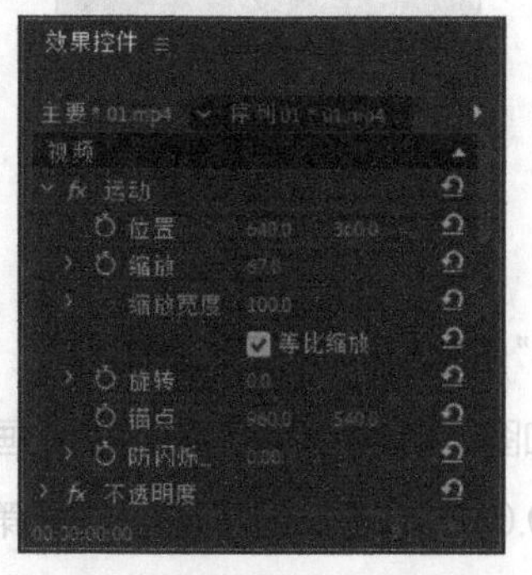

图5-53

06 在“效果”面板中展开“视频效果”分类选项，单击“颜色校正”文件夹前面的▶按钮将其展开，选中“亮度与对比度”效果，如图5-54所示。将“亮度与对比度”效果拖曳到“时间轴”面板“视频1（V1）”轨道中的“01”文件上，如图5-55所示。

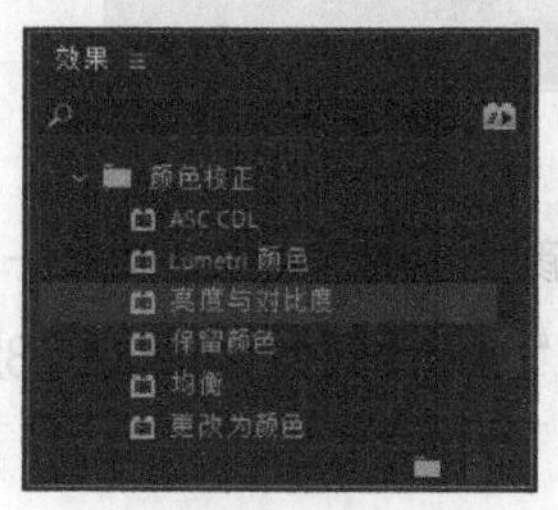

图5-54

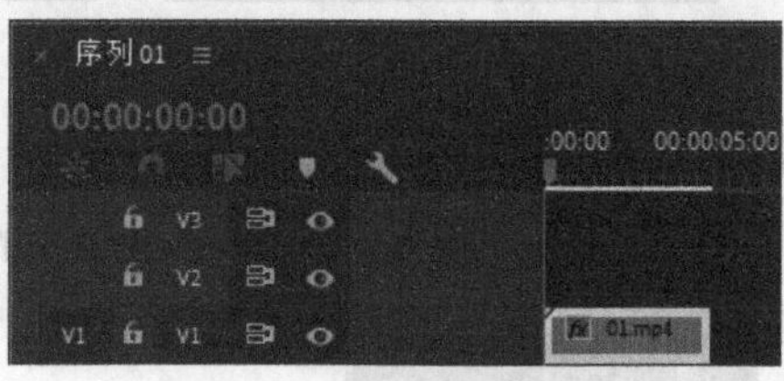

图5-55

07 在“效果控件”面板中展开“亮度与对比度”选项，单击“亮度”和“对比度”左侧的“切换动画”按钮⏱，如图5-56所示，记录第1个动画关键帧。将播放指示器放置在00:00:02:00的位置。将“亮度”设置为5.0，“对比度”设置为22.0，如图5-57所示，记录第2个动画关键帧。

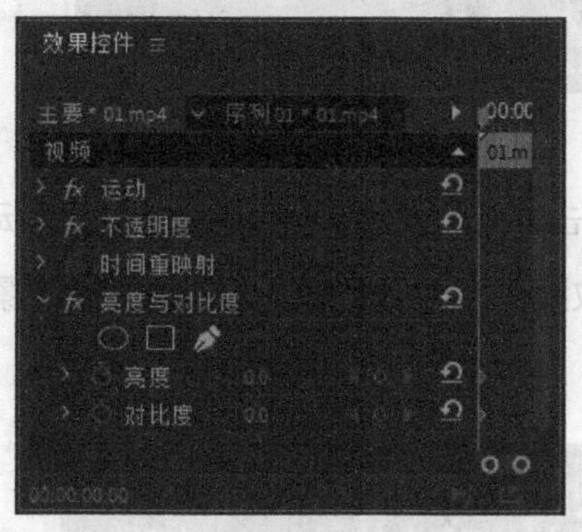

图5-56

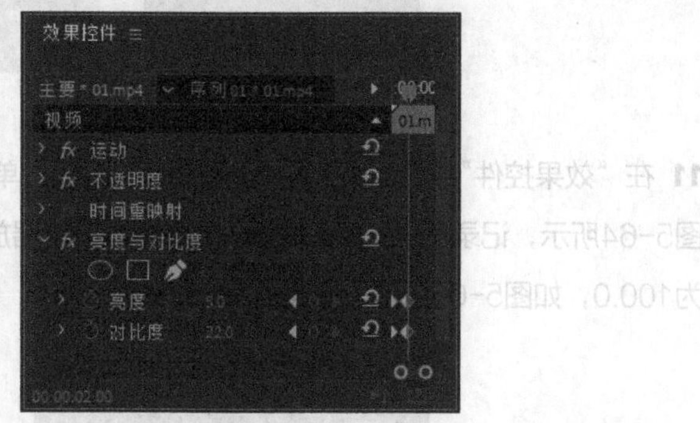

图5-57

08 将播放指示器放置在0s的位置。在“效果”面板中选中“均衡”效果，如图5-58所示。将“均衡”效果拖曳到“时间轴”面板“视频1（V1）”轨道中的“01”文件上，如图5-59所示。

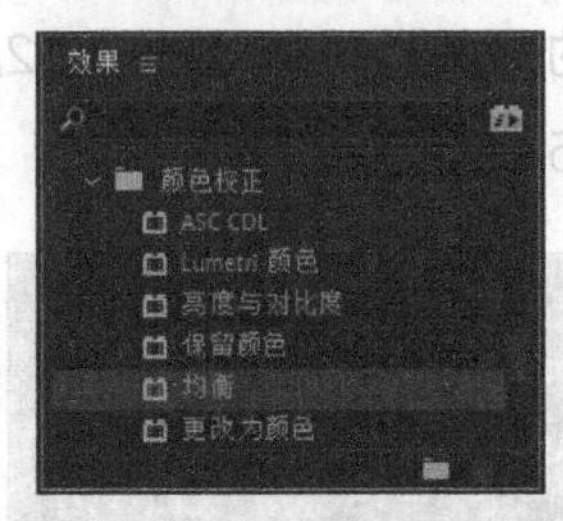

图5-58

图5-59

09 在“效果控件”面板中展开“均衡”选项，将“均衡量”设置为20.0%，单击“均衡量”左侧的“切换动画”按钮，如图5-60所示，记录第1个动画关键帧。将播放指示器放置在00:00:02:00的位置。将“均衡量”设置为100.0%，如图5-61所示，记录第2个动画关键帧。

图5-60

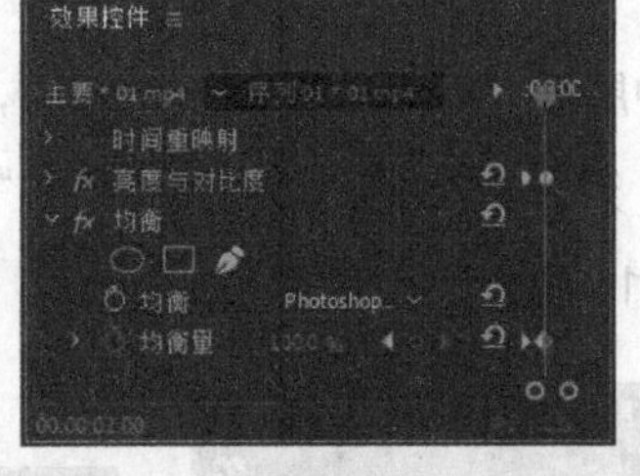

图5-61

10 将播放指示器放置在0s的位置。在“效果”面板中选中“颜色平衡”效果，如图5-62所示。将“颜色平衡”效果拖曳到“时间轴”面板“视频1（V1）”轨道中的“01”文件上，如图5-63所示。

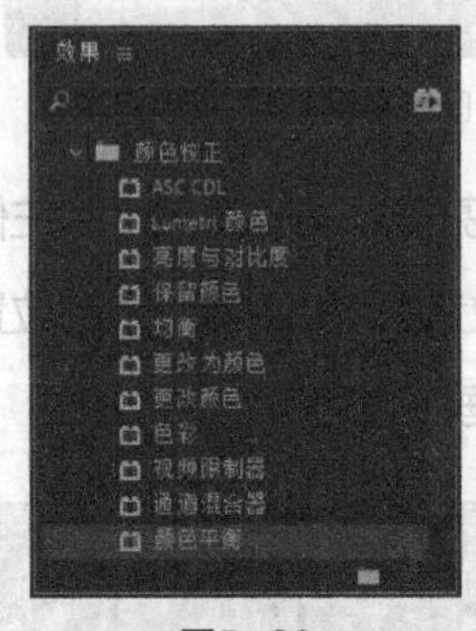

图5-62

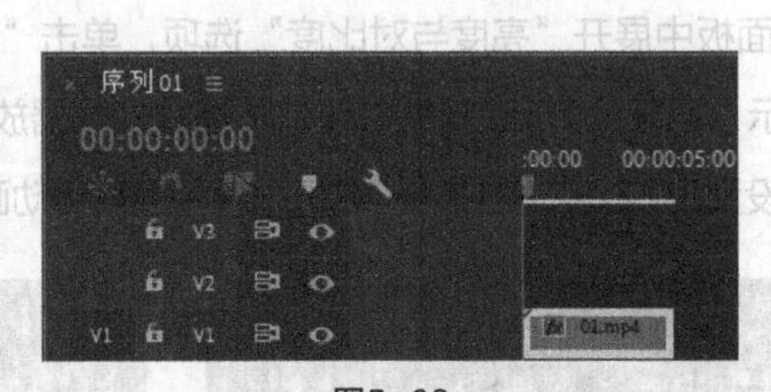

图5-63

11 在“效果控件”面板中展开“颜色平衡”选项，单击“阴影红色平衡”左侧的“切换动画”按钮，如图5-64所示，记录第1个动画关键帧。将播放指示器放置在00:00:02:00的位置。将“阴影红色平衡”设置为100.0，如图5-65所示，记录第2个动画关键帧。

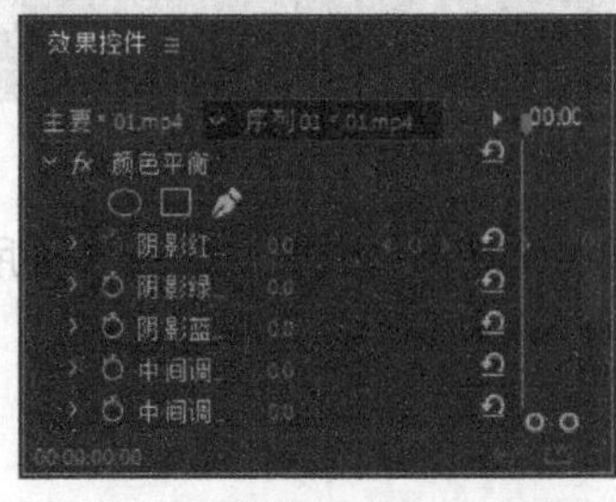

图5-64

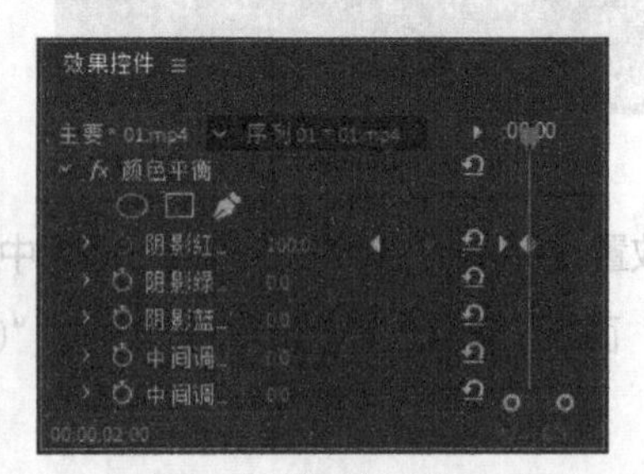

图5-65

12 单击“阴影蓝色平衡”左侧的“切换动画”按钮，如图5-66所示，记录第1个动画关键帧。将播放指示器放置在00:00:04:00的位置上。将“阴影蓝色平衡”设置为-50.0，如图5-67所示，记录第2个动画关键帧。

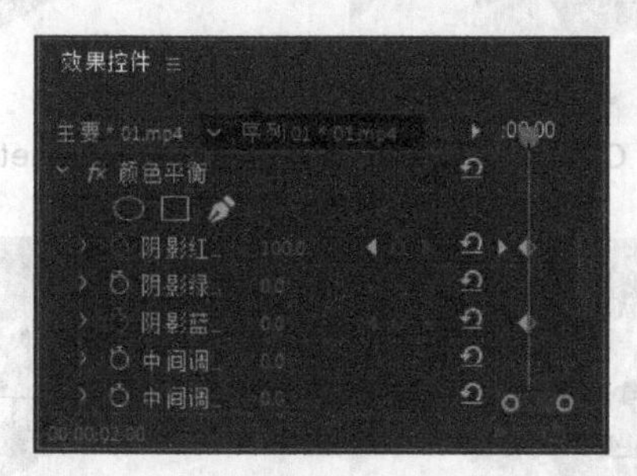

图5-66

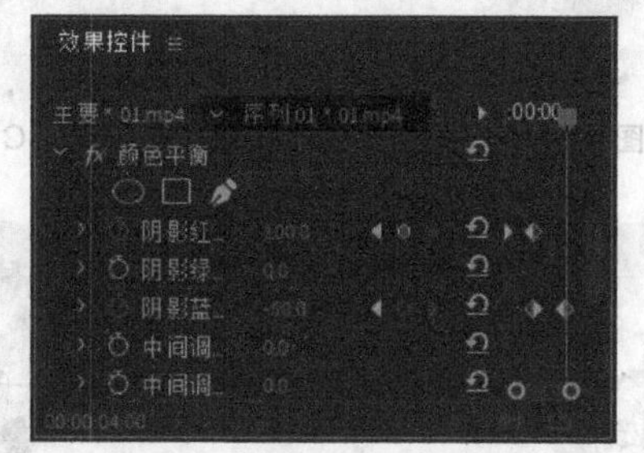

图5-67

13 在“项目”面板中，选中“02”文件并将其拖曳到“时间轴”面板的“视频2（V2）”轨道中，如图5-68所示。选择“时间轴”面板中的“02”文件。在“效果控件”面板中展开“运动”选项，将“位置”设置为1089.0和664.0，“缩放”设置为130.0，如图5-69所示。海滨城市宣传片制作完成。

图5-68

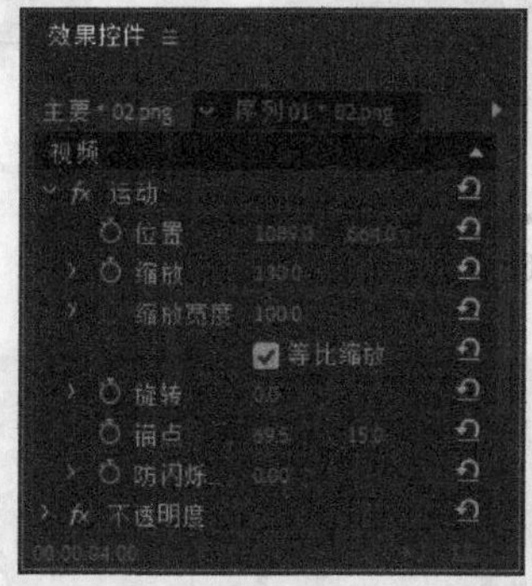

图5-69

5.1.7 “颜色校正”效果

“颜色校正”效果主要用于对视频素材进行颜色校正，共包含12种效果，如图5-70所示。使用不同的效果后，呈现的效果如图5-71所示。

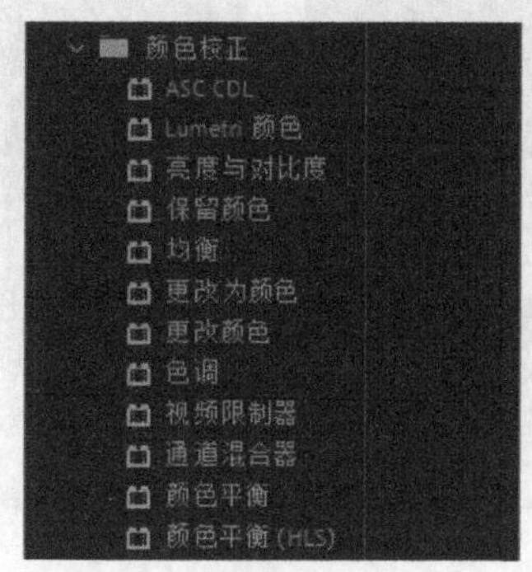

图5-70

原图　ASC CDL　Lumetri颜色

亮度与对比度　保留颜色　均衡

更改为颜色　更改颜色　色调

视频限制器　通道混合器

颜色平衡　颜色平衡（HLS）

图5-71

5.1.8 “Lumetri预设”效果

“Lumetri预设”效果主要用于对视频素材进行颜色调整，共包含五大类效果。

1. “Filmstocks”视频效果

“Filmstocks”预设文件夹中共包含5种视频效果，如图5-72所示。使用不同的效果后，呈现的效果如图5-73所示。

图5-72

原图

Fuji Eterna 250D Fuji 3510

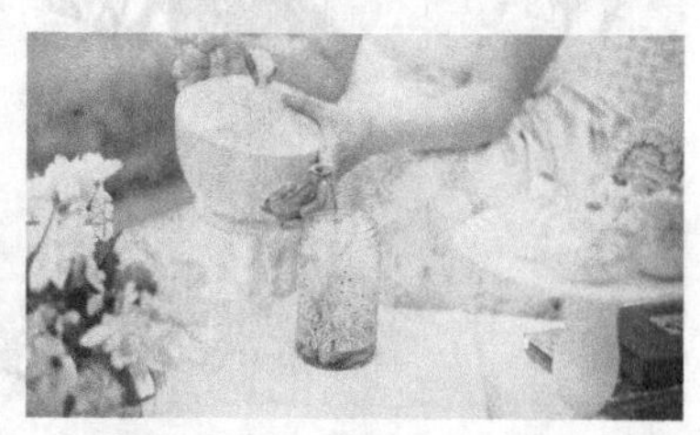

Fuji Eterna 250d Kodak 2395

Fuji F125 Kodak 2393

Fuji F125 Kodak 2395

Fuji Reala 500D Kodak 2393

图5-73

2. “影片”视频效果

“影片”预设文件夹中共包含7种视频效果，如图5-74所示。使用不同的效果后，呈现的效果如图5-75所示。

图5-74

原图

2 Strip

Cinespace 100

图5-75

Cinespace 100 淡化胶片

Cinespace 25

Cinespace 25 淡化胶片

Cinespace 50

Cinespace 50 淡化胶片

图5-75（续）

3. “SpeedLooks”视频效果

“SpeedLooks”预设文件夹中包含了不同的子文件夹，如图5-76所示，其中共包含275种视频效果。使用部分不同的效果后，呈现的效果如图5-77所示。

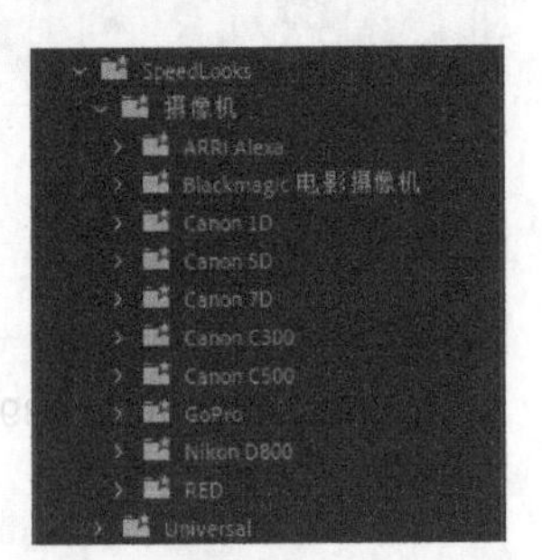

图5-76

原图

SL清楚出拳NDR（Arri Alexa）

SL冰蓝（Arri Alexa）

SL亮蓝（BMC ProRes）

SL复古棕色（Canon 1D）

SL淘金LDR（Canon 7D）

图5-77

SL Noir红波（RED-REDLOGFILM）

SL冷蓝（Universal）

图5-77（续）

4. “单色”视频效果

“单色”预设文件夹中共包含7种视频效果，如图5-78所示。使用不同的效果后，呈现的效果如图5-79所示。

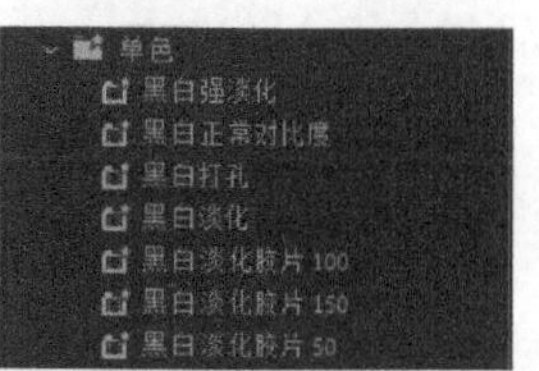

图5-78

原图

黑白强淡化

黑白正常对比度

黑白打孔

黑白淡化

黑白淡化胶片100

黑白淡化胶片150

黑白淡化胶片50

图5-79

5. “技术”视频效果

“技术”预设文件夹中共包含6种视频效果，如图5-80所示。使用不同的效果后，呈现的效果如图5-81所示。

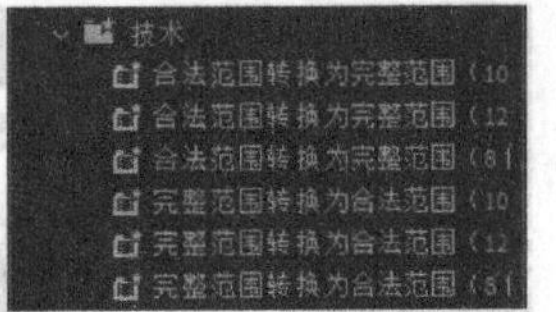

图5-80

原图

合法范围转换为完整范围（10位）

合法范围转换为完整范围（12位）

合法范围转换为完整范围（8位）

完整范围转换为合法范围（10位）

完整范围转换为合法范围（12位）

完整范围转换为合法范围（8位）

图5-81

5.2 叠加技术

叠加一般用于制作效果比较复杂的影视作品，简称复合影视，它主要通过使用多个视频素材进行叠加、透明处理及应用各种类型的键控来实现。

5.2.1 课堂案例——个人网站宣传片

案例学习目标 使用影视叠加制作个人网站宣传片。

案例知识要点 使用"导入"命令导入素材文件，使用"不透明度"制作素材叠加，使用"查找边缘"效果制作图像的边缘，使用"色阶"效果调整图像的颜色，使用"画笔描边"效果制作图像的画笔效果。个人网站宣传片的效果如图5-82所示。

效果所在位置 Ch05\个人网站宣传片\个人网站宣传片. prproj。

图5-82

01 启动Premiere Pro 2020应用程序，选择"文件 > 新建 > 项目"命令，会弹出"新建项目"对话框，如图5-83所示，单击"确定"按钮，新建项目。选择"文件 > 新建 > 序列"命令，会弹出"新建序列"对话框，切换到"设置"选项卡，具体设置如图5-84所示，单击"确定"按钮，新建序列。

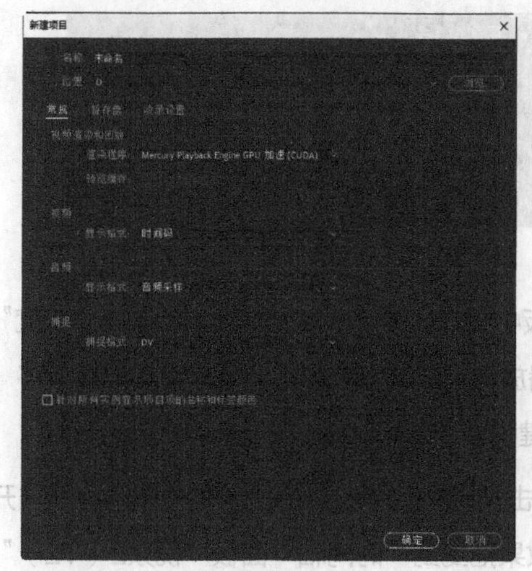

图5-83

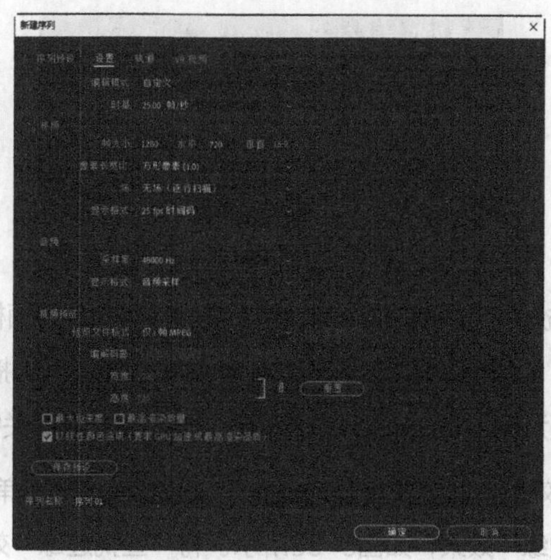

图5-84

02 选择"文件 > 导入"命令，会弹出"导入"对话框，选择本书学习资源中的"Ch05\个人网站宣传片\素材\01、02"文件，如图5-85所示，单击"打开"按钮，将素材文件导入"项目"面板中，如图5-86所示。

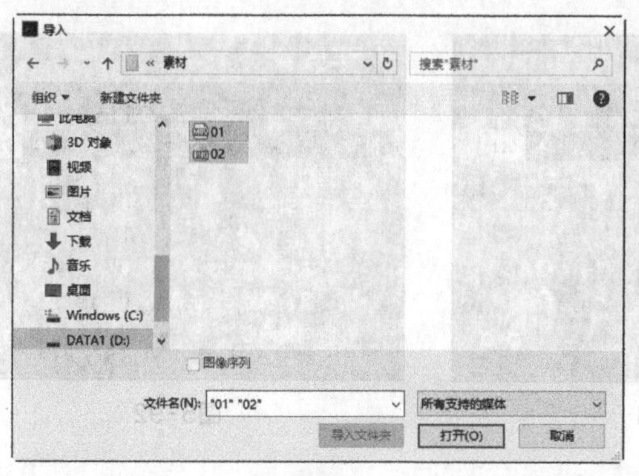

图5-85

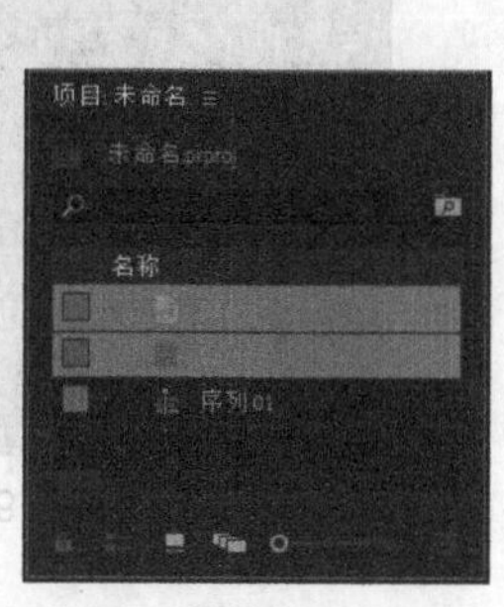

图5-86

03 在“项目”面板中，选中“01”文件并将其拖曳到“时间轴”面板的“视频1（V1）”轨道中，会弹出“剪辑不匹配警告”对话框，单击“保持现有设置”按钮，在保持现有序列设置的情况下将文件放置在“视频1（V1）”轨道中，如图5-87所示。选择“时间轴”面板中的“01”文件。在“效果控件”面板中展开“运动”选项，将“缩放”设置为67.0，如图5-88所示。按Ctrl+C快捷键，复制“01”文件。

图5-87

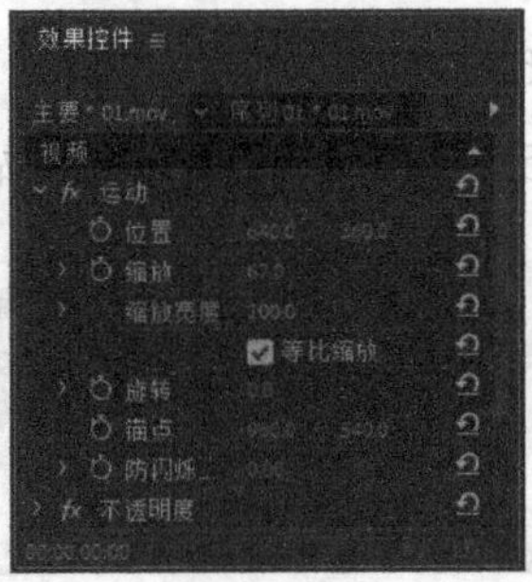

图5-88

04 单击“视频1（V1）”轨道的轨道标签，取消选取状态。单击“视频2（V2）”轨道的轨道标签，将此轨道设置为目标轨道，如图5-89所示。按Ctrl+V快捷键，将“01”文件粘贴到“视频2（V2）”轨道中，如图5-90所示。

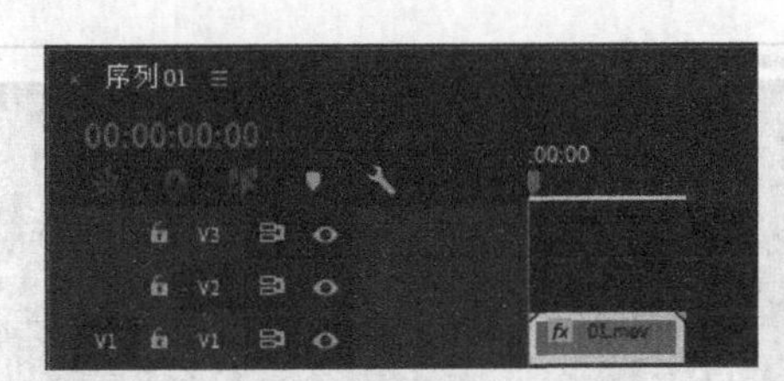

图5-89

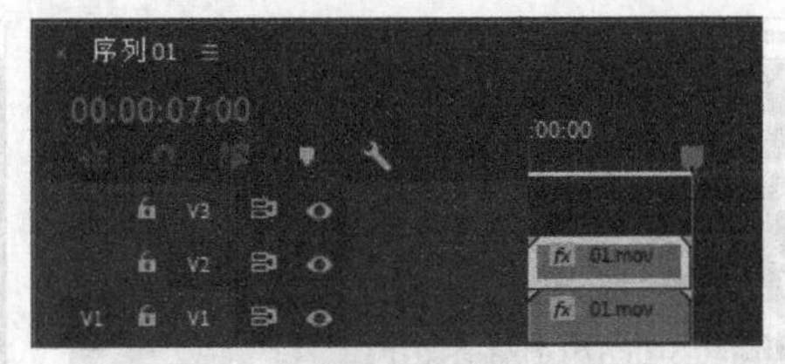

图5-90

05 将播放指示器放置在0s的位置。在“效果控件”面板中展开“不透明度”选项，将“不透明度”设置为70.0%，如图5-91所示，记录第1个动画关键帧。将播放指示器放置在00:00:01:12的位置。将“不透明度”设置为50.0%，如图5-92所示，记录第2个动画关键帧。

06 在“效果”面板中展开“视频效果”分类选项，单击“风格化”文件夹前面的按钮将其展开，选中“查找边缘”效果，如图5-93所示。将“查找边缘”效果拖曳到“时间轴”面板“视频2（V2）”轨道中的“01”文件上。

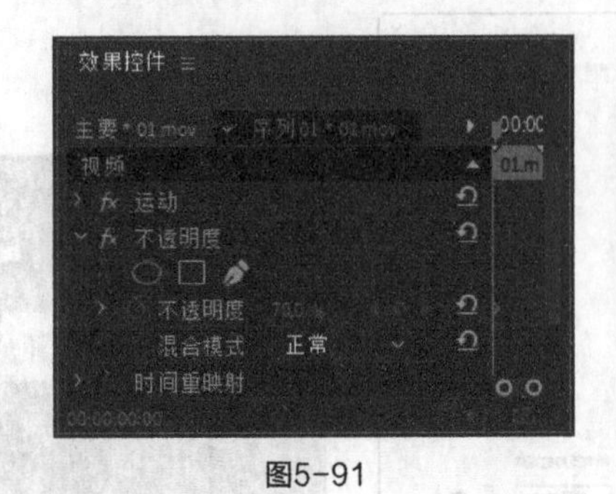

图5-91

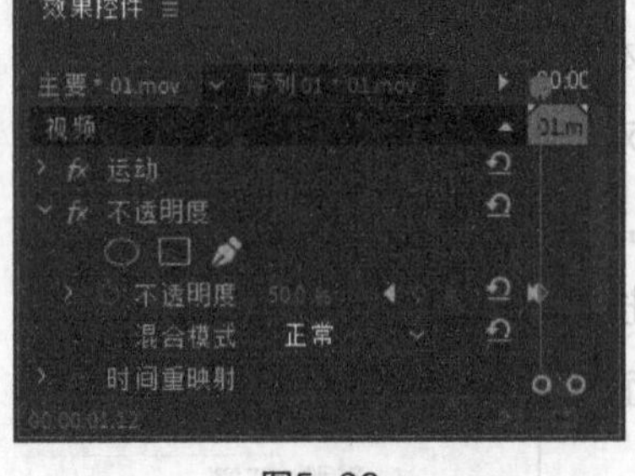

图5-92

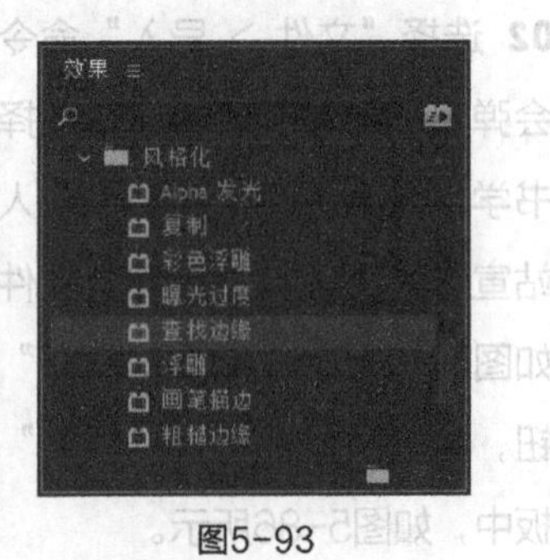

图5-93

07 将播放指示器放置在0s的位置。在“效果控件”面板中展开“查找边缘”选项，将“与原始图像混合”设置为50%，单击“与原始图像混合”左侧的“切换动画”按钮，如图5-94所示，记录第1个动画关键帧。

08 将播放指示器放置在00:00:03:10的位置。将“与原始图像混合”设置为45%，如图5-95所示，记录第2个动画关键帧。将播放指示器放置在00:00:06:13的位置。将“与原始图像混合”设置为55%，如图5-96所示，记录第3个动画关键帧。

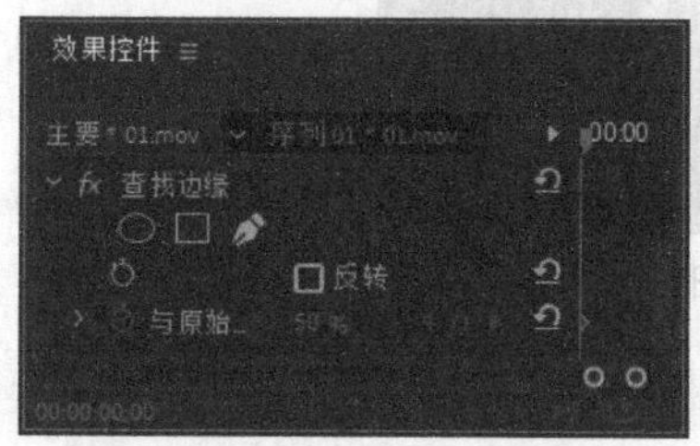

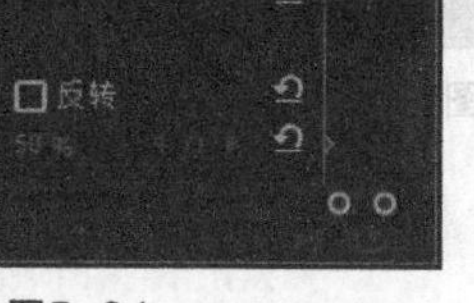

图5-94

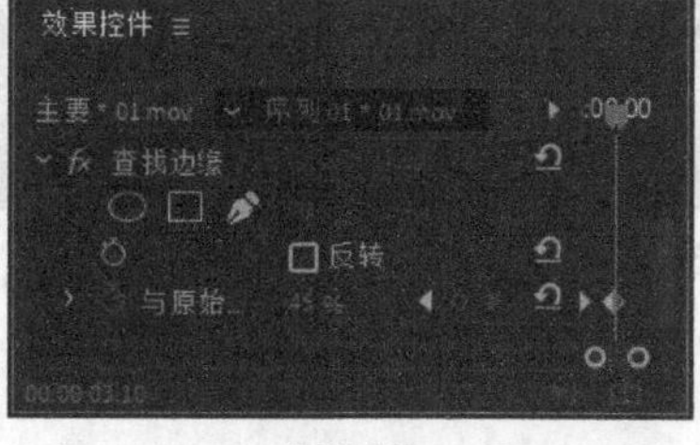

图5-95

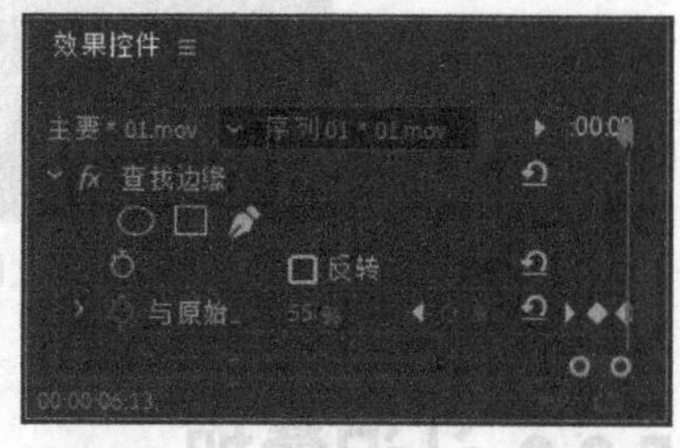

图5-96

09 在“效果”面板中单击“调整”文件夹前面的按钮将其展开，选中“色阶”效果，如图5-97所示。将“色阶”效果拖曳到“时间轴”面板“视频2（V2）”轨道中的“01”文件上。

10 在“效果控件”面板中展开“色阶”选项，将“（RGB）输入黑色阶”设置为85，“（RGB）输入白色阶”设置为200，如图5-98所示。

11 在“效果”面板中单击“风格化”文件夹前面的按钮将其展开，选中“画笔描边”效果，如图5-99所示。将“画笔描边”效果拖曳到“时间轴”面板“视频2（V2）”轨道中的“01”文件上。在“效果控件”面板中展开“画笔描边”选项，具体设置如图5-100所示。

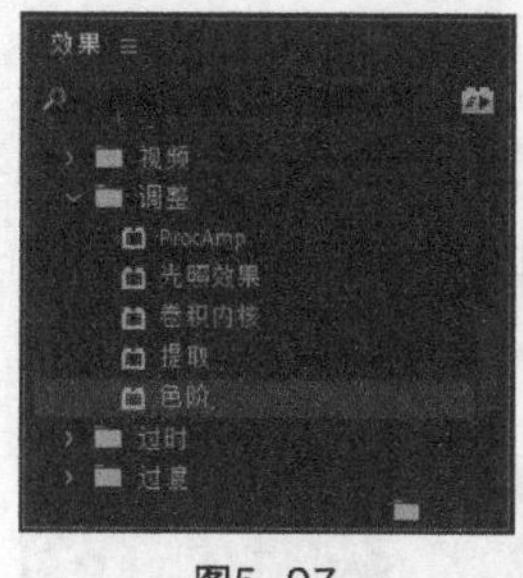

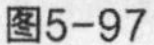

图5-97

图5-98

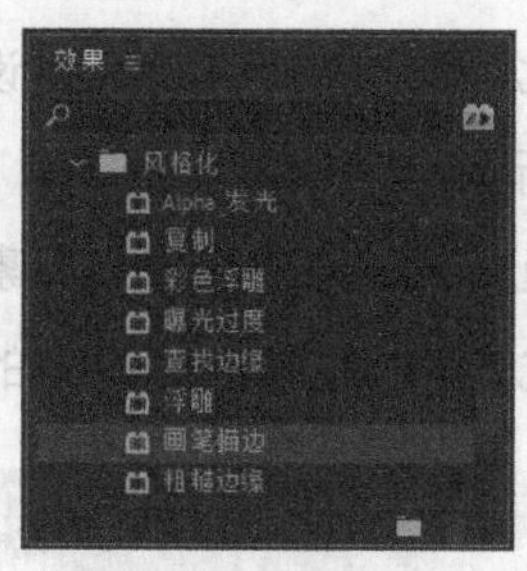

图5-99

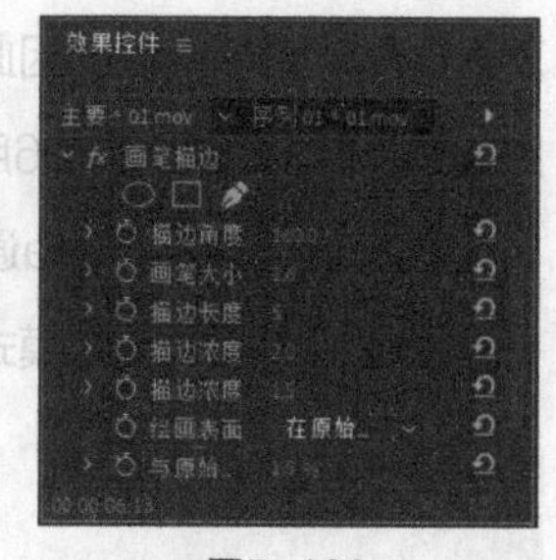

图5-100

12 在“项目”面板中，选中“02”文件并将其拖曳到“时间轴”面板的“视频3（V3）”轨道中，如图5-101所示。将鼠标指针放在“02”文件的结束位置，当鼠标指针呈状时，向右拖曳鼠标到“01”文件的结束位置，如图5-102所示。

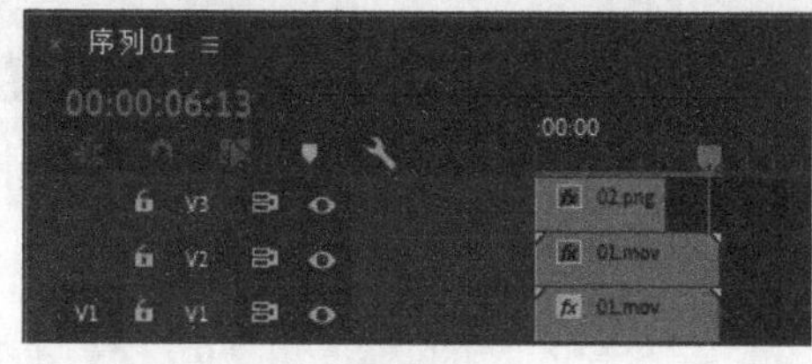

图5-101

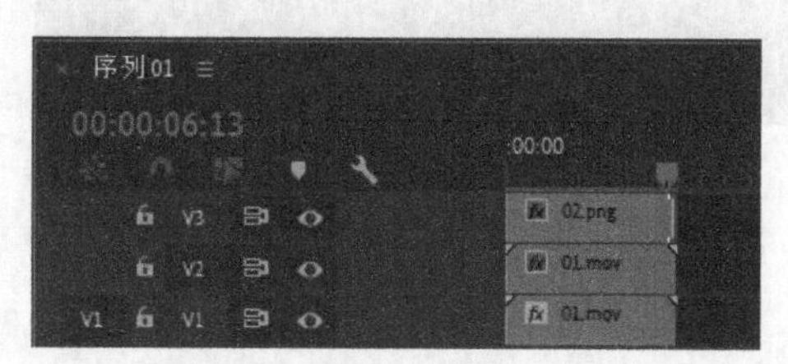

图5-102

13 选择“时间轴”面板中的“02”文件，如图5-103所示。在“效果控件”面板中展开“运动”选项，将“位置”设置为640.0和503.0，如图5-104所示。个人网站宣传片制作完成。

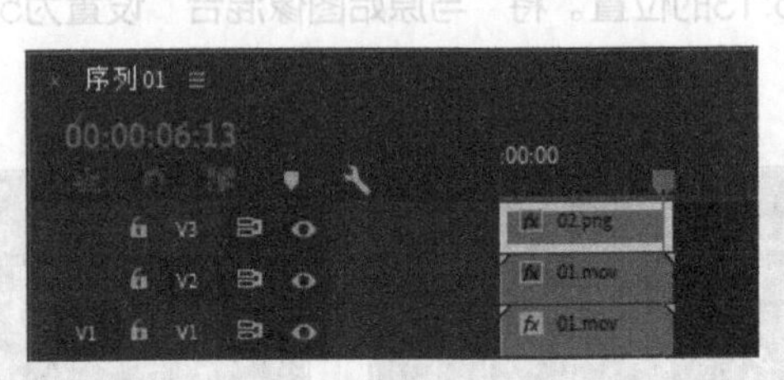

图5-103

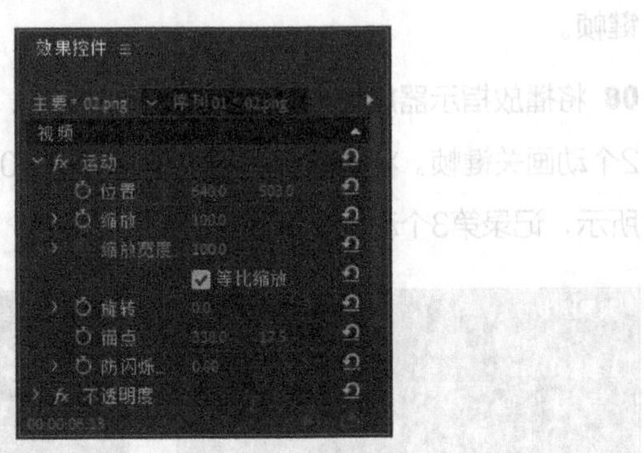

图5-104

5.2.2 认识叠加

在Premiere Pro 2020中建立叠加效果，是在多个视频轨道中的素材实现切换之后，才将叠加轨道上的素材相互叠加的，较高层轨道的素材会叠加在较低层轨道的素材上，并在监视器中优先显示出来，这也就意味着将在其他素材的上面播放。

1. 透明

使用透明叠加的原理是因为每个素材都有一定的不透明度，在不透明度为0%时，图像完全透明；在不透明度为100%时，图像完全不透明；不透明度介于两者之间时，图像呈半透明。在Premiere Pro 2020中，将一个素材叠加在另一个素材上之后，位于轨道上面的素材能够显示其下方素材的部分图像，这利用的就是素材的不透明度。因此，通过素材不透明度的设置，可以制作透明叠加的效果，原图和叠加后的效果分别如图5-105和图5-106所示。

用户可以使用Alpha通道、蒙版或键控来定义素材透明度区域和不透明区域，通过设置素材的不透明度并结合使用不同的混合模式就可以创建出绚丽多彩的影视视觉效果。

图5-105

图5-106

2. Alpha通道

素材的颜色信息都被保存在3个通道中，这3个通道分别是红色通道、绿色通道和蓝色通道。另外，在素材中还包含第4个通道，即Alpha通道，它用于存储素材的透明度信息。

当在“After Effects Composition”面板或Premiere Pro 2020的监视器中查看Alpha通道时，白色区域是完全不透明的，黑色区域是完全透明的，两者之间的区域则是半透明的。

3. 蒙版

“蒙版”是一个层，用于定义层的透明区域，白色区域定义的是完全不透明的区域，黑色区域定义的是完全透明的区域，两者之间的区域则是半透明的，这点类似于Alpha通道。通常，Alpha通道被用作蒙版，但是使用蒙版定义素材的透明区域时要比使用Alpha通道更好，因为在很多的原始素材中不包含Alpha通道。

在TGA、TIFF、EPS和PDF等素材格式中都包含Alpha通道。在使用EPS和PDF格式的素材时，Premiere会自动将透明区域转换为Alpha通道。

4. 键控

在进行素材叠加时，可以使用Alpha通道将不同的素材对象叠加到一个场景中。但是在实际的工作中，能够使用Alpha通道进行叠加的原始素材非常少，因为摄像机是无法产生Alpha通道的，这时使用键控（即抠像）技术就非常重要了。

使用键控可以很容易地为一幅颜色或亮度一致的视频素材替换背景，该技术一般称为“蓝屏技术”或“绿屏技术”，也就是背景色完全是蓝色或绿色，当然也可以是其他颜色的背景，图像调整的过程如图5-107~图5-109所示。

图5-107

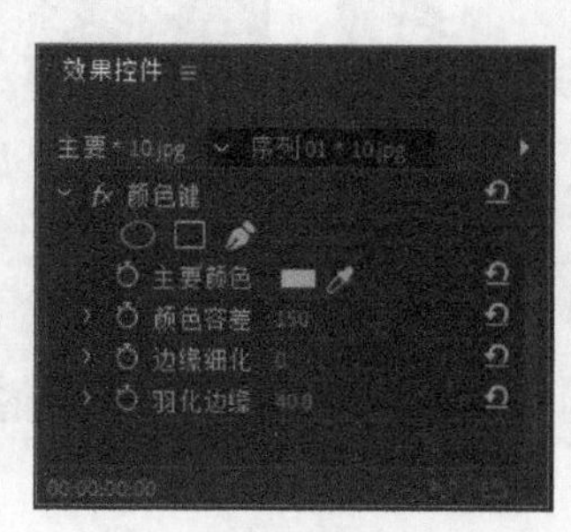

图5-108

图5-109

5.2.3 叠加视频

在非线性编辑中，每一个视频素材就是一个图层，将这些图层放置于“时间轴”面板中的不同视频轨道上，以不同的不透明度相叠加，即可实现视频的叠加效果。

在进行叠加视频操作之前，应注意以下几点。

（1）叠加效果的产生必须是两个或两个以上的素材，有时为了实现效果可以创建一个字幕或颜色蒙版文件。

（2）只能对重叠轨道上的素材应用透明叠加设置，在默认设置下，每一个新建项目都包含两个可重叠轨道——“视频2（V2）”和“视频3（V3）”轨道，当然也可以另外增加多个重叠轨道。

（3）在Premiere Pro 2020中制作叠加效果，首先叠加视频主轨道上的素材（包括过渡效果），然后将被叠加的素材叠加到背景素材中。在叠加过程中，首先叠加较低层轨道的素材，然后以叠加后的素材为背景来叠加较高层轨道的素材，这样在叠加完成后，最高层的素材就会位于画面的顶层。

（4）透明素材必须放置在其他素材之上，将想要叠加的素材放置于叠加轨道上——“视频2（V2）”或更高的视频轨道上。

（5）背景素材可以放置在视频主轨道“视频1（V1）”或“视频2（V2）”轨道上，即较低层的叠加轨道上的素材可以作为较高层叠加轨道上素材的背景。

（6）必须对位于最高层轨道上的素材进行透明设置和调整，否则其下方的所有素材均不能显示。

（7）叠加有两种方式，一种是混合叠加，另一种是淡化叠加。

混合叠加方式是将素材的一部分叠加到另一个素材上，因此作为前景的素材最好具有单一的底色，并且与需要保留的部分对比鲜明，这样很容易将底色变为透明，再叠加到作为背景的素材上，背景在前景素材透明处可见，从而使前景色保留的部分看上去像原来属于背景素材中的一部分。

淡化叠加方式是通过调整整个前景的不透明度，让前景整体变暗变淡，而背景素材逐渐显现出来，达到一种梦幻或朦胧的效果。

图5-110和图5-111所示为两种叠加方式的效果。

混合叠加方式

图5-110

淡化叠加方式

图5-111

5.2.4 课堂案例——折纸世界栏目片头

案例学习目标 学习使用“键控”效果抠出视频文件中的折纸。

案例知识要点 使用“导入”命令导入视频文件，使用“颜色键”效果抠出折纸视频，使用“效果控件”面板制作文字动画。折纸世界栏目片头的效果如图5-112所示。

效果所在位置 Ch05\折纸世界栏目片头\折纸世界栏目片头. prproj。

图5-112

01 启动Premiere Pro 2020应用程序，选择“文件 > 新建 > 项目”命令，会弹出“新建项目”对话框，如图5-113所示，单击“确定”按钮，新建项目。选择“文件 > 新建 > 序列”命令，会弹出“新建序列”对话框，切换到“设置”选项卡，具体设置如图5-114所示，单击“确定”按钮，新建序列。

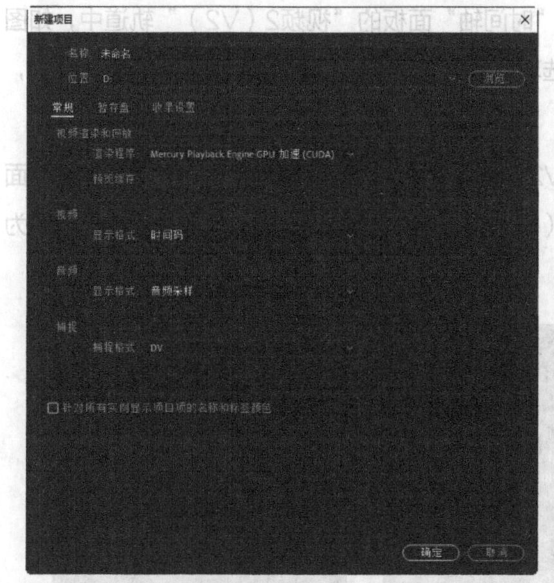

图5-113

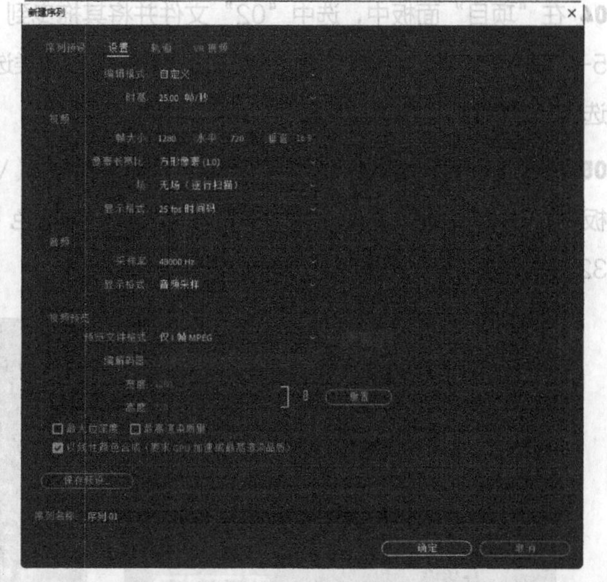

图5-114

02 选择“文件 > 导入”命令，会弹出“导入”对话框，选择本书学习资源中的“Ch05\折纸世界栏目片头\素材\01~03”文件，如图5-115所示，单击“打开”按钮，将素材文件导入“项目”面板中，如图5-116所示。

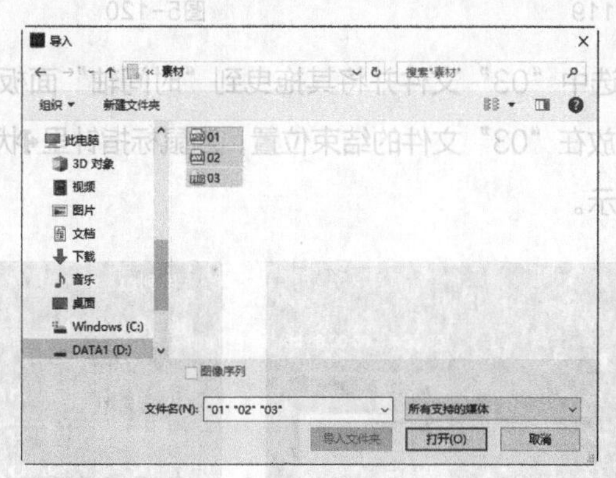

图5-115

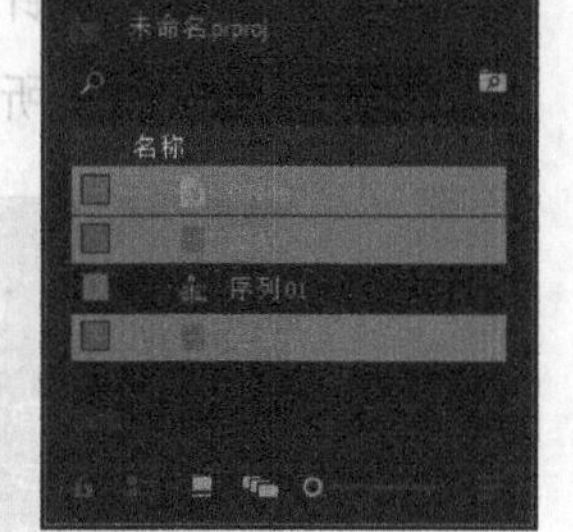

图5-116

03 在“项目”面板中，选中“01”文件并将其拖曳到“时间轴”面板的“视频1（V1）”轨道中，会弹出“剪辑不匹配警告”对话框，单击“保持现有设置”按钮，在保持现有序列设置的情况下将“01”文件放置在“视频1（V1）”轨道中，如图5-117所示。选择“时间轴”面板中的“01”文件。在“效果控件”面板中展开“运动”选项，将“缩放”设置为67.0，如图5-118所示。

图5-117

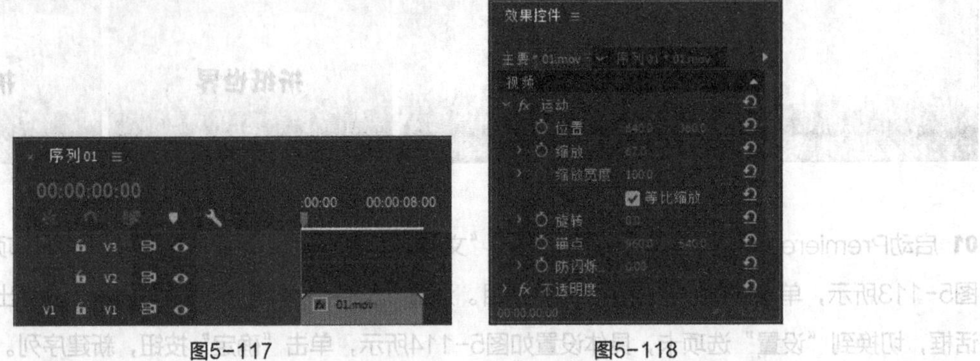

图5-118

04 在“项目”面板中，选中“02”文件并将其拖曳到“时间轴”面板的“视频2（V2）”轨道中，如图5-119所示。在“效果”面板中展开“视频效果”分类选项，单击“键控”文件夹前面的▶按钮将其展开，选中“颜色键”效果，如图5-120所示。

05 将“颜色键”效果拖曳到“时间轴”面板“视频2（V2）”轨道中的“02”文件上。在“效果控件”面板中展开“颜色键”选项，将“主要颜色”设置为蓝色（R：4，G：1，B：167），“颜色容差”设置为32，“边缘细化”设置为3，如图5-121所示。

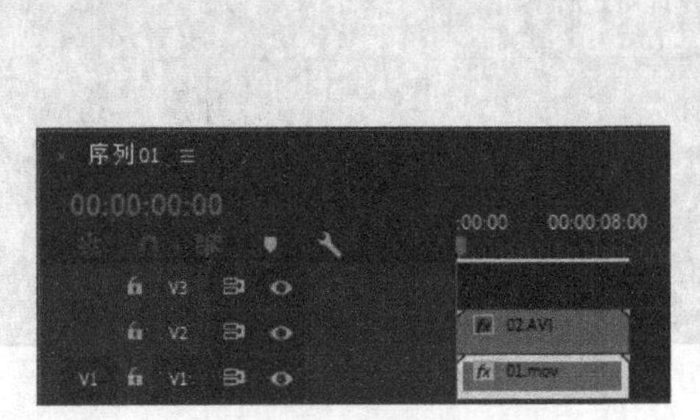

图5-119

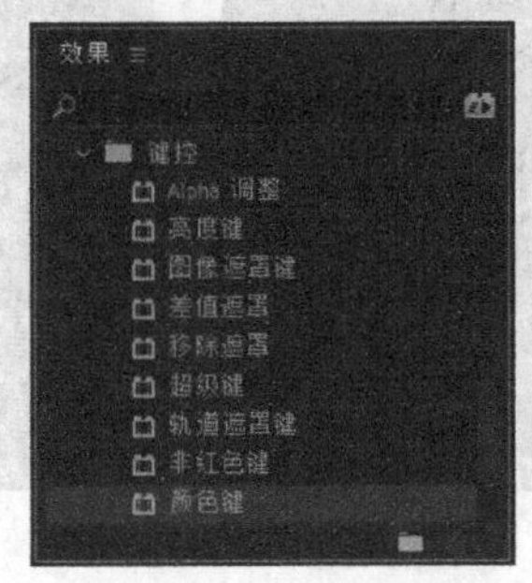

图5-120

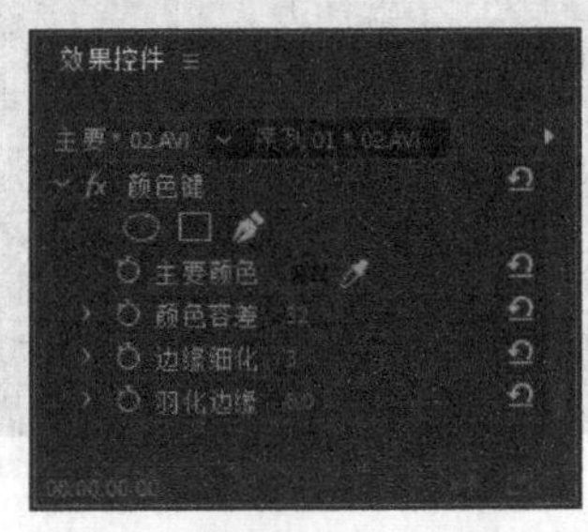

图5-121

06 在“项目”面板中，选中“03”文件并将其拖曳到“时间轴”面板的“视频3（V3）”轨道中，如图5-122所示。将鼠标指针放在“03”文件的结束位置，当鼠标指针呈◀状时，向右拖曳鼠标到“02”文件的结束位置，如图5-123所示。

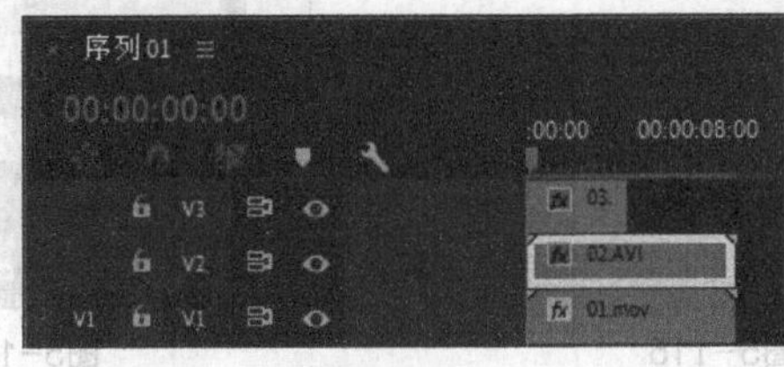

图5-122

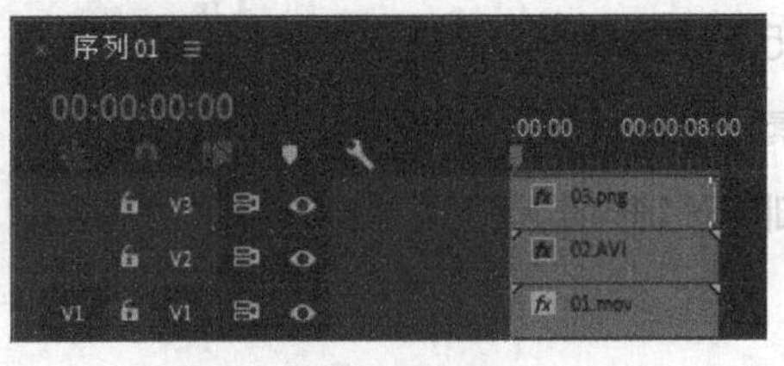

图5-123

07 选中“时间轴”面板中的“03”文件。在“效果控件”面板中展开“运动”选项，将“缩放”设置为0，单击“缩放”左侧的“切换动画”按钮⏱，如图5-124所示，记录第1个动画关键帧。将播放指示器放置在00:00:02:07的位置。将“缩放”设置为170.0，如图5-125所示，记录第2个动画关键帧。折纸世界栏目片头制作完成。

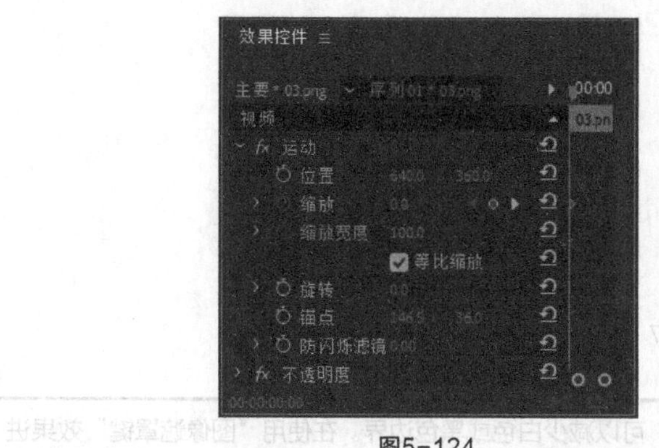

图5-124

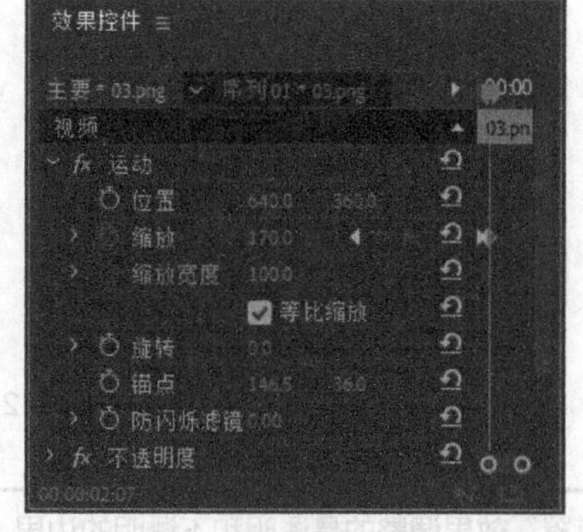

图5-125

5.2.5 抠像技术

在电视制作上，键控常被称为“抠像”，而在电影制作中则被称为“遮罩”。键控是使用特定的颜色值（颜色键）和亮度值（亮度键）来定义视频素材中的透明区域。“键控”中包含了9种效果，如图5-126所示。使用不同的效果后，呈现的效果如图5-127所示。

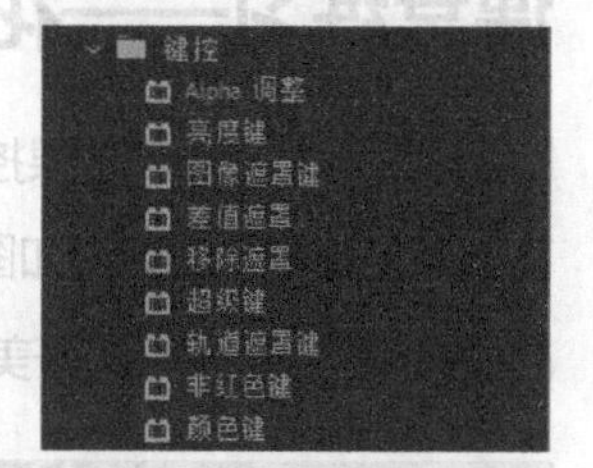

图5-126

原图1

原图2

Alpha调整

亮度键

图像遮罩键

差值遮罩

移除遮罩

超级键

轨道遮罩键

图5-127

非红色键

颜色键

图5-127（续）

提示 “移除遮罩”效果调整的是透明和不透明的边界，可以减少白色或黑色边界。在使用“图像遮罩键”效果进行图像遮罩时，遮罩图像的名称和文件夹都不能使用中文，否则图像遮罩将没有效果。

课堂练习——花开美景宣传片

练习知识要点 使用“效果控件”面板调整图像的大小并制作动画，使用“更改颜色”效果改变图像的颜色。花开美景宣传片的效果如图5-128所示。

效果所在位置 Ch05\花开美景宣传片\花开美景宣传片. prproj。

图5-128

课后习题——美好生活宣传片

习题知识要点 使用“ProcAmp”效果调整视频的饱和度，使用“亮度与对比度”效果调整视频的亮度和对比度，使用“颜色平衡”效果调整图像的颜色。美好生活宣传片的效果如图5-129所示。

效果所在位置 Ch05\美好生活宣传片\美好生活宣传片. prproj。

图5-129

第6章

添加字幕

本章介绍

本章主要介绍了创建字幕文字对象、编辑与修饰字幕文字，以及创建运动字幕的相关内容。通过对本章的学习，读者能快速掌握创建及编辑字幕的技巧。

学习目标

- 熟悉字幕的创建方法。
- 熟练掌握字幕文字的编辑与修饰方法。
- 掌握运动字幕的创建技巧。

技能目标

- 熟练掌握“快乐旅行节目片头”的制作方法。
- 熟练掌握“海鲜火锅宣传广告”的制作方法。
- 熟练掌握“夏季女装上新广告”的制作方法。

6.1 创建字幕文字对象

在Premiere Pro 2020中，用户可以非常方便地创建出传统、图形和开放式字幕，也可以创建出沿路径行走的字幕，以及段落字幕。

6.1.1 课堂案例——快乐旅行节目片头

案例学习目标 学习使用“旧版标题”命令和“字幕”面板创建字幕。

案例知识要点 使用“导入”命令导入素材文件，使用“旧版标题”命令和“字幕”面板创建字幕，使用“效果控件”面板制作文字特效。快乐旅行节目片头的效果如图6-1所示。

效果所在位置 Ch06\快乐旅行节目片头\快乐旅行节目片头. prproj。

图6-1

01 启动Premiere Pro 2020应用程序，选择“文件 > 新建 > 项目”命令，会弹出“新建项目”对话框，如图6-2所示，单击“确定”按钮，新建项目。选择“文件 > 新建 > 序列”命令，会弹出“新建序列”对话框，切换到“设置”选项卡，具体设置如图6-3所示，单击“确定”按钮，新建序列。

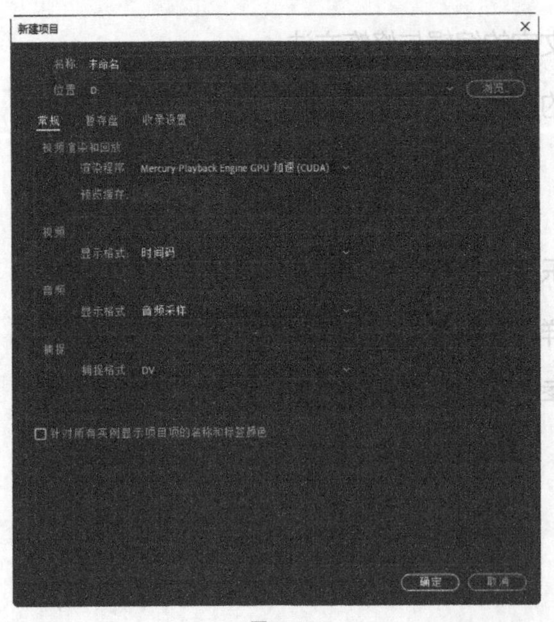

图6-2

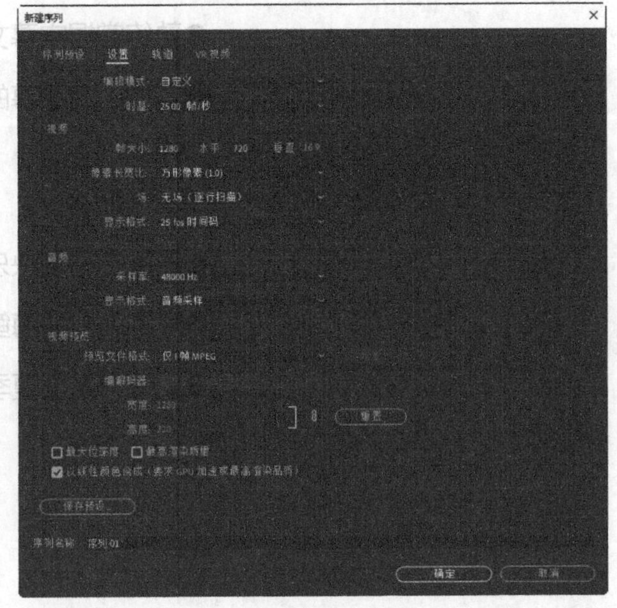

图6-3

02 选择“文件 > 导入”命令，弹出“导入”对话框，选择本书学习资源中的“Ch06\快乐旅行节目片头\素材\01~03”文件，如图6-4所示，单击“打开”按钮，将素材文件导入“项目”面板中，如图6-5所示。

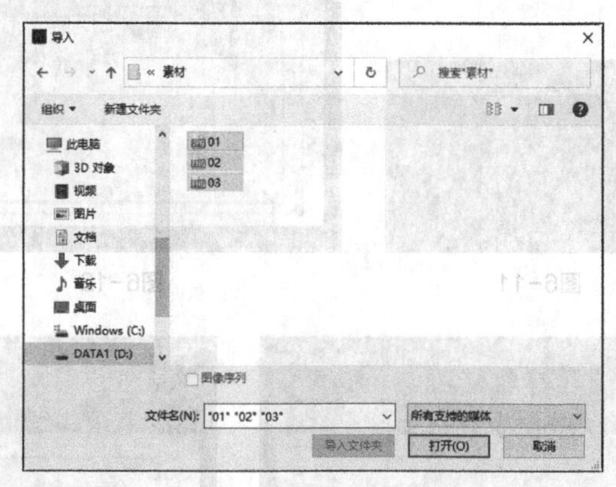

图6-4

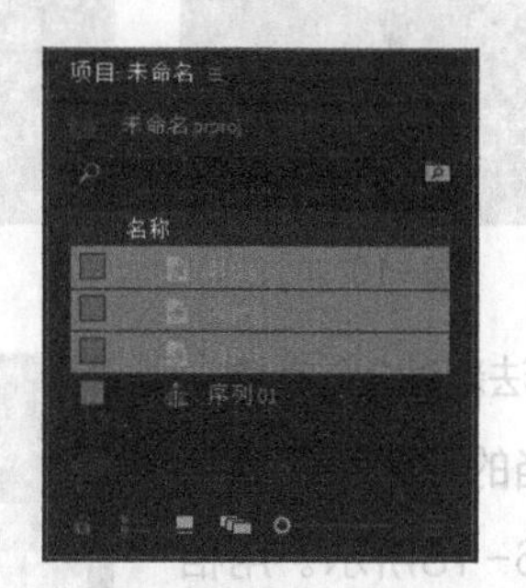

图6-5

03 在“项目”面板中，选中“01”文件并将其拖曳到“时间轴”面板的“视频1（V1）”轨道中，如图6-6所示。将播放指示器放置在00:00:02:05的位置。将鼠标指针放在“01”文件的结束位置，当鼠标指针呈◂状时，向左拖曳鼠标到播放指示器所在的位置，如图6-7所示。

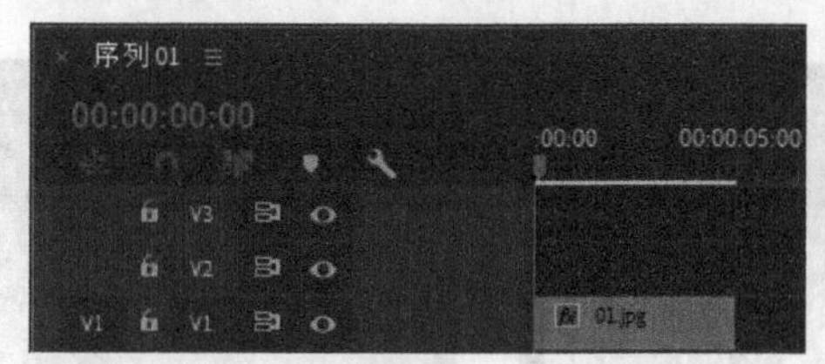

图6-6

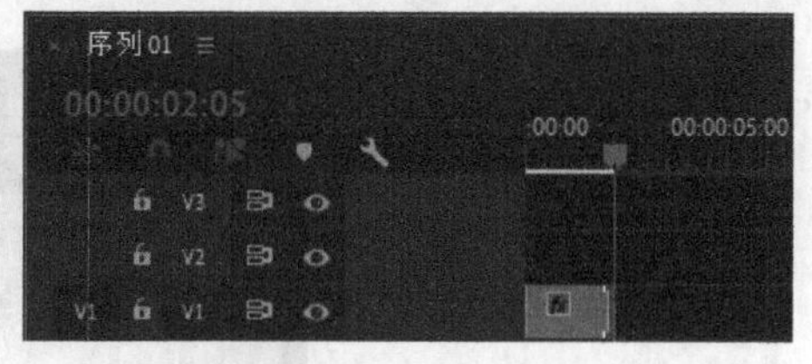

图6-7

04 将播放指示器放置在0s的位置。选择“文件 > 新建 > 旧版标题”命令，会弹出“新建字幕”对话框，如图6-8所示，单击“确定”按钮，会弹出“字幕”面板。选择“旧版标题工具”面板中的“文字”工具T，在“字幕”面板中单击并输入需要的文字，如图6-9所示。

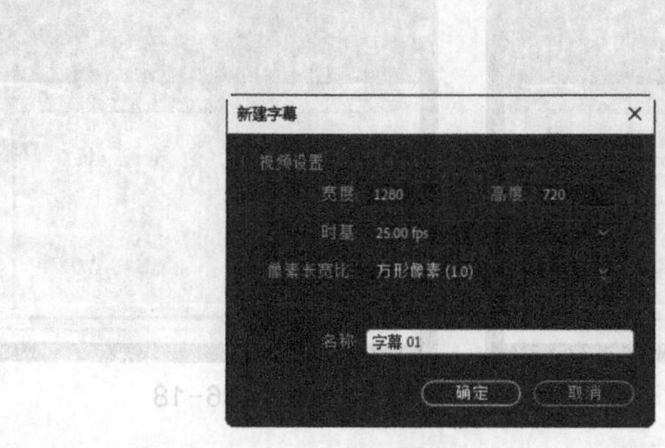

图6-8

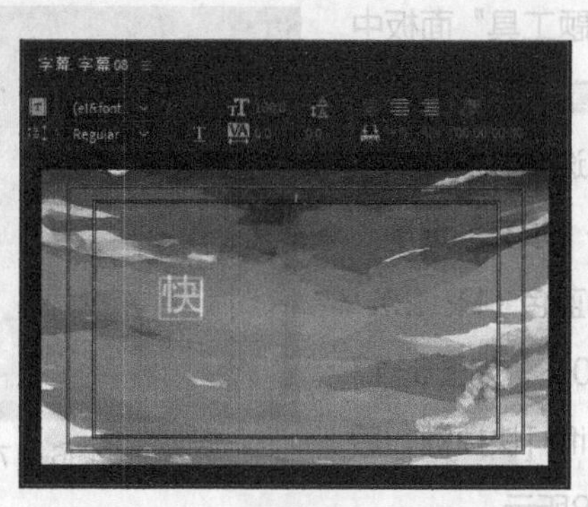

图6-9

05 在“旧版标题属性”面板中展开“属性”选项，具体设置如图6-10所示。展开“填充”选项，将“颜色”设置为白色。展开“阴影”选项，将“颜色”设置为红色（R：219，G：93，B：0），其他选项的设置如图6-11所示，“字幕”面板中的效果如图6-12所示。在“项目”面板中生成“字幕01”文件。

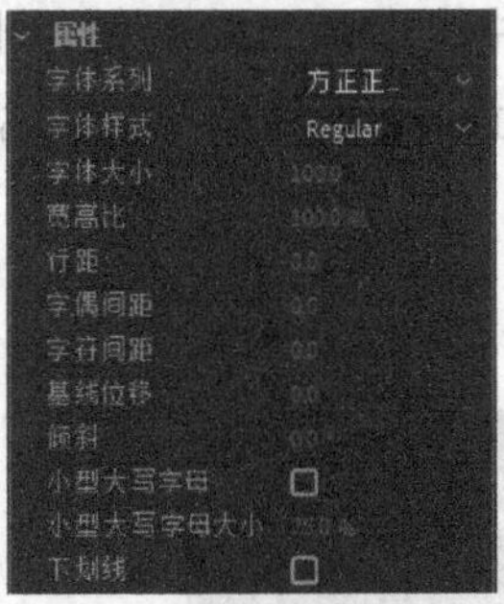

属性
字体系列
方正正
字体样式
Regular
字体大小
宽高比
行距
字偶间距
字符间距
基线位移
倾斜
小型大写字母
小型大写字母大小
下划线

图6-10

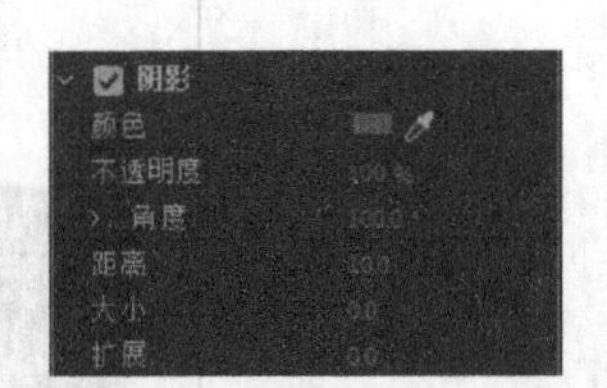

阴影
颜色
不透明度
角度
距离
大小
扩展

图6-11

快

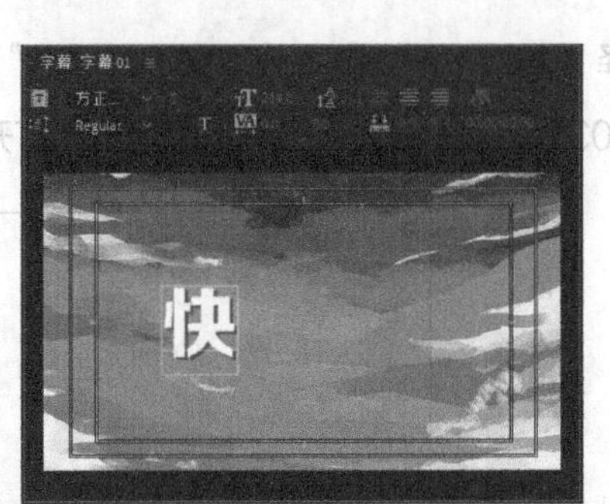

图6-12

06 用相同的方法新建3个字幕，并分别填充适当的颜色和投影，如图6-13~图6-15所示。用相同的方法新建“字幕05”文件，并将文字填充为白色，如图6-16所示。

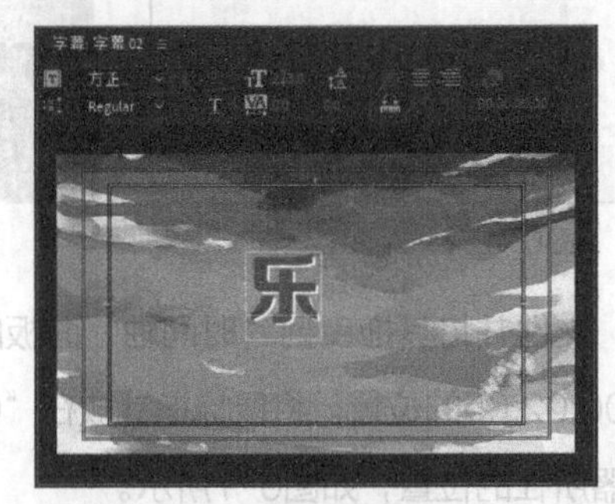

乐

图6-13

旅

图6-14

行

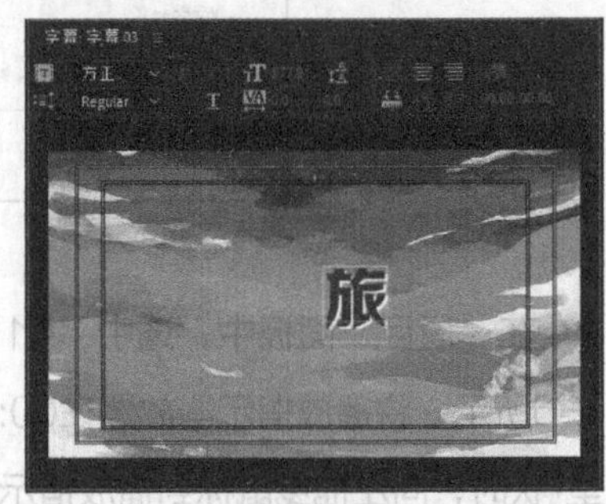

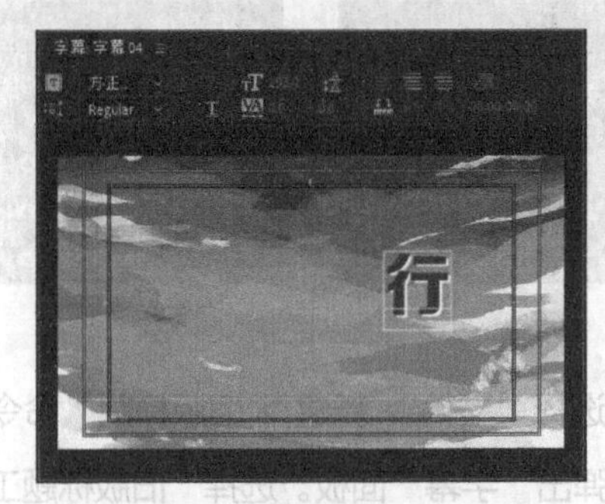

图6-15

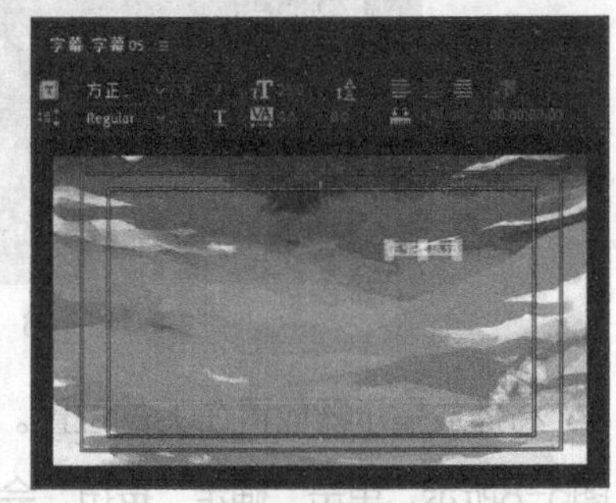

图6-16

07 选择“旧版标题工具”面板中的“矩形”工具■，在“字幕”面板中绘制矩形。选择“旧版标题属性”面板，展开“填充”选项，将“颜色”设置为蓝色（R：27，G：114，B：220），如图6-17所示。按Ctrl+Shift+[快捷键，后移矩形，如图6-18所示。

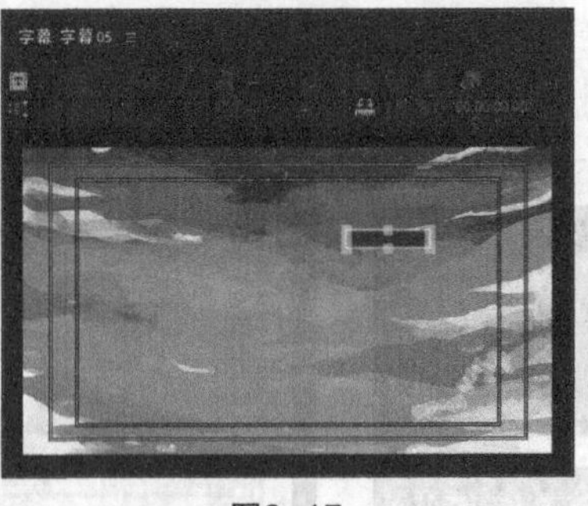

图6-17

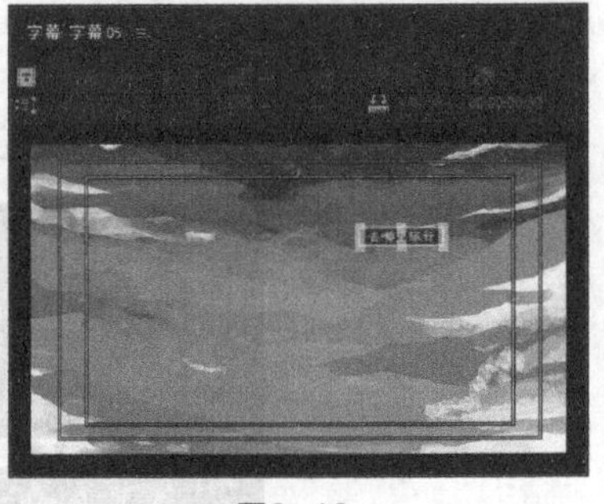

图6-18

08 用相同的方法新建“字幕06”和“字幕07”文件，并将字填充为白色，如图6-19和图6-20所示。

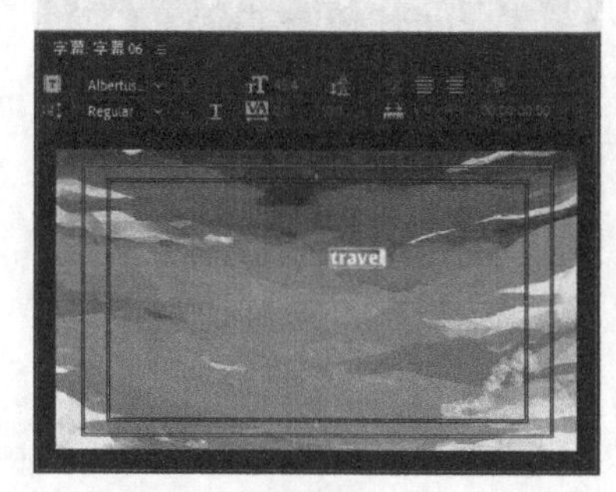

图6-19

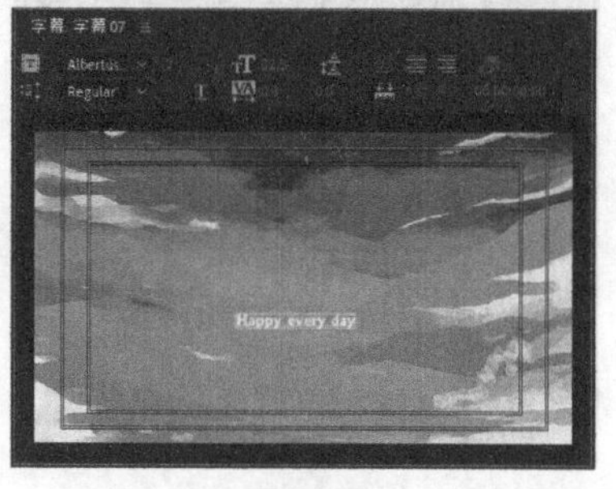

图6-20

09 在“时间轴”面板中选择“01”文件。在“效果控件”面板中展开“运动”选项，单击“缩放”左侧的“切换动画”按钮，如图6-21所示，记录第1个动画关键帧。将播放指示器放置在00:00:02:05的位置。将“缩放”设置为120.0，如图6-22所示，记录第2个动画关键帧。

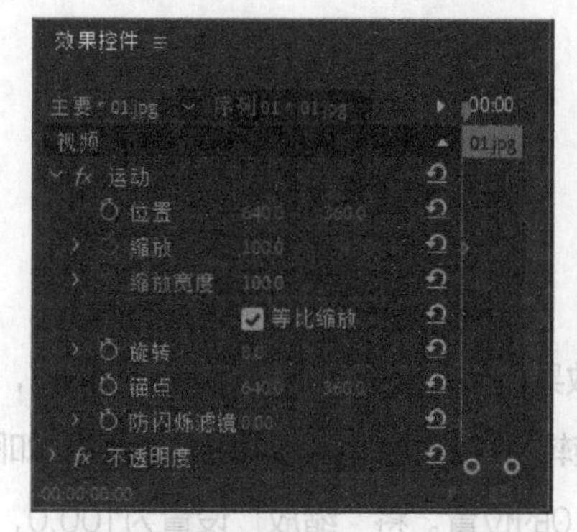

图6-21

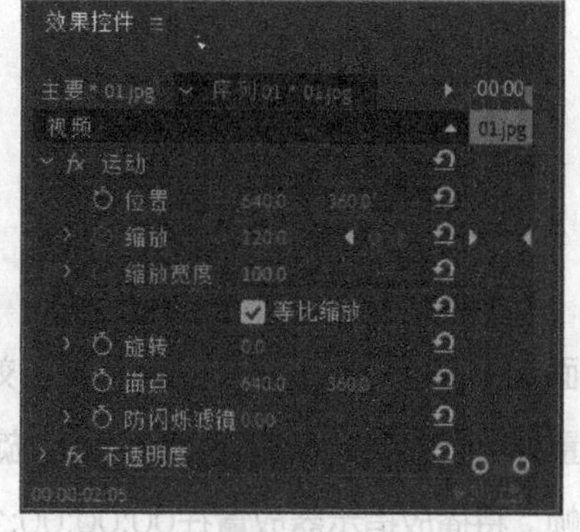

图6-22

10 将播放指示器放置在0s的位置。在“项目”面板中，选中“字幕01”文件并将其拖曳到“时间轴”面板的“视频2（V2）”轨道中，如图6-23所示。将鼠标指针放在“字幕01”文件的结束位置，当鼠标指针呈状时，向左拖曳鼠标到“01”文件的结束位置，如图6-24所示。

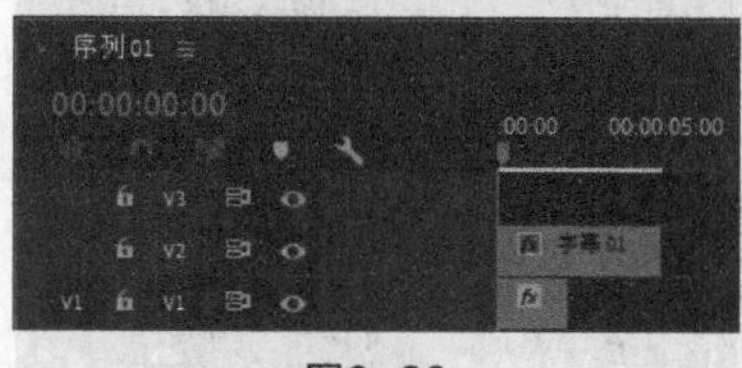

图6-23

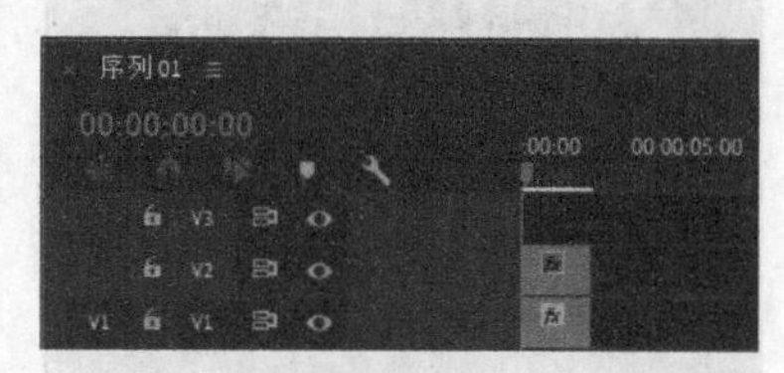

图6-24

11 在“时间轴”面板中选择“字幕01”文件。在“效果控件”面板中展开“运动”选项，将“位置”设置为641.8和347.5，“缩放”设置为0，“旋转”设置为1×0.0°，单击“缩放”和“旋转”左侧的“切换动画”按钮，如图6-25所示，记录第1个动画关键帧。将播放指示器放置在00:00:00:05的位置。将“缩放”设置为100.0，“旋转”设置为0°，如图6-26所示，记录第2个动画关键帧。

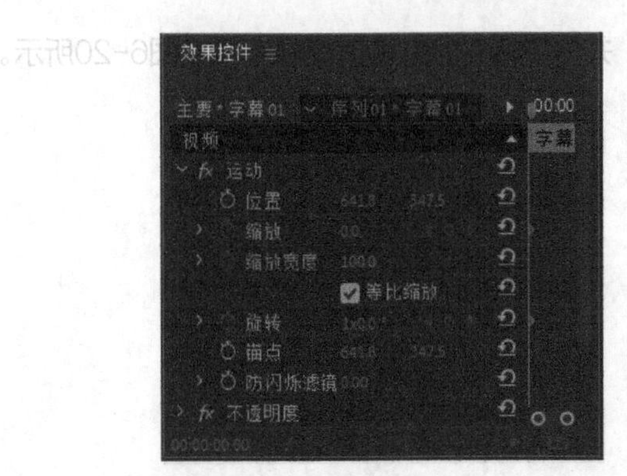

图6-25

图6-26

12 在“项目”面板中，选中“字幕02”文件并将其拖曳到“时间轴”面板的“视频3（V3）”轨道中，如图6-27所示。将鼠标指针放在“字幕02”文件的结束位置，当鼠标指针呈状时，向左拖曳鼠标到“字幕01”文件的结束位置，如图6-28所示。

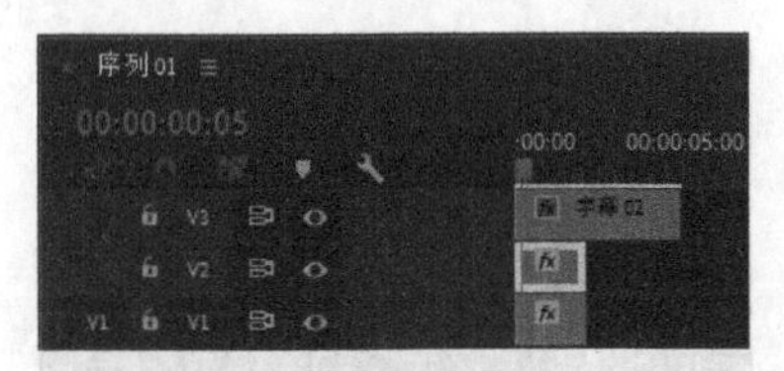

图6-27

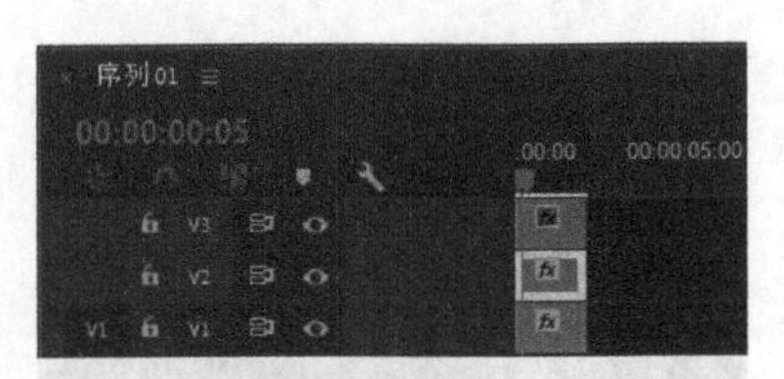

图6-28

13 在“时间轴”面板中选择“字幕02”文件。在“效果控件”面板中展开“运动”选项，将“缩放”设置为0，“旋转”设置为1×0.0°，单击“缩放”和“旋转”左侧的“切换动画”按钮，如图6-29所示，记录第1个动画关键帧。将播放指示器放置在00:00:00:10的位置。将“缩放”设置为100.0，“旋转”设置为0°，如图6-30所示，记录第2个动画关键帧。

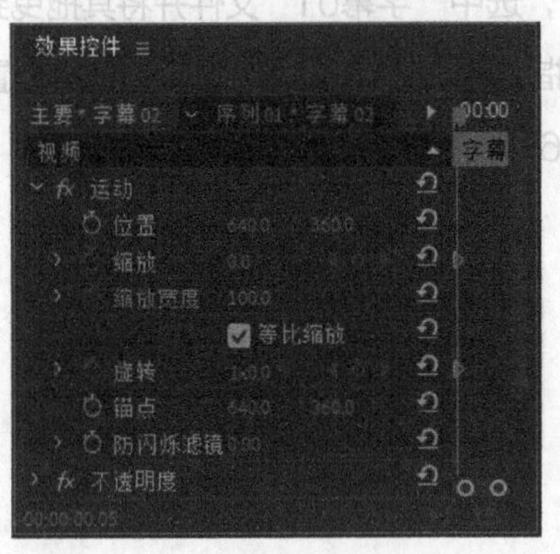

图6-29

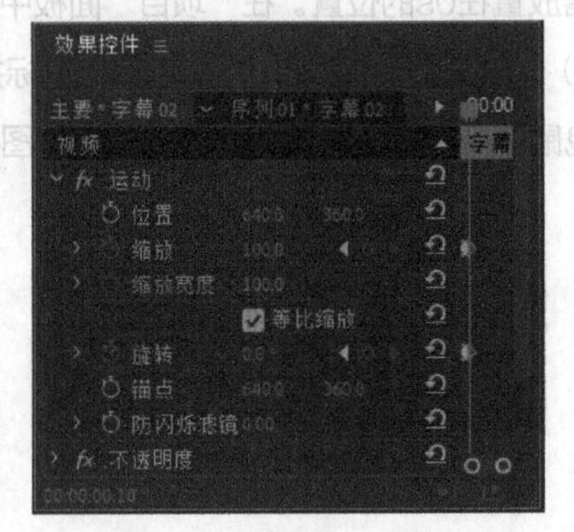

图6-30

14 选择“序列 > 添加轨道”命令，在弹出的对话框中进行设置，如图6-31所示，单击“确定”按钮，添加轨道。使用和设置“字幕02”文件相同的方法在“时间轴”面板中添加“字幕03”“字幕04”“字幕05”，并制作关键帧，如图6-32所示。

15 将播放指示器放置在00:00:00:20的位置。在“项目”面板中，选中“字幕06”“字幕07”“02”文件并将其拖曳到“时间轴”面板的“视频7（V7）”“视频8（V8）”“视频9（V9）”轨道中，并剪辑素材，如图6-33所示。

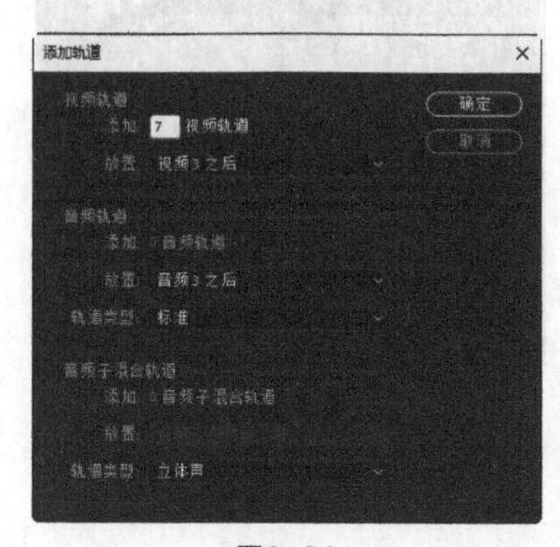

图6-31

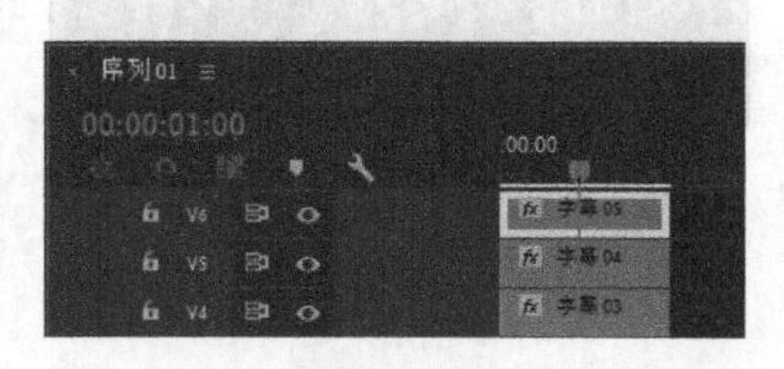

图6-32

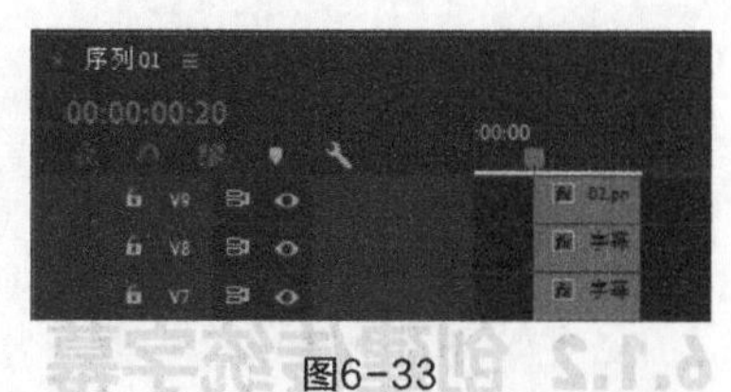

图6-33

16 在“时间轴”面板中选择“02”文件。在“效果控件”面板中展开“运动”选项，将“位置”设置为1408.0和434.0，单击“位置”左侧的“切换动画”按钮◎，如图6-34所示，记录第1个动画关键帧。将播放指示器放置在00:00:01:00的位置。将“位置”设置为886.0和434.0，如图6-35所示，记录第2个动画关键帧。

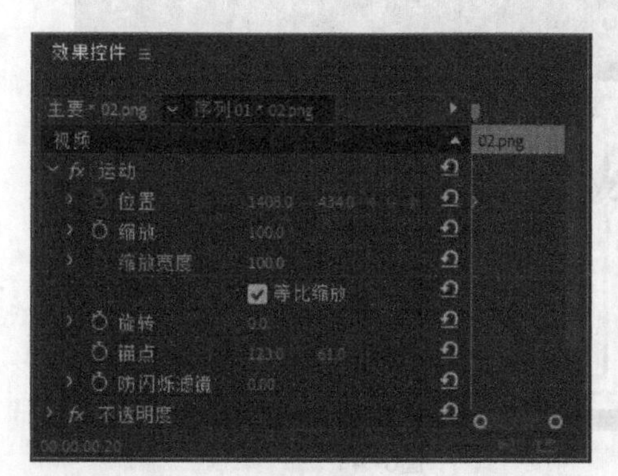

图6-34

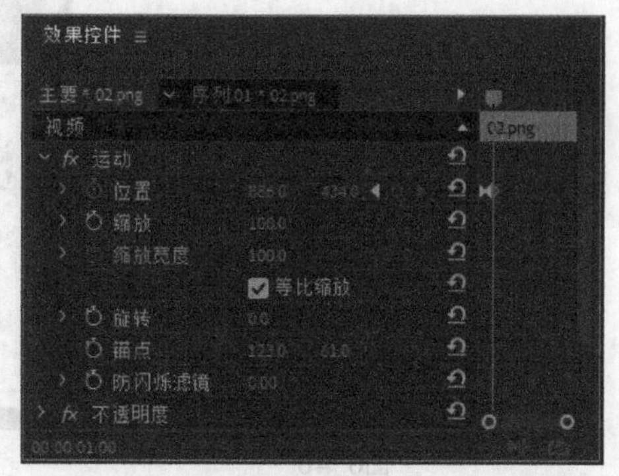

图6-35

17 在“项目”面板中，选中“03”文件并将其拖曳到“时间轴”面板的“视频10（V10）”轨道中，如图6-36所示。将鼠标指针放在“03”文件的结束位置，当鼠标指针呈◀状时，向左拖曳鼠标到“02”文件的结束位置，如图6-37所示。

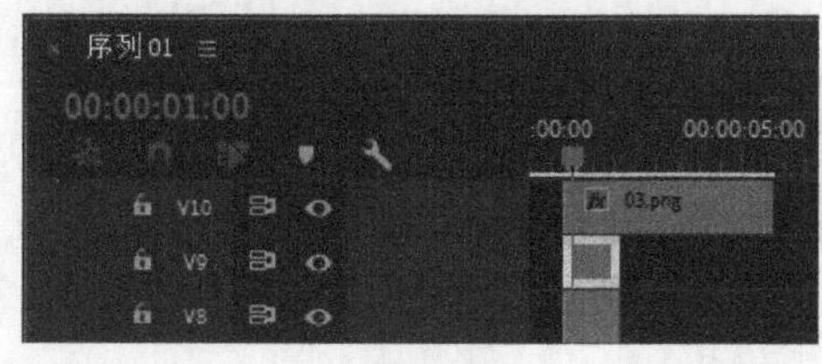

图6-36

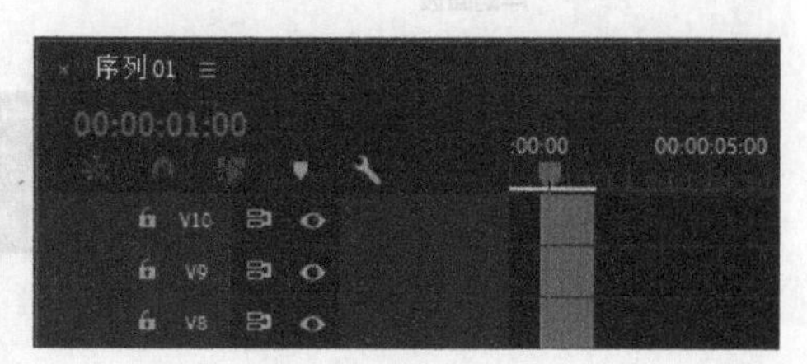

图6-37

18 将播放指示器放置在00:00:00:20的位置。在“时间轴”面板中选择“03”文件。在“效果控件”面板中展开“运动”选项，将“缩放”设置为0，单击“缩放”左侧的“切换动画”按钮◎，如图6-38所示，记录第1个动画关键帧。将播放指示器放置在00:00:01:00的位置。将“缩放”设置为100.0，如图6-39所示，记录第2个动画关键帧。快乐旅行节目片头制作完成。

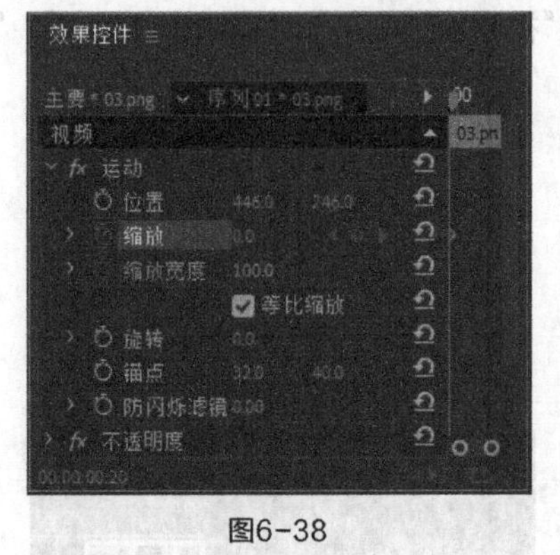

图6-38

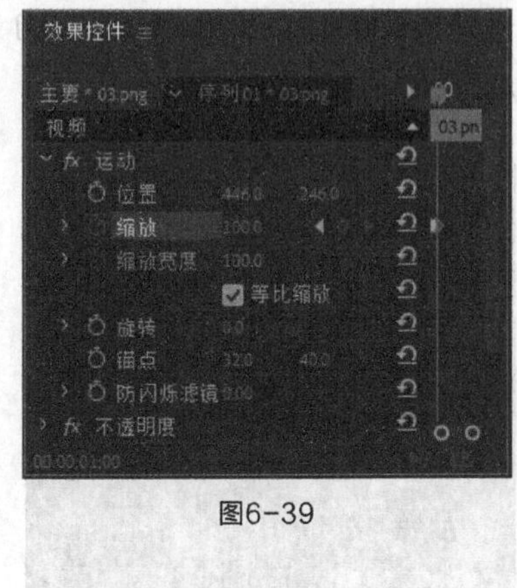

图6-39

6.1.2 创建传统字幕

创建水平或垂直传统字幕的具体操作步骤如下。

01 选择“文件 > 新建 > 旧版标题”命令，会弹出“新建字幕”对话框，如图6-40所示，单击“确定”按钮，弹出“字幕”面板，如图6-41所示。

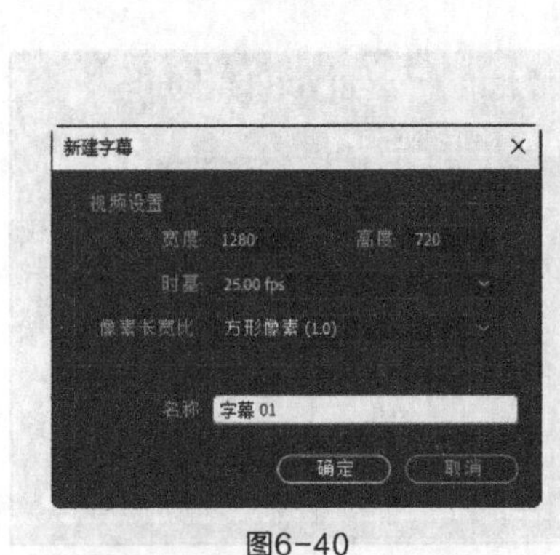

图6-40

图6-41

02 单击“字幕”面板上方的按钮，在弹出的菜单中选择“工具”命令，如图6-42所示，会弹出“旧版标题工具”面板，如图6-43所示。

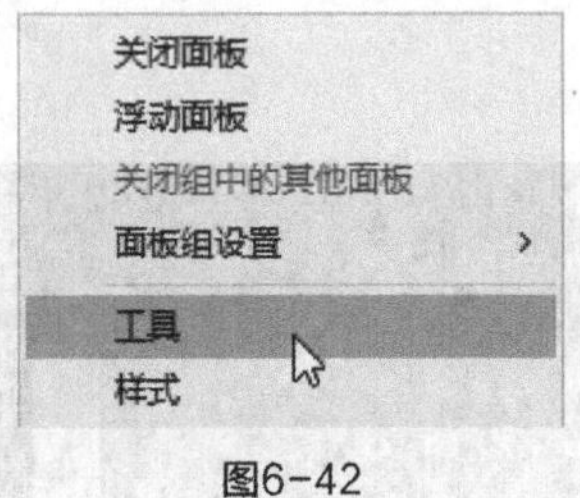

图6-42

图6-43

03 选择“旧版标题工具”中的“文字”工具，在“字幕”面板中单击并输入需要的文字，在未选择字体样式时，输入中文会出现方块，如图6-44所示。单击“字幕”面板上方的按钮，在弹出的菜单中选择“样式”命令，会弹出“旧版标题样式”面板，如图6-45所示。

图6-44

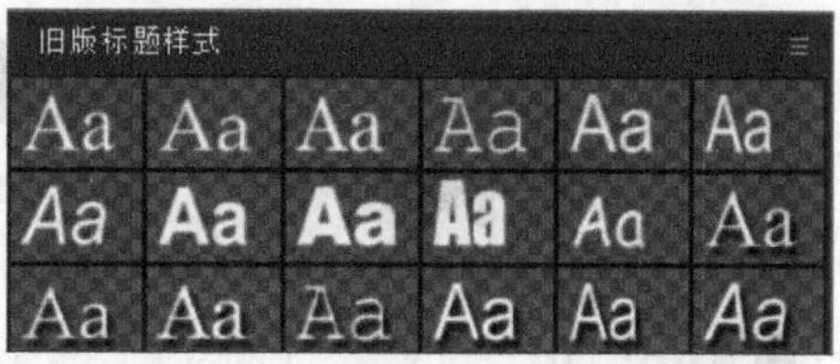

图6-45

04 在“旧版标题样式”面板中选择需要的字幕样式，如图6-46所示，“字幕”面板中的文字如图6-47所示。

图6-46

图6-47

05 在“字幕”面板上方的工具栏中设置字体、字体大小和字偶间距，文字效果如图6-48所示。选择“旧版标题工具”面板中的“垂直文字”工具IT，用与创建水平字幕同样的方法在“字幕”面板中单击并输入需要的文字，设置字幕样式和属性，效果如图6-49所示。

图6-48

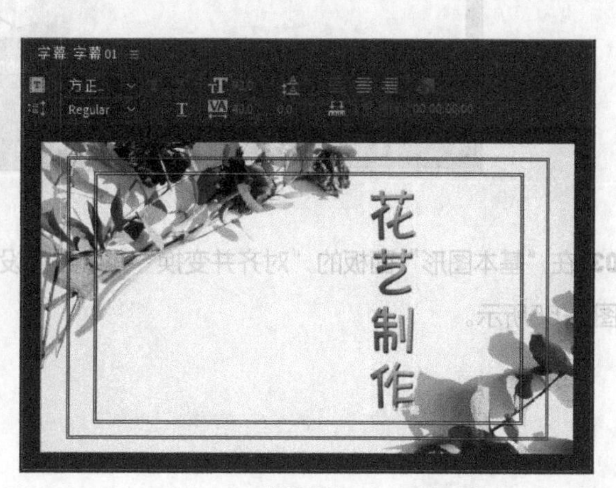

图6-49

6.1.3 创建图形字幕

创建水平或垂直图形字幕的具体操作步骤如下。

01 选择“工具”面板中的“文字”工具T，在“节目”监视器中单击并输入需要的文字，如图6-50所示。在“时间轴”面板的“视频2（V2）”轨道中生成“花艺制作”图形文件，如图6-51所示。

图6-50

图6-51

02 选择在“节目”监视器中输入的文字，如图6-52所示。选择“窗口 > 基本图形”命令，会弹出“基本图形”面板，在“外观”栏中将“填充”设置为暗红色（R：171，G：31，B：56），在“文本”栏中的具体设置如图6-53所示。

图6-52

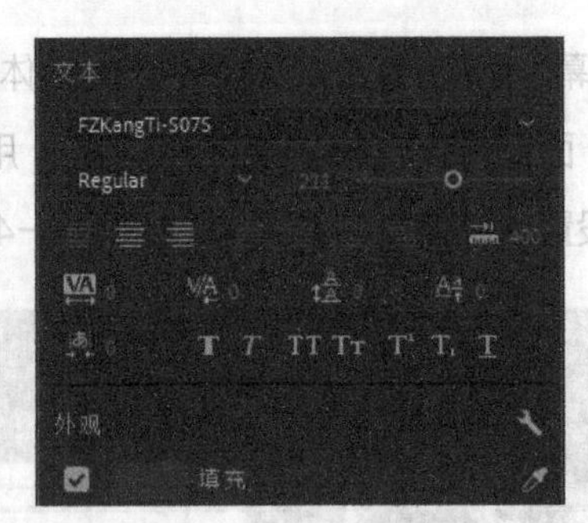

图6-53

03 在“基本图形”面板的“对齐并变换”栏中进行设置，如图6-54所示。此时“节目”监视器中的效果如图6-55所示。

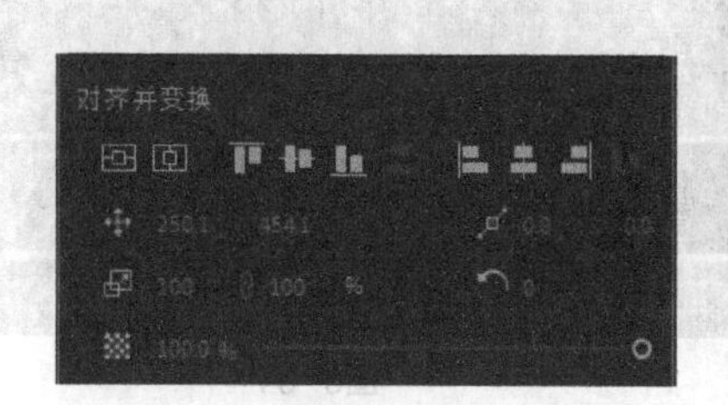

图6-54

图6-55

04 选择“工具”面板中的“垂直文字”工具，在“节目”监视器中输入文字，并在“基本图形”面板中设置属性，效果如图6-56所示。此时“时间轴”面板的效果如图6-57所示。

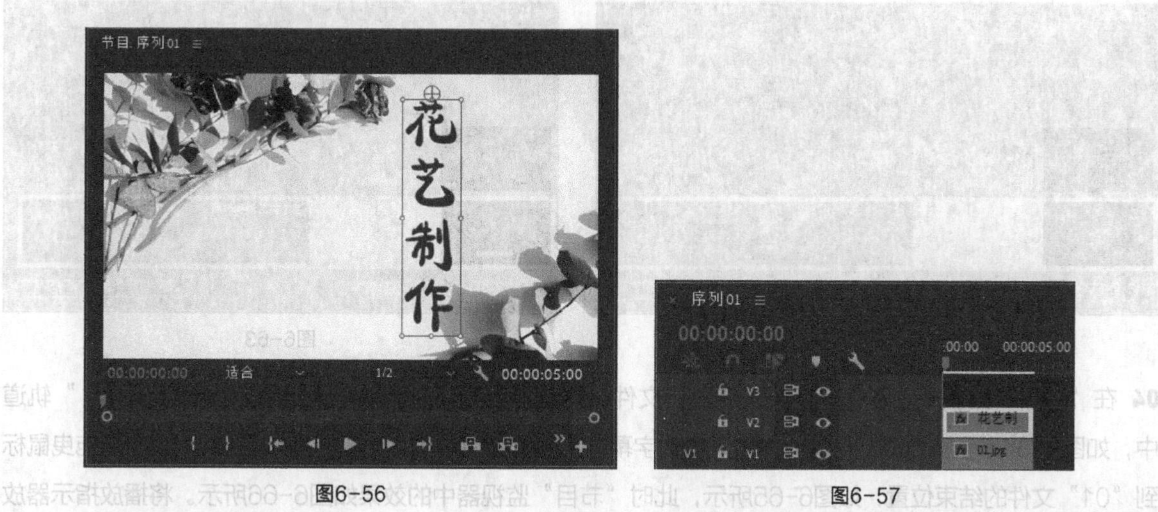

图6-56

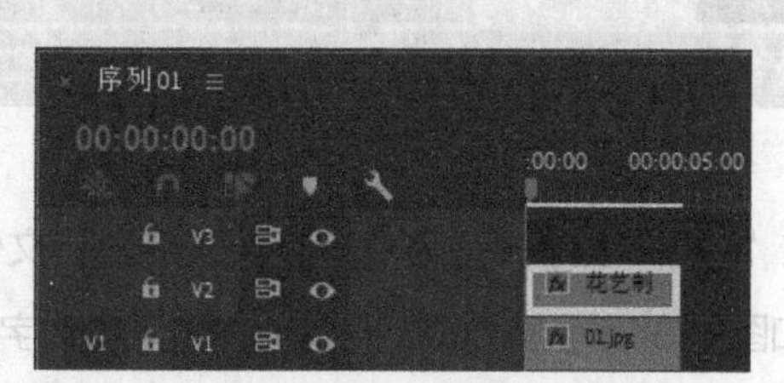

图6-57

6.1.4 创建开放式字幕

创建开放式字幕的具体操作步骤如下。

01 选择“文件 > 新建 > 字幕”命令，会弹出“新建字幕”对话框，具体设置如图6-58所示，单击“确定”按钮，在“项目”面板中生成“开放式字幕”文件，如图6-59所示。

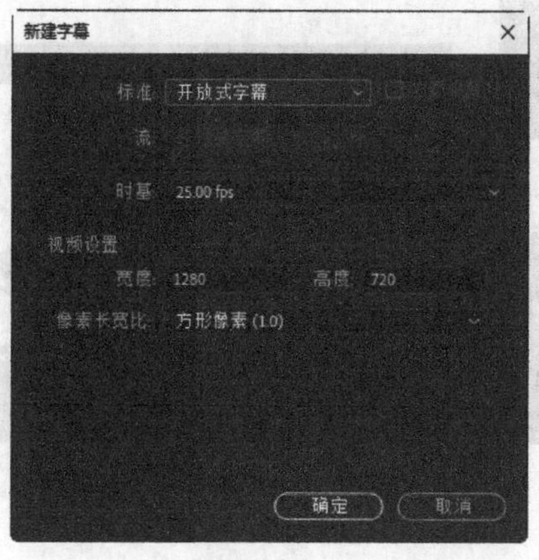

图6-58

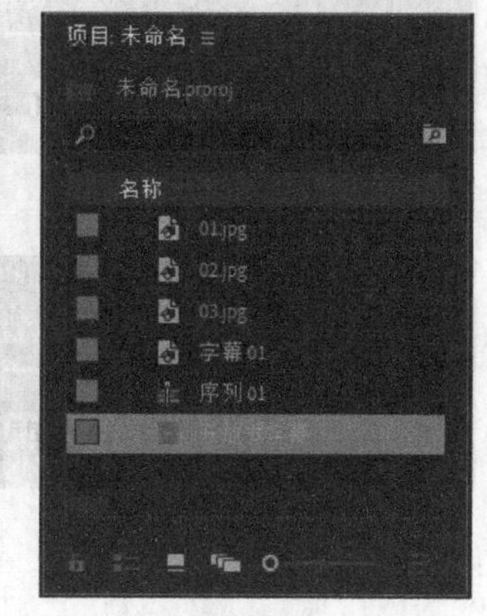

图6-59

02 双击“项目”面板中的“开放式字幕”文件，会弹出“字幕”面板，如图6-60所示。在“字幕”面板右下方输入字幕文字，并在上方的工具栏中设置文字字体、大小、文本颜色、背景不透明度和字幕块位置，如图6-61所示。

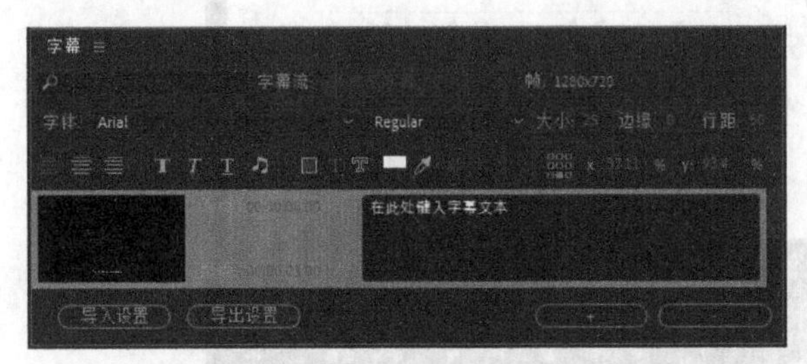

图6-60

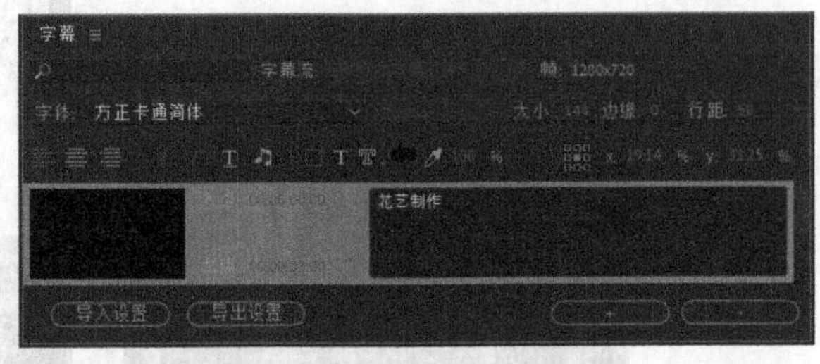

图6-61

03 在“字幕”面板下方单击 + 按钮，添加字幕，如图6-62所示。在“字幕”面板右下方输入字幕文字，并在上方的工具栏中设置文字大小、文本颜色、背景不透明度和字幕块位置，如图6-63所示。

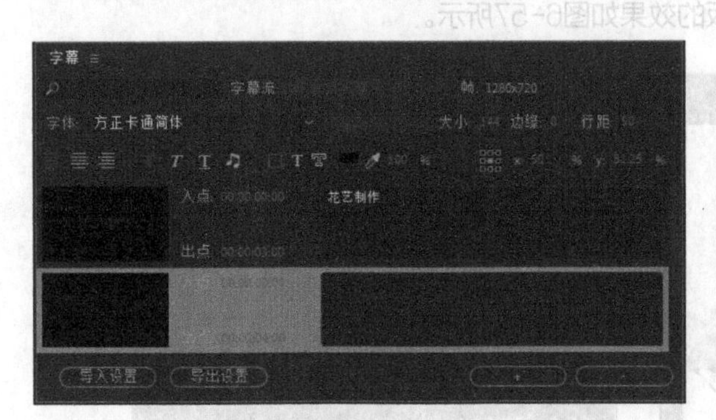

图6-62

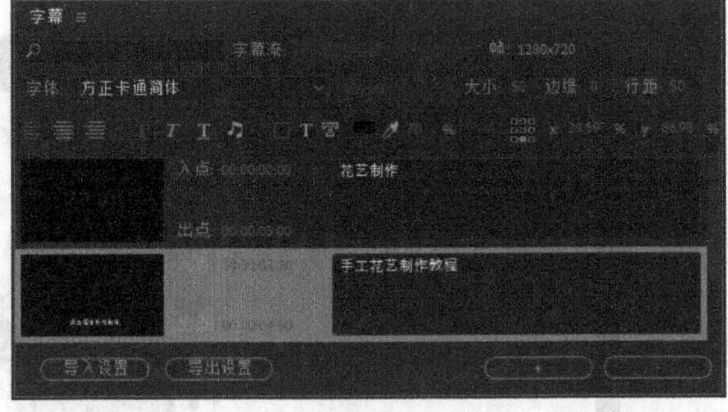

图6-63

04 在“项目”面板中，选中“开放式字幕”文件并将其拖曳到“时间轴”面板的“视频2（V2）”轨道中，如图6-64所示。将鼠标指针放在“开放式字幕”文件的结束位置，当鼠标指针呈状时，向右拖曳鼠标到“01”文件的结束位置，如图6-65所示，此时“节目”监视器中的效果如图6-66所示。将播放指示器放置在00:00:03:00的位置，“节目”监视器中的效果如图6-67所示。

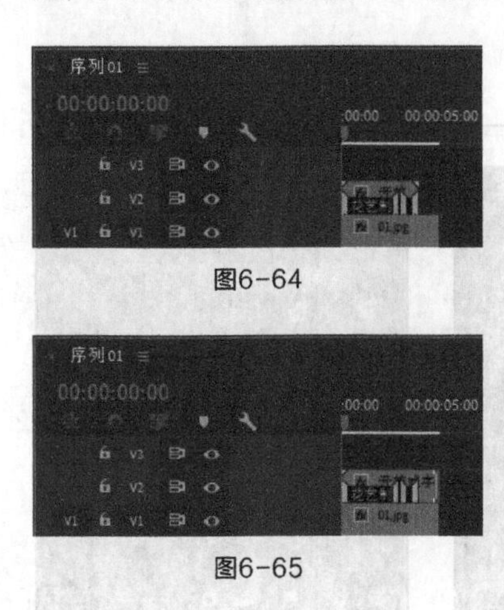

图6-64

图6-65

图6-66

图6-67

6.1.5 创建路径字幕

创建水平或垂直路径字幕的具体操作步骤如下。

01 选择“文件 > 新建 > 旧版标题”命令，会弹出“新建字幕”对话框，如图6-68所示，单击“确定”按钮，会弹出“字幕”面板，如图6-69所示。

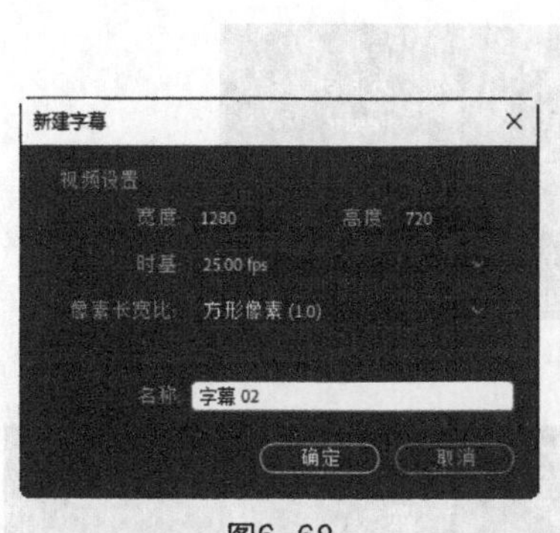

图6-68

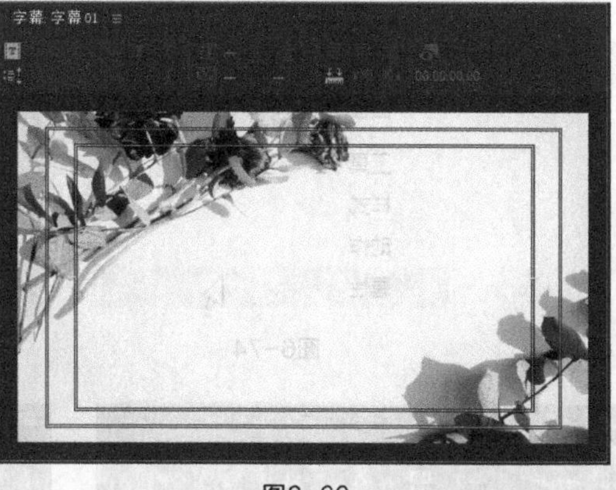

图6-69

02 单击“字幕”面板上方的▤按钮，在弹出的菜单中选择“工具”命令，如图6-70所示，会弹出“旧版标题工具”面板，如图6-71所示。

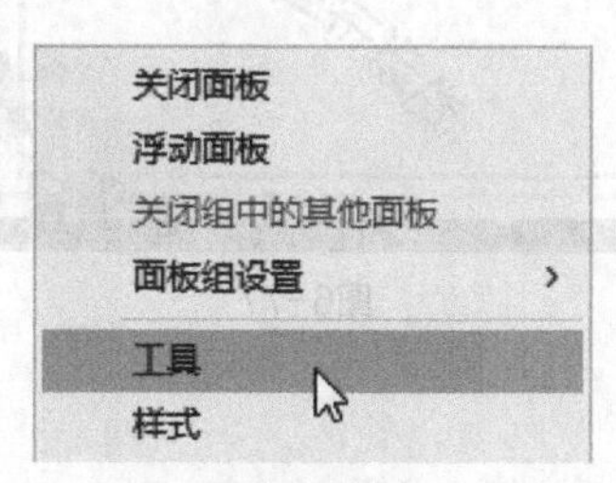

图6-70

图6-71

03 选择“旧版标题工具”中的“路径文字”工具，在“字幕”面板中拖曳鼠标绘制路径，如图6-72所示。选择“路径文字”工具，在路径上单击定位光标，输入需要的文字，如图6-73所示。

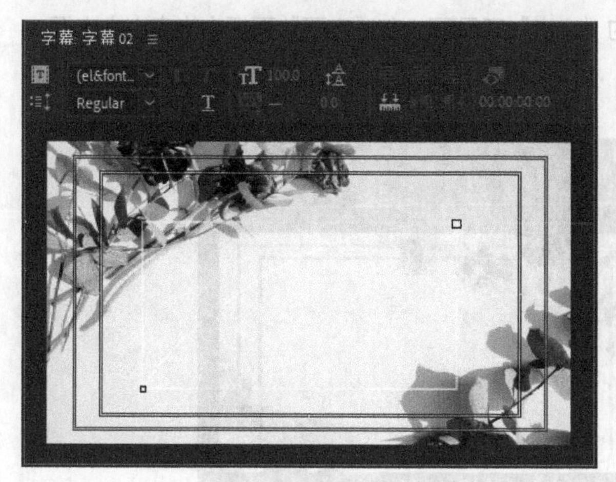

图6-72

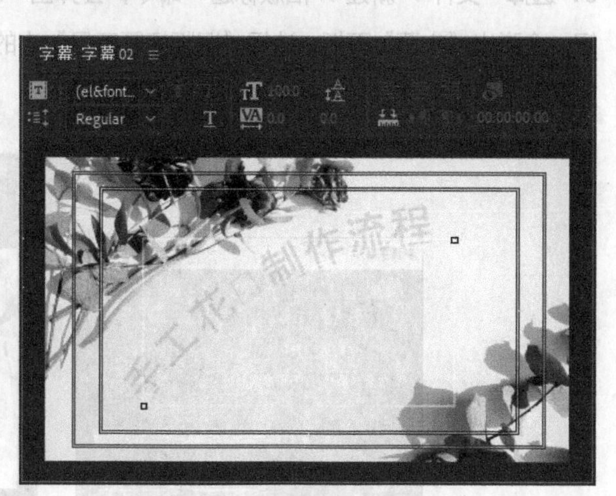

图6-73

04 单击“字幕”面板上方的按钮，在弹出的菜单中选择“属性”命令，如图6-74所示，会弹出“旧版标题属性”面板，展开“填充”栏，将“颜色”设置为暗红色（R：171，G：31，B：56）；展开“属性”栏，选项的具体设置如图6-75所示，此时“字幕”面板中的效果如图6-76所示。用相同的方法制作垂直路径文字，“字幕”面板中的效果如图6-77所示。

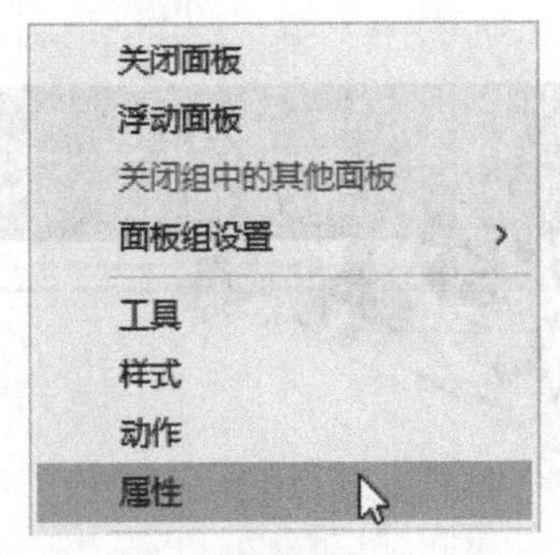

图6-74

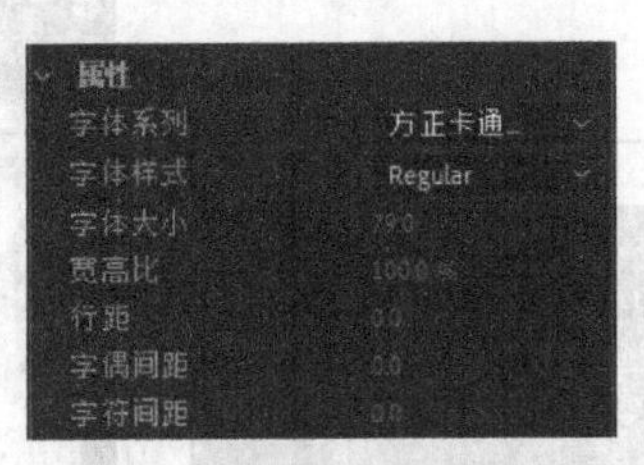

图6-75

图6-76

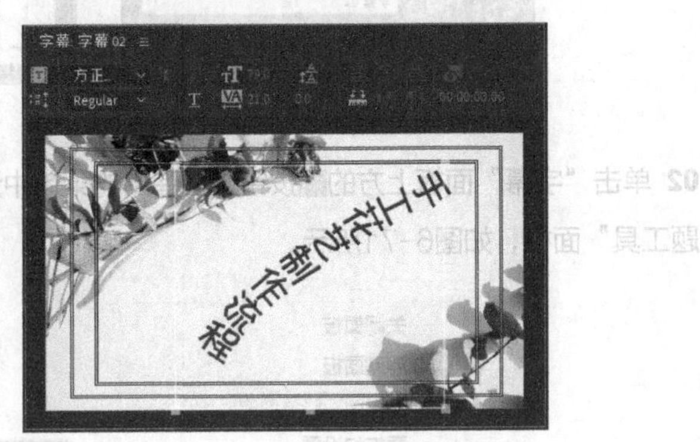

图6-77

6.1.6 创建段落字幕

创建水平或垂直段落字幕的具体操作步骤如下。

01 选择“文件 > 新建 > 旧版标题”命令，会弹出“新建字幕”对话框，如图6-78所示，单击“确定”按钮，会弹出“字幕”面板。选择“旧版标题工具”中的“文字”工具，在“字幕”面板中拖曳出文本框，如图6-79所示。

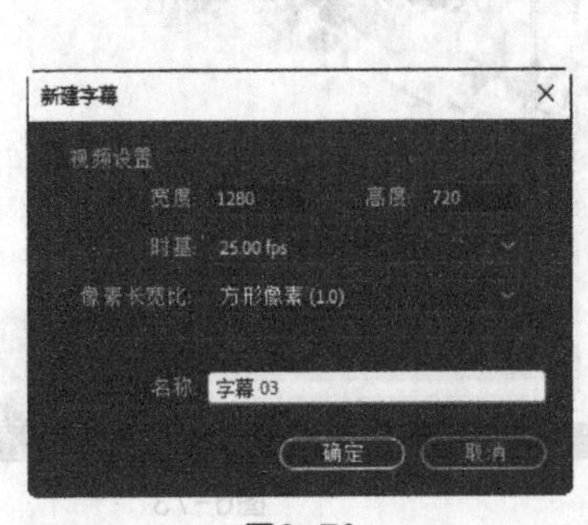

图6-78

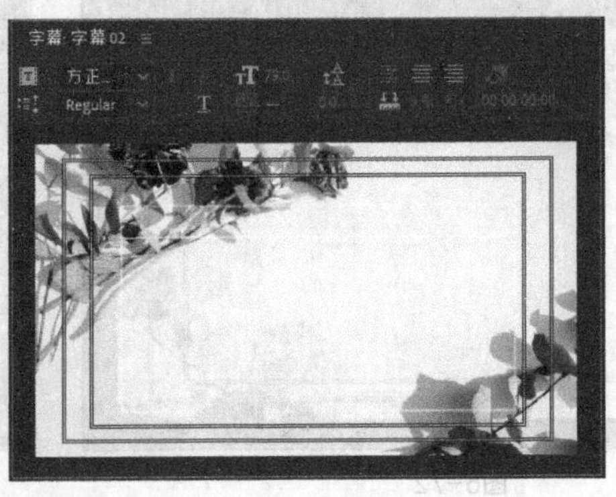

图6-79

02 在文本框中输入需要的段落文字，如图6-80所示。在“旧版标题属性”面板中，展开“填充”栏，将“颜色”设置为暗红色（R：171，G：31，B：56）；展开“属性”栏，选项的具体设置如图6-81所示，此时“字幕”面板中的效果如图6-82所示。用相同的方法制作垂直段落字幕，对应的“字幕”面板中的效果如图6-83所示。

图6-80　　图6-81

图6-82　　图6-83

03 选择“工具”面板中的“文字”工具T，直接在“节目”监视器中拖曳出文本框并输入文字，在“基本图形”面板中编辑文字，效果如图6-84所示。用相同的方法输入垂直段落文字，效果如图6-85所示。

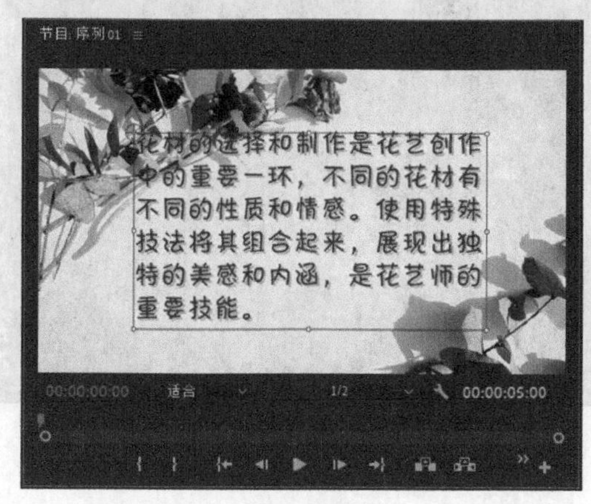

图6-84

图6-85

6.2 编辑与修饰字幕文字

字幕创建完成以后，接下来还需要对字幕进行相应的编辑和修饰，下面进行详细介绍。

6.2.1 课堂案例——海鲜火锅宣传广告

案例学习目标 学习创建并编辑文字。

案例知识要点 使用“导入”命令导入素材文件，使用“效果控件”面板调整影视素材的位置、缩放和不透明度，使用“旧版标题”命令创建字幕，使用“字幕”面板添加文字，使用“旧版标题属性”面板编辑字幕。海鲜火锅宣传广告的效果如图6-86所示。

效果所在位置 Ch06\海鲜火锅宣传广告\海鲜火锅宣传广告. prproj。

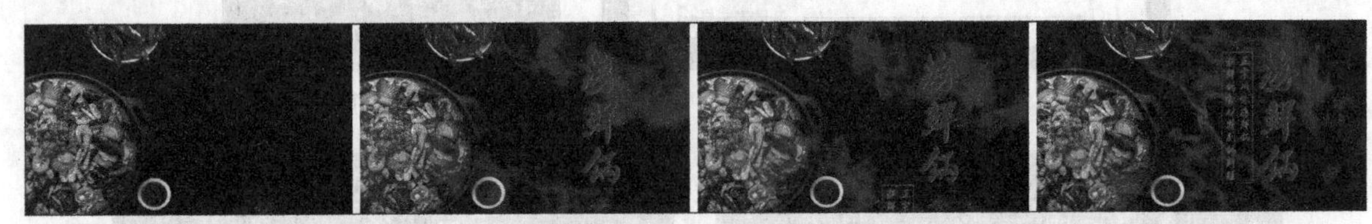

图6-86

1. 添加并剪辑影视素材

01 启动Premiere Pro 2020应用程序，选择“文件 > 新建 > 项目”命令，会弹出“新建项目”对话框，如图6-87所示，单击“确定”按钮，新建项目。选择“文件 > 新建 > 序列”命令，会弹出“新建序列”对话框，切换到“设置”选项卡，具体设置如图6-88所示，单击“确定”按钮，新建序列。

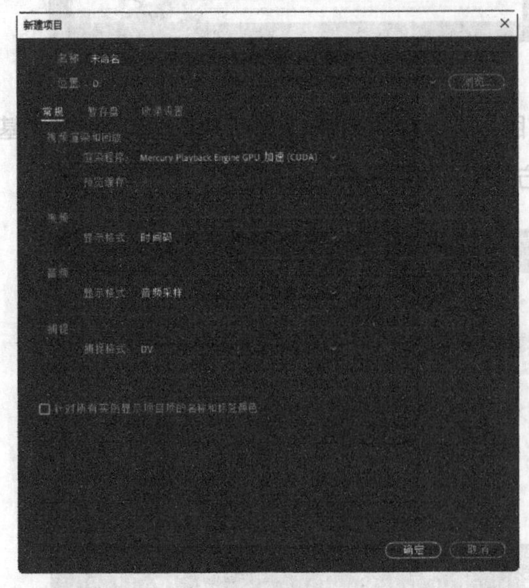

图6-87

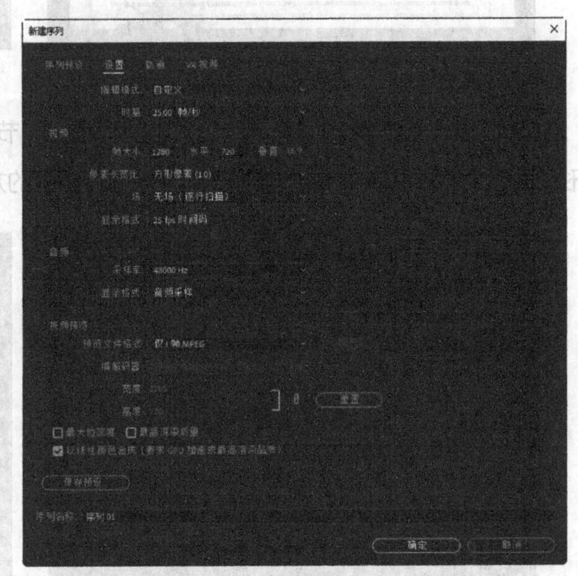

图6-88

02 选择“文件 > 导入”命令，会弹出“导入”对话框，选择本书学习资源中的“Ch06\海鲜火锅宣传广告\素材\01、02”文件，如图6-89所示，单击“打开”按钮，将素材文件导入“项目”面板中，如图6-90所示。

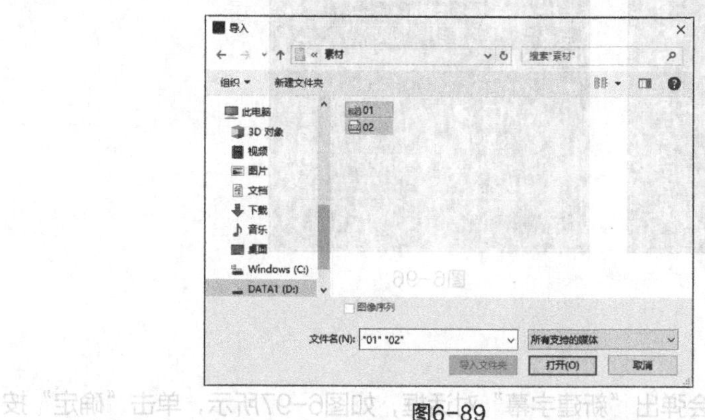

图6-89

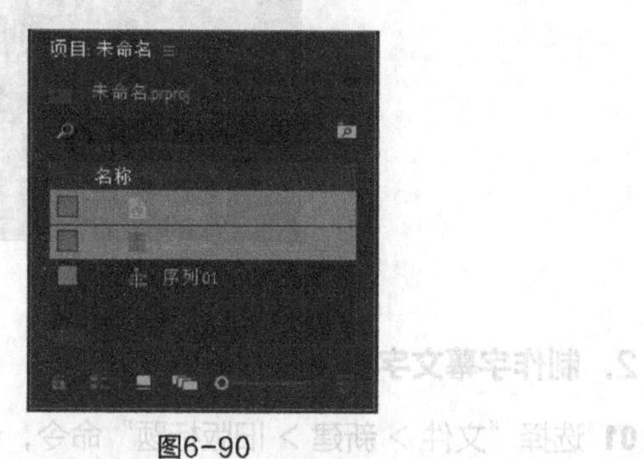

图6-90

03 在“项目”面板中，选中“01”文件并将其拖曳到“时间轴”面板的“视频1（V1）”轨道中，如图6-91所示。选择“时间轴”面板中的“01”文件。在“效果控件”面板中展开“运动”选项，将“位置”设置为492.0和360.0，“缩放”设置为125.0，如图6-92所示。

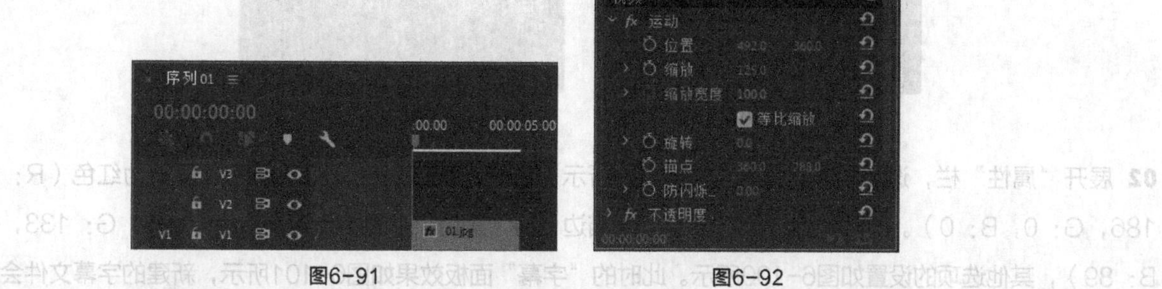

图6-91

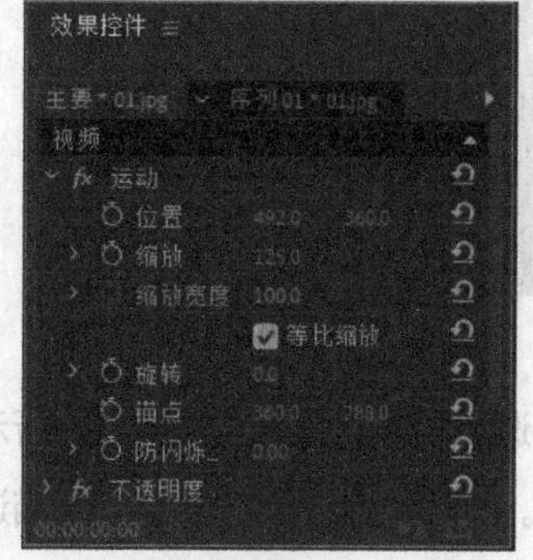

图6-92

04 在“项目”面板中，选中“02”文件并将其拖曳到“时间轴”面板的“视频2（V2）”轨道中，如图6-93所示。将鼠标指针放在“02”文件的结束位置，当鼠标指针呈⇤状时，向左拖曳鼠标到“01”文件的结束位置，如图6-94所示。

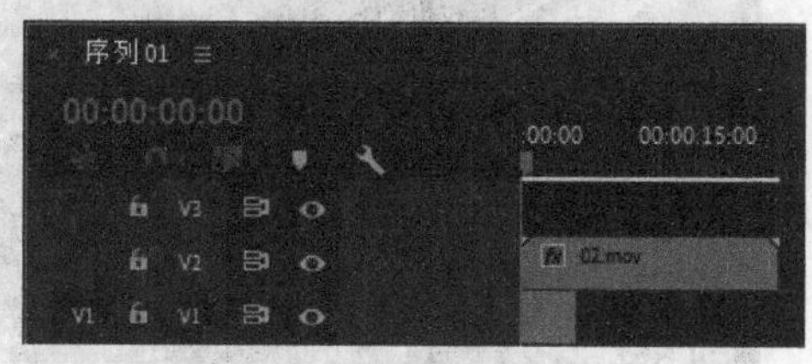

图6-93

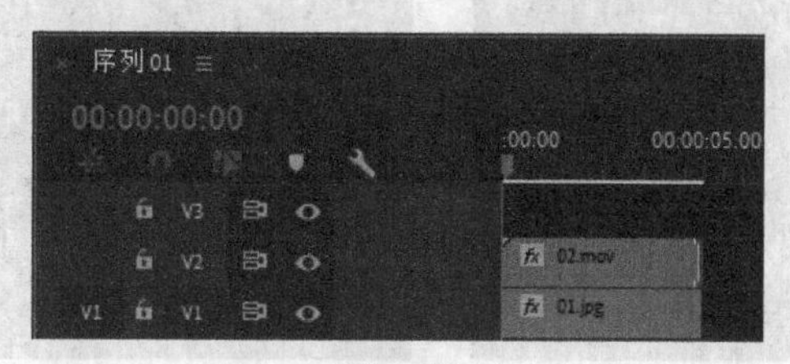

图6-94

05 选择“时间轴”面板中的“02”文件。在“效果控件”面板中展开“运动”选项，将“缩放”设置为70.0，如图6-95所示。展开“不透明度”选项，将“不透明度”设置为80.0%，如图6-96所示。

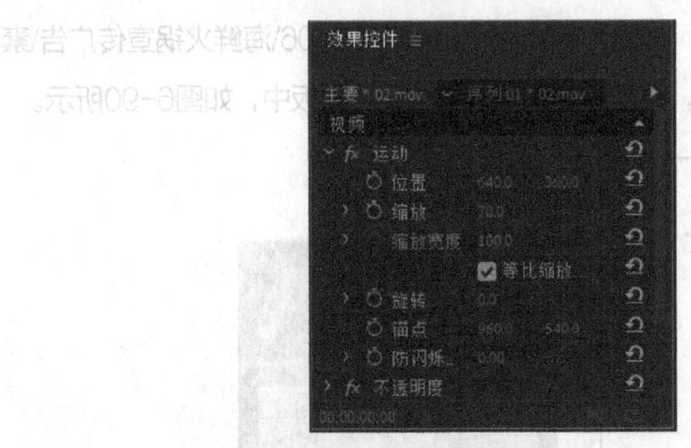

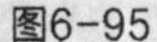
图6-95

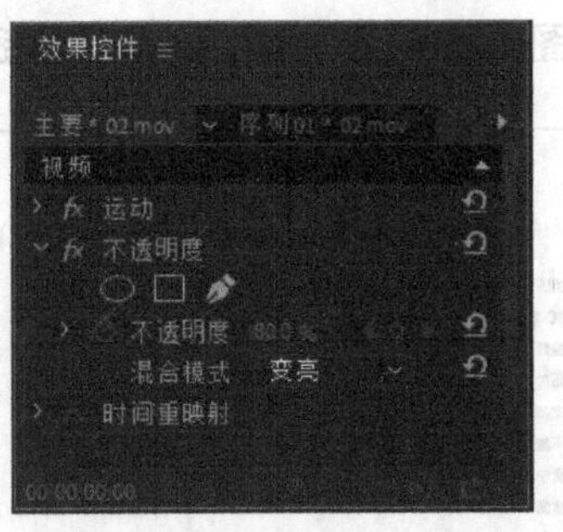

图6-96

2. 制作字幕文字和图形

01 选择“文件 > 新建 > 旧版标题”命令，会弹出“新建字幕”对话框，如图6-97所示，单击“确定”按钮。选择“工具”面板中的“垂直文字”工具，在“字幕”面板中单击定位光标，输入需要的文字。在“旧版标题属性”面板中展开“变换”栏，选项的具体设置如图6-98所示。

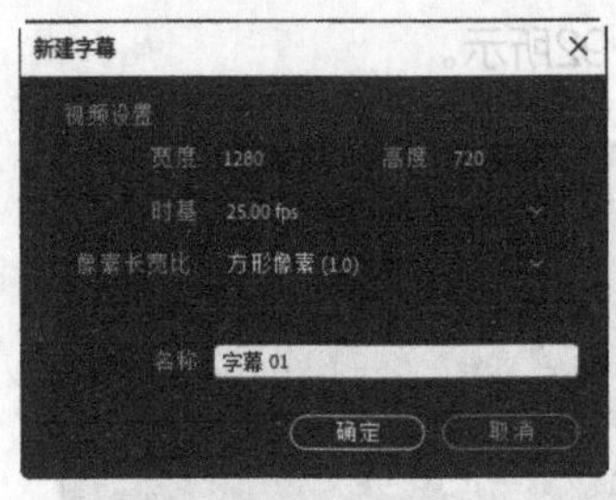

图6-97

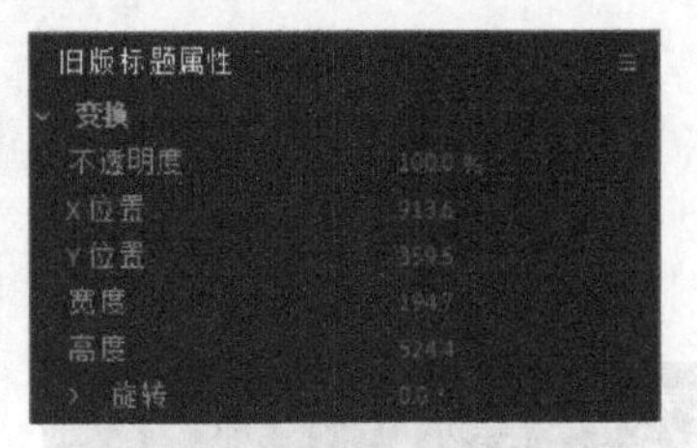

图6-98

02 展开“属性”栏，选项的具体设置如图6-99所示。展开“填充”栏，将“颜色”设置为红色（R：186，G：0，B：0）。展开“描边”栏，添加外描边，将“颜色”设置为土黄色（R：195，G：133，B：89），其他选项的设置如图6-100所示。此时的“字幕”面板效果如图6-101所示，新建的字幕文件会自动保存到“项目”面板中。

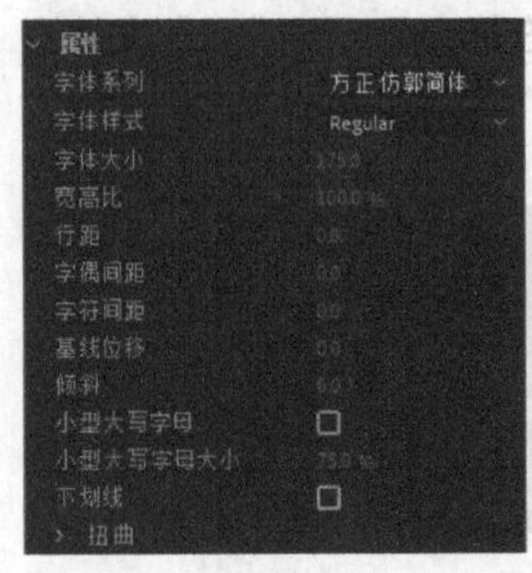

图6-99

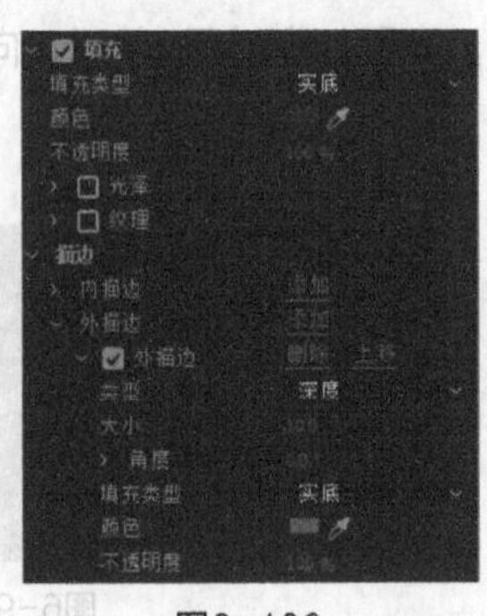

图6-100

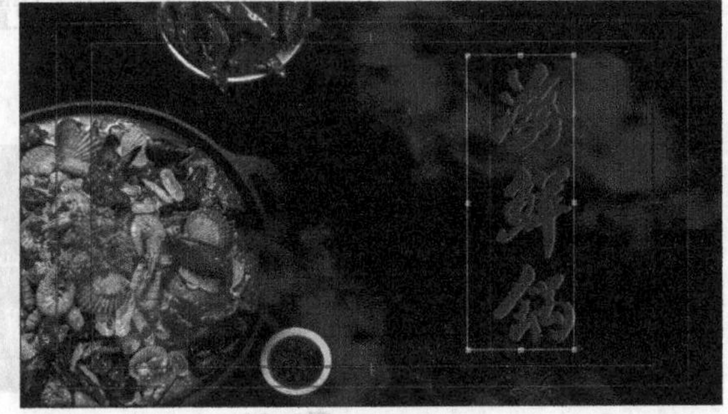
图6-101

03 在“字幕”面板中单击“滚动/游动选项”按钮，在弹出的对话框中选中“向左游动”选项，在“定时（帧）”栏中勾选“开始于屏幕外”复选框，其他参数设置如图6-102所示，单击“确定”按钮。在“项目”面板中，选中“字幕01”文件并将其拖曳到“时间轴”面板的“视频3（V3）”轨道中，如图6-103所示。

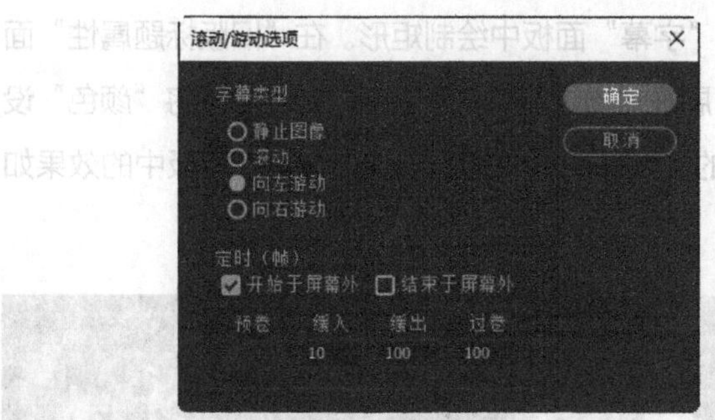

图6-102

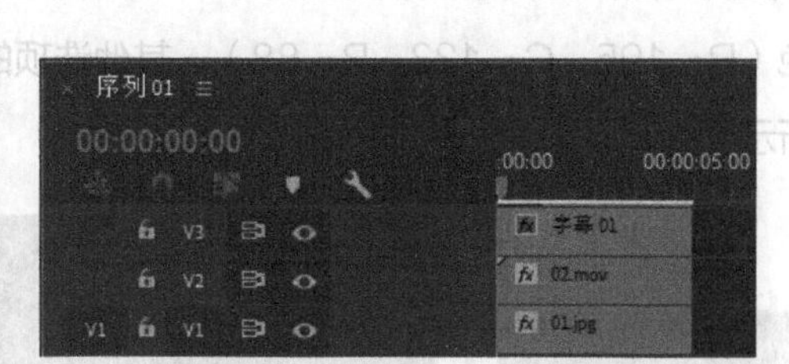

图6-103

04 选择“序列 > 添加轨道”命令，在弹出的对话框中进行设置，如图6-104所示，单击“确定”按钮即可在“时间轴”面板中添加1条视频轨道，效果如图6-105所示。

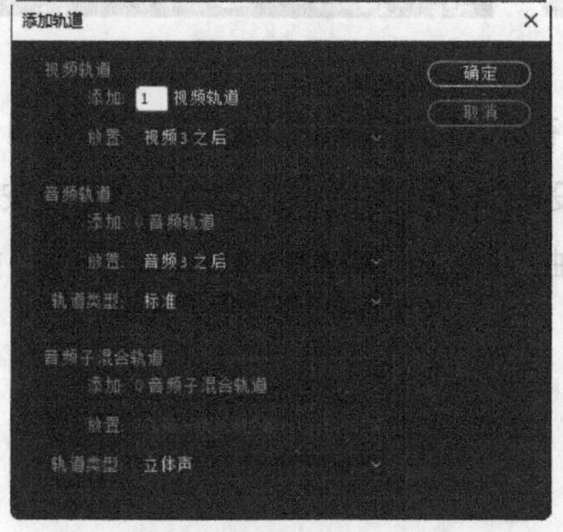

图6-104

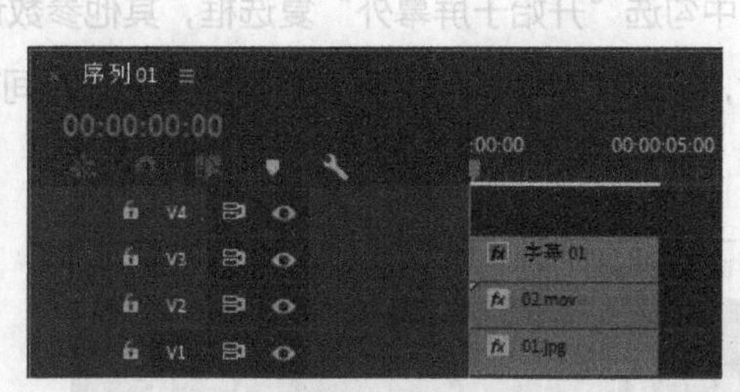

图6-105

05 选择“文件 > 新建 > 旧版标题”命令，会弹出“新建字幕”对话框，单击“确定”按钮。选择“工具”栏中的“垂直文字”工具，在“字幕”面板中拖曳出文本框并输入需要的文字。在“旧版标题属性”面板中展开“变换”栏，选项的具体设置如图6-106所示。展开“属性”栏和“填充”栏，在“填充”栏中将“颜色”设置为土黄色（R：195，G：133，B：88），其他选项的设置如图6-107所示，“字幕”面板中的效果如图6-108所示。

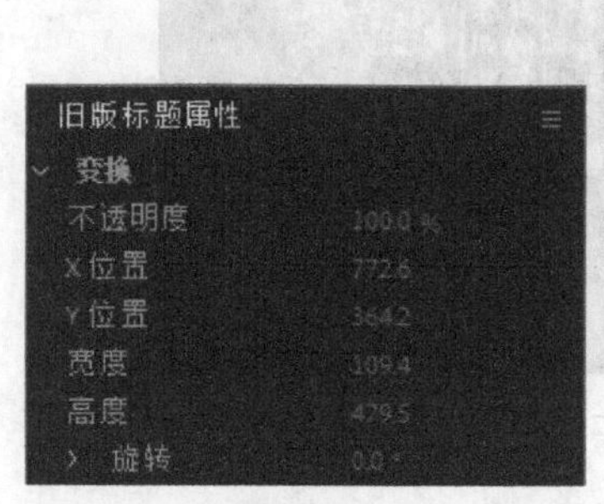

图6-106

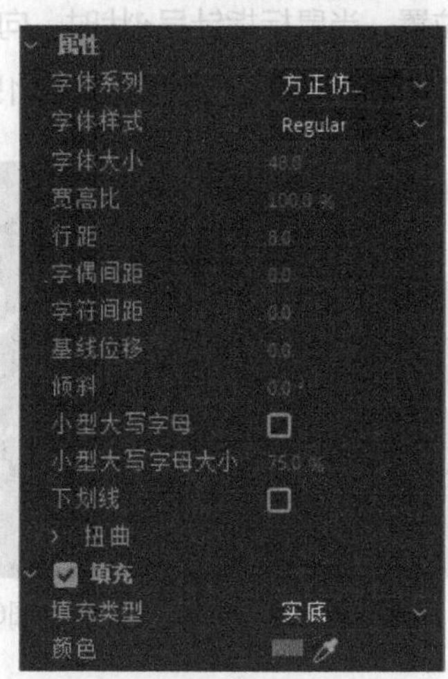

图6-107

图6-108

06 选择“旧版标题工具”面板中的“矩形”工具，在“字幕”面板中绘制矩形。在“旧版标题属性”面板中展开“变换”栏，选项的具体设置如图6-109所示。展开“描边”栏，添加“内描边”，将“颜色”设置为土黄色（R：195，G：133，B：88），其他选项的设置如图6-110所示，“字幕”面板中的效果如图6-111所示。

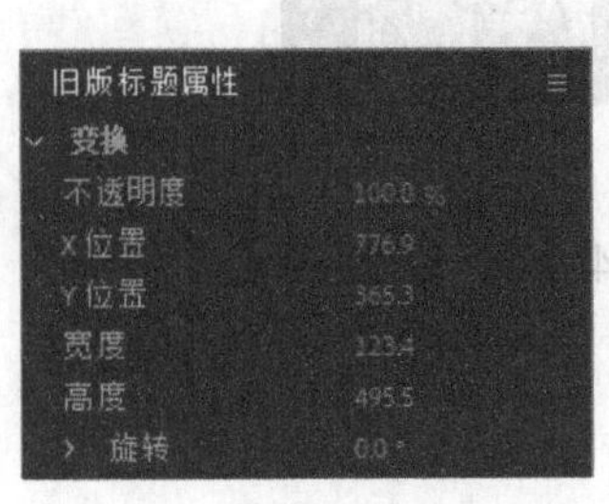

图6-109

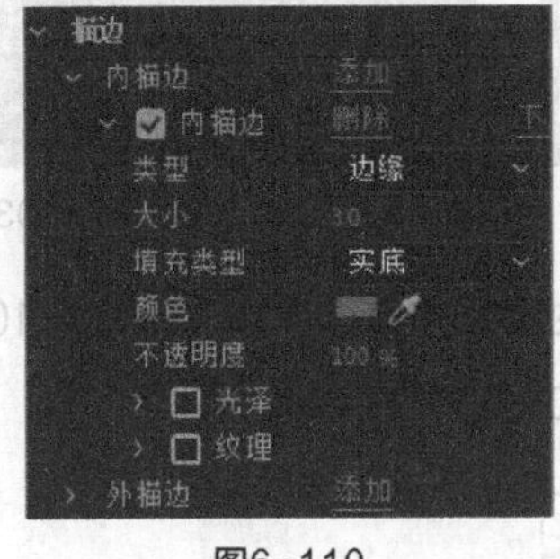

图6-110

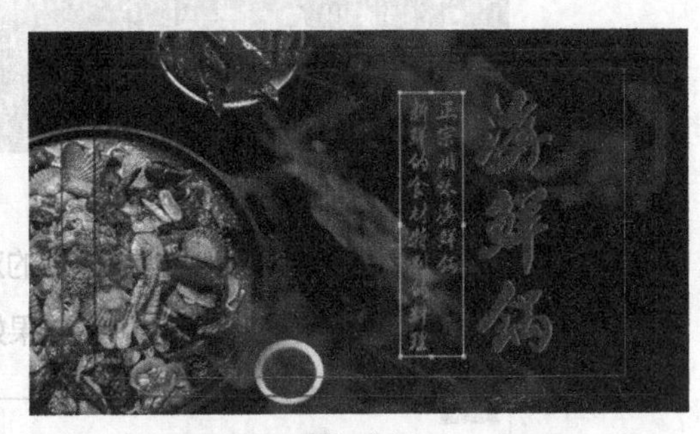

图6-111

07 在“字幕”面板中单击“滚动/游动选项”按钮，在弹出的对话框中选中“滚动”选项，在“定时（帧）”栏中勾选“开始于屏幕外”复选框，其他参数设置如图6-112所示，单击“确定”按钮。在“项目”面板中，选中“字幕02”文件并将其拖曳到“时间轴”面板的“视频4（V4）”轨道中，如图6-113所示。

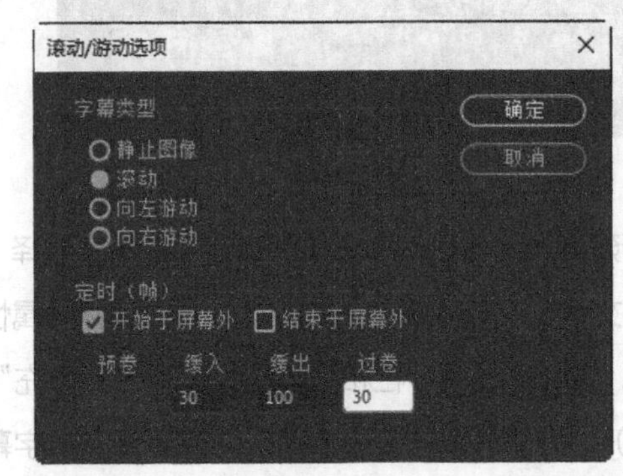

图6-112

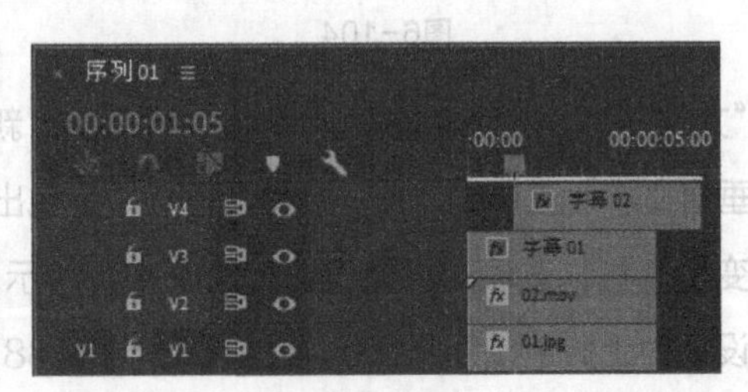

图6-113

08 将鼠标指针放在“字幕02”文件的结束位置，当鼠标指针呈状时，向左拖曳鼠标到“字幕01”文件的结束位置，如图6-114所示。海鲜火锅宣传广告制作完成，效果如图6-115所示。

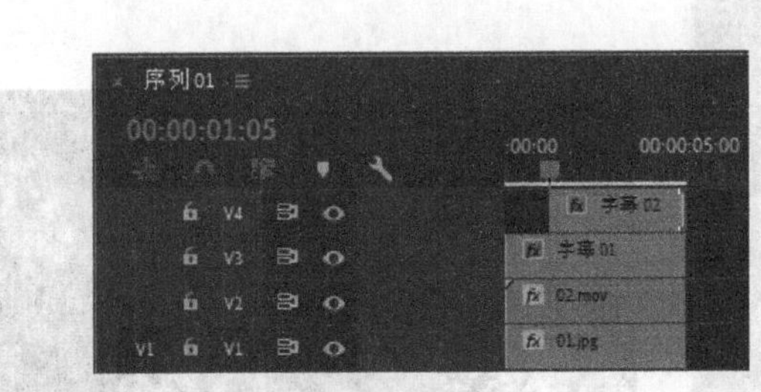

图6-114

图6-115

6.2.2 编辑字幕文字

1. 编辑传统字幕

01 在“字幕”面板中输入并设置文字属性，如图6-116所示。使用“选择”工具▶选取文字，将鼠标指针移至文本框内，按住鼠标左键拖曳，可以移动文字对象，效果如图6-117所示。

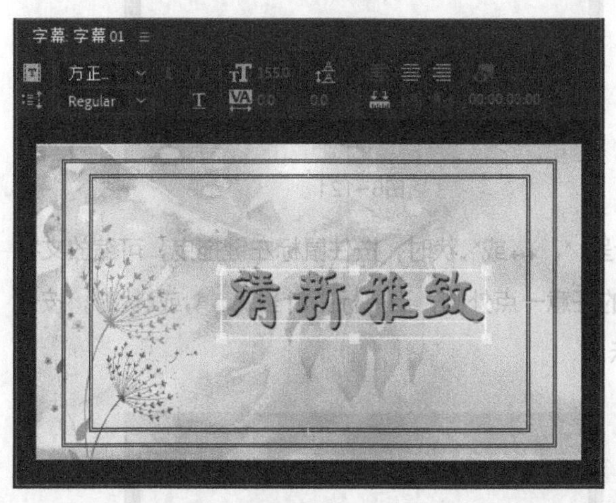

图6-116

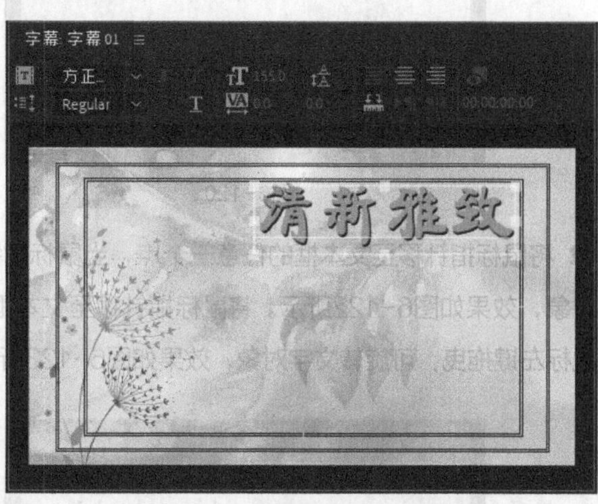

图6-117

02 将鼠标指针移至文本框的任意一个点，当鼠标指针呈↗、↔或↘状时，按住鼠标左键拖曳，可缩放文字对象，效果如图6-118所示。将鼠标指针移至文本框的任意一点外侧，当鼠标指针呈↶、↷或↻状时，按住鼠标左键拖曳，可旋转文字对象，效果如图6-119所示。

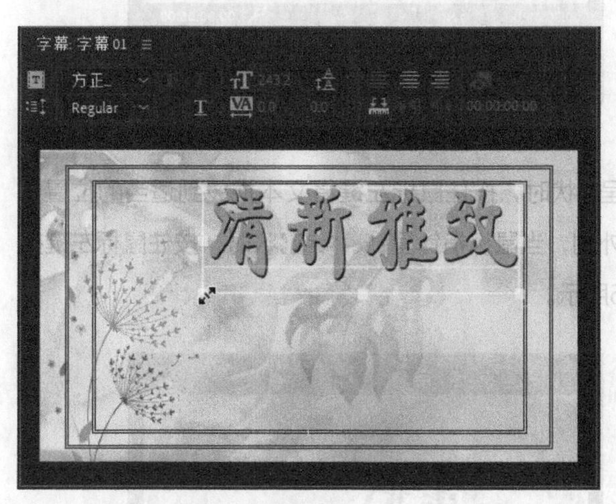

图6-118

图6-119

2. 编辑图形字幕

01 在“节目”监视器中输入图形文字，并设置属性，如图6-120所示。使用“选择”工具▶选取文字，将鼠标指针移至文本框内，按住鼠标左键拖曳，可移动文字对象，效果如图6-121所示。

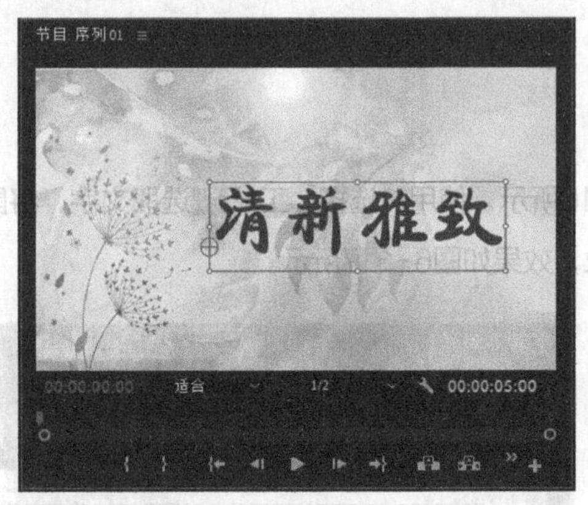

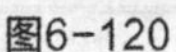
图6-120

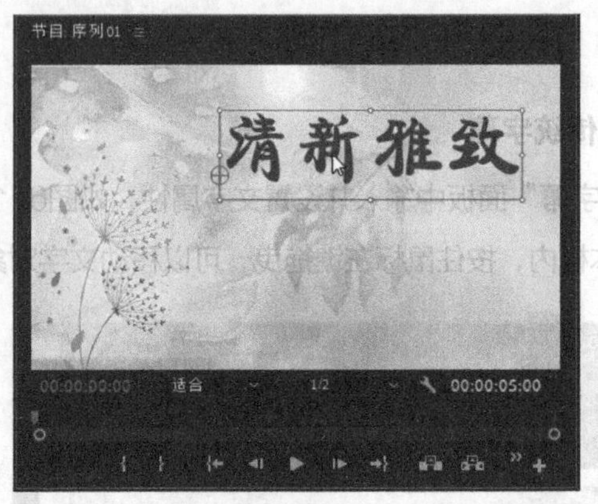

图6-121

02 将鼠标指针移至文本框的任意一个点，当鼠标指针呈↗、↔或↖状时，按住鼠标左键拖曳，可缩放文字对象，效果如图6-122所示。将鼠标指针移至文本框的任意一点外侧，当鼠标指针呈↶、↷或↻状时，按住鼠标左键拖曳，可旋转文字对象，效果如图6-123所示。

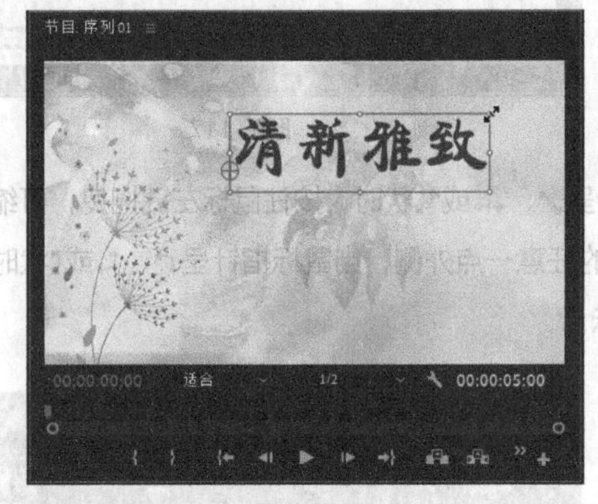

图6-122

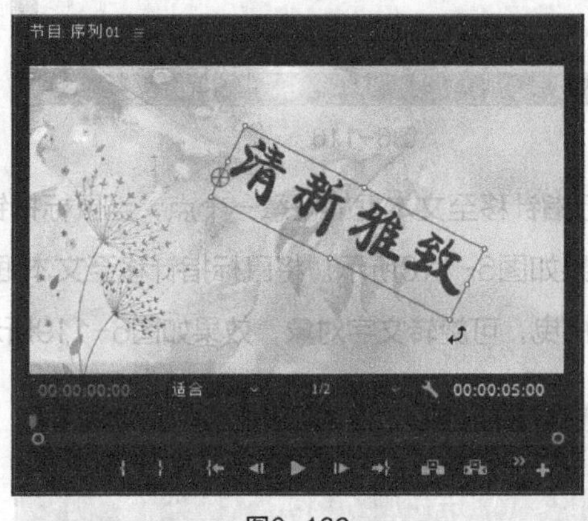

图6-123

03 将鼠标指针移至文本框的锚点⊕处，当鼠标指针呈▸状时，按住鼠标左键将文本拖曳到适当的位置，如图6-124所示。将鼠标指针移至文本框的任意一点外侧，当鼠标指针呈↶、↷或↻状时，按住鼠标左键拖曳，可以以锚点为中心旋转文字对象，效果如图6-125所示。

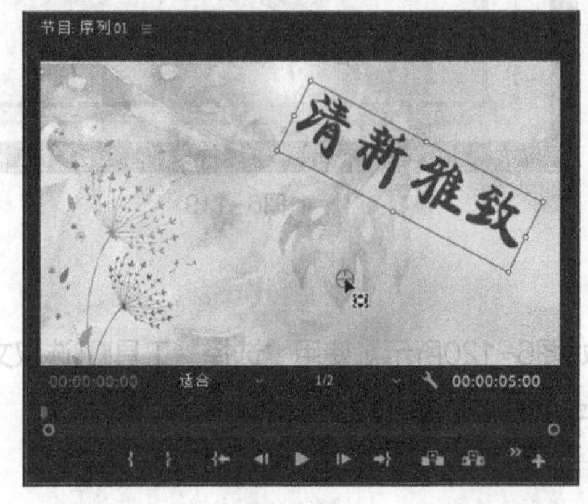

图6-124

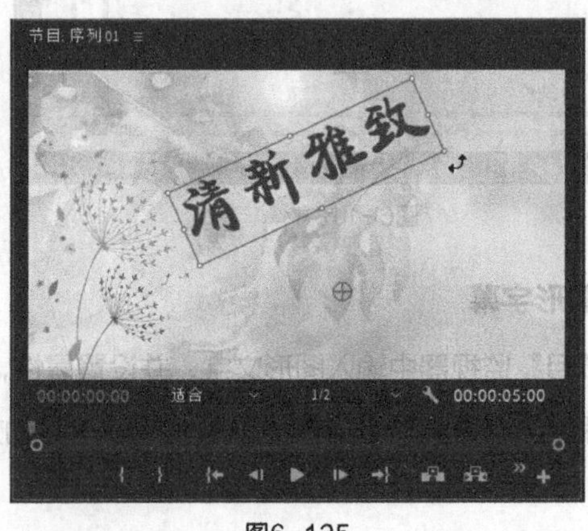

图6-125

3. 编辑开放式字幕

01 在“节目”监视器中预览开放式字幕，如图6-126所示。在“项目”面板中双击“开放式字幕”文件，打开“字幕”面板，设置字幕块位置为上方居中的位置，如图6-127所示。

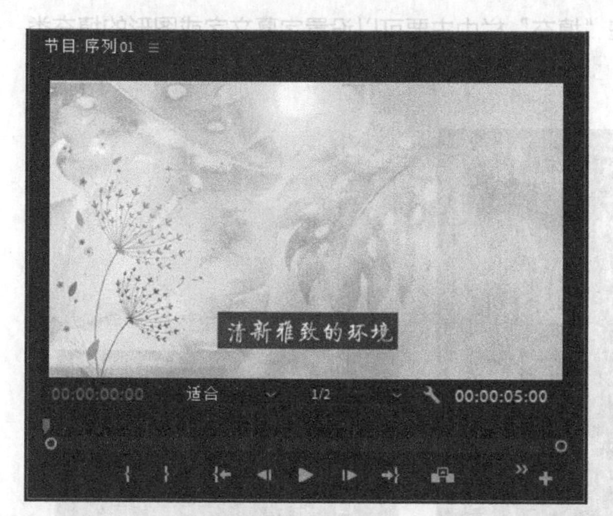

图6-126

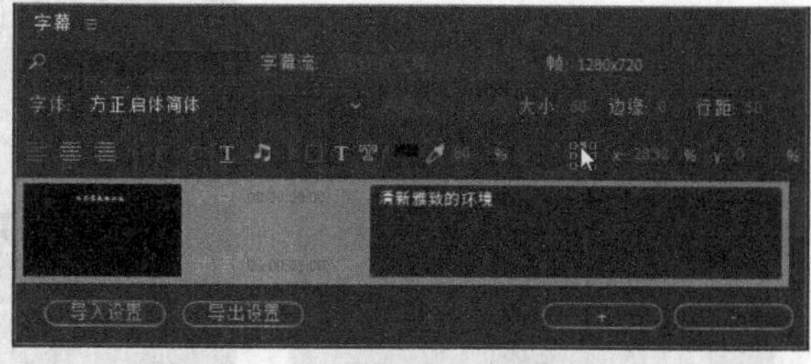

图6-127

02 在“节目”监视器中预览效果，如图6-128所示。设置字幕块水平方向和垂直方向的位置，“节目”监视器中的预览效果如图6-129所示。

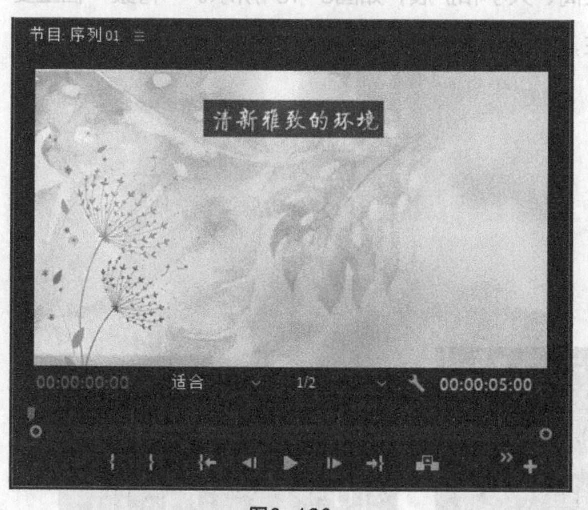

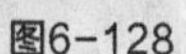

图6-128

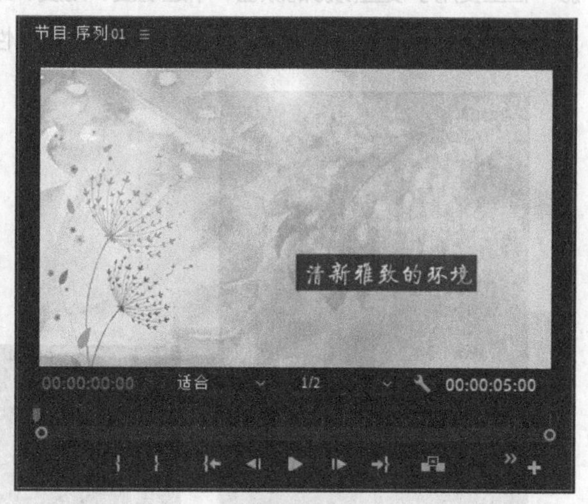

图6-129

6.2.3 设置字幕属性

在Premiere Pro 2020中可以非常方便地对字幕文字进行修饰，包括调整文字的位置、不透明度、文字的字体、字体大小、颜色和为文字添加阴影等。

1. 在“旧版标题属性”面板中编辑传统字幕属性

在“旧版标题属性”面板的“变换”栏中可以对字幕文字或图形的不透明度、位置、宽度、高度及旋转等属性进行设置，如图6-130所示。在“属性”栏中可以对字幕文字的字体、字体大小、宽高比及字符间距、扭曲等基本属性进行设置，如图6-131所示。在“填充”栏中主要可以设置字幕文字或图形的填充类型、颜色和不透明度等属性，如图6-132所示。

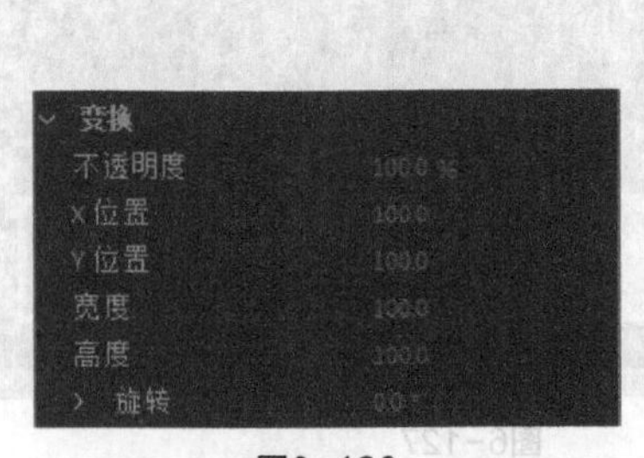

图6-130

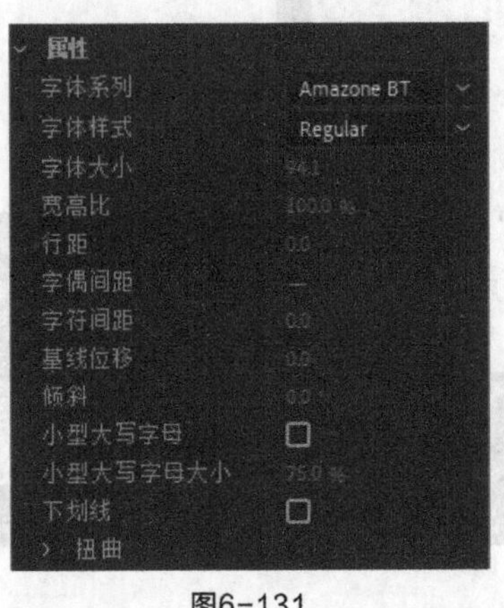

图6-131

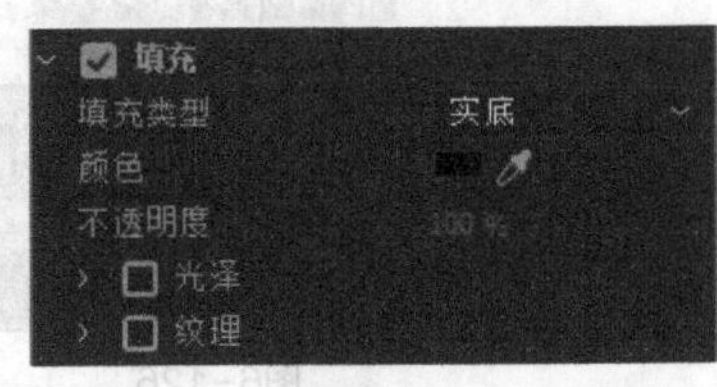

图6-132

“描边”栏主要用于设置文字或图形的描边效果，可以设置内描边和外描边，如图6-133所示。“阴影”栏主要用于设置阴影的颜色、不透明度、角度、距离、大小和扩展，如图6-134所示。“背景”栏主要用于设置字幕背景的填充类型、颜色和不透明度等属性，如图6-135所示。

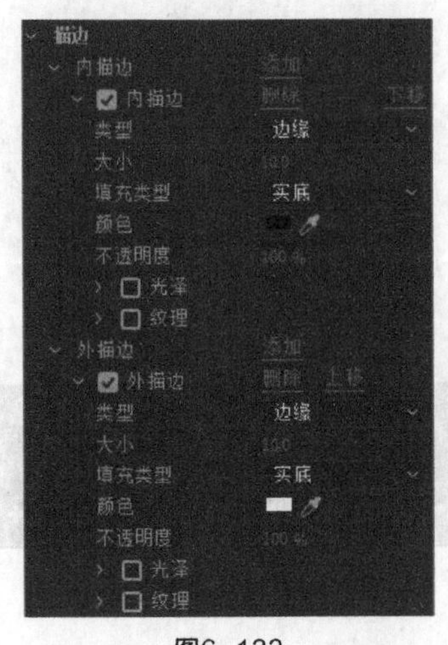

图6-133

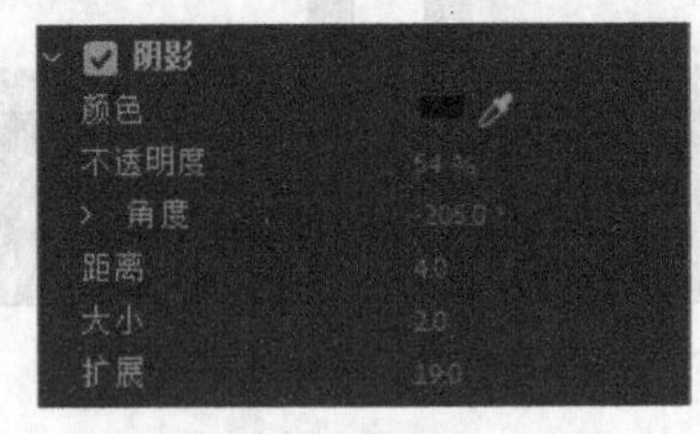

图6-134

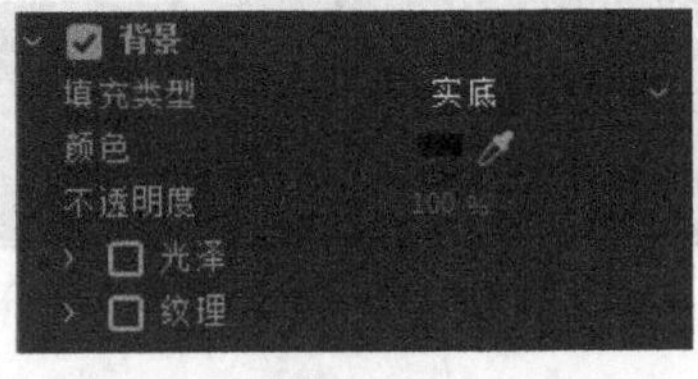

图6-135

2. 在“效果控件”面板中编辑图形字幕属性

展开“效果控件”面板中的“文本”选项，在“源文本”栏中可以设置文字的字体、字体样式、字体大小、字距和行距等，在“外观”栏中可以设置填充、描边、背景、阴影及文本蒙版等，如图6-136所示，在“变换”栏中可以设置文字的位置、缩放、旋转、不透明度及锚点等，如图6-137所示。

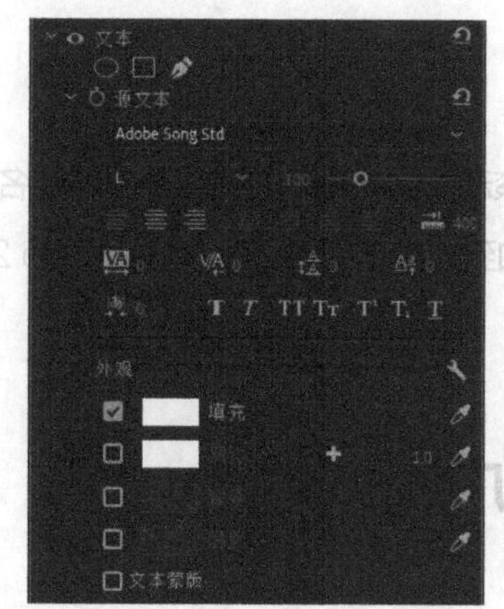

图6-136

图6-137

3. 在“基本图形”面板中编辑图形字幕属性

“基本图形”面板最上方为文本图层和响应设置，如图6-138所示。“对齐并变换”栏用于设置图形的对齐方式、位置、旋转及比例等，“主样式”栏可以设置图形对象的主样式，如图6-139所示。“文本”栏可以设置文字的字体、字体样式、字体大小、字距和行距等，“外观”栏可以设置填充、描边、背景、阴影及文本蒙版等，如图6-140所示。

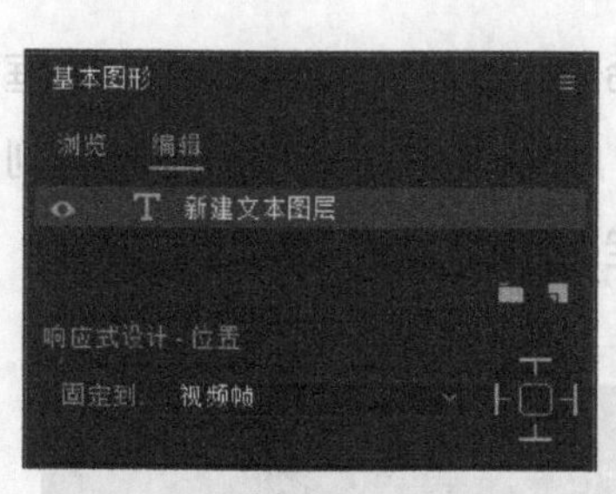

图6-138

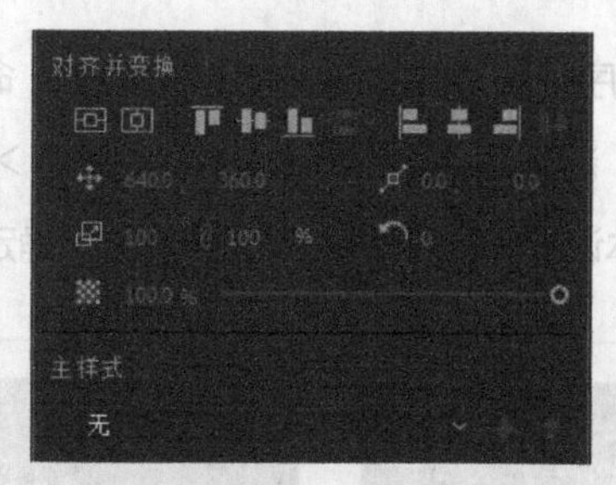

图6-139

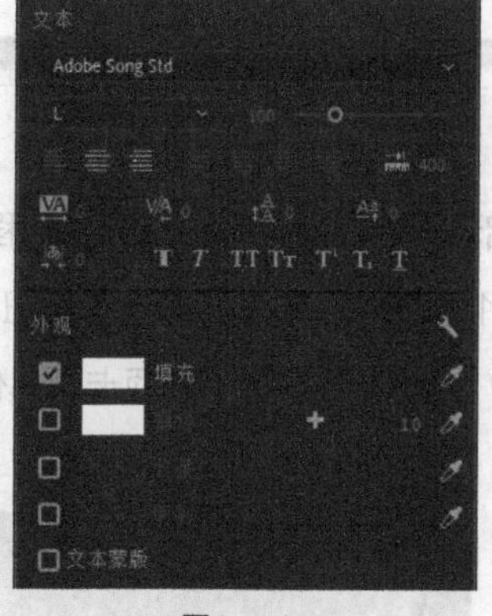

图6-140

4. 在“字幕”面板中编辑开放式字幕属性

“字幕”面板最上方包含筛选字幕内容、字幕流及帧，中间部分为字幕属性设置区，可以设置字体、大小、边缘、行距、对齐、颜色和字幕块位置等，下方为显示字幕、设置入点和出点及输入字幕文本等选项。最下方为“导入设置”“导出设置”“添加字幕”“删除字幕”按钮，如图6-141所示。

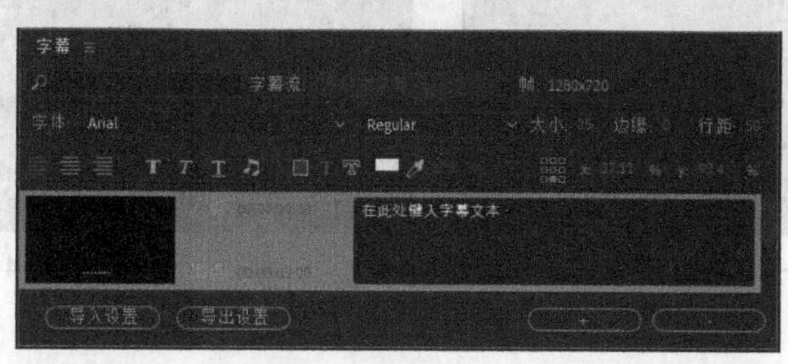

图6-141

6.3 创建运动字幕

在观看电影时，经常会看到影片的开头和结尾都有滚动文字，显示导演与演员的姓名等，或是影片中出现的人物对白文字，这些文字可以使用视频编辑软件添加到视频画面中。Premiere Pro 2020中提供了垂直滚动字幕和横向游动字幕效果。

6.3.1 课堂案例——夏季女装上新广告

案例学习目标 学习输入并编辑水平文字，创建运动字幕。

案例知识要点 使用“导入”命令导入素材图片，使用“效果控件”面板调整影视文件的位置和缩放，使用“旧版标题”命令创建字幕，使用“字幕”面板添加文字并制作运动字幕，使用“旧版标题属性”面板编辑字幕。夏季女装上新广告的效果如图6-142所示。

效果所在位置 Ch06\夏季女装上新广告\夏季女装上新广告. prproj。

图6-142

01 启动Premiere Pro 2020应用程序，选择“文件 > 新建 > 项目”命令，会弹出“新建项目”对话框，如图6-143所示，单击“确定”按钮，新建项目。选择“文件 > 新建 > 序列”命令，会弹出“新建序列”对话框，切换到“设置”选项卡，具体设置如图6-144所示，单击“确定”按钮，新建序列。

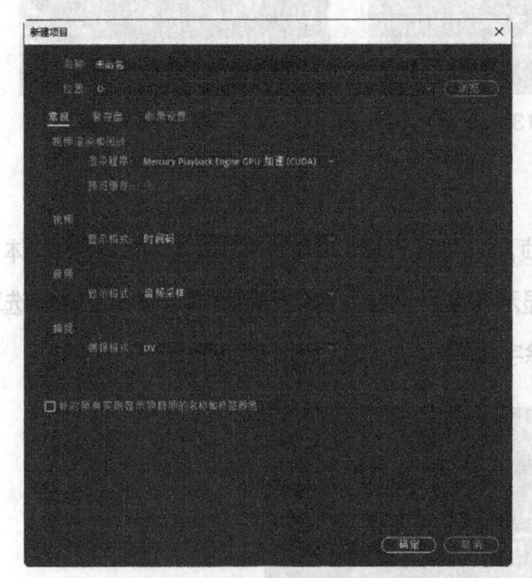

图6-143

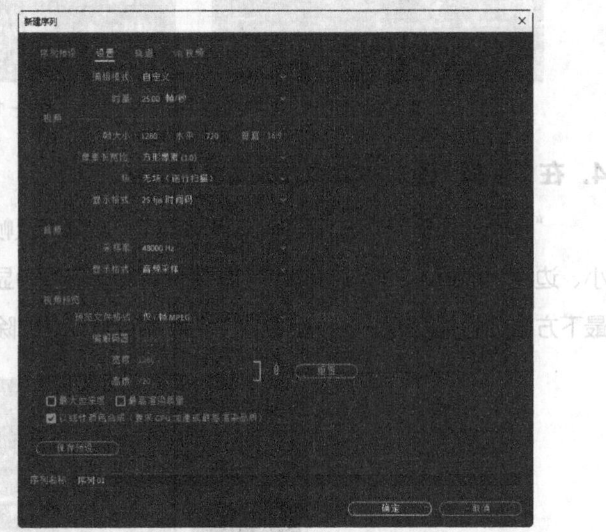

图6-144

02 选择“文件 > 导入”命令，会弹出“导入”对话框，选择本书学习资源中的“Ch06\夏季女装上新广告\素材\01~03”文件，如图6-145所示，单击“打开”按钮，将素材文件导入“项目”面板中，如图6-146所示。

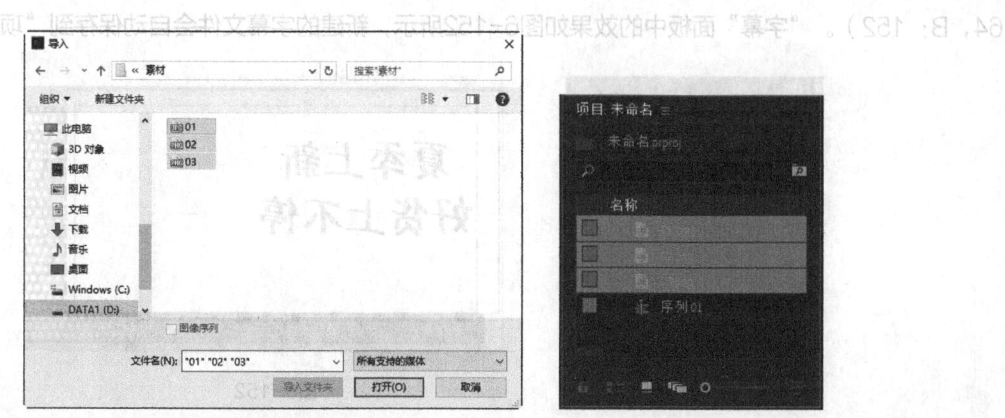

图6-145

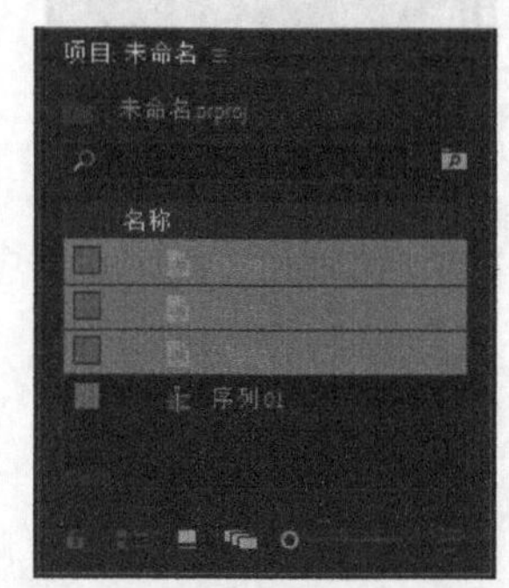

图6-146

03 在“项目”面板中，选中“01”文件并将其拖曳到“时间轴”面板的“视频1（V1）”轨道中，如图6-147所示。将播放指示器放置在00:00:00:10的位置。选中“02”文件并将其拖曳到“时间轴”面板的“视频2（V2）”轨道中，如图6-148所示。

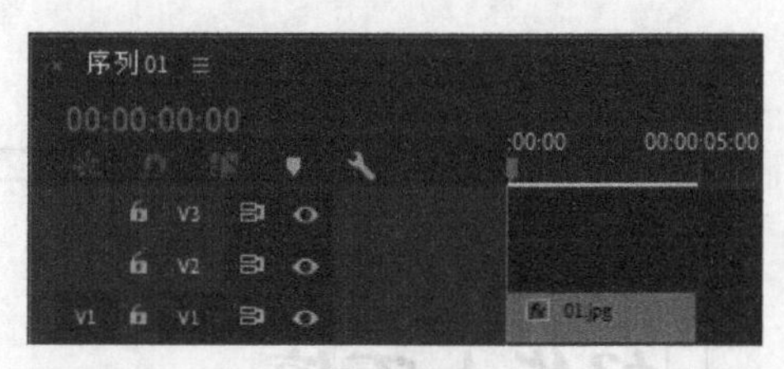

图6-147

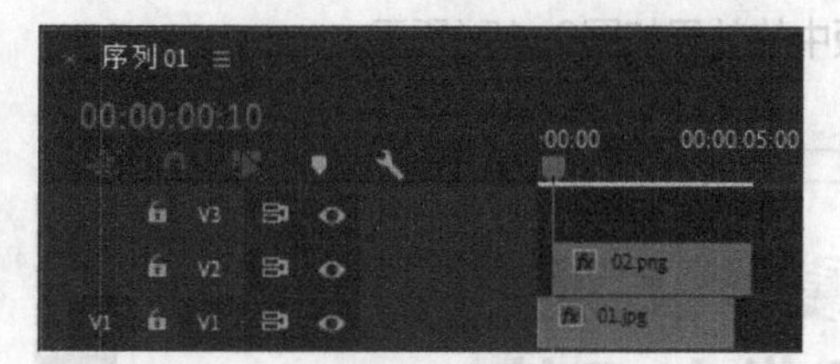

图6-148

04 将鼠标指针放在“02”文件的结束位置，当鼠标指针呈 状时，向左拖曳鼠标到“01”文件的结束位置，如图6-149所示。选择“时间轴”面板中的“02”文件。在“效果控件”面板中展开“运动”选项，将“位置”设置为985.0和740.0，“缩放”设置为159.0，如图6-150所示。

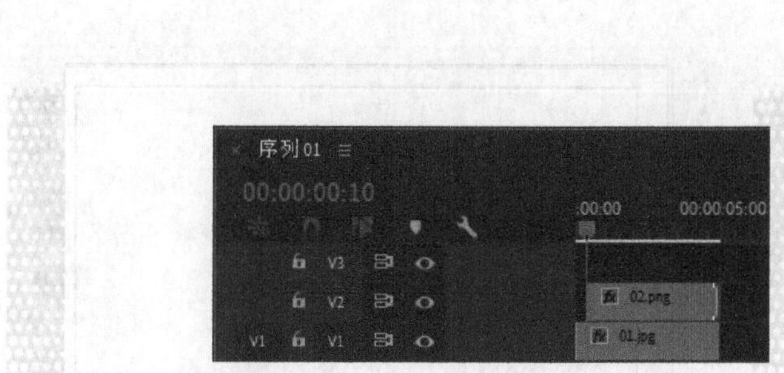

图6-149

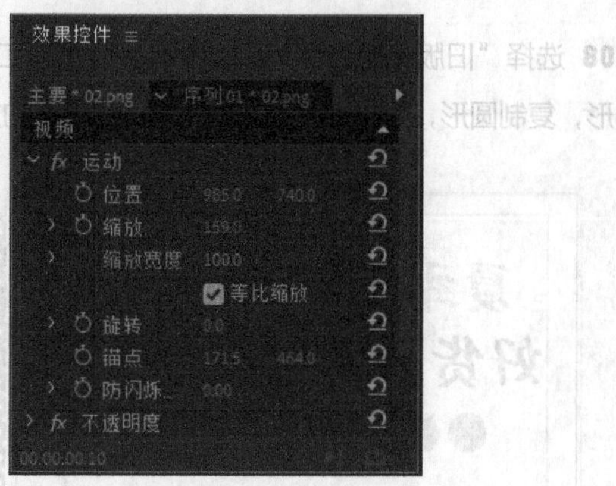

图6-150

05 选择“文件 > 新建 > 旧版标题”命令，会弹出“新建字幕”对话框，单击“确定”按钮。选择“工具”面板中的“文字”工具T，在“字幕”面板中单击定位光标，分别输入需要的文字。在“旧版标题属性”面板中展开“属性”栏，具体设置如图6-151所示。展开“填充”栏，将“颜色”设置为蓝色（R：62，G：64，B：152）。“字幕”面板中的效果如图6-152所示，新建的字幕文件会自动保存到“项目”面板中。

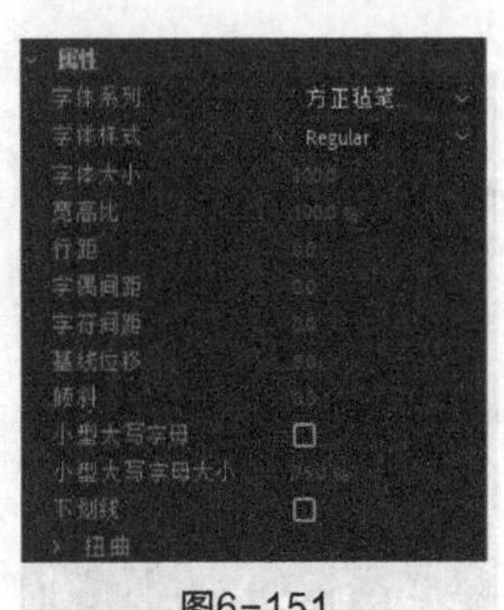

图6-151

图6-152

06 选择“字幕”面板中的文字“夏季”。在“旧版标题属性”面板中展开“填充”栏，将“颜色”设置为红色（R：246，G：69，B：68），“字幕”面板中的效果如图6-153所示。

07 选择“旧版标题工具”面板中的“椭圆”工具，按住Shift键的同时，在“字幕”面板中绘制圆形。在“旧版标题属性”面板中展开“填充”栏，将“颜色”设置为红色（R：246，G：69，B：68），“字幕”面板中的效果如图6-154所示。

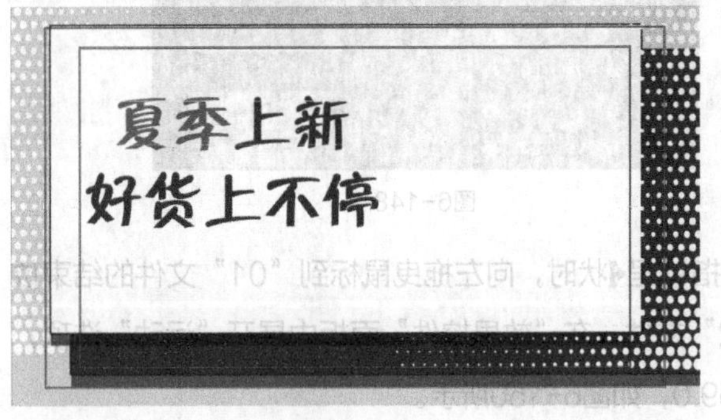

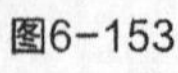

图6-153

图6-154

08 选择“旧版标题工具”面板中的“选择”工具，按住Alt+Shift键的同时，在“字幕”面板中拖曳圆形，复制圆形，效果如图6-155所示。用相同的方法再复制两个圆形，效果如图6-156所示。

图6-155

图6-156

09 选择“工具”面板中的“文字”工具 T，在“字幕”面板中单击定位光标，输入需要的文字。在“旧版标题属性”面板中展开“属性”栏，具体设置如图6-157所示。展开“填充”栏，将“颜色”设置为白色，“字幕”面板中的效果如图6-158所示。将光标分别放置到文字“场”“8”“折”的前方，调整“字偶间距”，效果如图6-159所示。

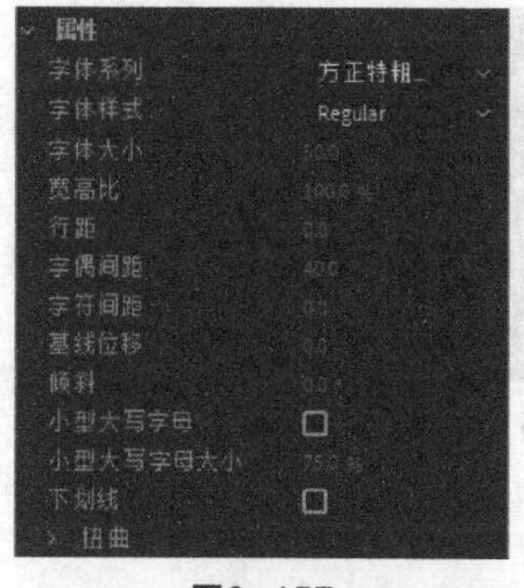

图6-157

图6-158

图6-159

10 在“字幕”面板中单击“滚动/游动选项”按钮，在弹出的对话框中选中“滚动”选项，在“定时（帧）”栏中勾选“开始于屏幕外”复选框，如图6-160所示，单击“确定”按钮。在“项目”面板中，选中“字幕01”文件并将其拖曳到“时间轴”面板的“视频3（V3）”轨道中，如图6-161所示。

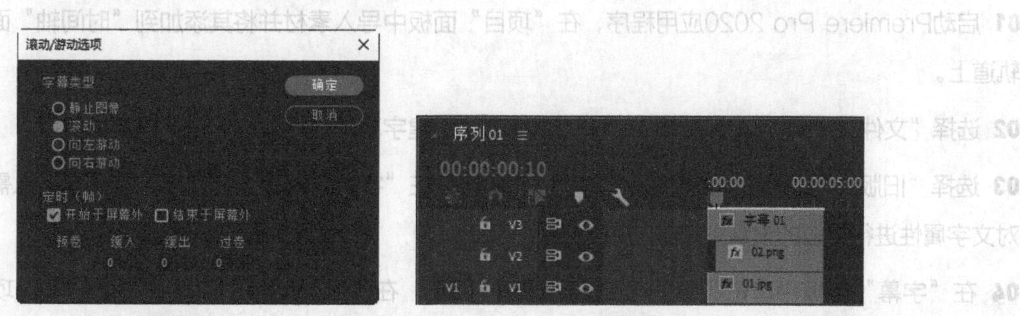

图6-160

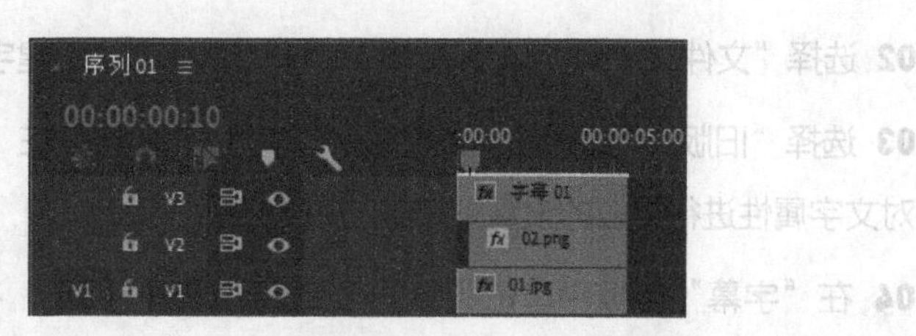

图6-161

11 选择“序列 > 添加轨道”命令，在弹出的对话框中进行设置，如图6-162所示，单击“确定”按钮，在“时间轴”面板中添加1条视频轨道，如图6-163所示。

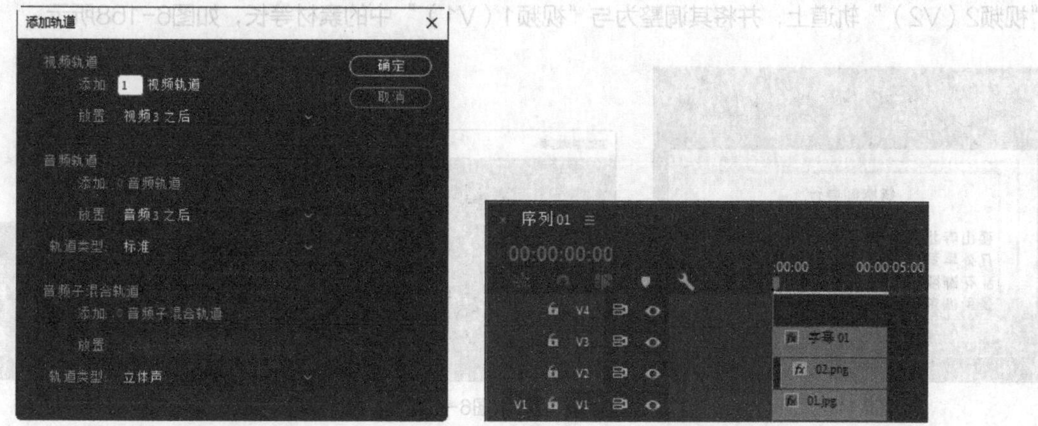

图6-162

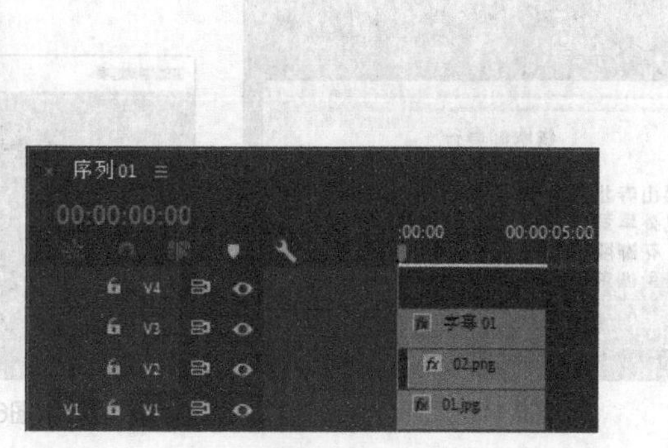

图6-163

12 将播放指示器放置在00:00:00:20的位置。在“项目”面板中，选中“03”文件并将其拖曳到“时间轴”面板的“视频4（V4）”轨道中，如图6-164所示。将鼠标指针放在“03”文件的结束位置，当鼠标指针呈状时，向左拖曳鼠标到“字幕01”文件的结束位置，如图6-165所示。夏季女装上新广告制作完成。

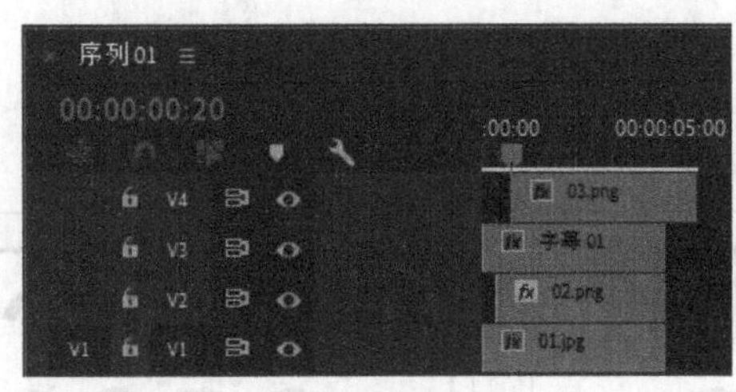

图6-164

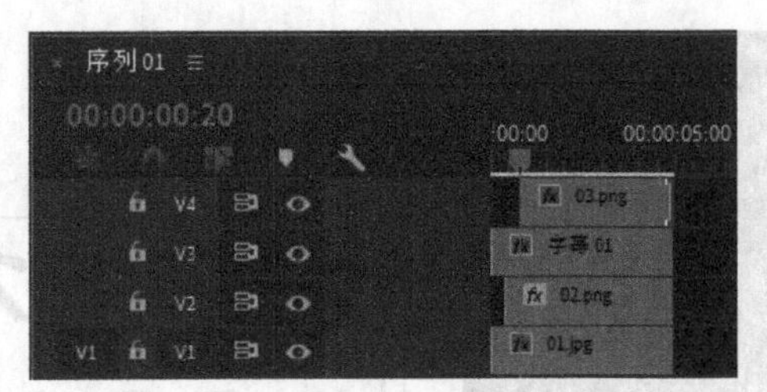

图6-165

6.3.2 制作垂直滚动字幕

制作垂直滚动字幕的具体操作步骤如下。

1. 在“字幕”面板中制作垂直滚动字幕

01 启动Premiere Pro 2020应用程序，在“项目”面板中导入素材并将其添加到“时间轴”面板中的视频轨道上。

02 选择“文件 > 新建 > 旧版标题”命令，会弹出“新建字幕”对话框，单击“确定”按钮。

03 选择“旧版标题工具”面板中的“文字”工具，在“字幕”面板中拖曳出文本框，输入需要的文字并对文字属性进行相应的设置，如图6-166所示。

04 在“字幕”面板中单击“滚动/游动选项”按钮，在弹出的对话框中选中“滚动”选项，在“定时（帧）”栏中勾选“开始于屏幕外”和“结束于屏幕外”复选框，其他参数设置如图6-167所示，单击“确定”按钮。

05 制作的字幕会自动保存在“项目”面板中。从“项目”面板中将新建的字幕添加到“时间轴”面板的“视频2（V2）”轨道上，并将其调整为与“视频1（V1）”中的素材等长，如图6-168所示。

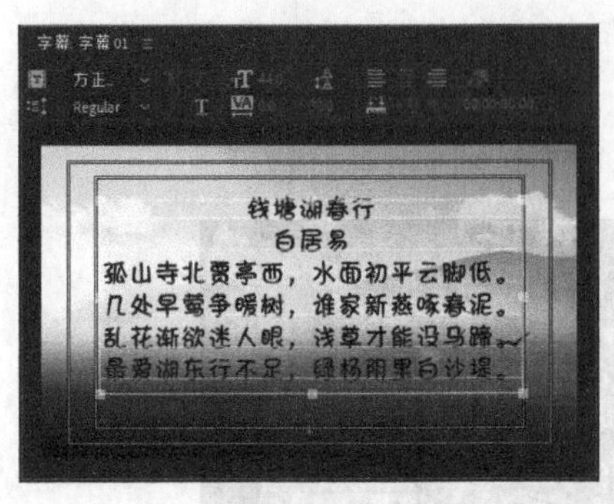

图6-166

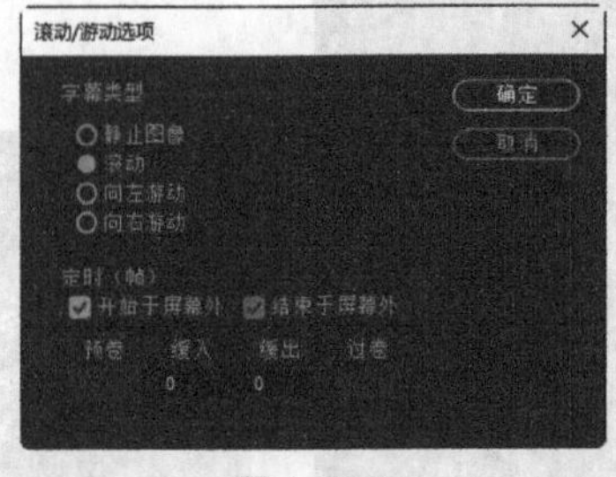

图6-167

图6-168

06 单击“节目”监视器下方的“播放-停止切换”按钮▶/■，即可预览字幕的垂直滚动效果，如图6-169和图6-170所示。

图6-169　　图6-170

2. 在“基本图形”面板中制作垂直滚动字幕

在“基本图形”面板中取消文字图层的选取状态，如图6-171所示。勾选“滚动”复选框，在弹出的选项中设置滚动选项，可以制作垂直滚动字幕，如图6-172所示。

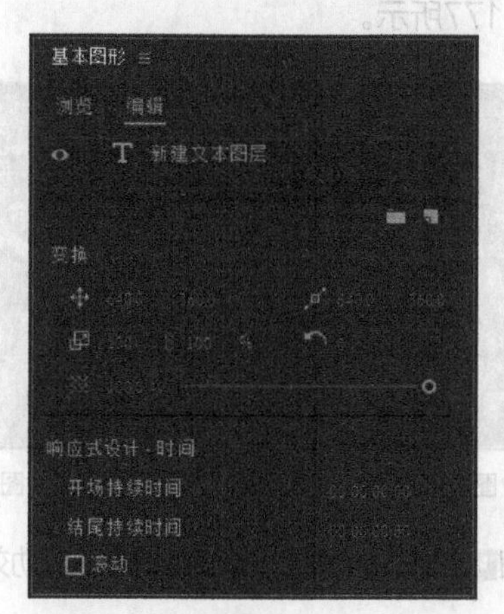

图6-171

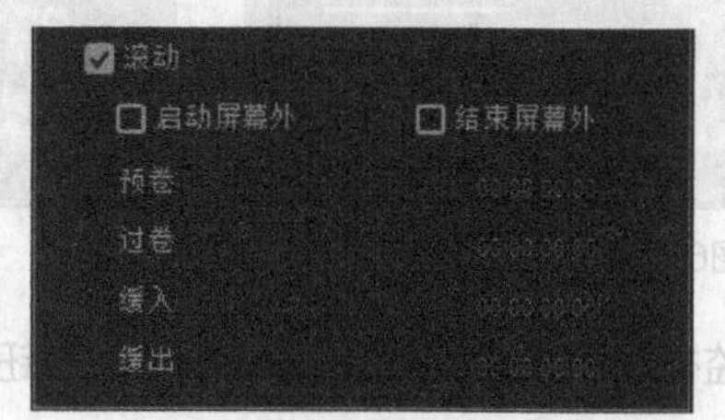

图6-172

6.3.3 制作横向游动字幕

制作横向游动字幕与制作垂直滚动字幕的操作基本相同，具体操作步骤如下。

01 启动Premiere Pro 2020应用程序，在“项目”面板中导入素材并将其添加到“时间轴”面板中的视频轨道上。

02 选择“文件 > 新建 > 旧版标题”命令，会弹出“新建字幕”对话框，单击“确定”按钮。

03 选择“旧版标题工具”中的“文字”工具T，在“字幕”面板中单击并输入需要的文字，设置字幕文字样式和属性，如图6-173所示。

04 单击“字幕”面板左上方的“滚动/游动选项”按钮，在弹出的对话框中选中“向左游动”选项，具体设置如图6-174所示，单击“确定”按钮。

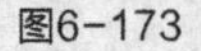

图6-173

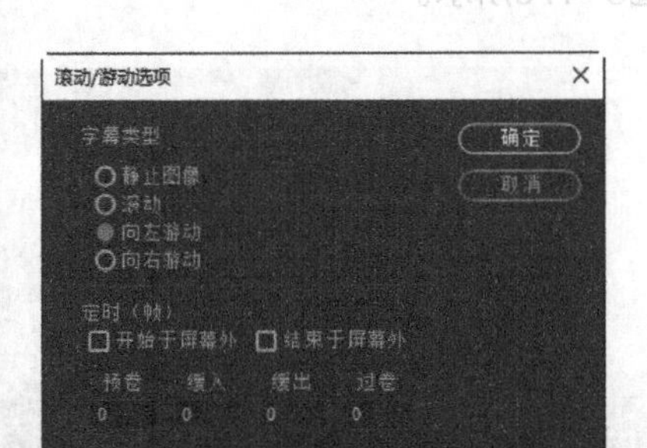

图6-174

05 制作的字幕会自动保存在“项目”面板中。从“项目”面板中将新建的字幕添加到“时间轴”面板的“视频2（V2）”轨道上，如图6-175所示。在“效果”面板中展开“视频效果”分类选项，单击“键控”文件夹前面的▶按钮将其展开，选中“轨道遮罩键”效果，如图6-176所示。

06 将“轨道遮罩键”效果拖曳到“时间轴”面板“视频1（V1）”轨道中的“03”文件上。在“效果控件”面板中展开“轨道遮罩键”选项，具体设置如图6-177所示。

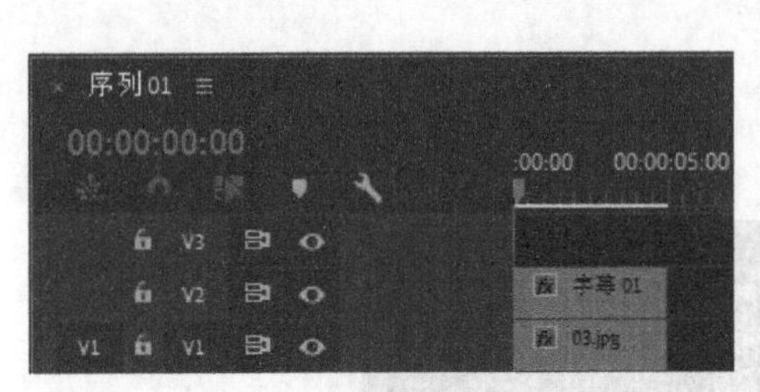

图6-175

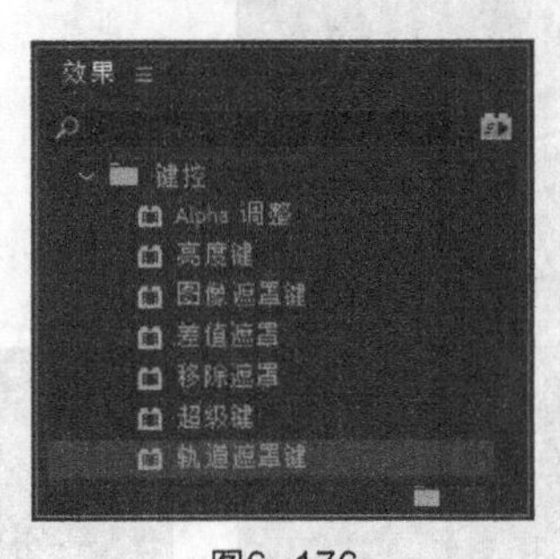

图6-176

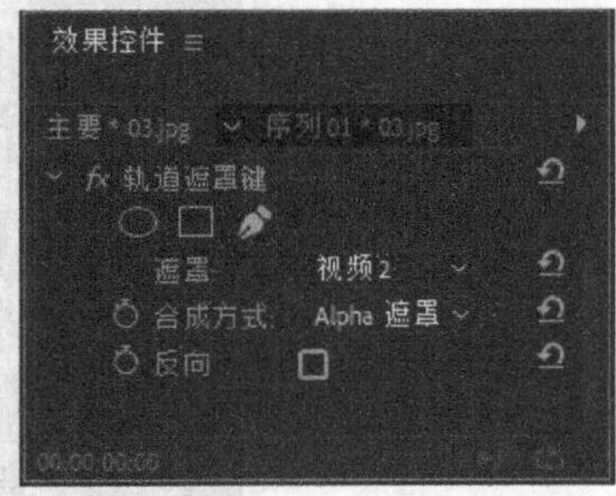

图6-177

07 单击“节目”监视器下方的“播放-停止切换”按钮▶/■，即可预览字幕的横向游动效果，如图6-178和图6-179所示。

图6-178

图6-179

课堂练习——化妆品广告

练习知识要点 首先导入素材文件，然后使用“旧版标题”命令创建字幕，在“字幕”面板中添加文字，并使用“旧版标题属性”面板编辑字幕文字，最后通过添加“球面化”效果制作文字动画效果。化妆品广告的效果如图6-180所示。

效果所在位置 Ch06\化妆品广告\化妆品广告. prproj。

图6-180

课后习题——节目片尾预告片

习题知识要点 使用“导入”命令导入素材文件，然后选择“旧版标题”命令创建字幕，通过“字幕”面板添加文字用于制作滚动字幕，并使用“旧版标题属性”面板编辑字幕文字。节目片尾预告片的效果如图6-181所示。

效果所在位置 Ch06\节目片尾预告片\节目片尾预告片. prproj。

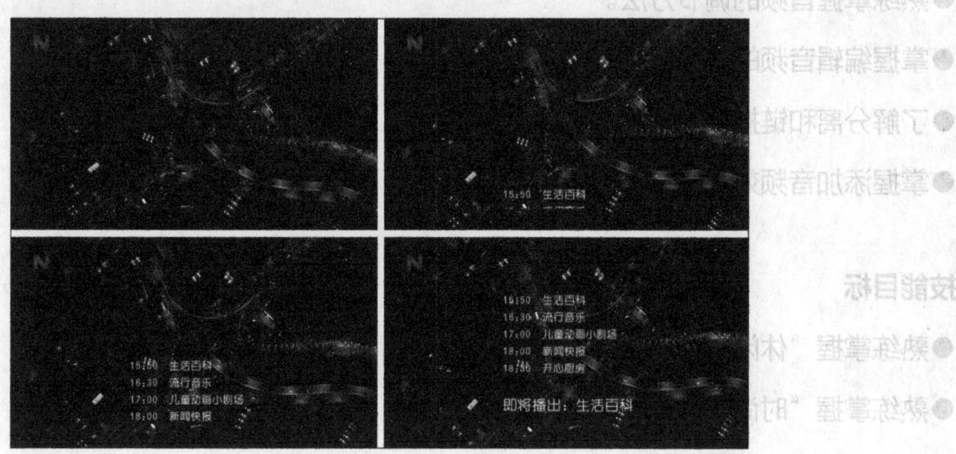

图6-181

第7章

加入音频

本章介绍

本章对音频及音频效果的应用与编辑进行讲解，重点讲解音轨混合器、调节音频、编辑音频及添加音频效果等操作。通过对本章内容的学习，读者可以掌握Premiere Pro 2020音频效果的制作。

学习目标

●了解音频效果。

●了解使用音轨混合器的方法。

●熟练掌握音频的调节方法。

●掌握编辑音频的方法。

●了解分离和链接视音频的方法。

●掌握添加音频效果的技巧。

技能目标

●熟练掌握“休闲生活宣传片”的制作方法。

●熟练掌握“时尚音乐宣传片”的制作方法。

●熟练掌握“个性女装宣传片”的制作方法。

7.1 认识音频

在Premiere Pro 2020中，改进后的音频的编辑功能十分强大，不仅可以编辑音频素材、添加音效、单声道混音、制作立体声和5.1环绕声，还可以使用“时间轴”面板进行音频的合成工作。同时还提供了一些处理方法，如声音的摇摆和声音的渐变等。

在Premiere Pro 2020中，对音频素材进行处理主要有以下3种方式。

（1）在“时间轴”面板的音频轨道上，通过修改关键帧的方式对音频素材进行处理，如图7-1所示。

（2）使用菜单命令中相应的命令来编辑所选的音频素材，如图7-2所示。

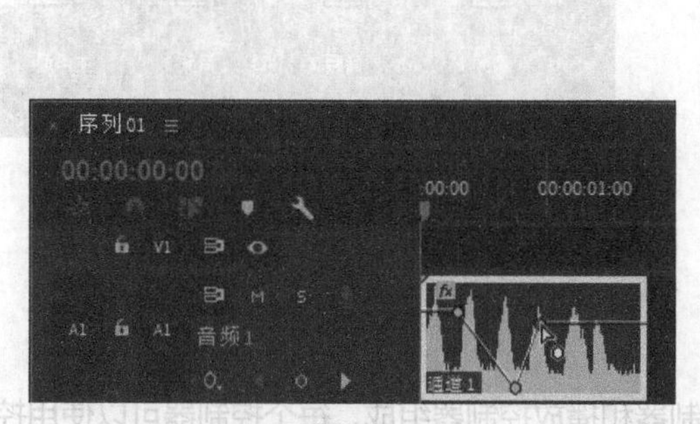

图7-1

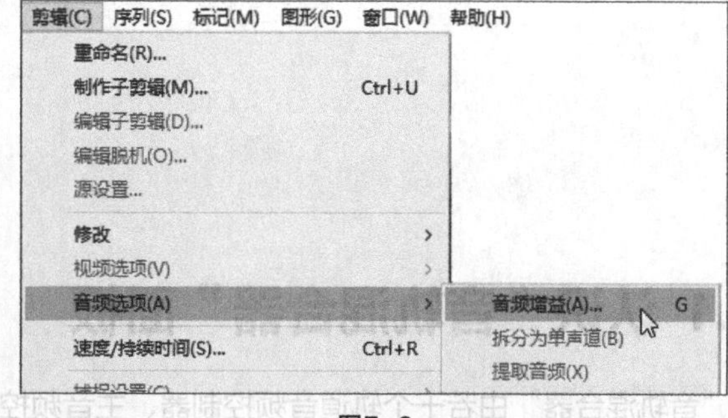

图7-2

（3）在“效果”面板中，可以为音频素材添加“音频效果”，如图7-3所示。

选择“编辑 > 首选项 > 音频”命令，会弹出“首选项”对话框，可以对音频素材属性的使用进行初始设置，如图7-4所示。

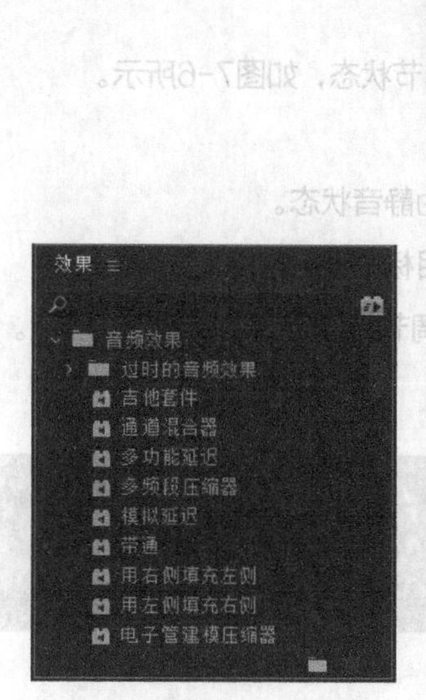

图7-3

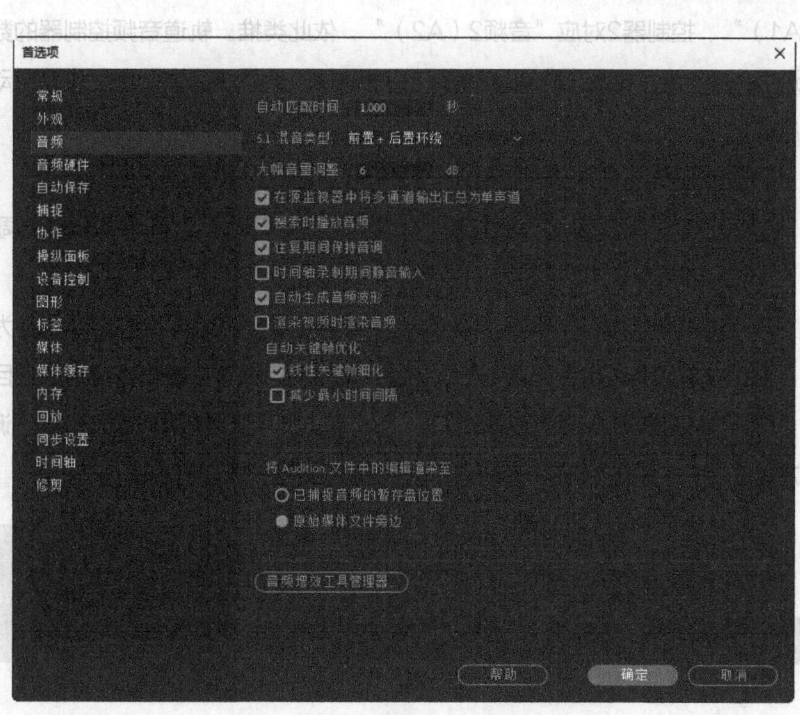

图7-4

7.2 音轨混合器

Premiere Pro 2020大大加强了处理音频的能力，功能更加专业化。“音轨混合器”面板可以更加有效地调节节目的音频，如图7-5所示。

“音轨混合器”面板可以实时混合“时间轴”面板中各轨道的音频对象，还可以选择相应的音频控制器进行调节。

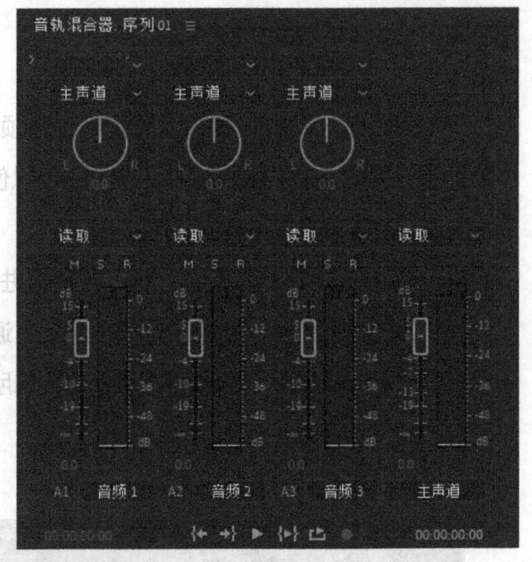

图7-5

7.2.1 认识“音轨混合器”面板

“音轨混合器”由若干个轨道音频控制器、主音频控制器和播放控制器组成，每个控制器可以使用控制按钮和调节滑块调节音频。

1. 轨道音频控制器

“音轨混合器”中的轨道音频控制器用于调节相对轨道上的音频对象，控制器1对应“音频1（A1）”、控制器2对应“音频2（A2）”，依此类推。轨道音频控制器的数量由“时间轴”面板中的音频轨道数决定，在“时间轴”面板中添加音频时，“音轨混合器”面板中将自动添加一个轨道音频控制器与其对应。

轨道音频控制器由控制按钮、调节旋钮及调节滑块组成。

（1）控制按钮。轨道音频控制器中的控制按钮可以设置音频调节时的调节状态，如图7-6所示。

单击“静音轨道”按钮M，该轨道音频为静音状态。

单击“独奏轨道”按钮S，其他未选中该按钮的轨道音频会被自动设置为静音状态。

激活“启用轨道以进行录制”按钮R，可以利用输入设备将声音录制到目标轨道上。

（2）声音调节旋钮。如果对象为双声道音频，可以使用声道调节旋钮调节播放声道，如图7-7所示。向左转动旋钮，输出到左声道（L）；向右转动旋钮，输出到右声道（R）。

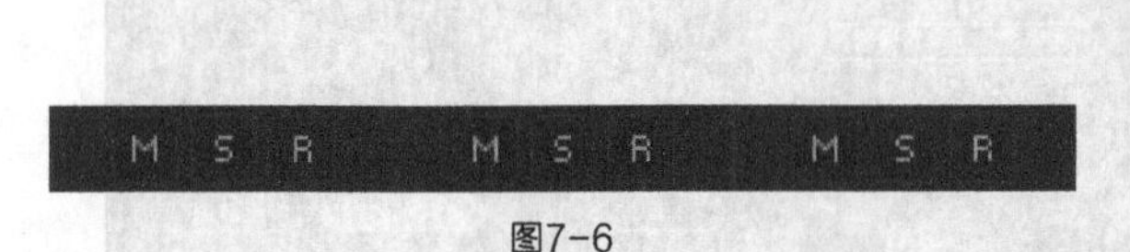

图7-6

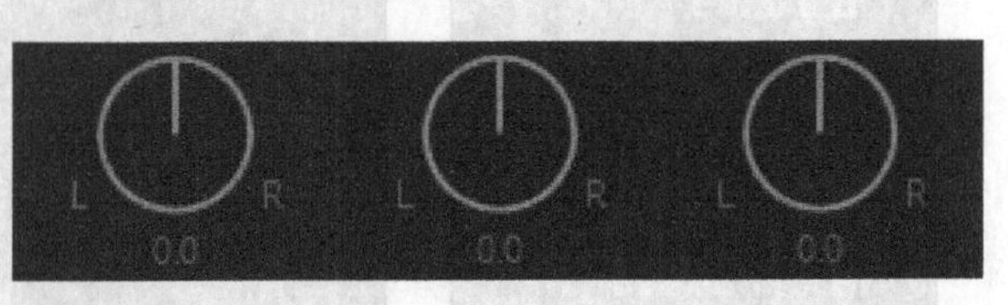

图7-7

（3）音量调节滑块。通过音量调节滑块可以控制当前轨道音频对象的音量，Premiere Pro 2020以分贝数显示音量，如图7-8所示。向上拖曳滑块，可以增大音量；向下拖曳滑块，可以减小音量。下方数值栏中显示当前音量，也可直接在数值栏中输入声音分贝数。播放音频时，该面板左侧为音量表，显示音频播放时的音量大小；音量表顶部的小方块显示系统所能处理的音量极限，当方块显示为红色时，表示该音频量超过极限，音量过大。

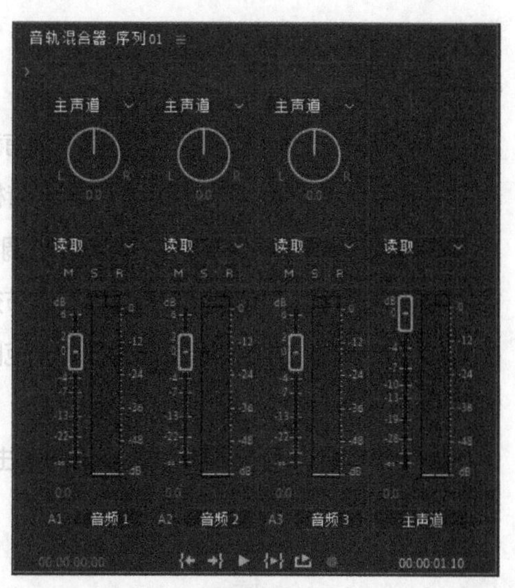

图7-8

2. 主音频控制器

使用主音频控制器可以调节"时间轴"面板中所有轨道上的音频对象。主音频控制器的使用方法与轨道音频控制器相同。

3. 播放控制器

播放控制器用于播放音频，使用方法与监视器中的播放控制栏相同，如图7-9所示。

图7-9

7.2.2 设置"音轨混合器"面板

单击"音轨混合器"面板上方的■按钮，在弹出的菜单中进行相关设置，如图7-10所示。

（1）显示/隐藏轨道：选择此命令，会弹出图7-11所示的对话框，可以对"音轨混合器"面板中的轨道进行显示或隐藏设置。

（2）显示音频时间单位：可以在时间标尺上以音频单位进行显示。

（3）循环：在选中的情况下，系统会循环播放音频。

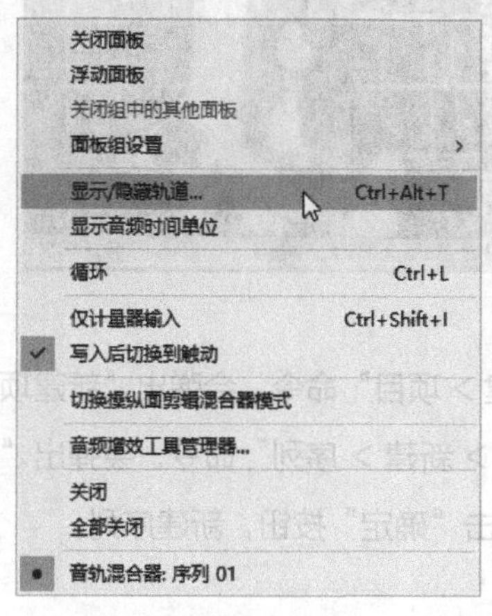

图7-10

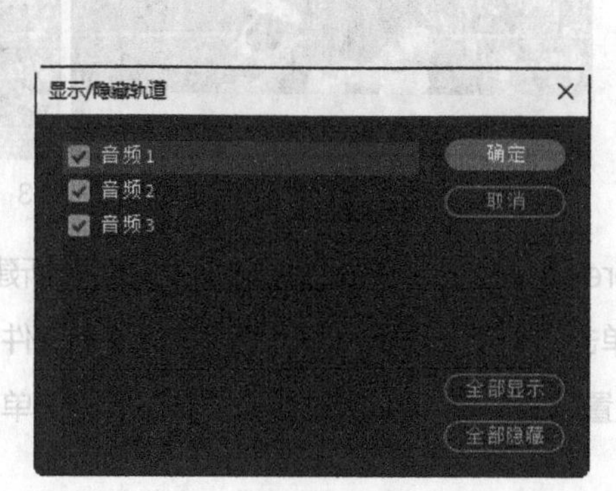

图7-11

7.3 调节音频

“时间轴”面板的每个音频轨道上都有音频淡化控制，用户可通过音频淡化器调节音频素材的电平。音频淡化器初始状态为中低音量，相当于录音机表中的0dB。

在Premiere Pro 2020中，对音频的调节分为剪辑调节和轨道调节。在剪辑调节时，音频的改变仅对当前的音频剪辑有效，删除剪辑素材后，调节效果就消失了；而轨道调节仅针对当前音频轨道进行调节，所有在当前音频轨道上的音频素材都会在调节范围内受到影响。使用实时记录的时候，则只能针对音频轨道进行调节。

在“时间轴”面板的音频轨道左侧单击按钮，在弹出的列表中选择音频轨道的调节命令，如图7-12所示。

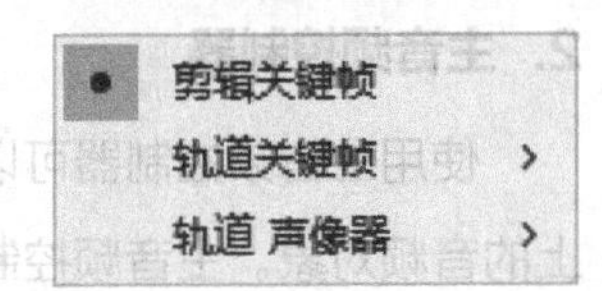

图7-12

7.3.1 课堂案例——休闲生活宣传片

案例学习目标 学习编辑音频，制作淡入淡出的效果。

案例知识要点 使用“导入”命令导入素材文件，使用“效果控件”面板调整音频的淡入淡出效果。休闲生活宣传片的效果如图7-13所示。

效果所在位置 Ch07\休闲生活宣传片\休闲生活宣传片. prproj。

图7-13

01 启动Premiere Pro 2020应用程序，选择“文件 > 新建 > 项目”命令，会弹出“新建项目”对话框，如图7-14所示，单击“确定”按钮，新建项目。选择“文件 > 新建 > 序列”命令，会弹出“新建序列”对话框，切换到“设置”选项卡，具体设置如图7-15所示，单击“确定”按钮，新建序列。

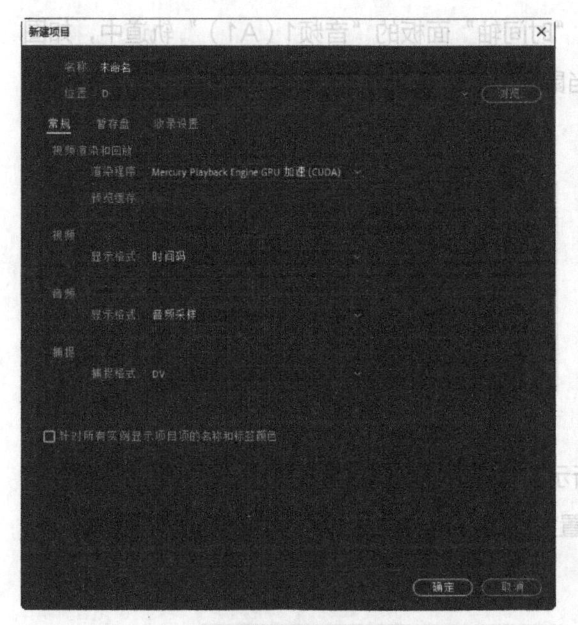
图7-14

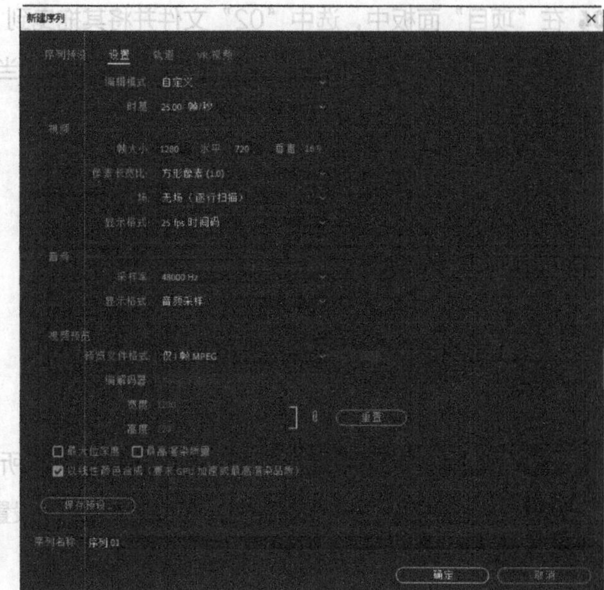
图7-15

02 选择“文件 > 导入”命令，会弹出“导入”对话框，选择本书学习资源中的“Ch07\休闲生活宣传片\素材\01、02”文件，如图7-16所示，单击“打开”按钮，将素材文件导入“项目”面板中，如图7-17所示。

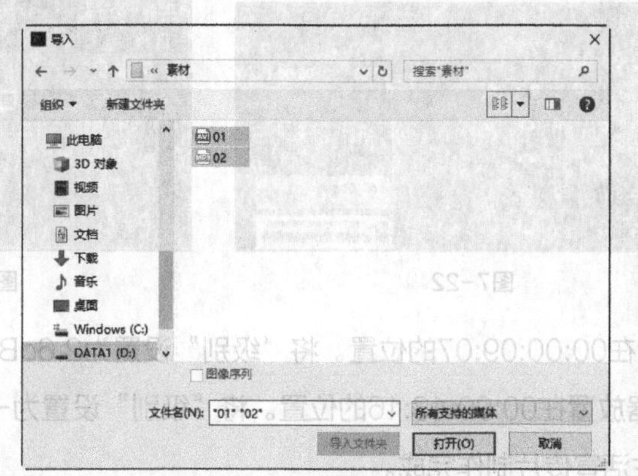
图7-16

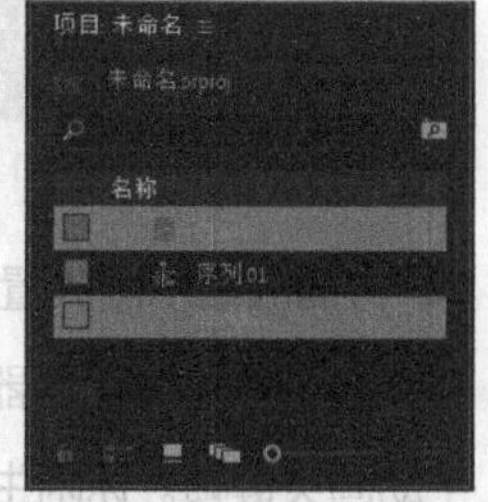
图7-17

03 在“项目”面板中，选中“01”文件并将其拖曳到“时间轴”面板的“视频1（V1）”轨道中，会弹出“剪辑不匹配警告”对话框，单击“保持现有设置”按钮，在保持现有序列设置的情况下将“01”文件放置在“视频1（V1）”轨道中，如图7-18所示。选择“时间轴”面板中的“01”文件。在“效果控件”面板中展开“运动”选项，将“缩放”设置为67.0，如图7-19所示。

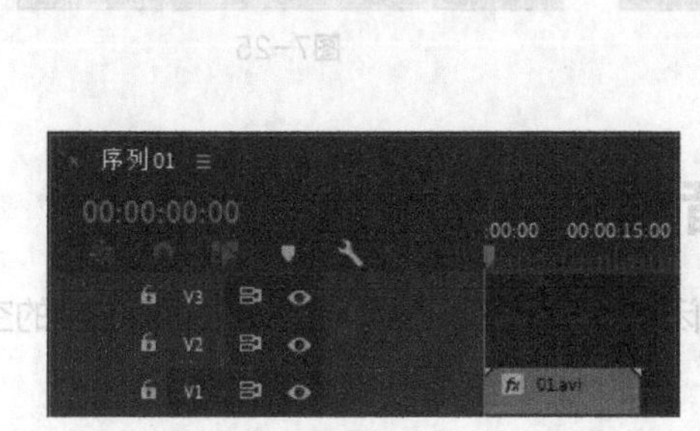

图7-18

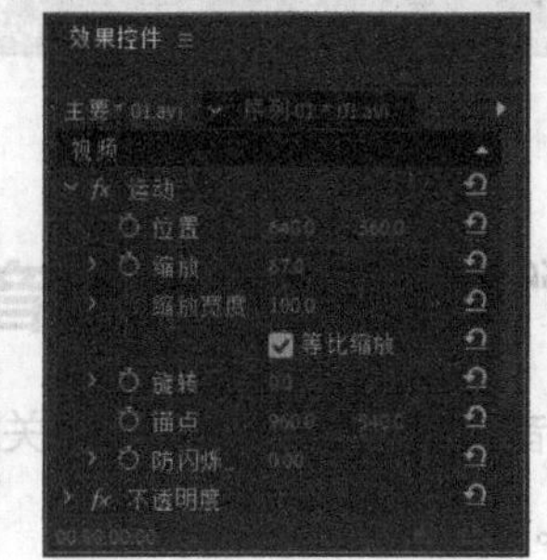

图7-19

04 在“项目”面板中，选中“02”文件并将其拖曳到“时间轴”面板的“音频1（A1）”轨道中，如图7-20所示。将鼠标指针放在“02”文件的结束位置，当鼠标指针呈◀状时，向左拖曳鼠标到“01”文件的结束位置，如图7-21所示。

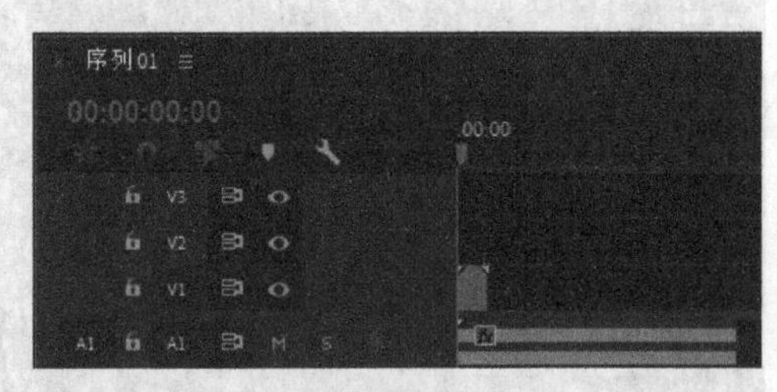

图7-20

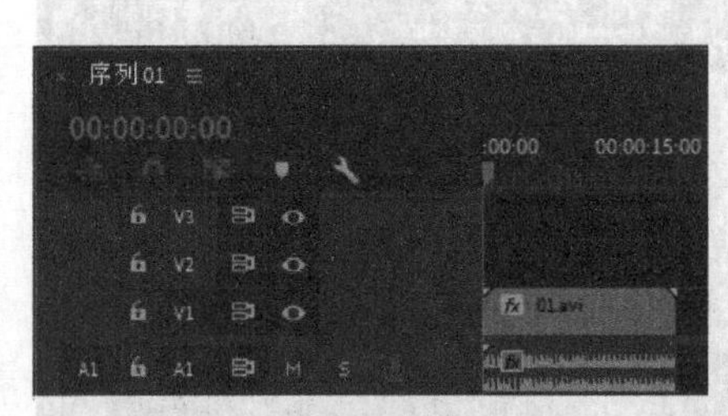

图7-21

05 选择“时间轴”面板中的“02”文件，如图7-22所示。将播放指示器放置在00:00:01:24的位置。在“效果控件”面板中展开“音量”选项，将“级别”设置为-2.9dB，单击“级别”左侧的“切换动画”按钮，如图7-23所示，记录第1个动画关键帧。

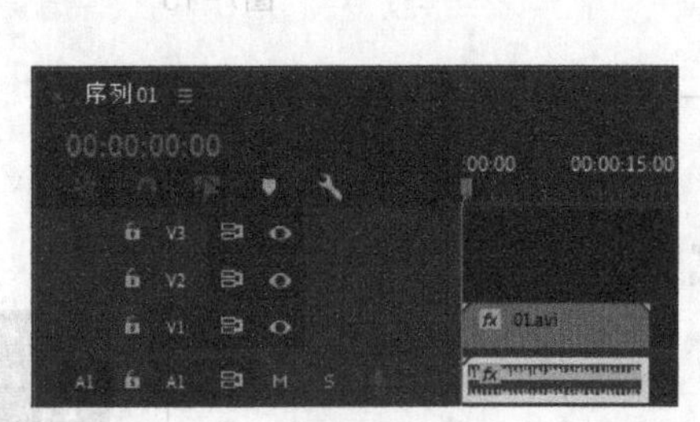

图7-22

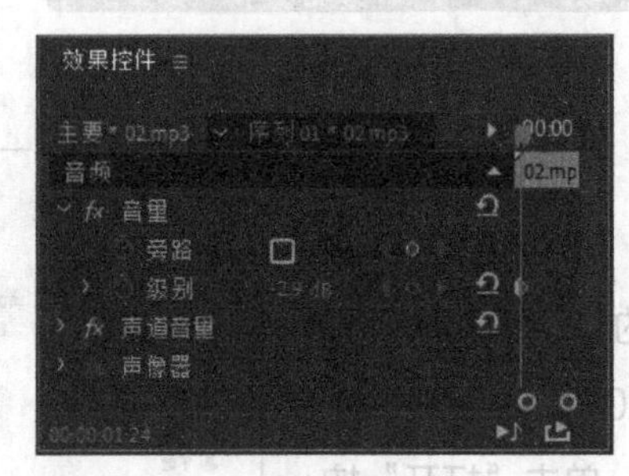

图7-23

06 将播放指示器放置在00:00:09:07的位置。将“级别”设置为2.6dB，如图7-24所示，记录第2个动画关键帧。将播放指示器放置在00:00:13:16的位置。将“级别”设置为-3.3dB，如图7-25所示，记录第3个动画关键帧。休闲生活宣传片制作完成。

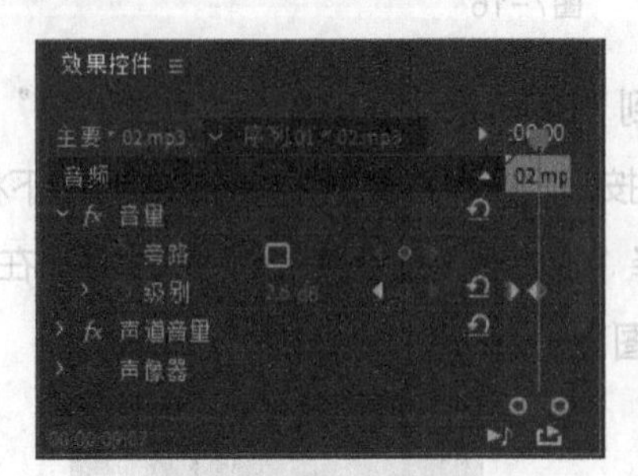

图7-24

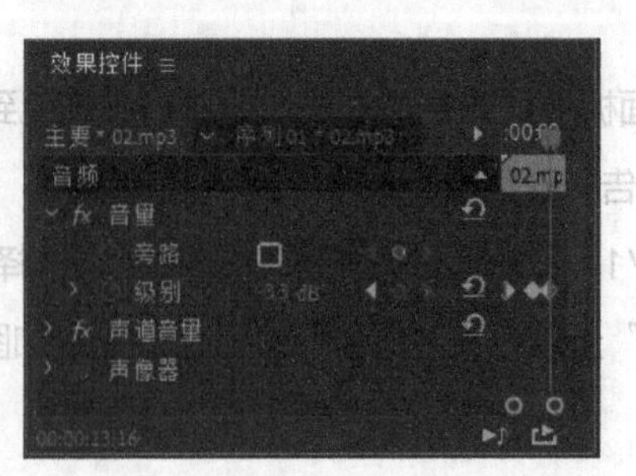

图7-25

7.3.2 使用“时间轴”调节音频

01 在默认情况下，音频轨道面板卷展栏处于关闭状态，如图7-26所示。双击轨道左侧的空白处，可展开轨道，如图7-27所示。

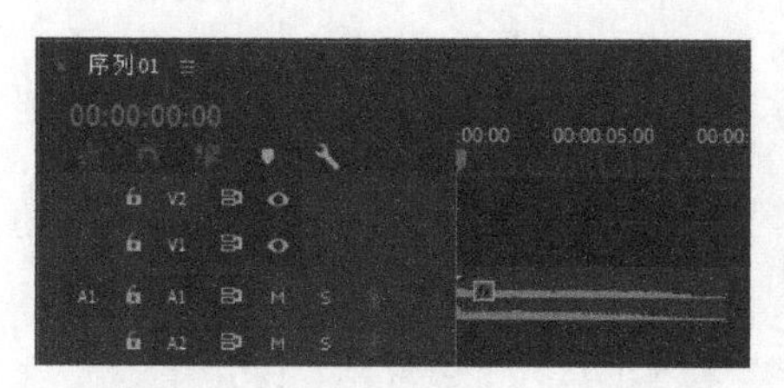

图7-26

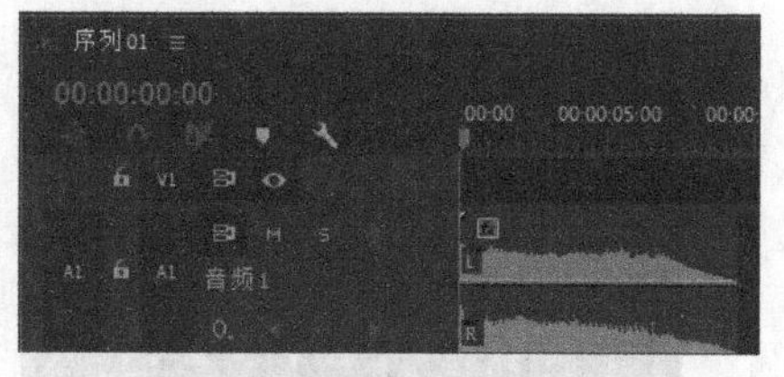

图7-27

02 选择“选择”工具▶，用该工具拖曳音频素材（或轨道）上的白线即可调节音量，如图7-28所示。

03 按住Ctrl键的同时，将鼠标指针移动到音频淡化器上，鼠标指针将变为带有加号的箭头，单击可添加关键帧，如图7-29所示。

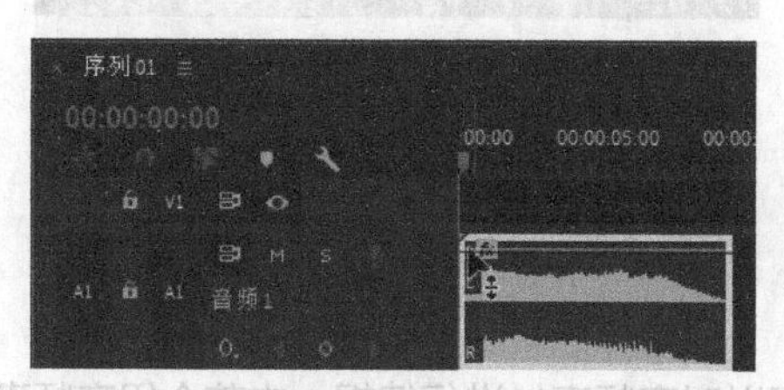

图7-28

图7-29

04 根据需要添加多个关键帧。单击并按住鼠标上下拖曳关键帧，关键帧之间的线指示音频素材是淡入或淡出：一条递增的线表示音频淡入，一条递减的线表示音频淡出，如图7-30所示。

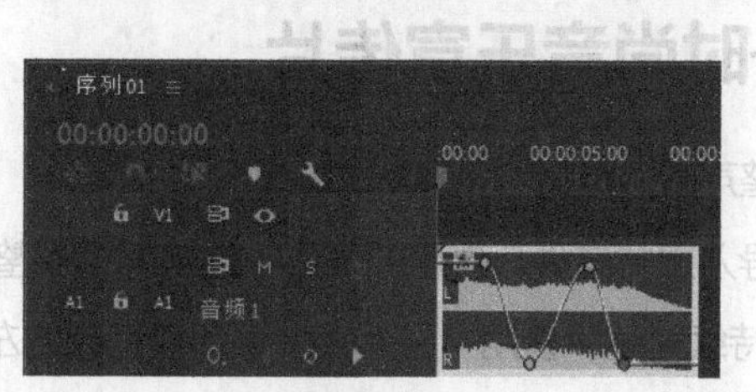

图7-30

7.3.3 使用“音轨混合器”面板调节音频

使用“音轨混合器”面板调节音量非常方便，用户可以在播放音频时实时进行音量调节。

使用“音轨混合器”面板调节音频的方法如下。

（1）在“时间轴”面板的音频轨道左侧单击○按钮，在弹出的列表中选择“轨道关键帧 > 音量”选项。

（2）在“音轨混合器”面板上方需要进行调节的轨道上单击“自动模式”选项，在弹出的下拉列表中选择“写入”选项，如图7-31所示。

（3）单击“音轨混合器”面板中的“播放-停止切换”按钮▶，开始播放，拖曳音量控制滑块进行调节，调节完成后，“时间轴”面板中会自动记录结果，如图7-32所示。

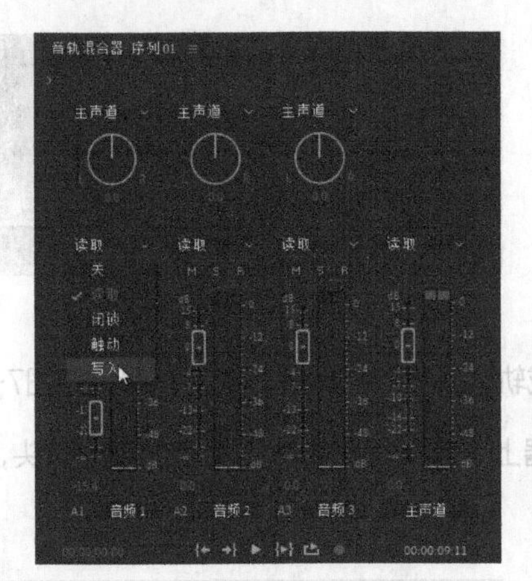

图7-31

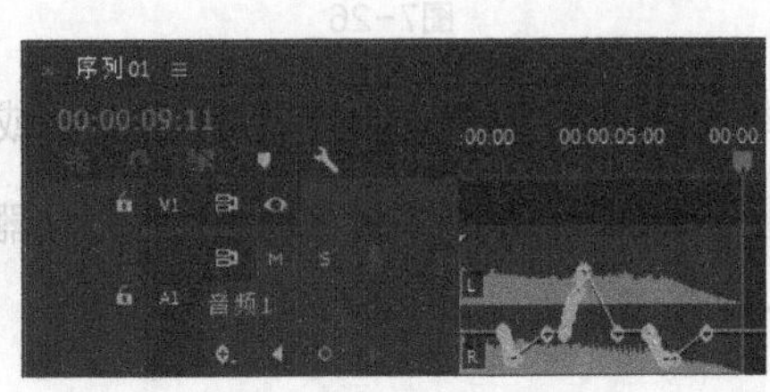

图7-32

7.4 编辑音频

将需要处理的音频素材置入“时间轴”面板后，可以对音频素材进行编辑。本节介绍音频素材的编辑处理和各种操作方法。

7.4.1 课堂案例——时尚音乐宣传片

案例学习目标 学习编辑音频，调整声道、速度与音调的方法。

案例知识要点 使用“导入”命令导入素材文件，使用“效果控件”面板调整素材文件的缩放，使用“速度/持续时间”命令调整音频的速度与持续时间，使用“平衡”效果调整音频的左右声道。时尚音乐宣传片的效果如图7-33所示。

效果所在位置 Ch07\时尚音乐宣传片\时尚音乐宣传片. prproj。

图7-33

01 启动Premiere Pro 2020应用程序，选择“文件 > 新建 > 项目”命令，会弹出“新建项目”对话框，如图7-34所示，单击“确定”按钮，新建项目。选择“文件 > 新建 > 序列”命令，会弹出“新建序列”对话框，切换到“设置”选项卡，具体设置如图7-35所示，单击“确定”按钮，新建序列。

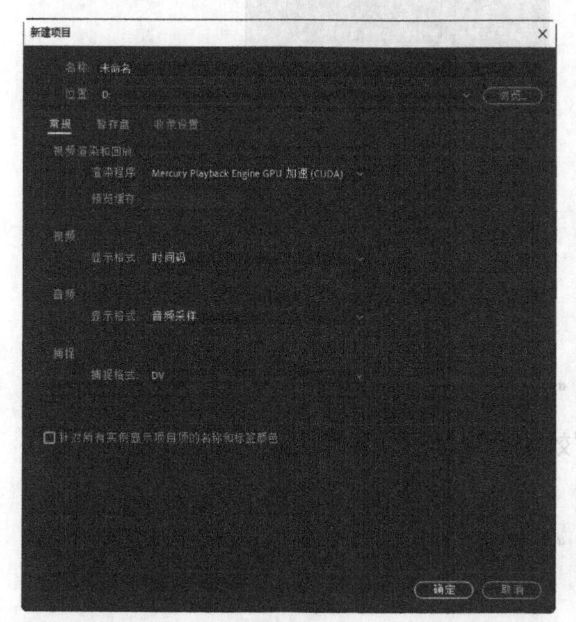

图7-34

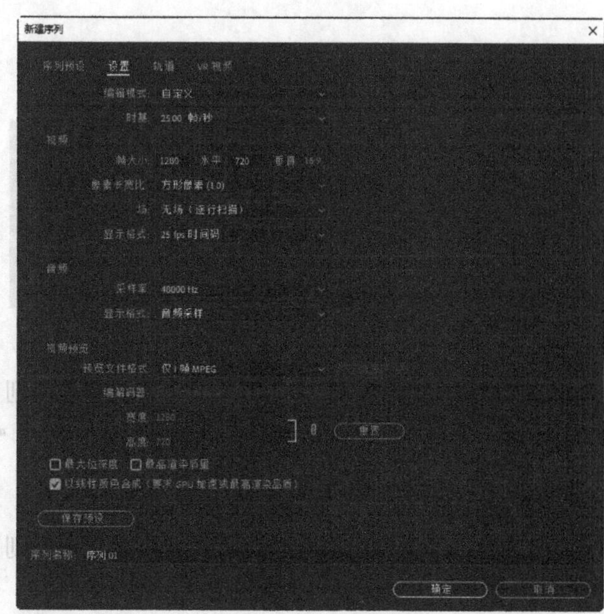

图7-35

02 选择“文件 > 导入”命令，会弹出“导入”对话框，选择本书学习资源中的“Ch07\时尚音乐宣传片\素材\01~04”文件，如图7-36所示，单击“打开”按钮，将素材文件导入“项目”面板中，如图7-37所示。

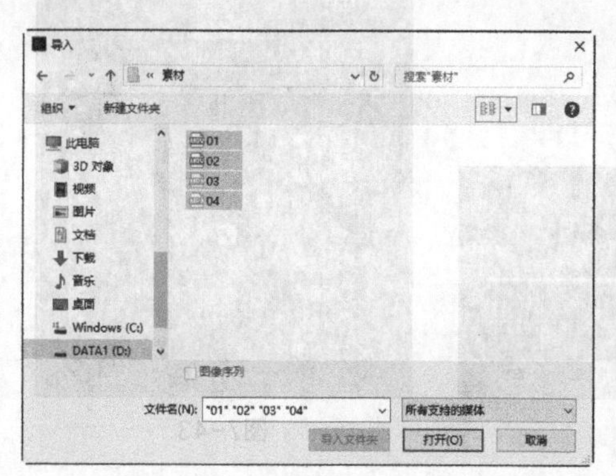

图7-36

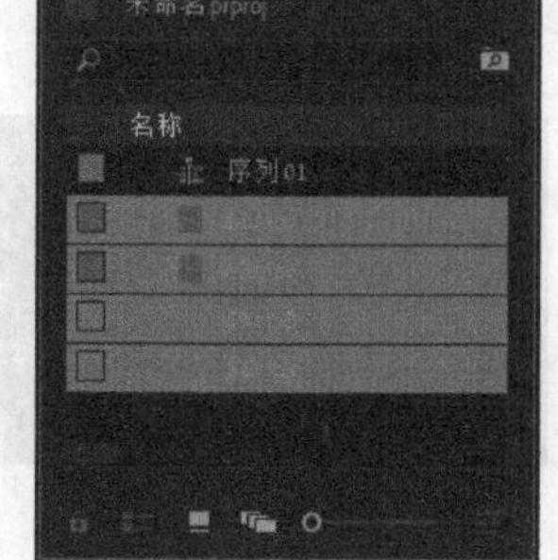

图7-37

03 在“项目”面板中，选中“01”文件并将其拖曳到“时间轴”面板的“视频1（V1）”轨道中，会弹出“剪辑不匹配警告”对话框，单击“保持现有设置”按钮，在保持现有序列设置的情况下将“01”文件放置在“视频1（V1）”轨道中，如图7-38所示。将播放指示器放置在00:00:15:00的位置。将鼠标指针放在“01”文件的结束位置，当鼠标指针呈⇹状时，向左拖曳鼠标到00:00:15:00的位置，如图7-39所示。

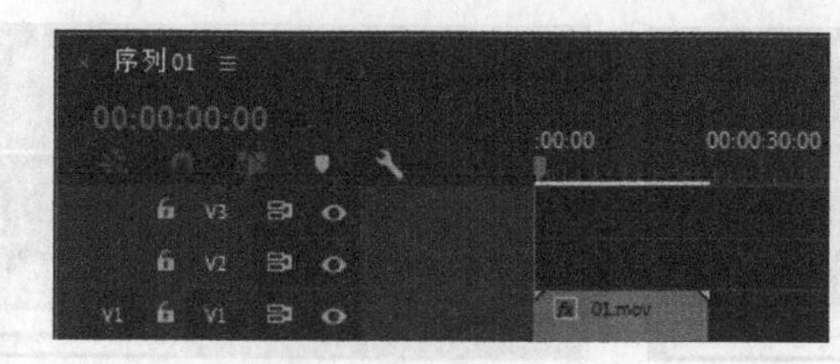

图7-38

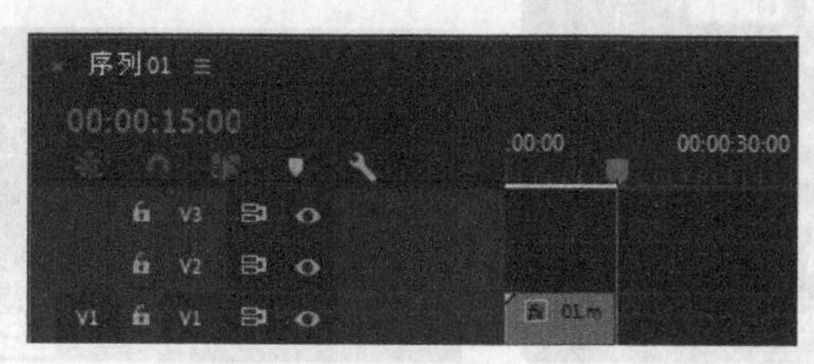

图7-39

04 选择“时间轴”面板中的“01”文件，如图7-40所示。在“效果控件”面板中展开“运动”选项，将“缩放”设置为67.0，如图7-41所示。

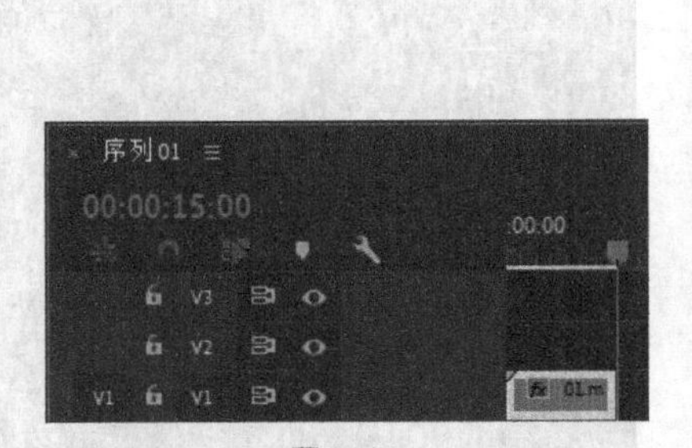

图7-40

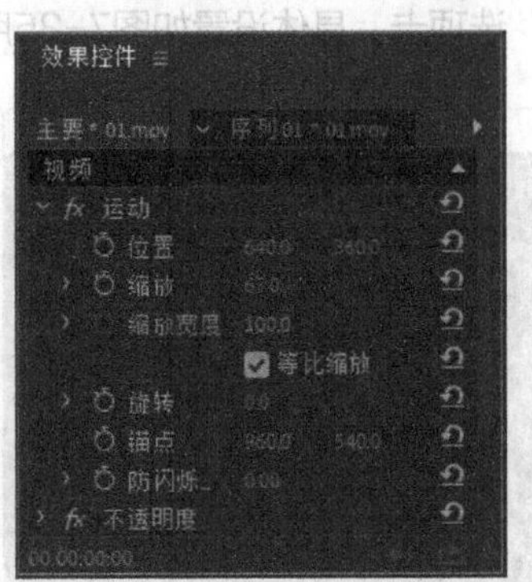

图7-41

05 在“项目”面板中，选中“02”文件并将其拖曳到“时间轴”面板的“视频1（V1）”轨道中，如图7-42所示。选择“时间轴”面板中的“02”文件。在“效果控件”面板中展开“运动”选项，将“缩放”设置为67.0，如图7-43所示。

06 在“项目”面板中，选中“03”文件并将其拖曳到“时间轴”面板的“音频1（A1）”轨道中，如图7-44所示。选择“时间轴”面板中的“03”文件。

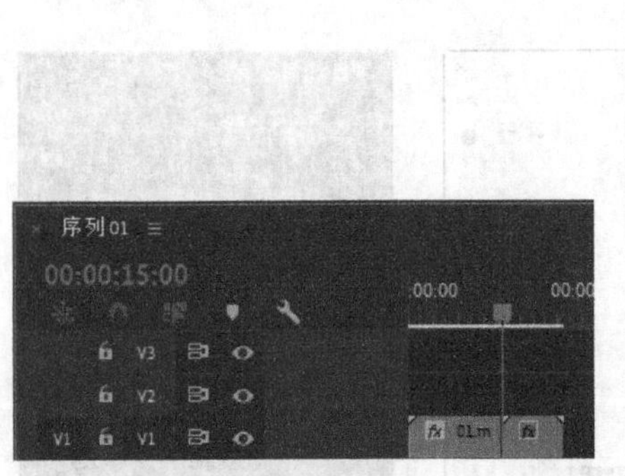

图7-42

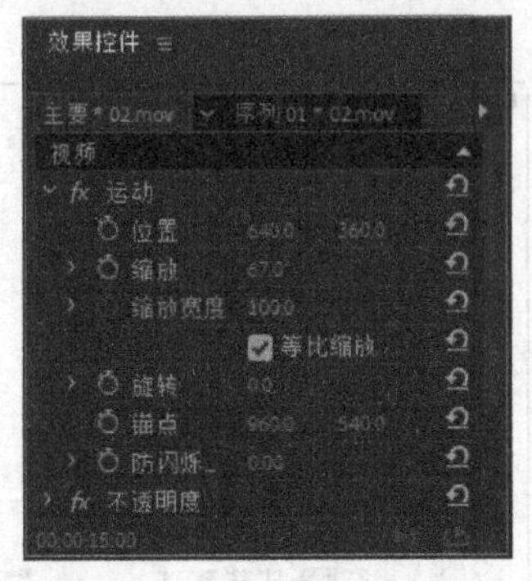

图7-43

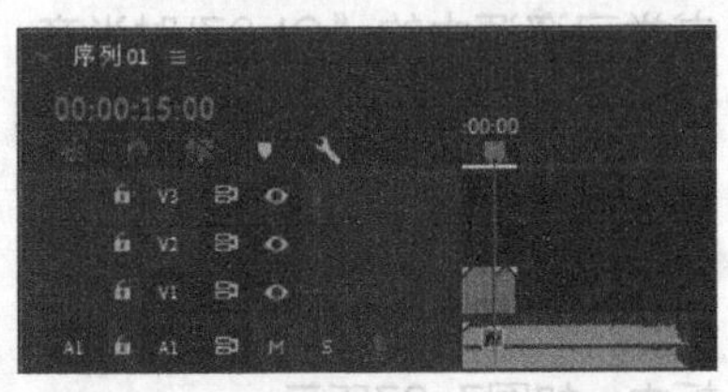

图7-44

07 选择“剪辑 > 速度/持续时间”命令，在弹出的对话框中进行设置，如图7-45所示，单击“确定”按钮，效果如图7-46所示。将鼠标指针放在“03”文件的结束位置，当鼠标指针呈◀状时，向左拖曳鼠标到“02”文件的结束位置，如图7-47所示。

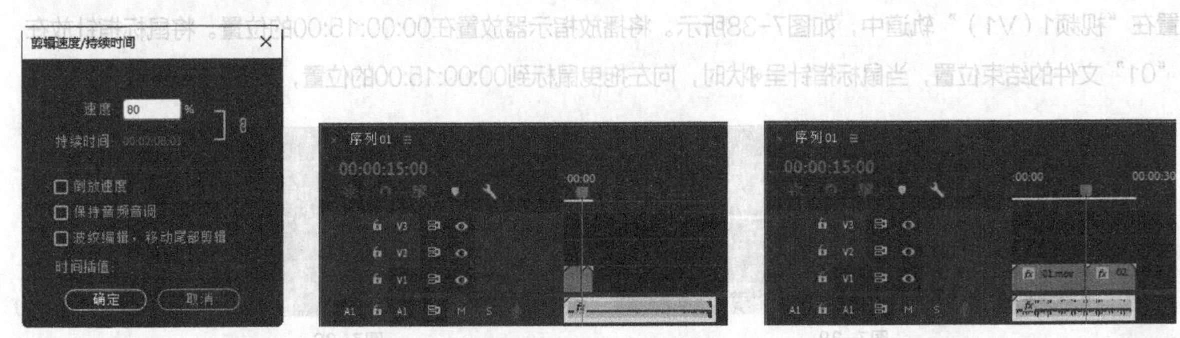

图7-45

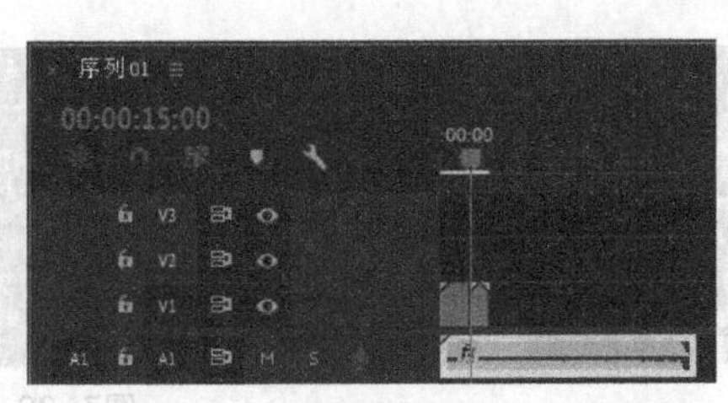

图7-46

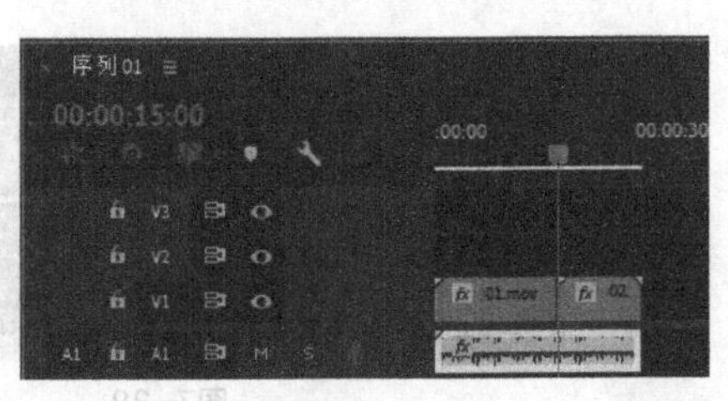

图7-47

08 在“项目”面板中，选中“04”文件并将其拖曳到“时间轴”面板的“音频2（A2）”轨道中，如图7-48所示。将鼠标指针放在“04”文件的结束位置，当鼠标指针呈◀状时，向左拖曳鼠标到“03”文件的结束位置，如图7-49所示。

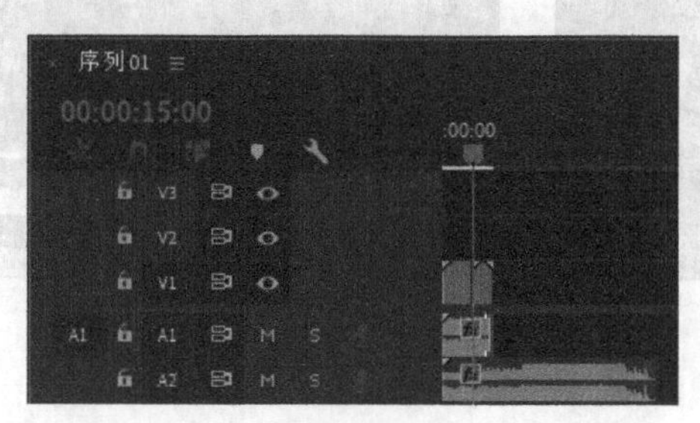

图7-48

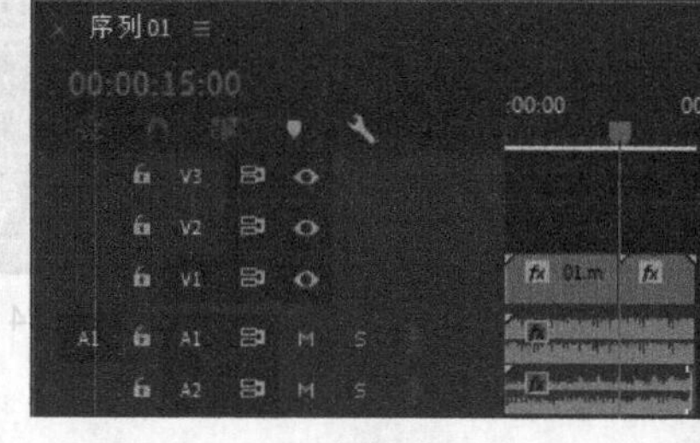

图7-49

09 在“效果”面板中展开“音频效果”分类选项，选中“平衡”效果，如图7-50所示。将“平衡”效果拖曳到“时间轴”面板“音频1（A1）”轨道中的“03”文件上，如图7-51所示。

10 在“效果控件”面板中展开“平衡”选项，将“平衡”设置为50.0，如图7-52所示。将“平衡”效果拖曳到“时间轴”面板“音频2（A2）”轨道中的“04”文件上。在“效果控件”面板中展开“平衡”选项，将“平衡”设置为-30.0，如图7-53所示。时尚音乐宣传片制作完成。

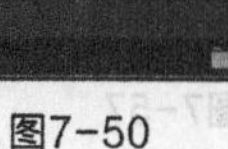

图7-50

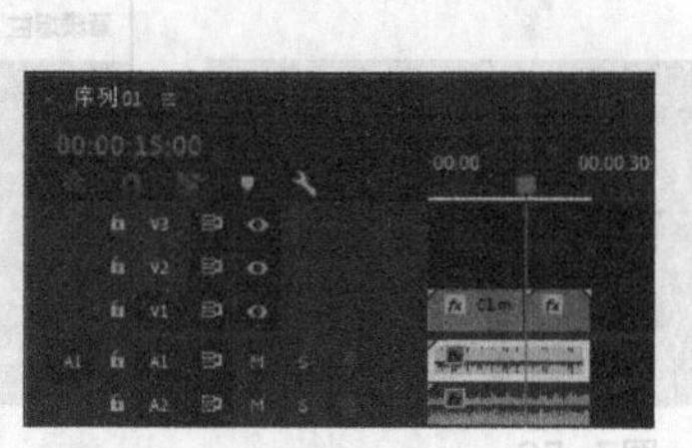

图7-51

图7-52

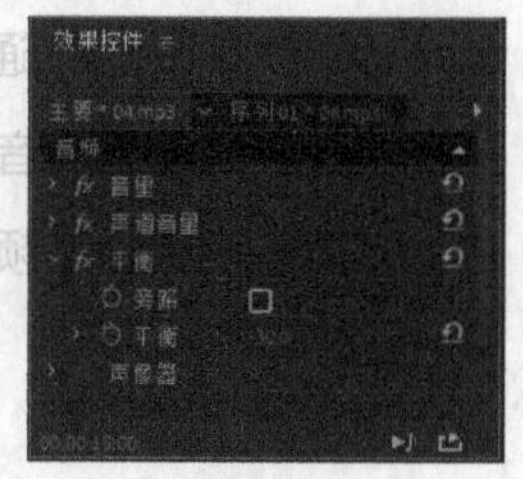

图7-53

7.4.2 调整速度和持续时间

与视频素材的编辑一样，在应用音频素材时，也可以对其播放速度和时间长度进行设置，具体操作步骤如下。

01 选中要调整的音频素材。选择“剪辑 > 速度/持续时间”命令，在弹出的对话框中对音频素材的速度及持续时间进行调整，如图7-54所示，单击“确定”按钮。

02 在“时间轴”面板中直接拖曳音频的边缘，可改变音频轨道上音频素材的长度。也可选择“剃刀”工具，对音频素材进行切割，如图7-55所示，然后将不需要的部分删除。

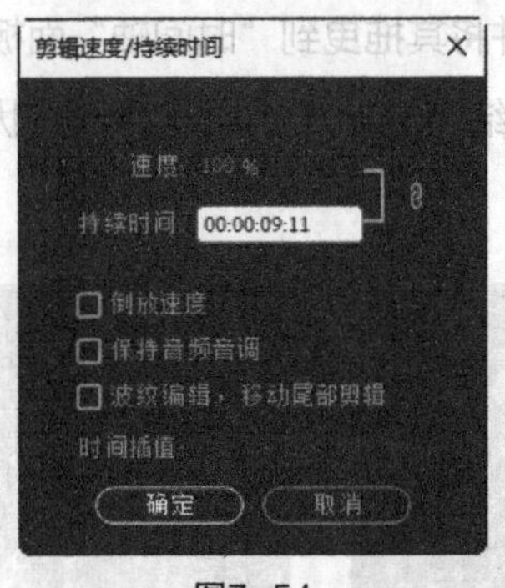

图7-54

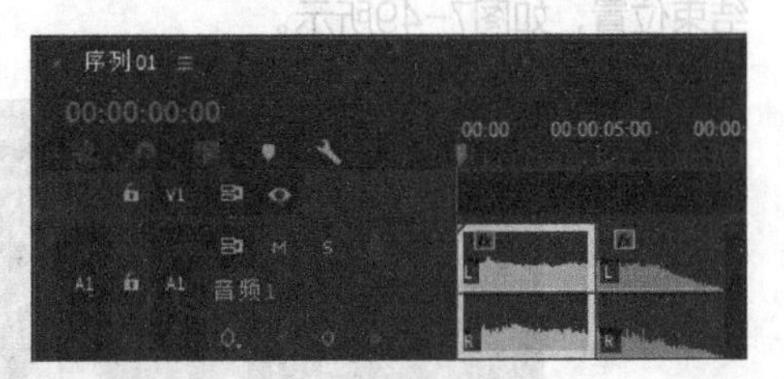

图7-55

7.4.3 音频增益

音频增益指的是音频信号的声调高低。当一个视频片段同时拥有几个音频素材时，就需要平衡素材的增益。因为如果一个素材的音频信号太高或太低，就会严重影响播放时的音频效果。使用音频增益的具体操作步骤如下。

01 选择“时间轴”面板中需要调整的音频素材，如图7-56所示。

02 选择“剪辑 > 音频选项 > 音频增益”命令，会弹出“音频增益”对话框，如图7-57所示，其中“峰值振幅”为软件自动计算的该素材的峰值振幅，可以作为调整增益的参考。

将增益设置为：可以设置增益为特定值。该值始终会更新为当前增益，未选中状态也可显示。

调整增益值：可以调整增益值。“将增益设置为”的值会根据此值自动更新。

标准化最大峰值为：可以设置最大峰值振幅。

标准化所有峰值为：可以设置峰值振幅。

03 设置完成后，可以通过“源”监视器查看处理后的音频波形变化。播放修改后的音频素材，试听音频效果。

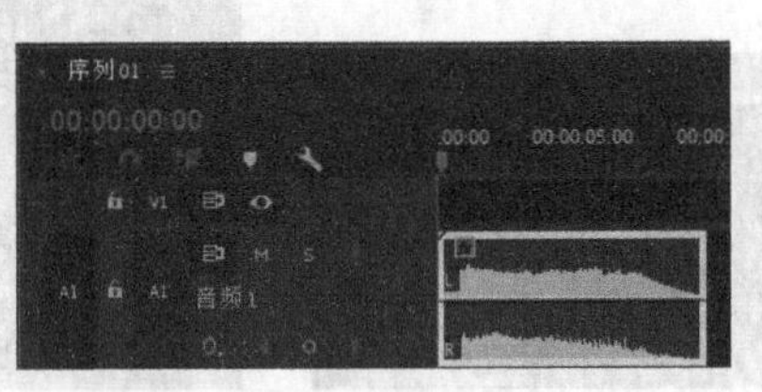

图7-56

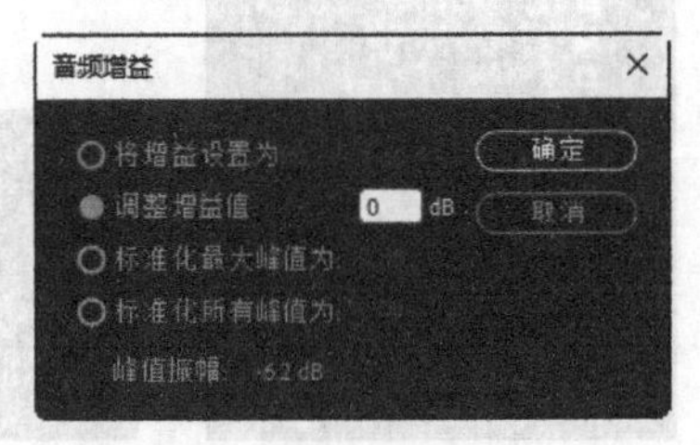

图7-57

7.5 分离和链接视音频

在编辑视音频的过程中，经常需要将“时间轴”面板中的视音频链接素材的视频和音频部分分离。用户可以完全打断或暂时释放链接素材的链接关系并重新设置各部分。

在Premiere Pro 2020中，音频素材和视频素材有两种链接关系：硬链接和软链接。如果链接的视频和音频来自一个影片文件，则是硬链接，“项目”面板中只显示一个素材，硬链接是在素材导入Premiere Pro 2020之前就建立的，在“时间轴”面板中显示为相同的颜色，如图7-58所示。软链接是在“时间轴”

面板中建立的链接，用户可以在“时间轴”面板中为音频素材和视频素材建立软链接，软链接的素材在“项目”面板中保持着各自的完整性，在“时间轴”面板中显示为不同的颜色，如图7-59所示。

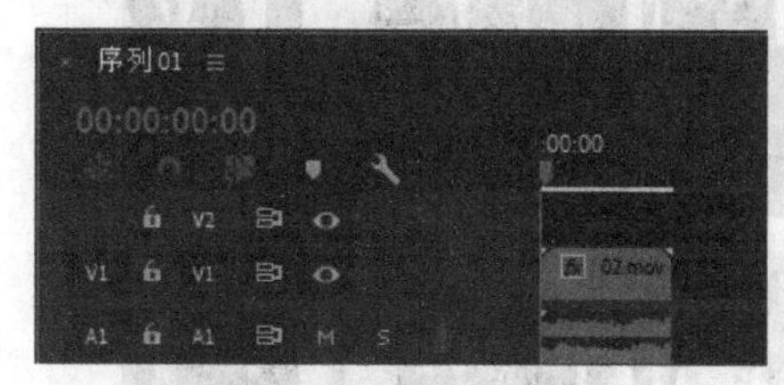

图7-58

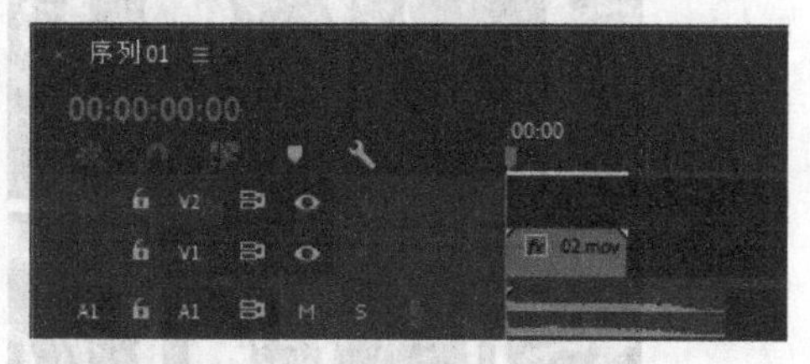

图7-59

如果要打断链接在一起的视音频，可在轨道上选择对象，单击鼠标右键，在弹出的菜单中选择“取消链接”命令即可，如图7-60所示。如果要把分离的视音频素材链接在一起，作为一个整体进行操作，则只需要框选需要链接的视音频，单击鼠标右键，在弹出的菜单中选择“链接”命令即可，如图7-61所示。

链接在一起的素材被断开后，分别移动音频和视频部分，使其错位，然后链接在一起，系统会在片段上标记警告并标识错位的时间，如图7-62所示，负值表示向前偏移，正值表示向后偏移。

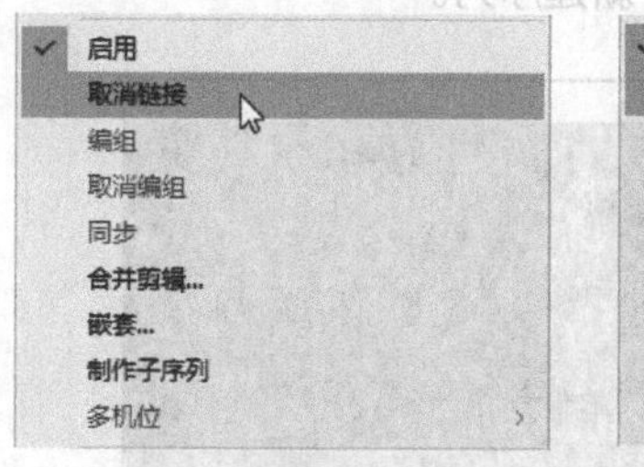

图7-60

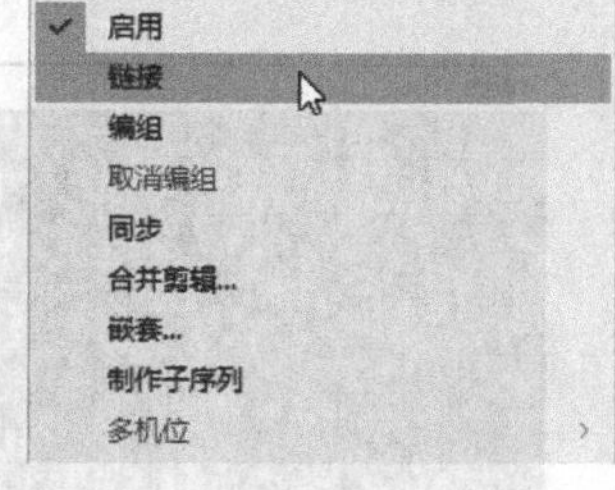

图7-61

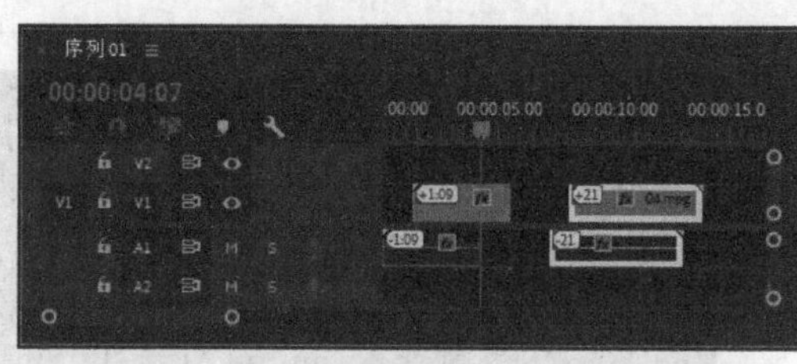

图7-62

7.6 添加音频效果

Premiere Pro 2020提供了20种以上的音频效果，可以产生回声、合声及去除噪音等多种效果，还可以使用扩展的插件得到更多的控制效果。

7.6.1 课堂案例——个性女装宣传片

案例学习目标 学习制作音频的超重低音效果。

案例知识要点 使用“导入”命令导入素材文件，使用“效果控件”面板调整素材文件的“缩放”参数，使用“低音”“低通”效果制作音频效果。个性女装宣传片的效果如图7-63所示。

效果所在位置 Ch07\个性女装宣传片\个性女装宣传片. prproj。

图7-63

01 启动Premiere Pro 2020应用程序，选择“文件 > 新建 > 项目”命令，会弹出“新建项目”对话框，如图7-64所示，单击“确定”按钮，新建项目。选择“文件 > 新建 > 序列”命令，会弹出“新建序列”对话框，切换到“设置”选项卡，具体设置如图7-65所示，单击“确定”按钮，新建序列。

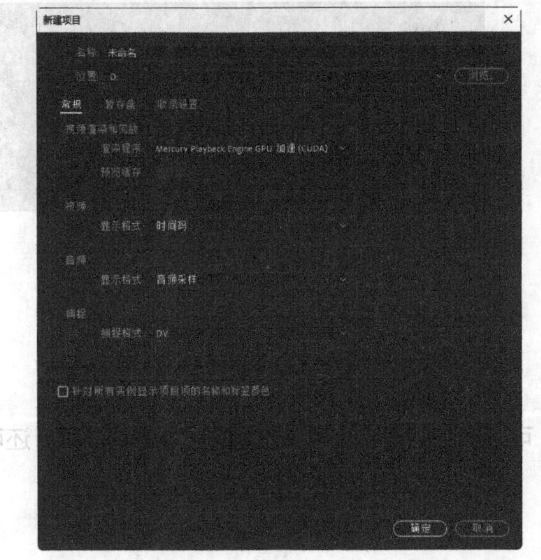

图7-64

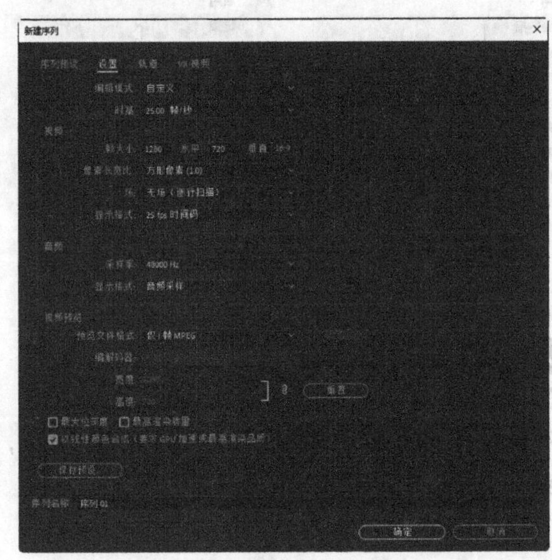

图7-65

02 选择“文件 > 导入”命令，会弹出“导入”对话框，选择本书学习资源中的“Ch07\个性女装宣传片\素材\01、02”文件，如图7-66所示，单击“打开”按钮，将素材文件导入“项目”面板中，如图7-67所示。

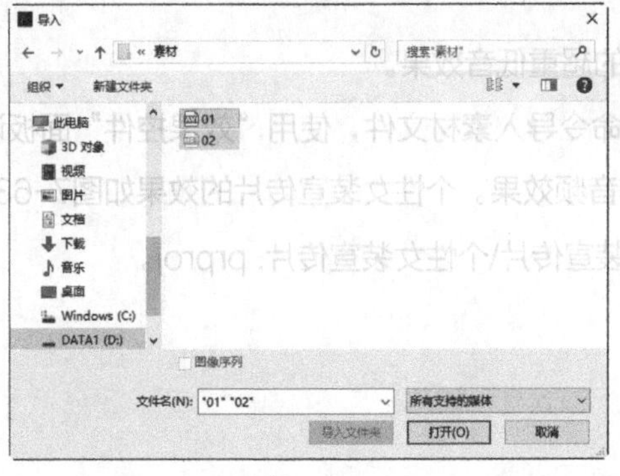

图7-66

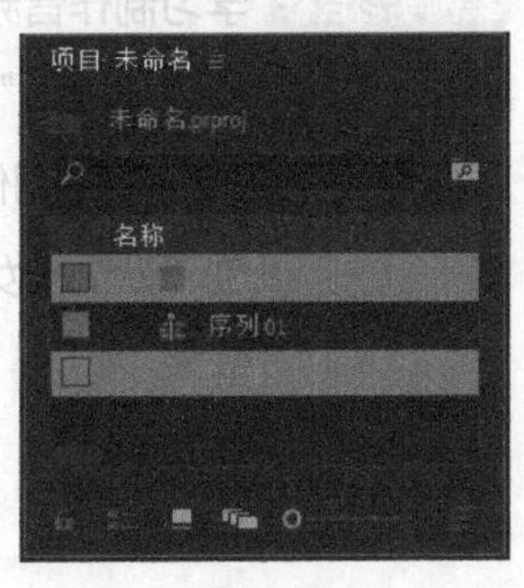

图7-67

03 在“项目”面板中，选中“01”文件并将其拖曳到“时间轴”面板的“视频1（V1）”轨道中，会弹出“剪辑不匹配警告”对话框，单击“保持现有设置”按钮，在保持现有序列设置的情况下将“01”文件放置在“视频1（V1）”轨道中，如图7-68所示。选择“时间轴”面板中的“01”文件。在“效果控件”面板中展开“运动”选项，将“缩放”设置为67.0，如图7-69所示。

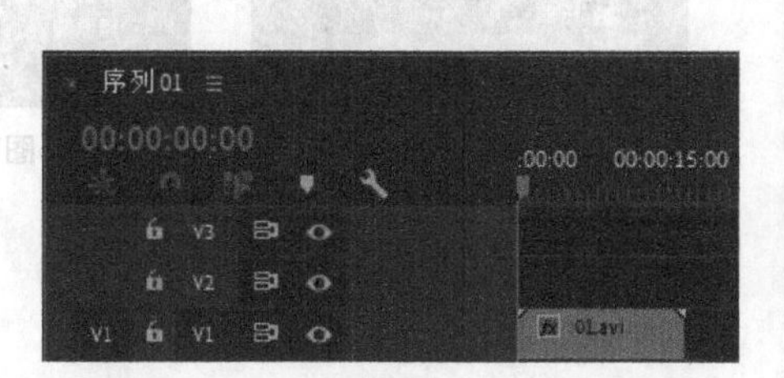

图7-68

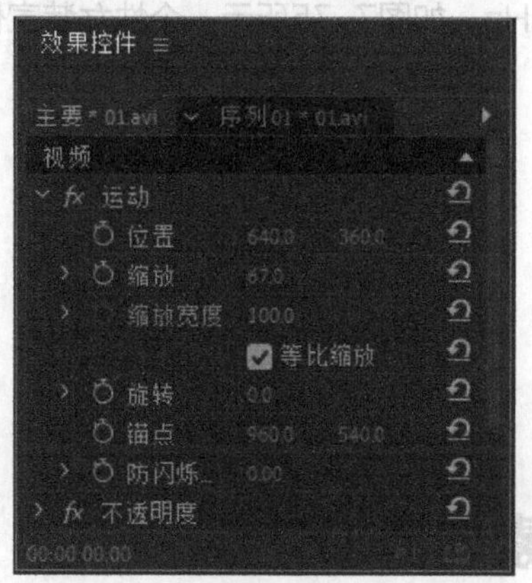

图7-69

04 在“项目”面板中，选中“02”文件并将其拖曳到“时间轴”面板的“音频1（A1）”轨道中，如图7-70所示。将鼠标指针放在“02”文件的结束位置，当鼠标指针呈◀状时，向左拖曳鼠标到“01”文件的结束位置，如图7-71所示。

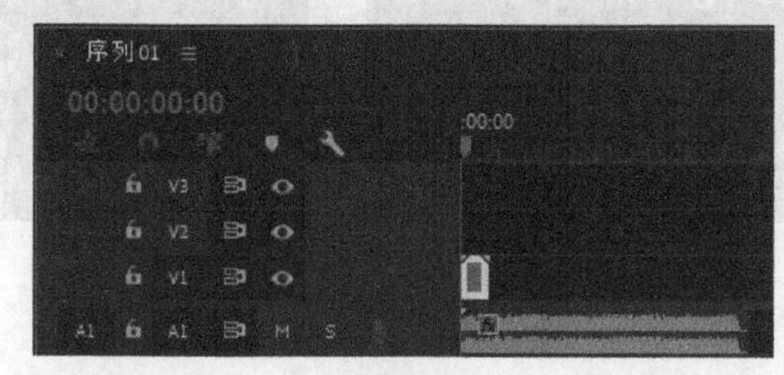

图7-70

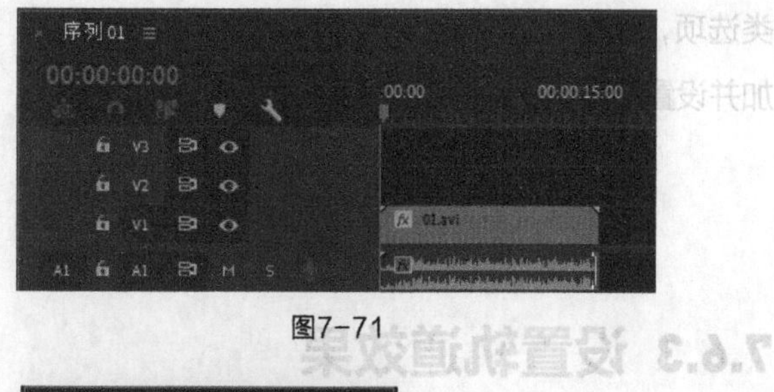

图7-71

05 在“效果”面板中展开“音频效果”分类选项，选中“低音”效果，如图7-72所示。将“低音”效果拖曳到“时间轴”面板“音频1（A1）”轨道中的“02”文件上。在“效果控件”面板中展开“低音”选项，将“提升”设置为10.0dB，如图7-73所示。

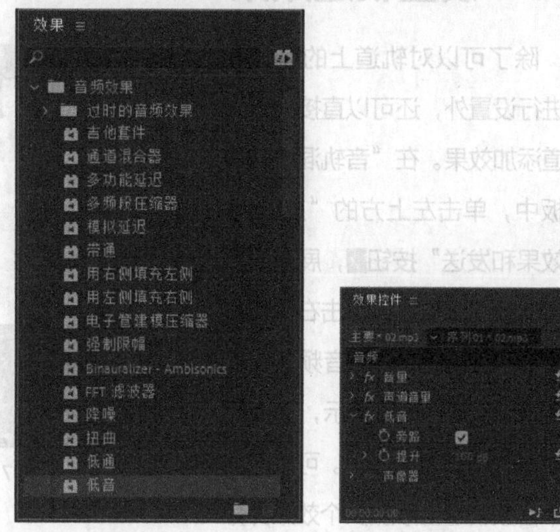

图7-72

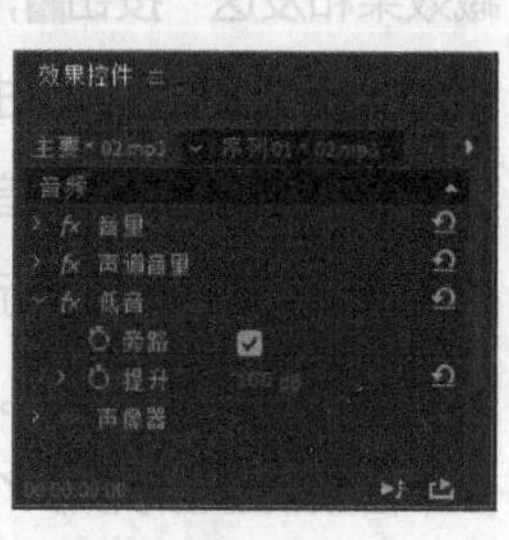

图7-73

06 在“效果”面板中选中“低通”效果，如图7-74所示。将“低通”效果拖曳到“时间轴”面板“音频1（A1）”轨道中的“02”文件上。在“效果控件”面板中展开“低通”选项，将“屏蔽度”设置为5764.8Hz，如图7-75所示。个性女装宣传片制作完成。

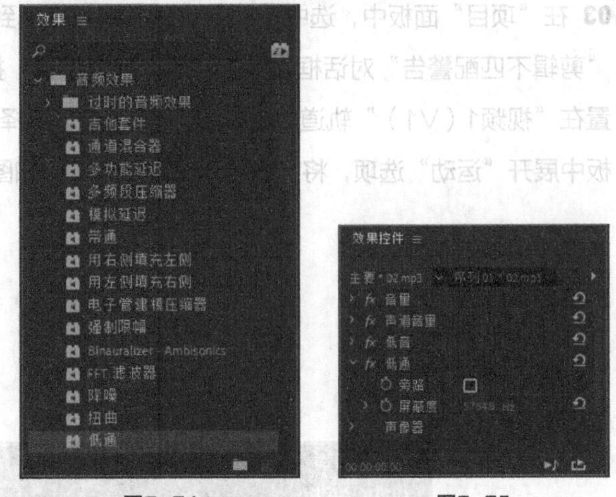

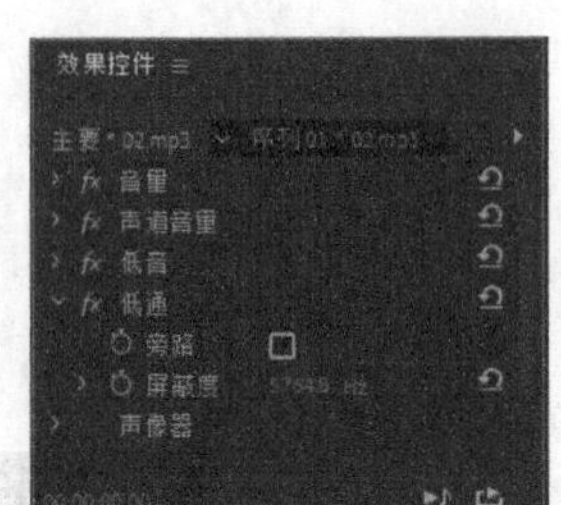

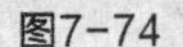

图7-74　　图7-75

7.6.2 为素材添加效果

添加音频素材效果的方法与添加视频素材效果的方法相同，这里不再赘述。在“效果”面板中展开“音频效果”分类选项，如图7-76所示，选择音频效果进行添加并设置即可。展开“音频过渡”分类选项，如图7-77所示，选择音频过渡效果进行添加并设置即可。

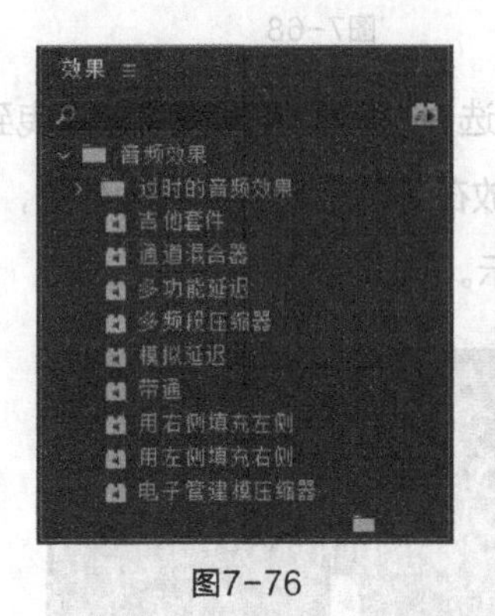

图7-76　　图7-77

7.6.3 设置轨道效果

除了可以对轨道上的音频素材进行设置外，还可以直接为音频轨道添加效果。在“音轨混合器”面板中，单击左上方的“显示/隐藏效果和发送”按钮▶，展开目标轨道的效果设置栏，单击右侧设置栏上的小三角▼，弹出音频效果下拉列表，如图7-78所示，选择需要使用的音频效果即可。可以在同一个音频轨道上添加多个效果并分别控制，如图7-79所示。

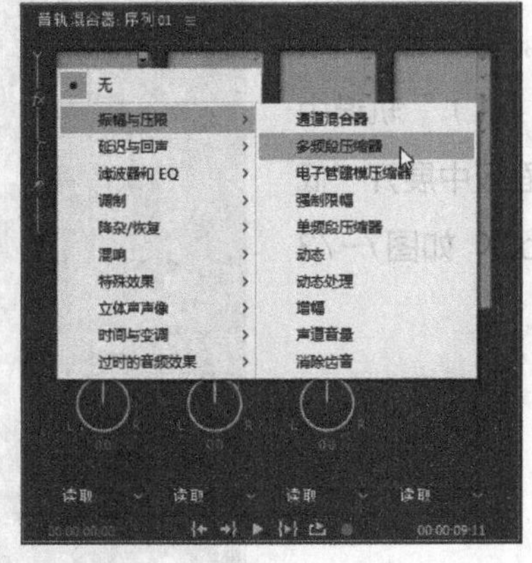

图7-78

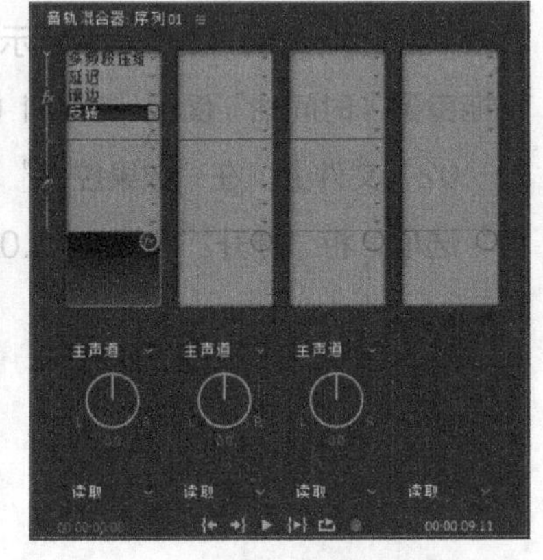

图7-79

若要编辑轨道的音频效果，可以单击鼠标右键，在弹出的菜单中选择“编辑”命令，如图7-80所示，再在弹出的对话框中进行更加详细的设置，如图7-81所示。

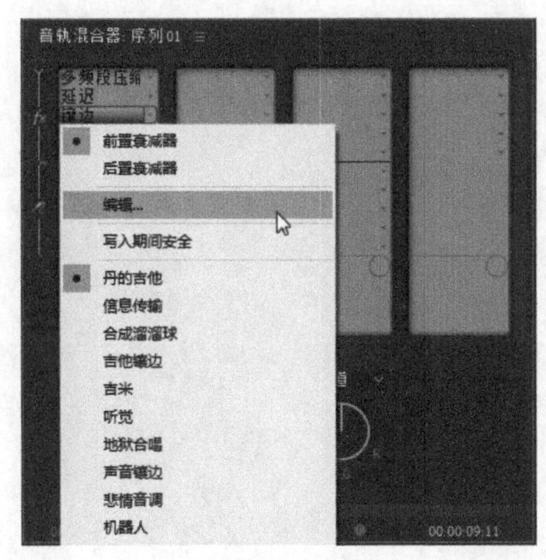

图7-80

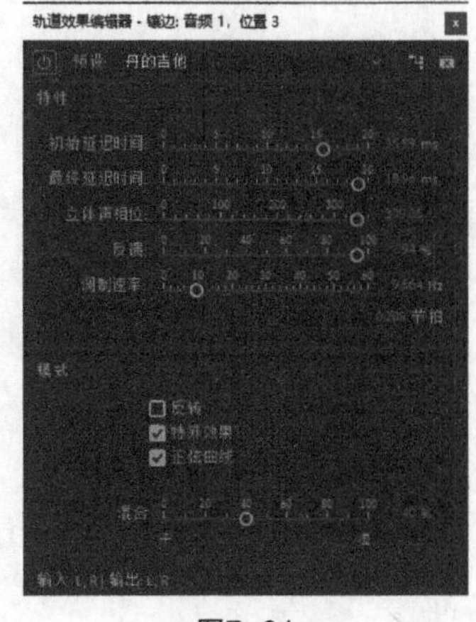

图7-81

课堂练习——自然美景宣传片

练习知识要点 使用“导入”命令导入素材文件，使用“效果控件”面板调整素材文件的“缩放”参数和淡入淡出效果，使用“阴影/高光”效果调整图像颜色，使用“低通”效果制作音频的低通效果。自然美景宣传片的效果如图7-82所示。

效果所在位置 Ch07\自然美景宣传片\自然美景宣传片. prproj。

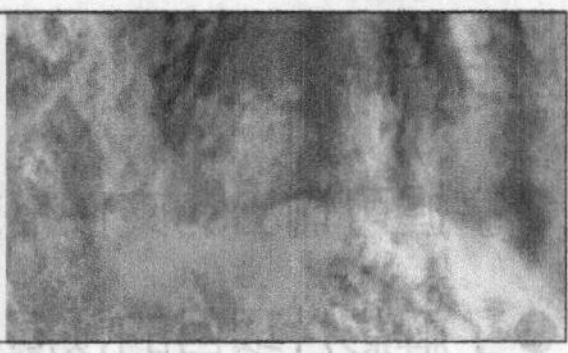

图7-82

课后习题——动物世界宣传片

习题知识要点 使用“导入”命令导入素材文件，使用“效果控件”面板调整素材文件的“缩放”参数，使用“色阶”效果调整图像颜色，使用“时间轴”面板调整音频的淡入与淡出效果，使用“低通”效果制作音频的低通效果。动物世界宣传片的效果如图7-83所示。

效果所在位置 Ch07\动物世界宣传片\动物世界宣传片. prproj。

图7-83

第 8 章

输出文件

本章介绍

本章主要讲解Premiere Pro 2020中节目最终可输出的文件格式、预演方法、相关参数及输出方式。读者通过对本章的学习，可以掌握渲染输出文件的方法和技巧。

学习目标

●掌握可输出的文件格式。

●了解影片项目的预演。

●掌握渲染输出参数的设置。

●熟练掌握渲染输出各种格式文件的方法。

8.1 可输出的文件格式

在Premiere Pro 2020中，可以输出多种文件格式，包括视频格式、音频格式和图像格式等，下面进行详细介绍。

8.1.1 视频格式

在Premiere Pro 2020中可以输出多种视频格式，常用的有以下几种。

（1）AVI：输出为AVI格式的视频文件，适合保存高质量的视频，但文件较大。

（2）动画GIF：输出为GIF格式的动画文件，可以显示视频运动画面，但不包含音频部分。

（3）QuickTime：输出为MOV格式的数字电影，用于Windows和macOS系统上的视频文件，适合在网上下载。

（4）H.264：输出为MP4格式的视频文件，适合输出高清视频和录制蓝光光盘。

（5）Windows Media：输出为WMV格式的流媒体格式，适合在网络和移动平台发布。

8.1.2 音频格式

在Premiere Pro 2020中可以输出多种音频格式，常用的有以下几种。

（1）波形音频：输出为WAV格式的音频，只输出影片的声音，适合发布在各平台。

（2）AIFF：输出为AIFF格式的音频，适合发布在剪辑平台。

此外，Premiere Pro 2020还可以输出MP3、Windows Media和QuickTime格式的音频。

8.1.3 图像格式

在Premiere Pro 2020中可以输出多种图像格式，其主要输出的图像格式有Targa、TIFF和BMP等。

8.2 影片项目的预演

影片预演是视频编辑过程中对编辑效果进行检查的重要手段，它实际上也属于编辑工作的一部分。影片预演分为两种，一种是影片实时预演，另一种是生成影片预演，下面分别进行讲解。

8.2.1 影片实时预演

实时预演，也称实时预览，即平时所说的预览。进行影片实时预演的具体操作步骤如下。

01 影片编辑制作完成后，在“时间轴”面板中将播放指示器移动到需要预演的片段的开始位置，如图8-1所示。

02 在“节目”监视器中单击“播放-停止切换”按钮▶，即可开始播放节目，“节目”监视器中的预览效果如图8-2所示。

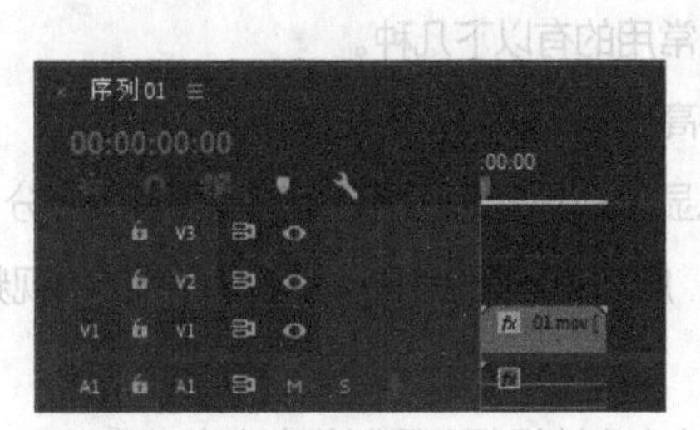

图8-1

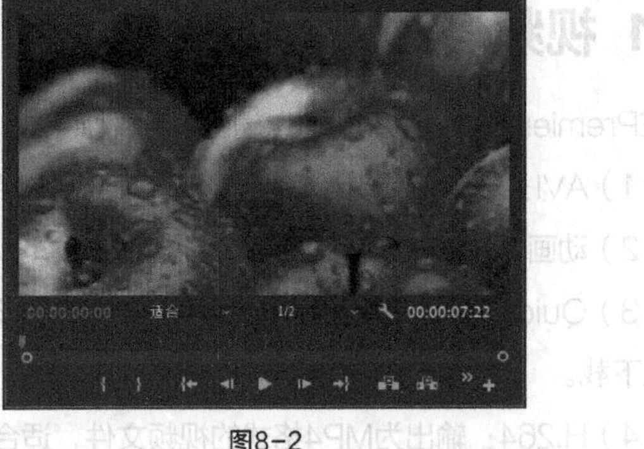

图8-2

8.2.2 生成影片预演

与实时预演不同，生成影片预演不是使用显卡对画面进行实时预演，而是计算机的CPU对画面进行运算，先生成预演文件，然后播放。因此，生成影片预演取决于计算机CPU的运算能力。生成预演播放的画面是平滑的，不会产生停顿或跳跃，所表现出来的画面效果和渲染输出的效果是完全一致的。生成影片预演的具体操作步骤如下。

01 影片编辑制作完成以后，在适当的位置标记入点和出点，以确定要生成影片预演的范围，如图8-3所示。

02 选择“序列 > 渲染入点到出点”命令，系统将开始进行渲染，并弹出“渲染”对话框，显示渲染进度，如图8-4所示。

03 在“渲染”对话框中单击“渲染详细信息”选项前面的▶按钮，可以查看渲染的开始时间、已用时间和可用磁盘空间等信息。

04 渲染结束后，系统会自动播放该片段，在“时间轴”面板中，预演部分将会显示绿色线条，其他部分则保持为黄色线条，如图8-5所示。

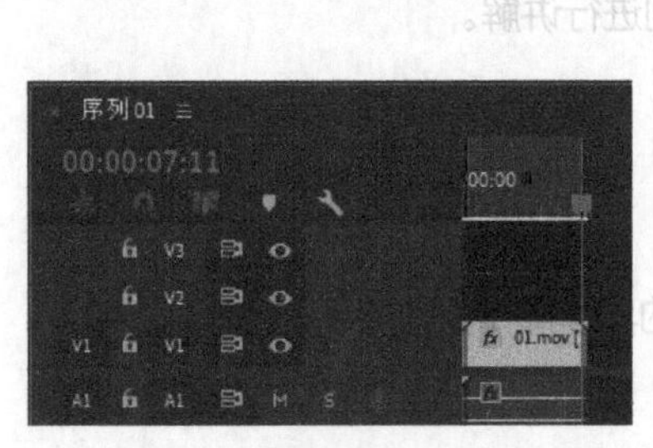

图8-3

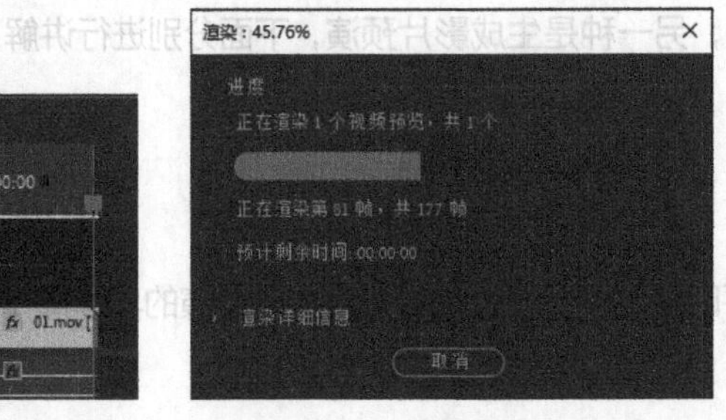

图8-4

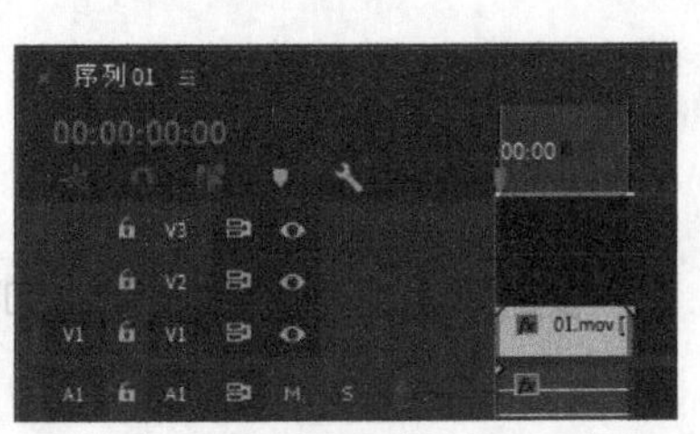

图8-5

05 如果用户事先设置了预演文件的保存路径，就可以在计算机的硬盘中找到预演生成的临时文件，如图8-6所示。双击该文件，则可以脱离Premiere Pro 2020程序进行播放，如图8-7所示。

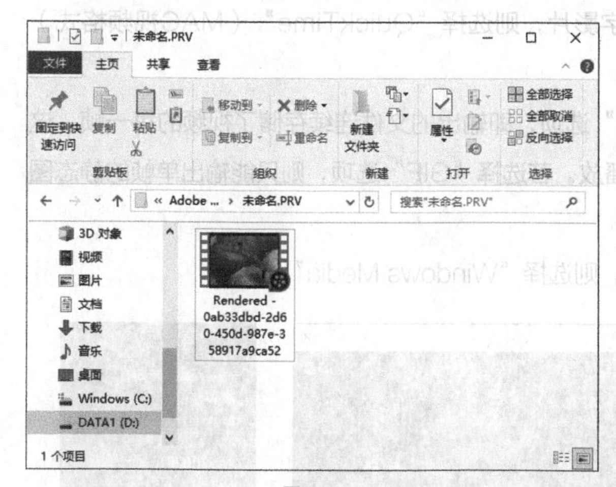

图8-6

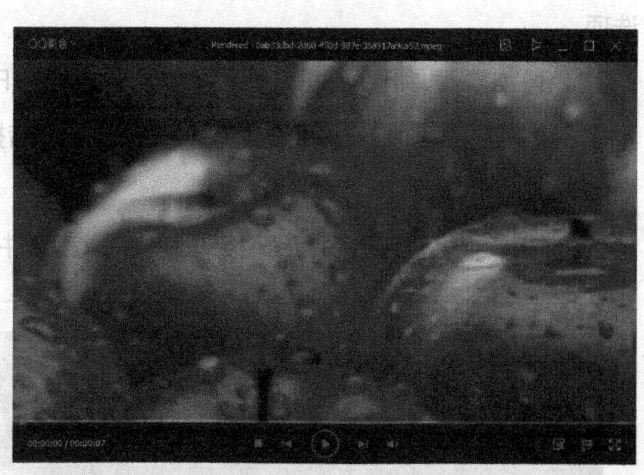

图8-7

生成的预演文件可以重复使用，用户下一次预演该片段时会自动使用该预演文件。在关闭该项目文件时，如果不进行保存，预演生成的临时文件会自动删除；如果用户在修改预演区域片段后再次预演，就会重新渲染并生成新的预演临时文件。

8.3 渲染输出的相关参数

在Premiere Pro 2020中，既可以将影片输出为用于电影或电视中播放的录像带，也可以输出为通过网络传输的网络流媒体格式，还可以输出为可以制作VCD或DVD光盘的AVI文件等。但无论输出的是何种类型，在输出文件之前，都必须合理地设置相关的输出参数，使输出的影片达到理想的效果。

8.3.1 输出选项

影片制作完成后即可输出，在输出影片之前，需要设置一些基本参数，具体操作步骤如下。

01 在“时间轴”面板中选择需要输出的视频序列，选择“文件 > 导出 > 媒体”命令，在弹出的对话框中进行设置，如图8-8所示。

02 在“导出设置”对话框右侧的选项区域中设置文件的格式及输出区域等选项。

1. 文件类型

用户可以将输出的数字影片设置为不同的格式，以便适应不同的需要。在“格式”选项的下拉列表中，可以输出的媒体格式如图8-9所示。

在Premiere Pro 2020中，默认的输出文件类型或格式主要有以下几种。

（1）如果要输出为基于Windows操作系统的数字影片，则选择“AVI”（Windows格式的视频格式）选项。

（2）如果要输出为基于macOS操作系统的数字影片，则选择“QuickTime”（MAC视频格式）选项。

（3）如果要输出为GIF动画，则选择“动画GIF”选项，即输出的文件连续存储了视频的每一帧。这种格式支持在网页上以动画形式显示，但不支持声音播放。若选择“GIF”选项，则只能输出单帧的静态图像序列。

（4）如果只是输出为WMA格式的影片声音文件，则选择“Windows Media”选项。

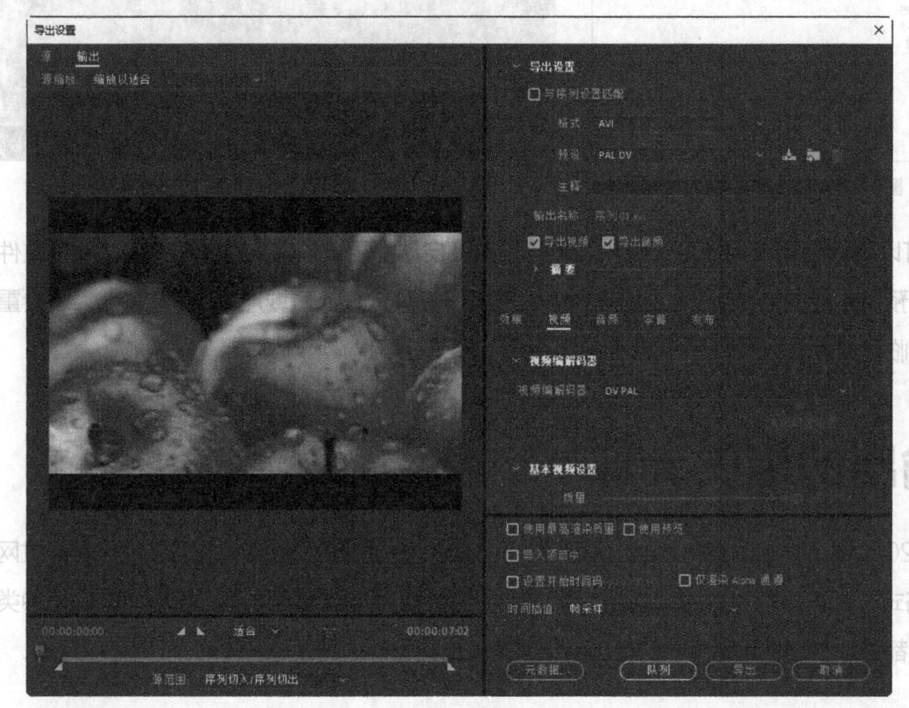

图8-8

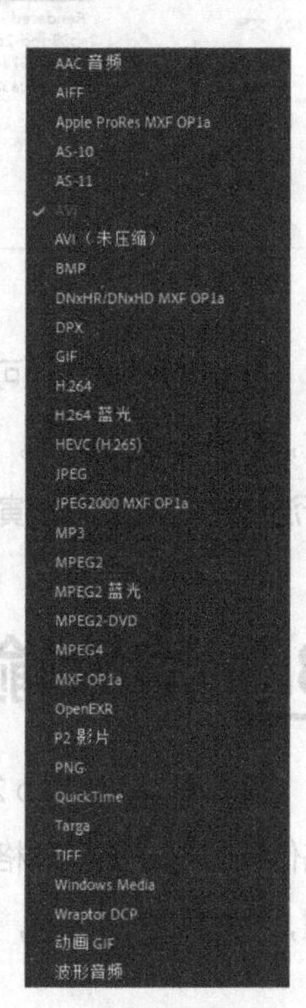

图8-9

2. 输出视频

勾选“导出视频”复选框，可输出整个编辑项目的视频部分；若取消选择，则不能输出视频部分。

3. 输出音频

勾选“导出音频”复选框，可输出整个编辑项目的音频部分；若取消选择，则不能输出音频部分。

8.3.2 “视频”选项区域

在“视频”选项区域中，可以为输出的视频设置使用的格式、品质及影片尺寸等，如图8-10所示。

“视频”选项区域中主要选项含义如下。

视频编解码器：通常视频文件的数据量很大，为了减少所占的磁盘空间，在输出时可以对文件进行压缩处理。在该选项的下拉列表中选择需要的压缩方式，如图8-11所示。

质量：用于设置影片的压缩品质，通过拖曳滑块来设置。

宽度/高度：用于设置影片的尺寸。我国使用PAL制，选择720×576。

帧速率：用于设置每秒播放画面的帧数，提高帧速率可使画面播放得更流畅。如果将文件类型设置为Microsoft Video 1，那么DV PAL对应的帧速率是固定的29.97和25；如果将文件类型设置为AVI，那么帧速率可以选择1~60的数值。

场序：用于设置影片的场扫描方式，有逐行、高场优先和低场优先3种方式。

长宽比：用于设置视频制式的画面比。单击该选项右侧的■按钮，在弹出的下拉列表中选择需要的选项，如图8-12所示。

以最大深度渲染：勾选此复选框，可以提高视频的质量，但会增加编码时间。

关键帧：勾选此复选框，可以指定在导出视频中插入关键帧的频率。

优化静止图像：勾选此复选框，可以将序列中的静止图像渲染为单个帧，这有助于减小导出视频文件的大小。

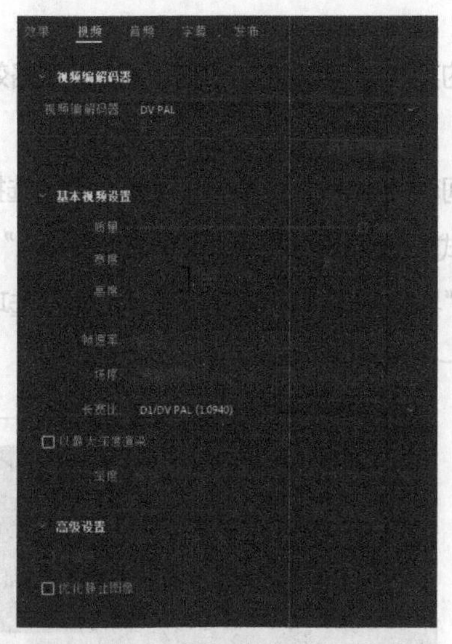

图8-10

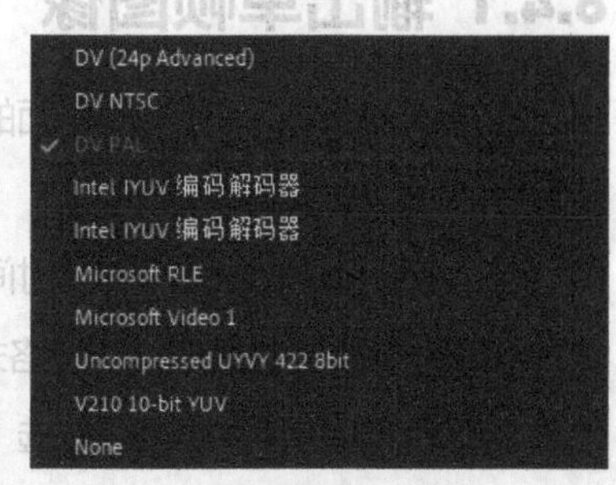

图8-11

D1/DV PAL 宽银幕 16:9 (1.4587)

图8-12

8.3.3 “音频”选项区域

在“音频”选项区域中，可以为输出的音频设置使用的压缩方式、采样率及量化指标等，如图8-13所示。

“音频”选项区域中主要选项含义如下。

音频格式：用于设置音频导出的格式。

音频编解码器：为输出的音频选择合适的编解码器。

采样率：用于设置输出节目音频所使用的采样速率。采样率越高，播放质量越好，但所需的磁盘空间越大，占用的处理时间越长。

声道：在该选项的下拉列表中可以为音频选择单声道或立体声。

音频质量：用于设置输出音频的质量。

比特率：可以选择音频编码所用的比特率。比特率越高，质量越好。

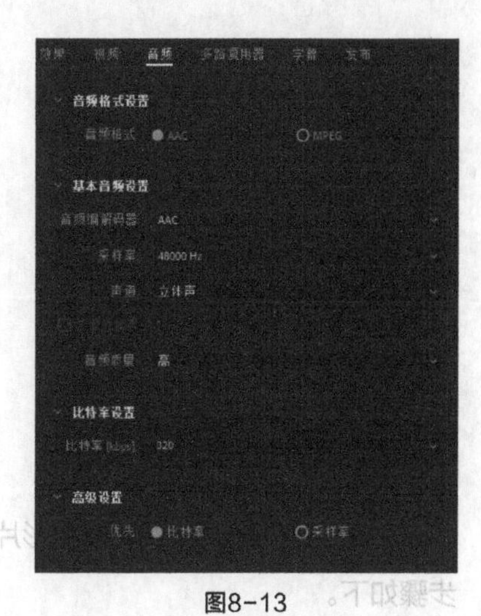

图8-13

优先：选择“比特率”选项，将基于所选的比特率限制采样率；选择“采样率”选项，将限制指定采样率的比特率值。

8.4 渲染输出各种格式文件

Premiere Pro 2020可以渲染输出多种格式文件，从而使视频剪辑更加方便灵活。本节重点介绍各种常用格式文件渲染输出的方法。

8.4.1 输出单帧图像

在视频编辑中，可以输出画面的某一帧，以便给视频动画制作定格效果。Premiere Pro 2020中输出单帧图像的具体操作步骤如下。

01 在Premiere Pro 2020的“时间轴”面板中添加一段视频文件，选择“文件 > 导出 > 媒体”命令，会弹出“导出设置”对话框，在“格式”选项的下拉列表中选择“TIFF”选项，在“输出名称”后面输入文件名并设置文件的保存路径，勾选“导出视频”复选框，在“视频”选项卡中取消勾选“导出为序列”复选框，其他参数保持默认状态，如图8-14所示。

02 单击“导出”按钮，即可导出播放指示器位置的单帧图像。

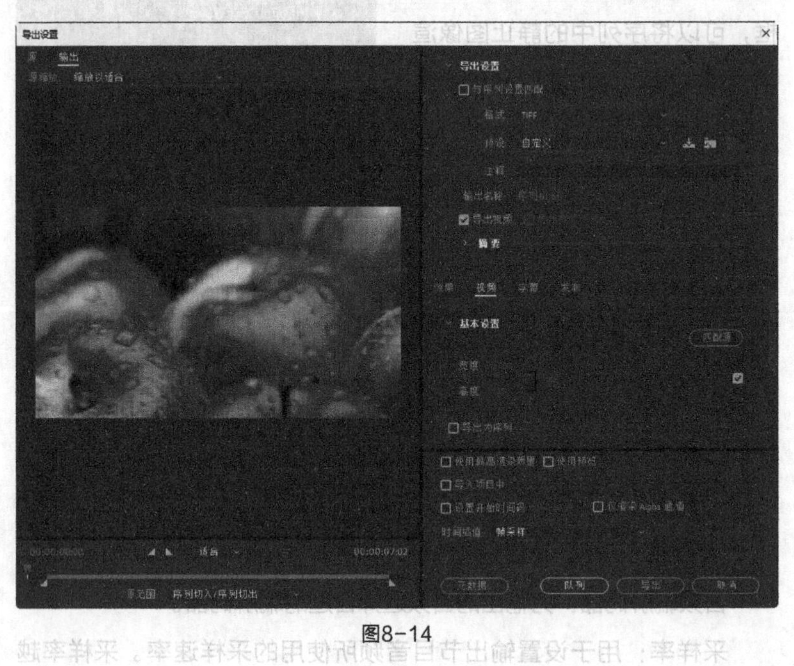

图8-14

8.4.2 输出音频文件

Premiere Pro 2020可以将影片中的一段声音或歌曲制作成音乐光盘等文件。输出音频文件的具体操作步骤如下。

01 在Premiere Pro 2020的"时间轴"面板中添加一个有声音的视频文件或打开一个有声音的项目文件，选择"文件 > 导出 > 媒体"命令，会弹出"导出设置"对话框，在"格式"选项的下拉列表中选择"MP3"选项，在"预设"选项的下拉列表中选择"MP3 128 kbps"选项，在"输出名称"后面输入文件名并设置文件的保存路径，勾选"导出音频"复选框，其他参数保持默认状态，如图8-15所示。

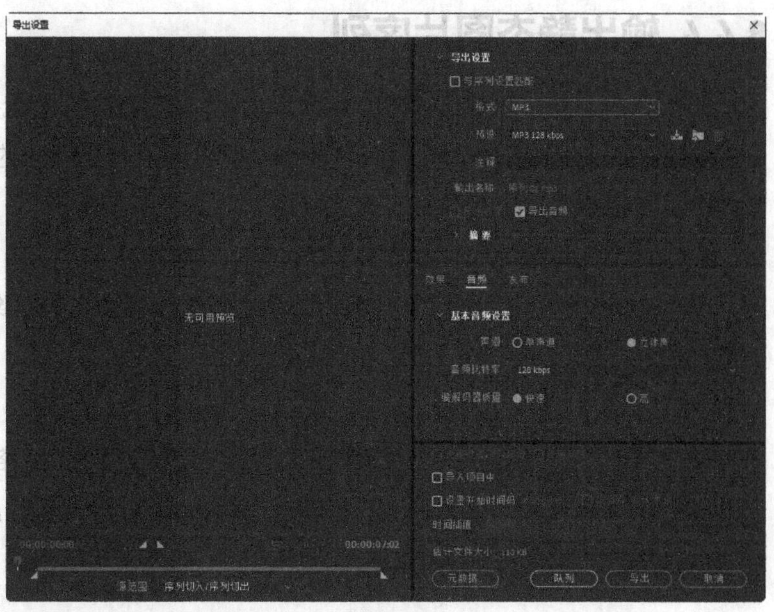

图8-15

02 单击"导出"按钮，即可导出音频。

8.4.3 输出整个影片

输出影片是最常用的输出方式。将编辑完成的项目文件以视频格式输出，可以输出编辑内容的全部或某一部分，也可以只输出视频内容或只输出音频内容，一般将全部的视频和音频一起输出。

下面以AVI格式为例介绍输出影片的方法，具体操作步骤如下。

01 选择"文件 > 导出 > 媒体"命令，会弹出"导出设置"对话框。

02 在"格式"选项的下拉列表中选择"AVI"选项。在"预设"选项的下拉列表中选择"PAL DV"选项，如图8-16所示。

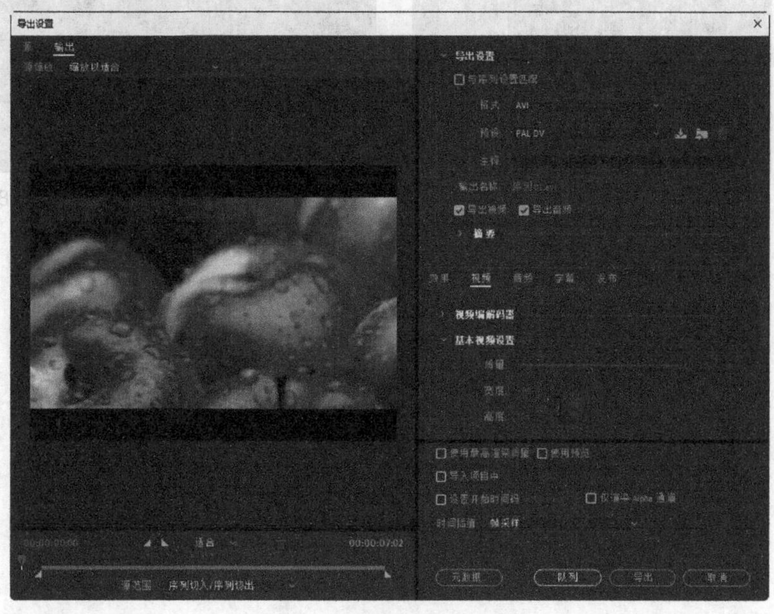

图8-16

03 在"输出名称"后面输入文件名并设置文件的保存路径，勾选"导出视频"和"导出音频"复选框。

04 设置完成后，单击"导出"按钮，即可导出AVI格式影片。

8.4.4 输出静态图片序列

在Premiere Pro 2020中，可以将视频输出为静态图片序列，也就是说，将视频画面的每一帧都输出为一张静态图片，这一系列图片中每张都具有一个自动编号。这些输出的序列图片可用于3D软件中的动态贴图，并且可以移动和存储。

输出静态图片序列的具体操作步骤如下。

01 在Premiere Pro 2020的“时间轴”面板中添加一段视频文件，设定只输出视频的一部分内容，如图8-17所示。

02 选择“文件 > 导出 > 媒体”命令，会弹出“导出设置”对话框，在“格式”选项的下拉列表中选择“TIFF”选项，在“输出名称”后面输入文件名并设置文件的保存路径，勾选“导出视频”复选框，在“视频”选项卡中勾选“导出为序列”复选框，其他参数保持默认状态，如图8-18所示。

03 单击“导出”按钮，即可导出静态序列图片。

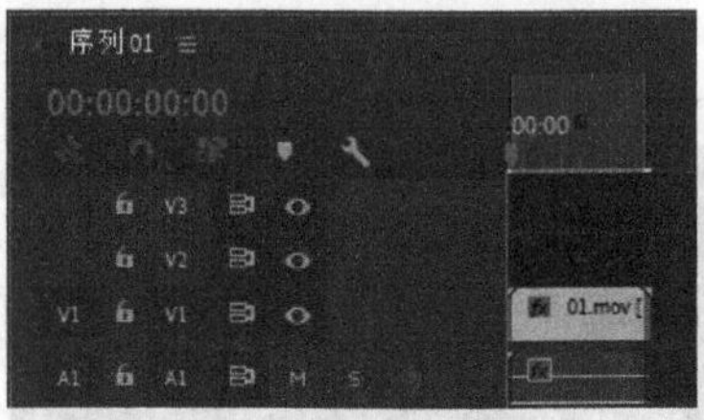

图8-17

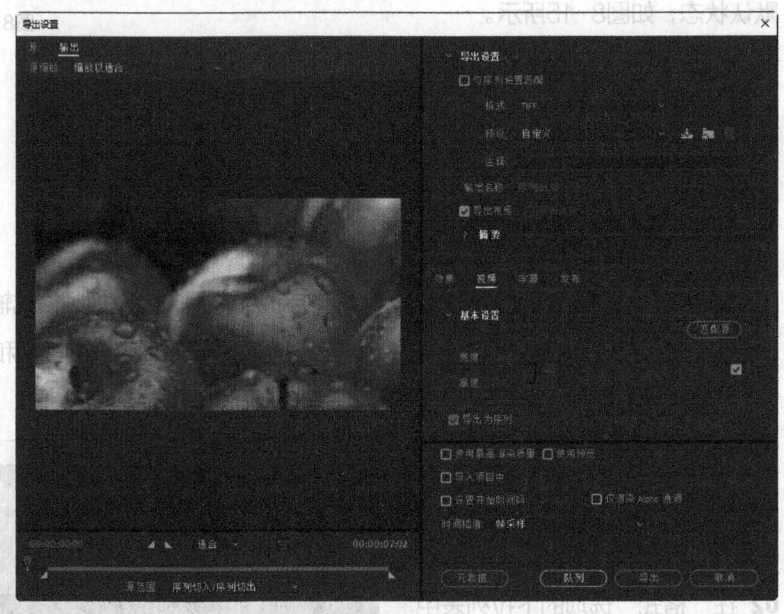

图8-18

第 9 章

商业案例实训

本章介绍

本章通过两个影视制作案例，进一步讲解Premiere Pro 2020的功能和使用技巧，让读者能够快速地掌握软件的功能和知识要点，制作出变化丰富的多媒体效果。

学习目标

●掌握软件的基本使用方法。

●了解Premiere的常用设计领域。

●掌握Premiere在不同设计领域的使用技巧。

技能目标

●熟练掌握“舞蹈赛事节目包装”的制作方法。

●熟练掌握“英文歌曲MV”的制作方法。

9.1 舞蹈赛事节目包装

9.1.1 项目背景及要求

❶ 客户名称

星海文艺电视台。

❷ 客户需求

星海文艺电视台是一个以文体节目为核心，以娱乐为表现形态的大众文化频道。该频道的收视人群侧重于中青年观众。本例是为电视台设计制作的舞蹈赛事节目片头，要求符合节目主题，体现出现代、时尚和炫酷感。

❸ 设计要求

（1）设计风格要求时尚现代、炫酷醒目。

（2）设计形式要独特且充满创意感。

（3）表现形式要层次分明、动静结合，具有吸引力。

（4）设计具有特色，能够引发中青年人的喜爱之情和参与感。

（5）设计规格为1280h × 720v(1.0940)，25.00帧/秒，方形像素(1.0)。

9.1.2 项目素材及制作要点

❶ 素材资源

图片素材所在位置：本书学习资源中的“Ch09\舞蹈赛事节目包装\素材\01~07”。

❷ 作品参考

设计作品所在位置：本书学习资源中的“Ch09\舞蹈赛事节目包装\舞蹈赛事节目包装.prproj”，完成效果如图9-1所示。

❸ 制作要点

使用“导入”命令导入素材文件，使用“效果控件”面板编辑视频的缩放，使用“速度/持续时间”命令调整视频文件的速度，使用“波纹编辑”工具剪辑素材，使用“偏移”“模糊”“马赛克”“镜头扭曲”效果制作视频效果，使用“基本图形”面板添加文字和图形，并制作动画。

图9-1

9.1.3 案例制作步骤

1. 制作开场动画

01 启动Premiere Pro 2020应用程序，选择“文件 > 新建 > 项目”命令，会弹出“新建项目”对话框，如图9-2所示，单击“确定”按钮，新建项目。选择“文件 > 新建 > 序列”命令，会弹出“新建序列”对话框，切换到“设置”选项卡，具体设置如图9-3所示，单击“确定”按钮，新建序列。

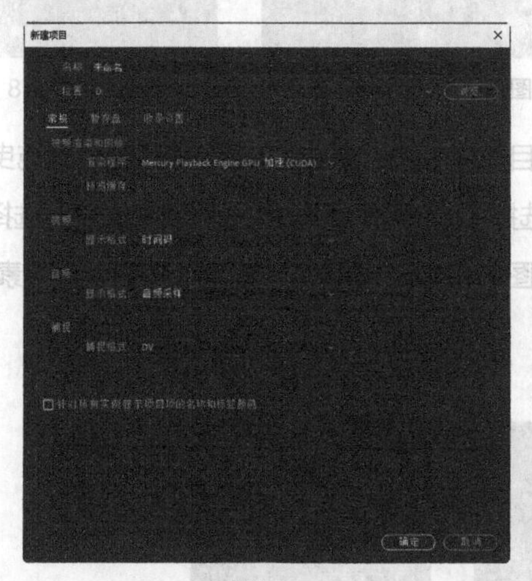

图9-2

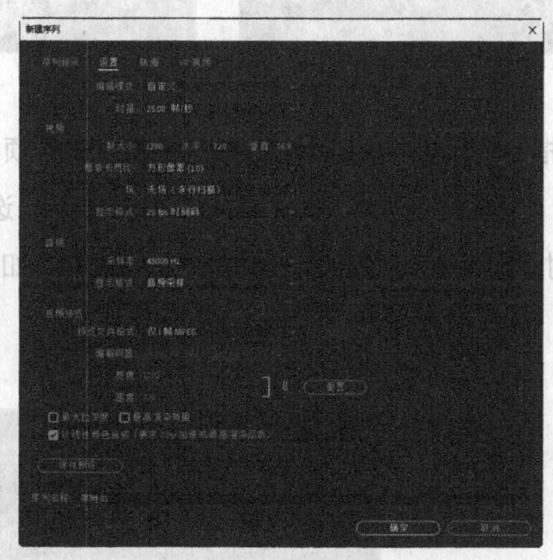

图9-3

02 选择“文件 > 导入”命令，会弹出“导入”对话框，选择本书学习资源中的“Ch09\舞蹈赛事节目包装\素材\01~07”文件，如图9-4所示，单击“打开”按钮，将素材文件导入“项目”面板中，如图9-5所示。

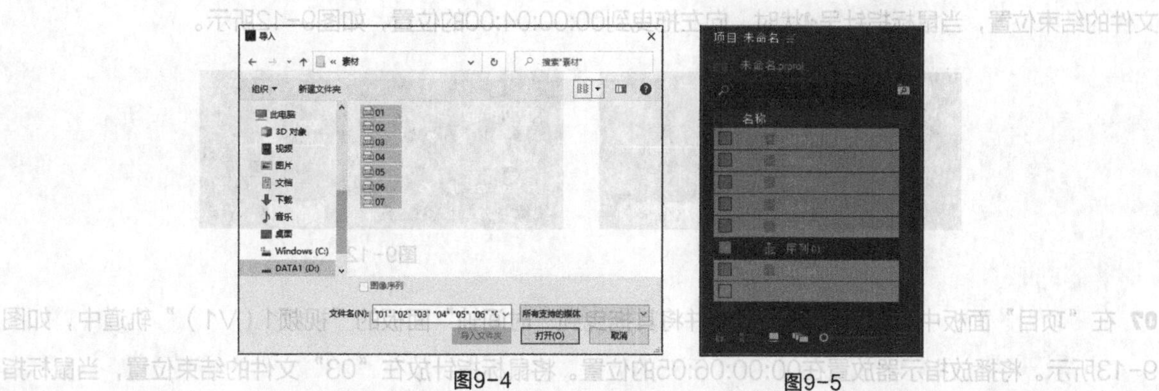

图9-4

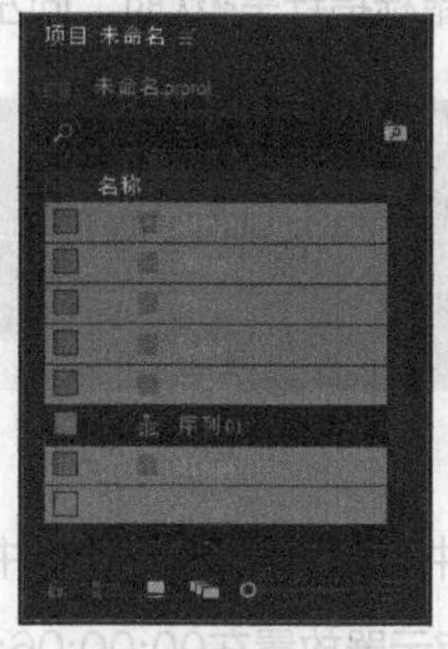

图9-5

03 在“项目”面板中，选中“01”文件并将其拖曳到“时间轴”面板的“视频1（V1）”轨道中，会弹出“剪辑不匹配警告”对话框，单击“保持现有设置”按钮，在保持现有序列设置的情况下将“01”文件放置在“视频1（V1）”轨道中，如图9-6所示。

04 将播放指示器放置在00:00:02:00的位置。将鼠标指针放在“01”文件的结束位置，当鼠标指针呈状时，向右拖曳鼠标到00:00:02:00的位置，如图9-7所示。将播放指示器放置在0s的位置。选择“时间轴”面板中的“01”文件。在“效果控件”面板中展开“运动”选项，将“缩放”设置为67.0，如图9-8所示。

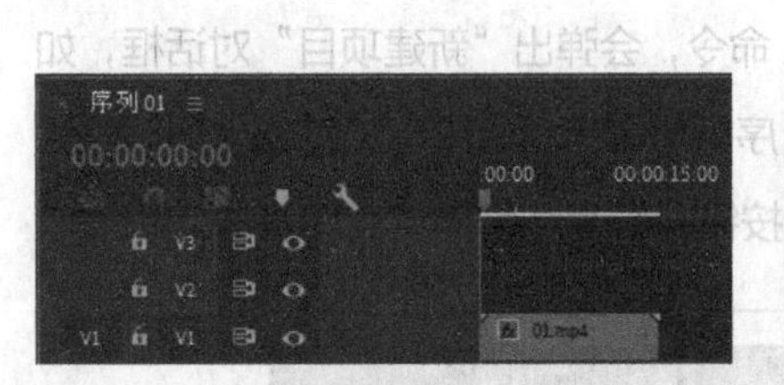

图9-6

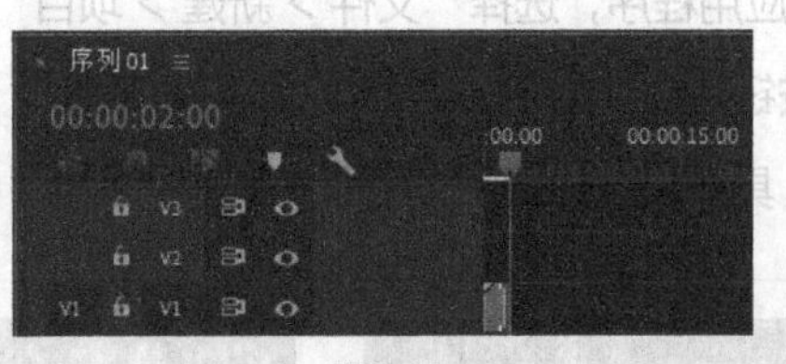

图9-7

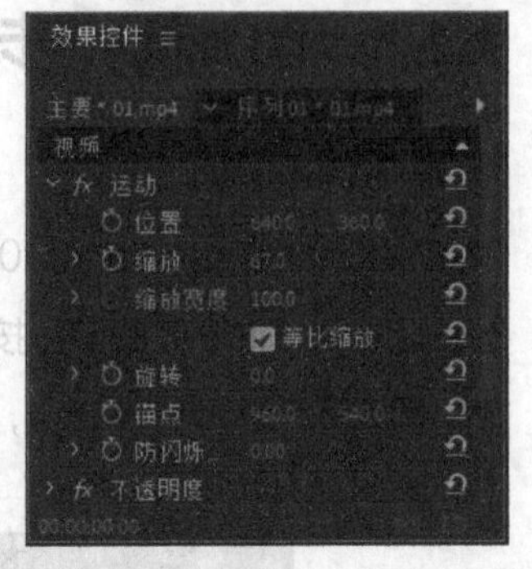

图9-8

05 将播放指示器放置在00:00:02:00的位置。在“项目”面板中，选中“02”文件并将其拖曳到“时间轴”面板的“视频1（V1）”轨道中，如图9-9所示。选择“时间轴”面板中的“02”文件。选择“剪辑 > 速度/持续时间”命令，在弹出的对话框中进行设置，如图9-10所示，单击“确定”按钮，调整素材文件。

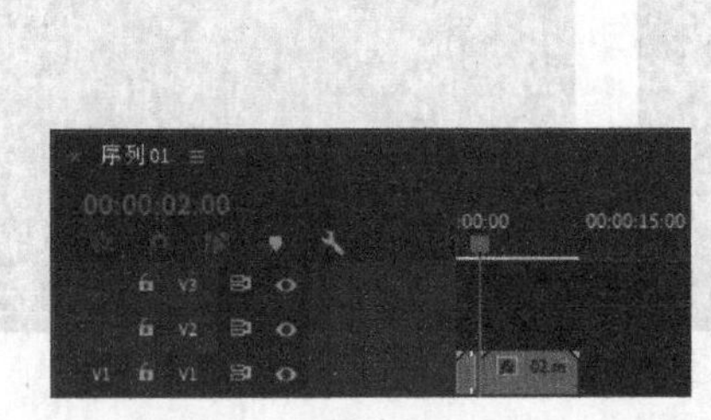

图9-9

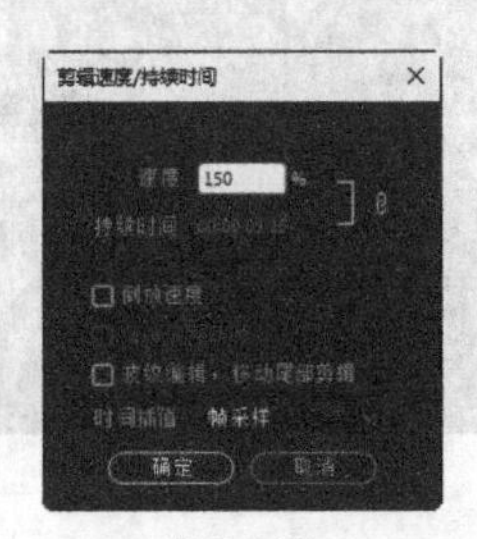

图9-10

06 选择“波纹编辑”工具，将鼠标指针放在“02”文件的开始位置，当鼠标指针呈状时，向右拖曳到00:00:03:04的位置，如图9-11所示。将播放指示器放置在00:00:04:00的位置。将鼠标指针放在“02”文件的结束位置，当鼠标指针呈状时，向左拖曳到00:00:04:00的位置，如图9-12所示。

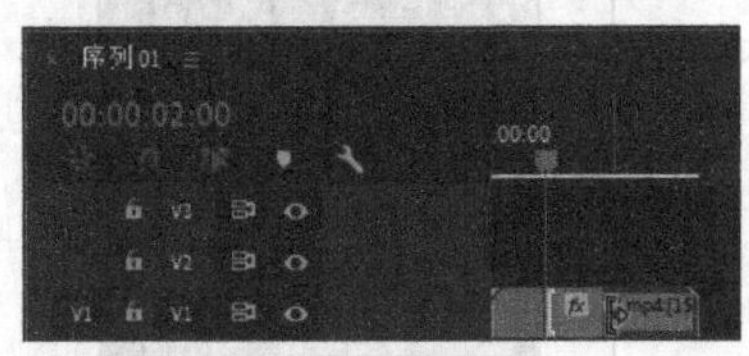

图9-11

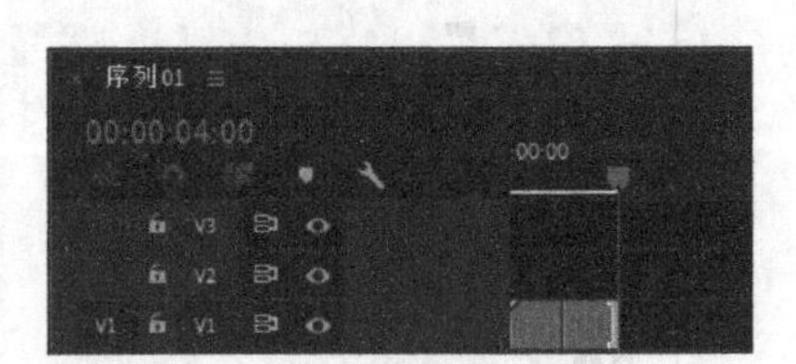

图9-12

07 在“项目”面板中，选中“03”文件并将其拖曳到“时间轴”面板的“视频1（V1）”轨道中，如图9-13所示。将播放指示器放置在00:00:06:05的位置。将鼠标指针放在“03”文件的结束位置，当鼠标指针呈状时，向左拖曳到00:00:06:05的位置，如图9-14所示。

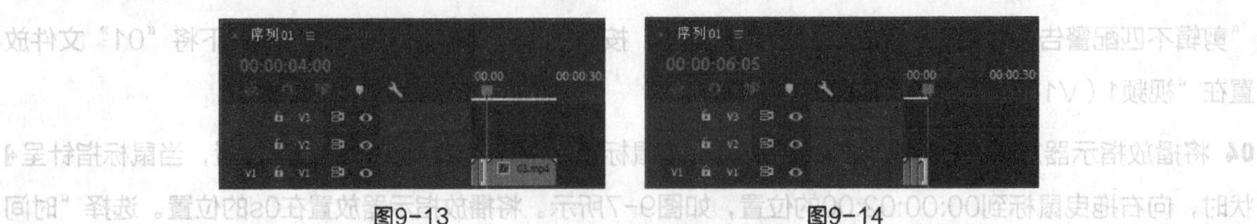

图9-13

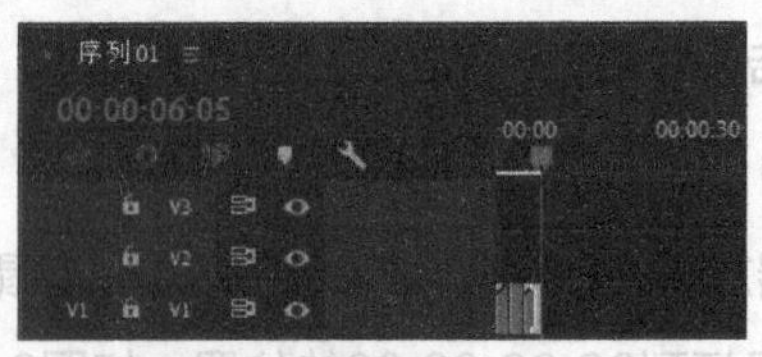

图9-14

08 在“项目”面板中，选中“04”文件并将其拖曳到“时间轴”面板的“视频1（V1）”轨道中。将播放指示器放置在00:00:08:00的位置。将鼠标指针放在“04”文件的结束位置，当鼠标指针呈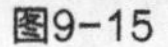状时，向左拖曳到00:00:08:00的位置，如图9-15所示。选择“时间轴”面板中的“04”文件。在“效果控件”面板中展开“运动”选项，将“缩放”设置为67.0，如图9-16所示。

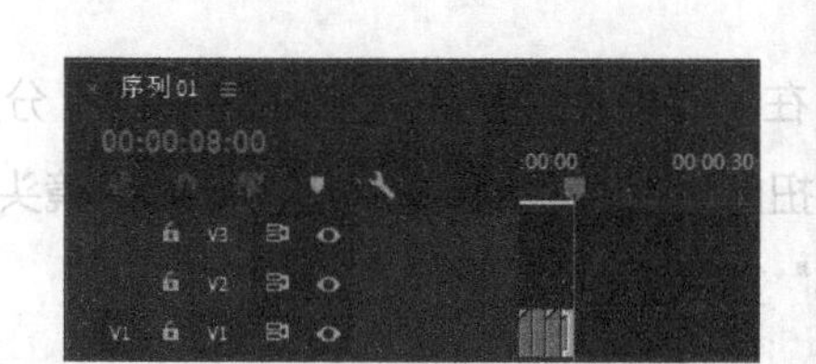
图9-15

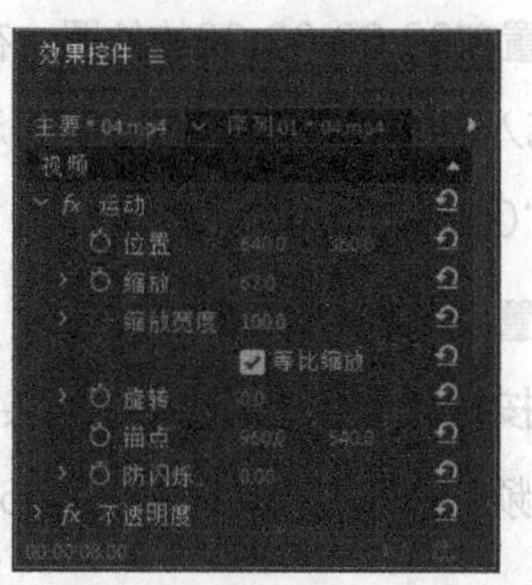
图9-16

09 在“项目”面板中，选中“05”文件并将其拖曳到“时间轴”面板的“视频1（V1）”轨道中。将播放指示器放置在00:00:10:00的位置。将鼠标指针放在“05”文件的结束位置，当鼠标指针呈状时，向左拖曳到00:00:10:00的位置，如图9-17所示。

10 在“项目”面板中，选中“06”文件并将其拖曳到“时间轴”面板的“视频1（V1）”轨道中。将播放指示器放置在00:00:12:00的位置。将鼠标指针放在“06”文件的结束位置，当鼠标指针呈状时，向左拖曳到00:00:12:00的位置，如图9-18所示。

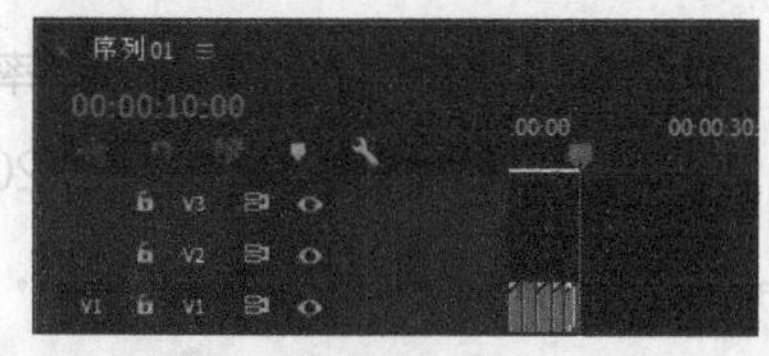
图9-17

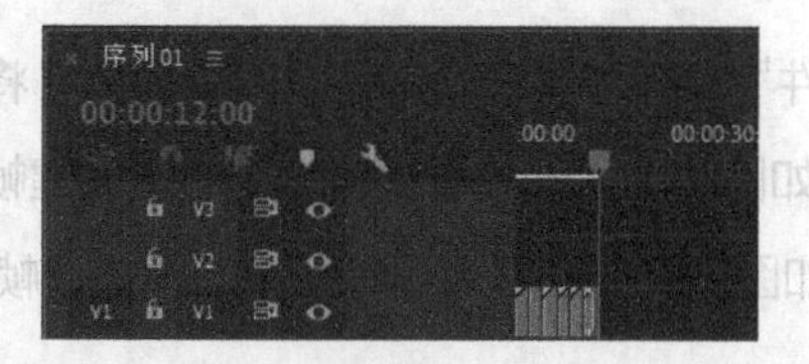
图9-18

2. 添加效果并制作动画

01 将播放指示器放置在0s的位置。在“效果”面板中展开“视频效果”分类选项，单击“扭曲”文件夹前面的按钮将其展开，选中“偏移”效果，如图9-19所示。将“偏移”效果拖曳到“时间轴”面板“视频1（V1）”轨道中的“01”文件上。

02 在“效果控件”面板中展开“偏移”选项，将“将中心移位至”设置为-158.0和540.0，单击“将中心移位至”左侧的“切换动画”按钮，如图9-20所示，记录第1个动画关键帧。

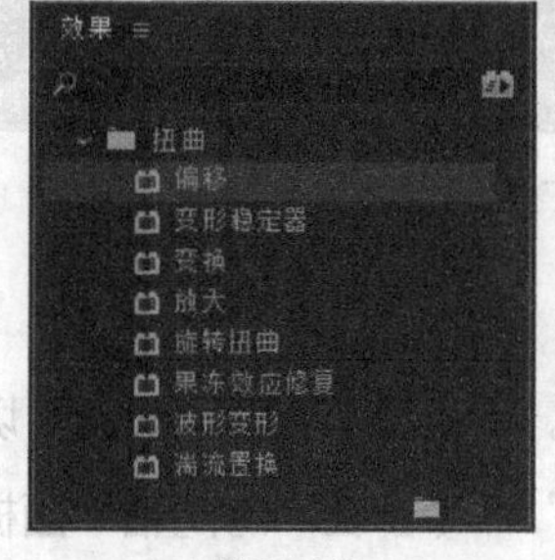
图9-19

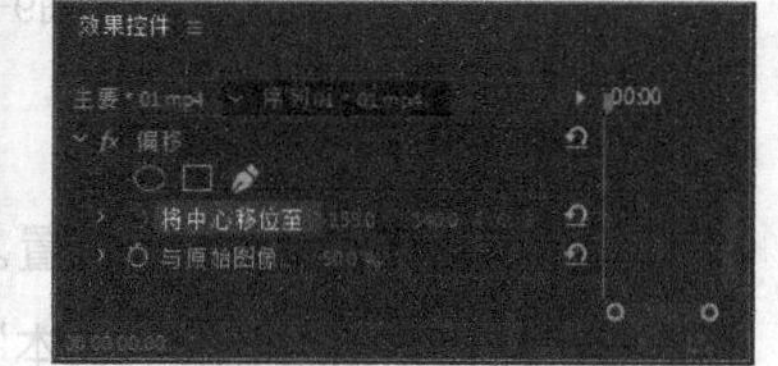
图9-20

03 将播放指示器放置在00:00:01:00的位置。将“将中心移位至”设置为960.0和540.0，如图9-21所示，记录第2个动画关键帧。将播放指示器放置在00:00:06:05的位置。在“效果”面板中展开“预设”分类选项，单击“模糊”文件夹前面的▶按钮将其展开，选中“快速模糊入点”效果，如图9-22所示。将“快速模糊入点”效果拖曳到“时间轴”面板“视频1（V1）”轨道中的“04”文件上。

04 将播放指示器放置在00:00:08:00的位置。在“效果”面板中单击“马赛克”文件夹前面的▶按钮将其展开，选中“马赛克入点”效果，如图9-23所示。将“马赛克入点”效果拖曳到“时间轴”面板“视频1（V1）”轨道中的“05”文件上。

05 将播放指示器放置在00:00:10:00的位置。在“效果”面板中展开“视频效果”分类选项，单击“扭曲”文件夹前面的▶按钮将其展开，选中“镜头扭曲”效果，如图9-24所示。将“镜头扭曲”效果拖曳到“时间轴”面板“视频1（V1）”轨道中的“06”文件上。

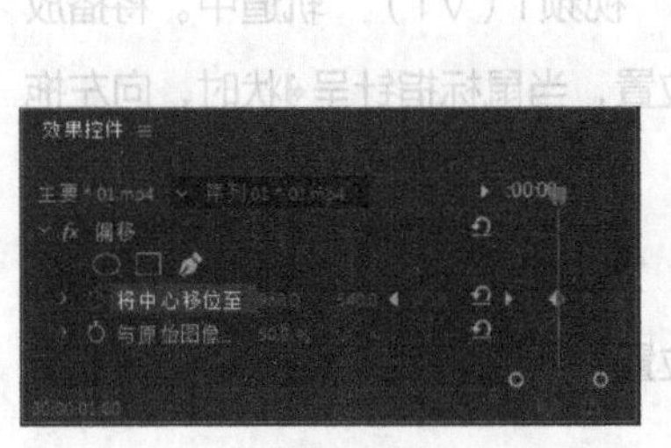

图9-21

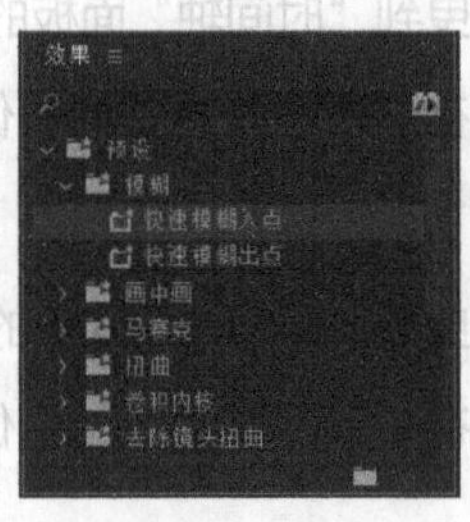

图9-22

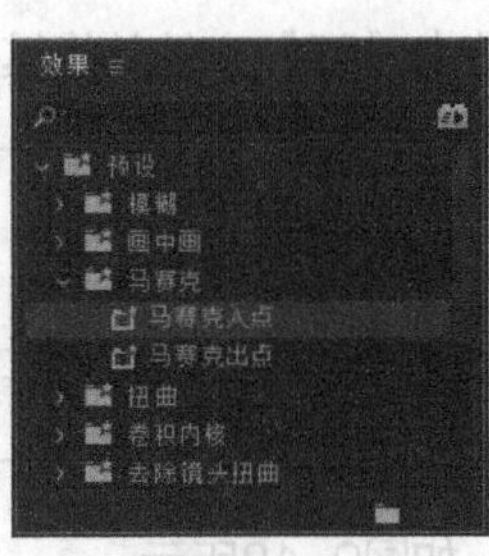

图9-23

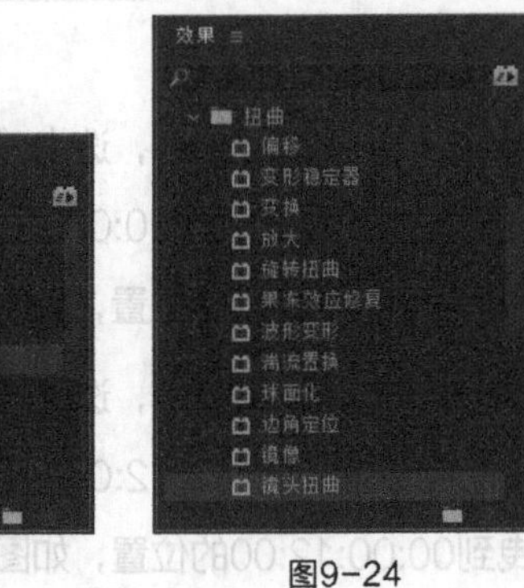

图9-24

06 在“效果控件”面板中展开“镜头扭曲”选项，将“曲率”设置为-100，单击“曲率”左侧的“切换动画”按钮⏱，如图9-25所示，记录第1个动画关键帧。将播放指示器放置在00:00:10:20的位置。将“曲率”设置为0，如图9-26所示，记录第2个动画关键帧。在“时间轴”面板的空白处单击，取消文件的选取状态。

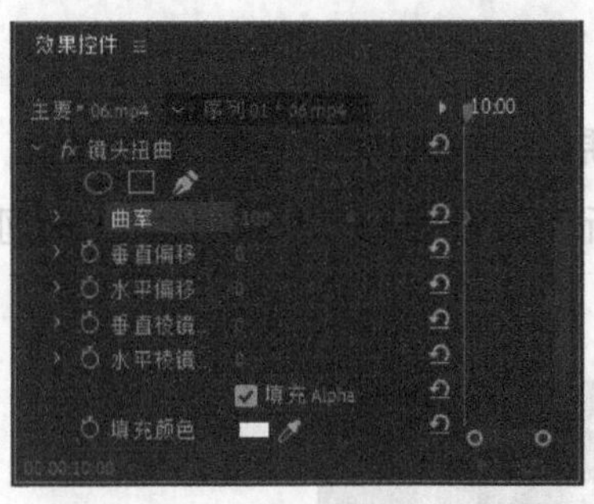

图9-25

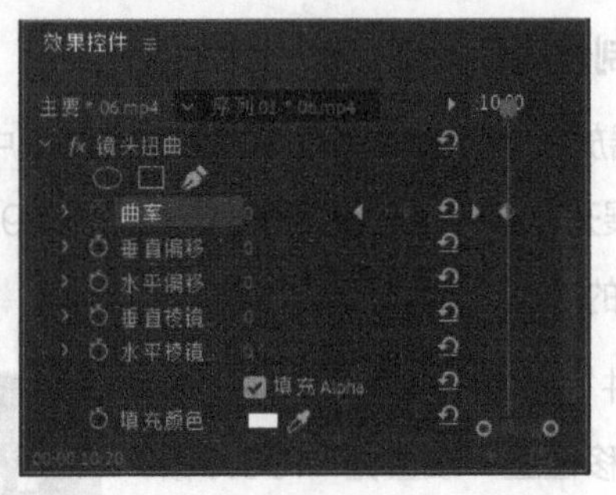

图9-26

3. 添加图形文字并制作动画

01 将播放指示器放置在0s的位置。在“基本图形”面板中切换到“编辑”选项卡，单击“新建图层”按钮◻，在弹出的菜单中选择“文本”命令。在“时间轴”面板的“视频2（V2）”轨道中生成“新建文本图层”文件，如图9-27所示，此时“节目”监视器中的效果如图9-28所示。

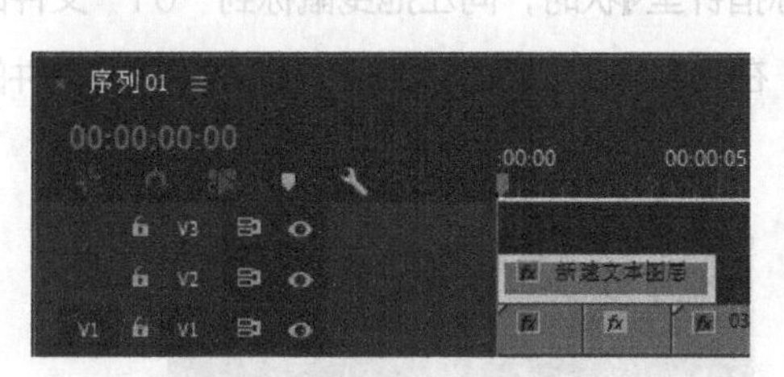

图9-27

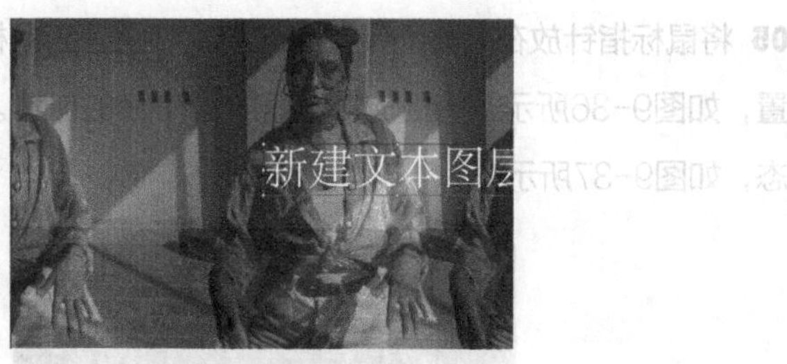

图9-28

02 在“节目”监视器中选取并修改文字。在“基本图形”面板中选择“舞动”图层，然后按图9-29所示设置“文本”栏中的参数，按图9-30所示设置“对齐并变换”栏中的参数。此时“节目”监视器中的效果如图9-31所示。

图9-29

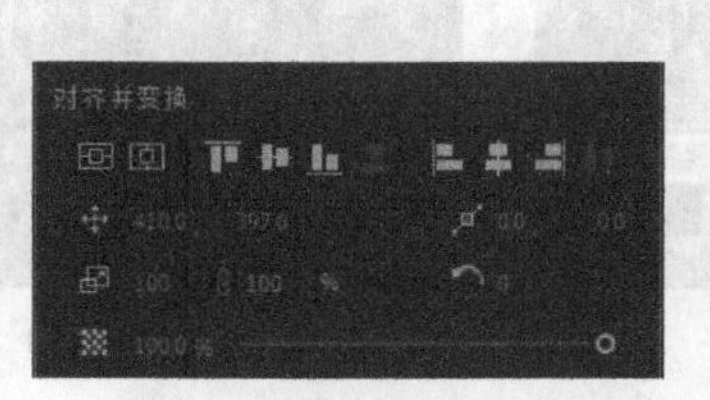

图9-30

图9-31

03 在“效果控件”面板中展开“运动”选项，将“位置”设置为20.0和360.0，单击“位置”左侧的“切换动画”按钮，如图9-32所示，记录第1个动画关键帧。将播放指示器放置在00:00:00:20的位置。将“位置”设置为640.0和360.0，如图9-33所示，记录第2个动画关键帧。

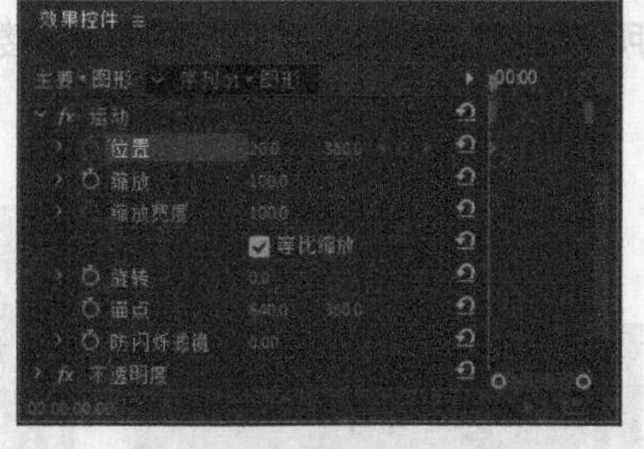

图9-32

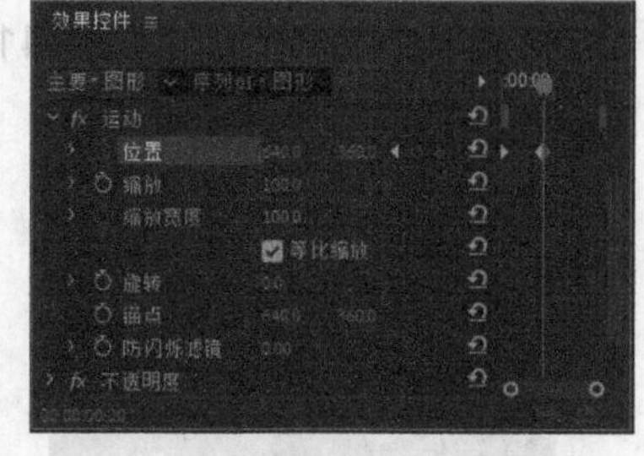

图9-33

04 将播放指示器放置在00:00:01:06的位置。将“位置”设置为640.0和332.0，如图9-34所示，记录第3个动画关键帧。用框选的方法将“位置”需要的关键帧选取，在关键帧上单击鼠标右键，在弹出的菜单中选择“临时插值 > 贝塞尔曲线”命令，效果如图9-35所示。

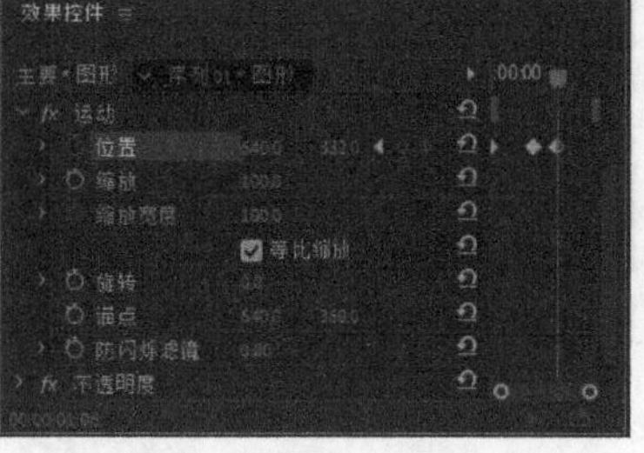

图9-34

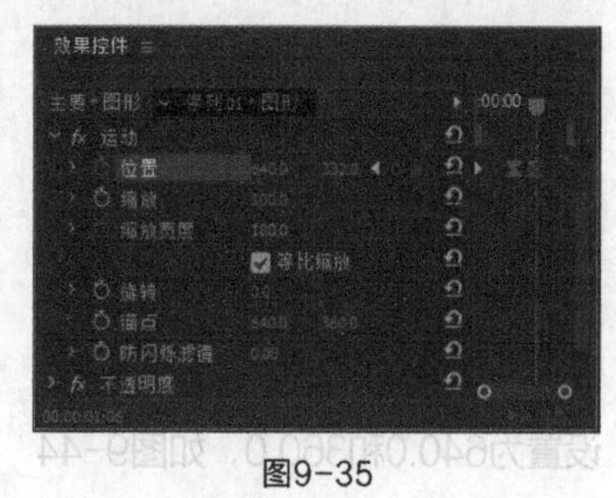

图9-35

05 将鼠标指针放在“舞动”文件的结束位置，当鼠标指针呈状时，向左拖曳鼠标到“01”文件的结束位置，如图9-36所示。将播放指示器放置在0s的位置。在“时间轴”面板的空白处单击，取消文件的选取状态，如图9-37所示。

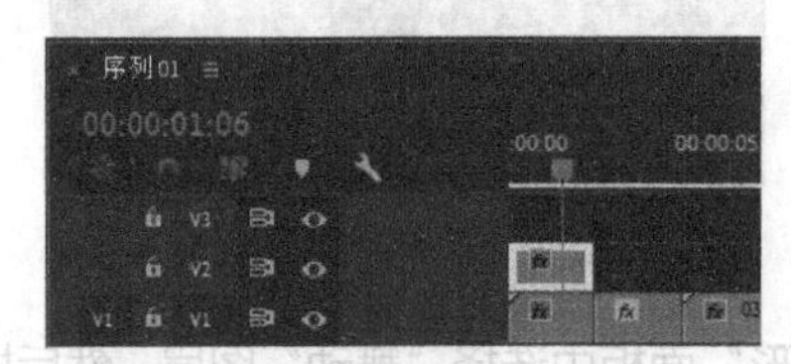

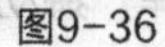
图9-36

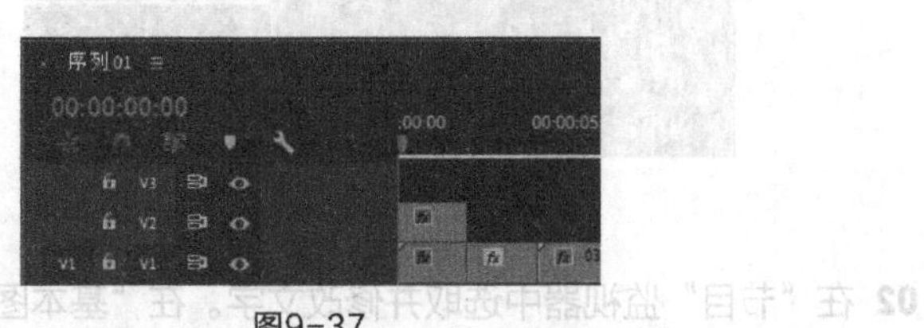

图9-37

06 在“基本图形”面板中切换到“编辑”选项卡，单击“新建图层”按钮，在弹出的菜单中选择“文本”命令。在“时间轴”面板的“视频3（V3）”轨道中生成“新建文本图层”文件，如图9-38所示。将鼠标指针放在文件的结束位置，当鼠标指针呈状时，向左拖曳鼠标到“01”文件的结束位置，如图9-39所示。

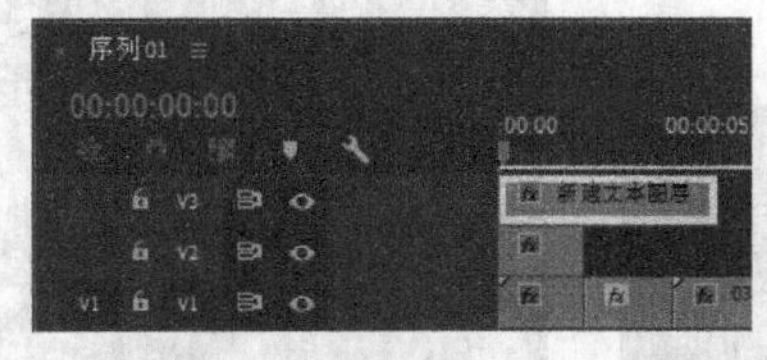

图9-38

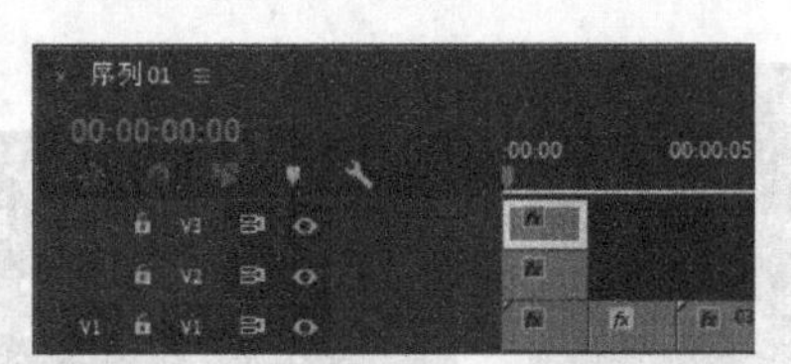

图9-39

07 在“节目”监视器中选取并修改文字。在“基本图形”面板中选择“人生”图层，然后按图9-40所示设置“文本”栏中的参数，按图9-41所示设置“对齐并变换”栏中的参数。此时“节目”监视器中的效果如图9-42所示。

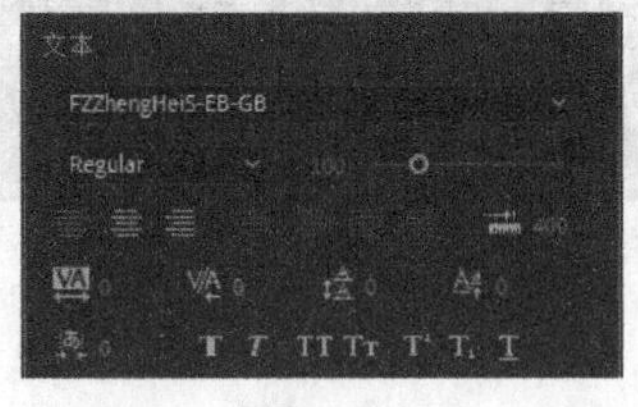

图9-40

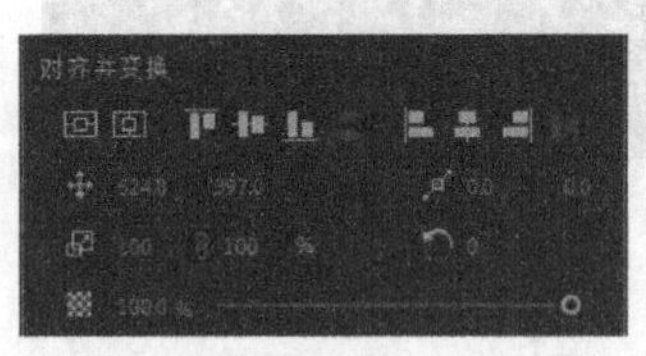

图9-41

图9-42

08 在“效果控件”面板中展开“运动”选项，将“位置”设置为1294.0和360.0，单击“位置”左侧的“切换动画”按钮，如图9-43所示，记录第1个动画关键帧。将播放指示器放置在00:00:00:20的位置。将“位置”设置为640.0和360.0，如图9-44所示，记录第2个动画关键帧。

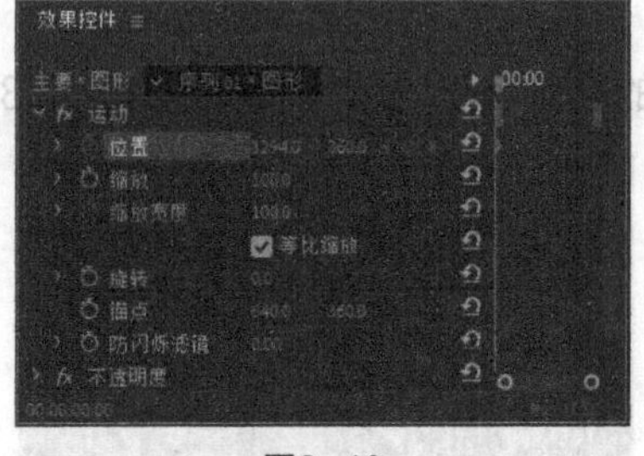

图9-43

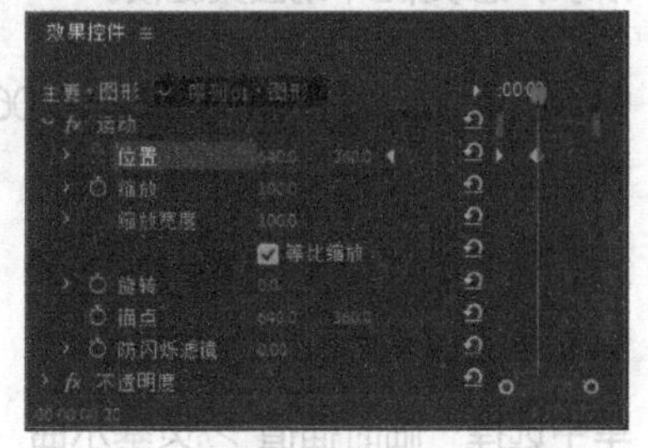

图9-44

09 将播放指示器放置在00:00:01:06的位置。将“位置”设置为640.0和380.0，如图9-45所示，记录第3个动画关键帧。用框选的方法将“位置”需要的关键帧选取，在关键帧上单击鼠标右键，在弹出的菜单中选择“临时插值 > 贝塞尔曲线”命令，效果如图9-46所示。在“时间轴”面板的空白处单击，取消文件的选取状态。

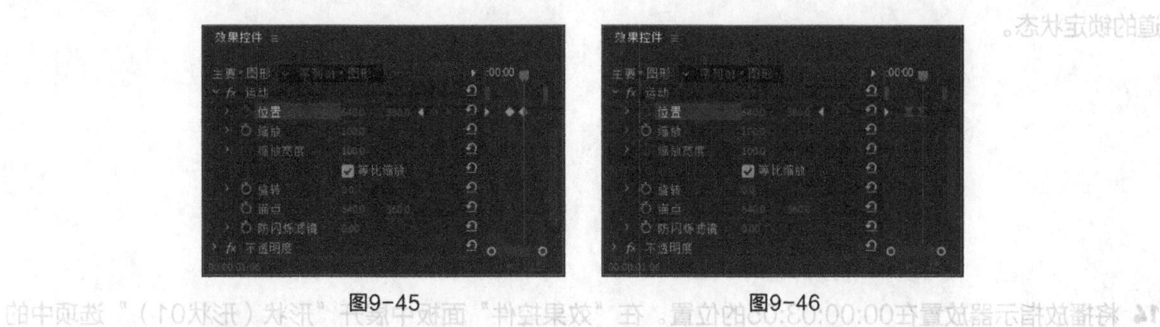

图9-45

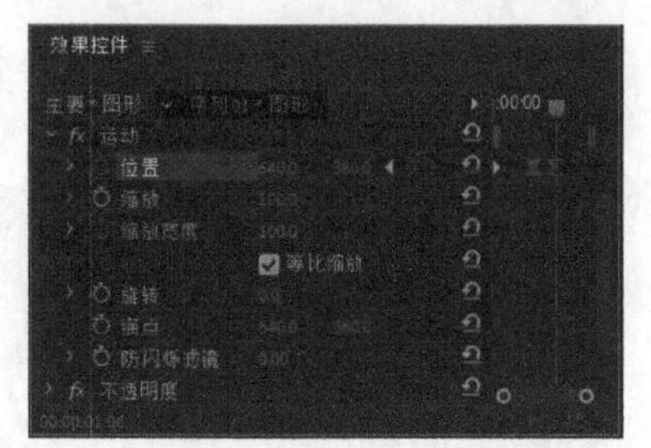

图9-46

10 将播放指示器放置在00:00:03:05的位置。在“基本图形”面板中切换到“编辑”选项卡，单击“新建图层”按钮，在弹出的菜单中选择“矩形”命令，在“节目”监视器中绘制一个矩形，如图9-47所示。在“时间轴”面板的“视频2（V2）”轨道中生成“图形”文件，如图9-48所示。

图9-47

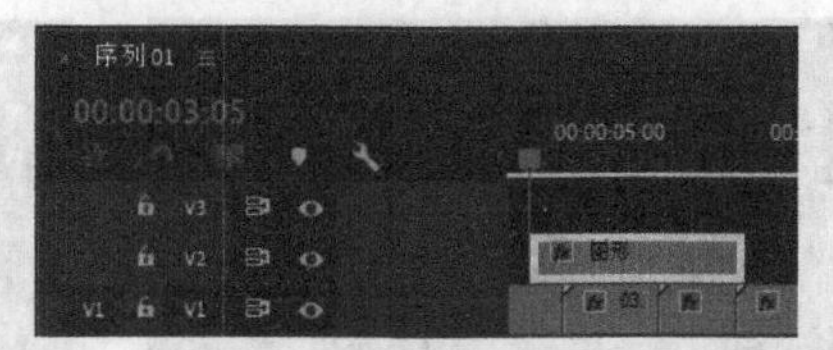

图9-48

11 将鼠标指针放在“图形”文件的结束位置，当鼠标指针呈状时，向左拖曳鼠标到“02”文件的结束位置，如图9-49所示。在“节目”监视器中调整矩形，效果如图9-50所示。

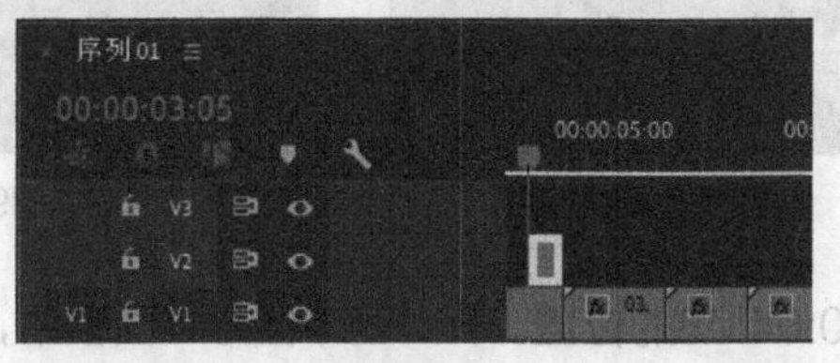

图9-49

图9-50

12 在“效果控件”面板中展开“形状（形状01）”选项中的“变换”选项，将“位置”设置为636.7和750.9，单击“位置”左侧的“切换动画”按钮，其他选项的设置如图9-51所示，记录第1个动画关键帧。将播放指示器放置在00:00:04:00的位置。将“位置”设置为636.7和409.9，如图9-52所示，记录第2个动画关键帧。

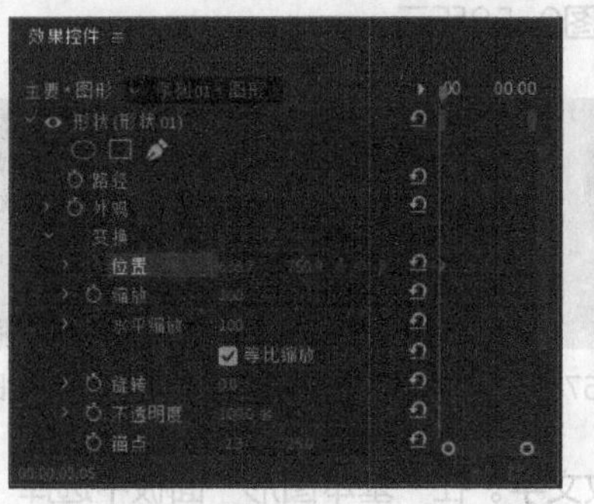

图9-51

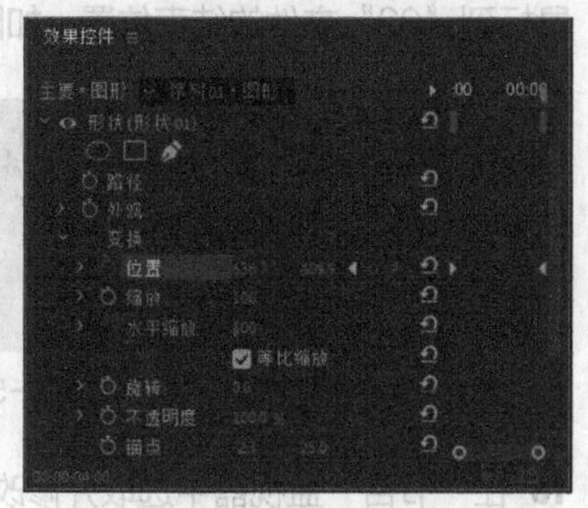

图9-52

13 将播放指示器放置在00:00:03:05的位置。按Ctrl+C快捷键，复制文字图形。单击“视频1（V1）”和“视频2（V2）”轨道左侧的“切换轨道锁定”按钮，锁定轨道，如图9-53所示。按Ctrl+V快捷键，将文字图形粘贴到“视频3（V3）”轨道中，如图9-54所示。取消“视频1（V1）”和“视频2（V2）”轨道的锁定状态。

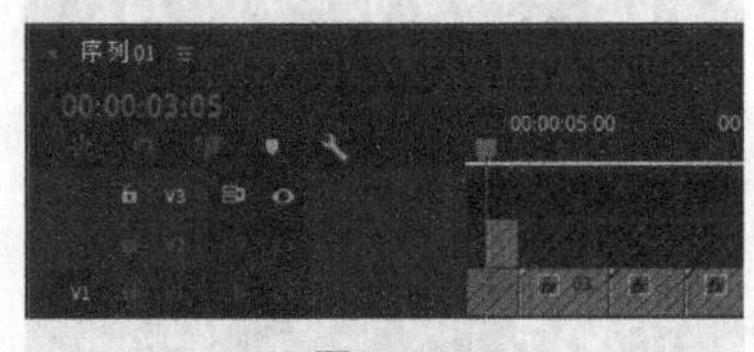

图9-53

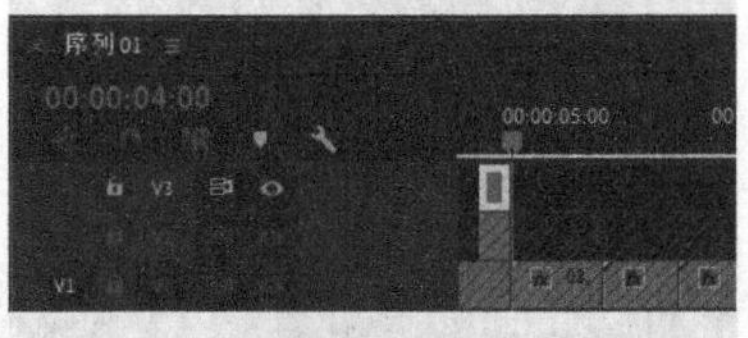

图9-54

14 将播放指示器放置在00:00:03:05的位置。在“效果控件”面板中展开“形状（形状01）”选项中的“变换”选项，将“位置”设置为636.7和-330.1，如图9-55所示，修改第1个动画关键帧。将播放指示器放置在00:00:04:00的位置。将“位置”设置为636.7和22.9，如图9-56所示，修改第2个动画关键帧。在“时间轴”面板的空白处单击，取消文件的选取状态。

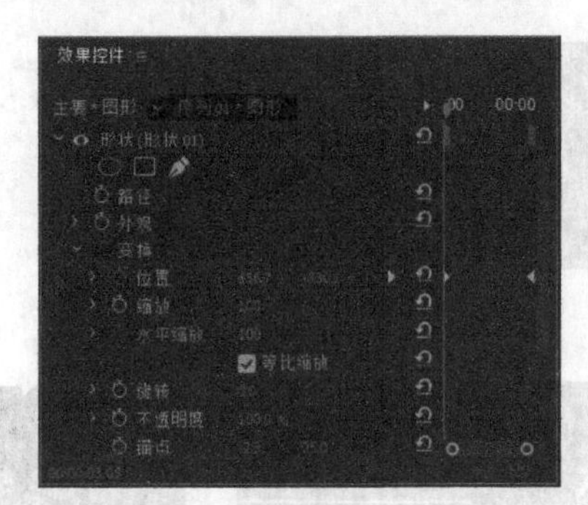

图9-55

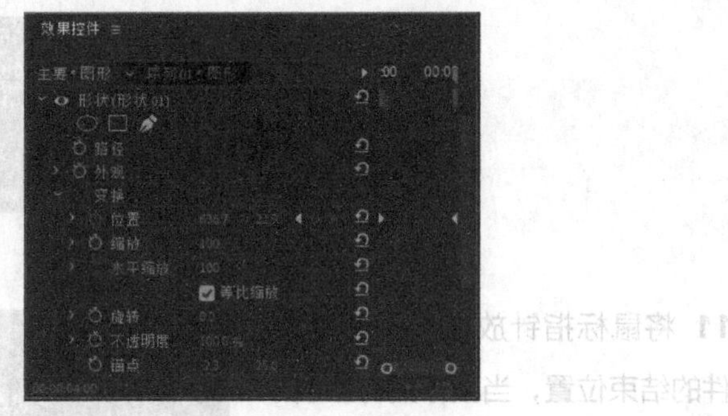

图9-56

15 将播放指示器放置在00:00:04:08的位置。在“基本图形”面板中，切换到“编辑”选项卡，单击“新建图层”按钮，在弹出的菜单中选择“文本”命令。在“时间轴”面板的“视频2（V2）”轨道中生成“新建文本图层”文件，如图9-57所示。将鼠标指针放在文件的结束位置，当鼠标指针呈状时，向左拖曳鼠标到“03”文件的结束位置，如图9-58所示。

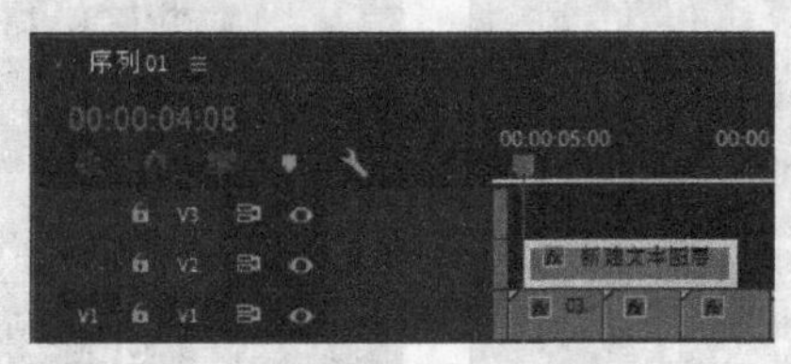

图9-57

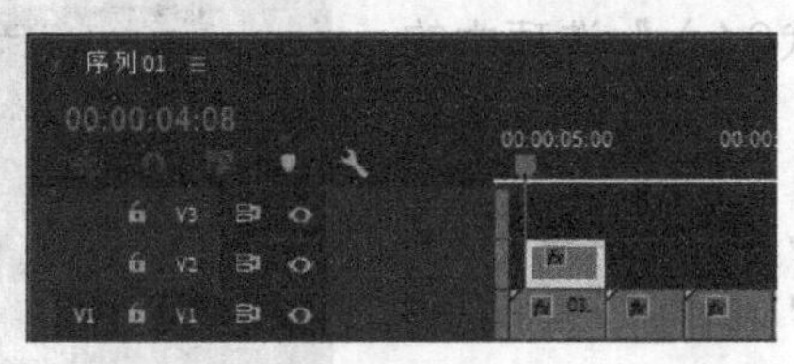

图9-58

16 在“节目”监视器中选取并修改文字。在“基本图形”面板中选择“舞蹈是……”图层，然后按图9-59所示设置“文本”栏中的参数，按图9-60所示设置“对齐并变换”栏中的参数。此时“节目”监视器中的效果如图9-61所示。

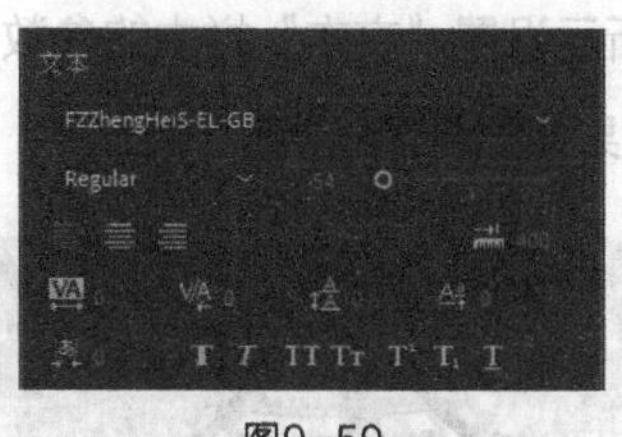

图9-59

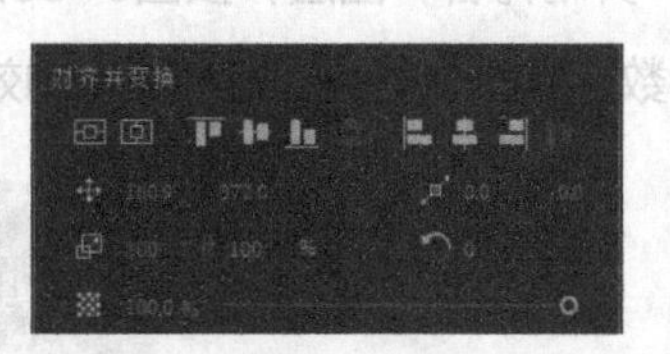

图9-60

图9-61

17 在“效果控件”面板中展开“运动”选项，将“位置”设置为640.0和360.0，“缩放”设置为0，单击“位置”和“缩放”左侧的“切换动画”按钮，如图9-62所示，记录第1个动画关键帧。将播放指示器放置在00:00:04:22的位置。将“缩放”设置为100.0，如图9-63所示，记录第2个动画关键帧。

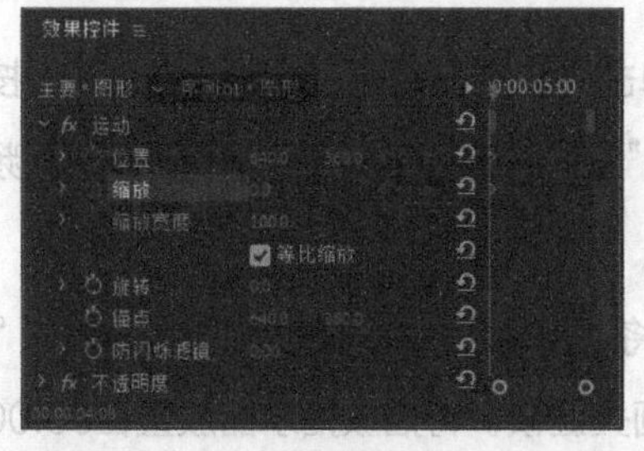

图9-62

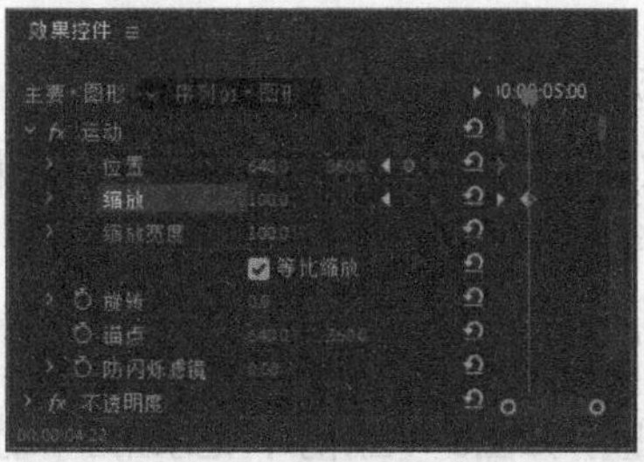

图9-63

18 将播放指示器放置在00:00:06:02的位置。将“位置”设置为843.0和360.0，如图9-64所示，记录第2个动画关键帧。在“时间轴”面板的空白处单击，取消文件的选取状态。将播放指示器放置在00:00:10:06的位置。在“基本图形”面板中，切换到“编辑”选项卡，单击“新建图层”按钮，在弹出的菜单中选择“文本”命令。在“时间轴”面板的“视频2（V2）”轨道中生成“新建文本图层”文件，如图9-65所示。将鼠标指针放在文件的结束位置，当鼠标指针呈状时，向左拖曳鼠标到“06”文件的结束位置，如图9-66所示。

19 在“节目”监视器中选取并修改文字，如图9-67所示。

图9-64

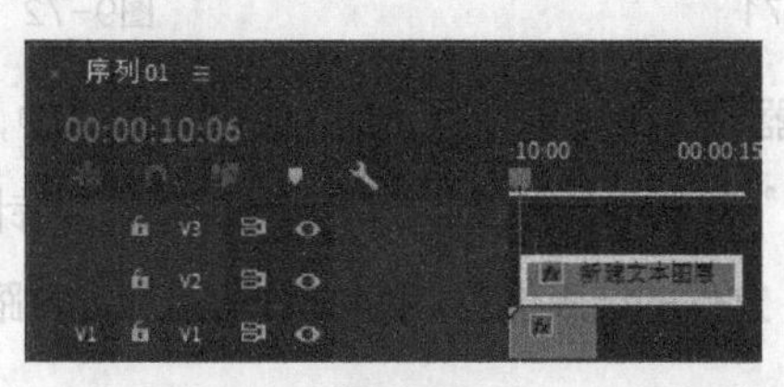

图9-65

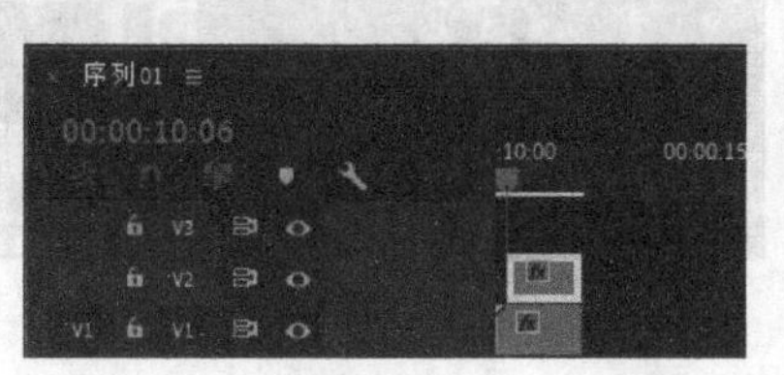

图9-66

图9-67

20 在“基本图形”面板中选择“舞者，舞动青春”图层，按图9-68所示设置“文本”栏中的参数，按图9-69所示设置“对齐并变换”栏中的参数。此时“节目”监视器中的效果如图9-70所示。

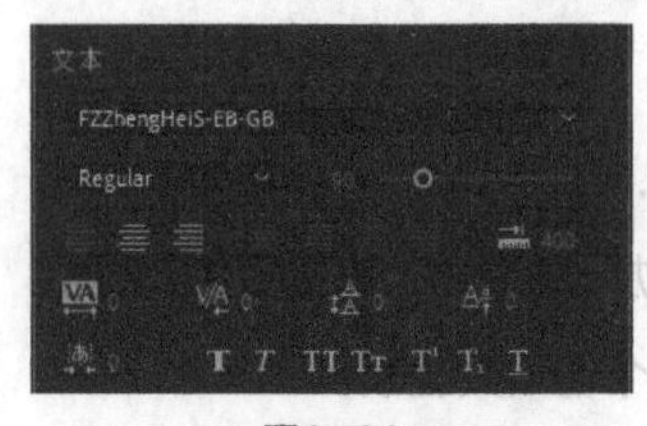

图9-68

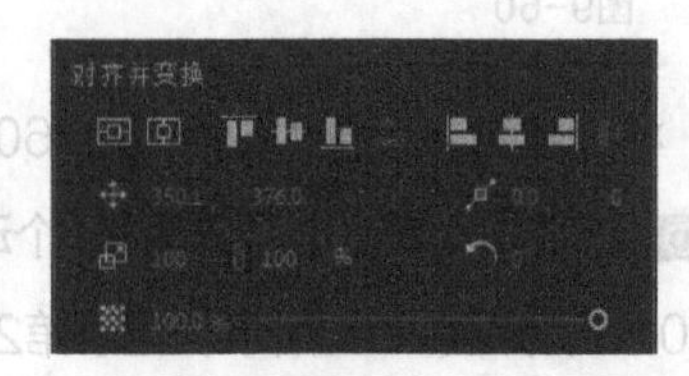

图9-69

图9-70

21 在“效果”面板中展开“视频效果”分类选项，单击“模糊与锐化”文件夹前面的▶按钮将其展开，选中“高斯模糊”效果，如图9-71所示。将“高斯模糊”效果拖曳到“时间轴”面板“视频2（V2）”轨道中的“舞者，舞动青春”文件上。

22 在“效果控件”面板中展开“高斯模糊”选项，将“模糊度”设置为400.0，单击“模糊度”左侧的“切换动画”按钮⏱，如图9-72所示，记录第1个动画关键帧。将播放指示器放置在00:00:11:00的位置。将“模糊度”设置为0，如图9-73所示，记录第2个动画关键帧。

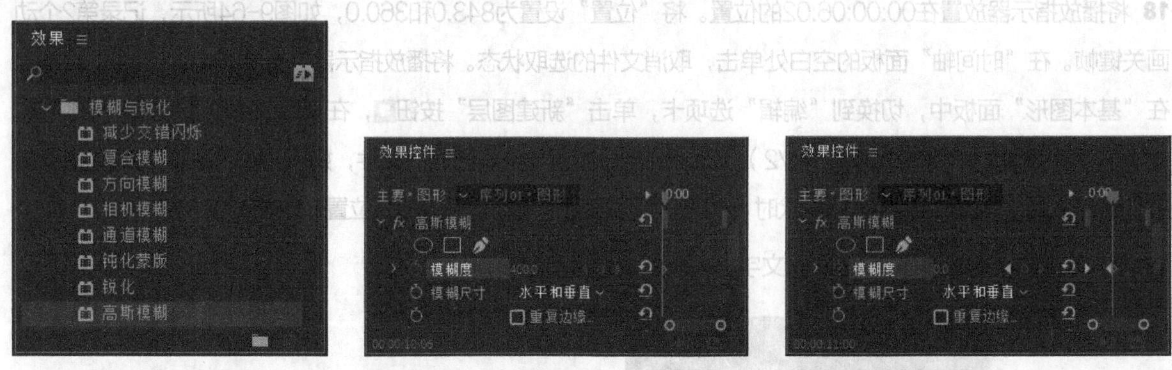

图9-71

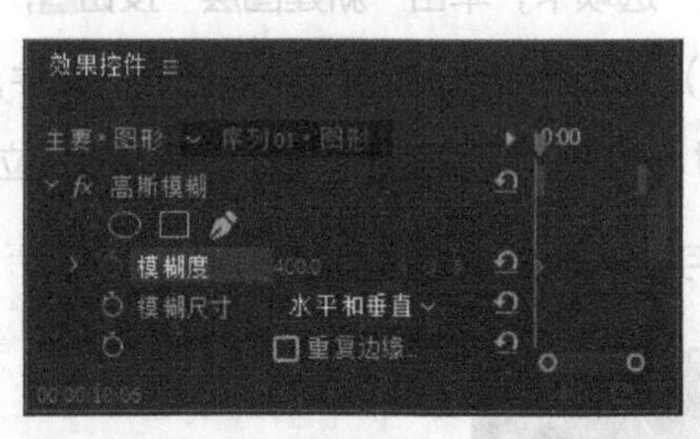

图9-72

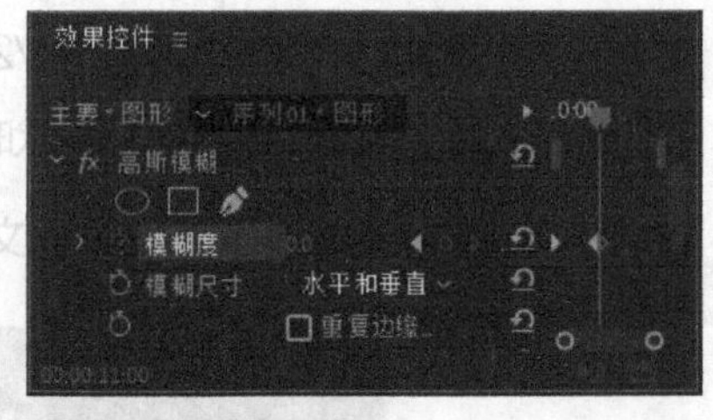

图9-73

23 将播放指示器放置在0s的位置。在“项目”面板中，选中“07”文件并将其拖曳到“时间轴”面板中的“音频1（A1）”轨道中，如图9-74所示。将鼠标指针放在文件的结束位置，当鼠标指针呈◀状时，向左拖曳鼠标到“06”文件的结束位置，如图9-75所示。舞蹈赛事节目包装制作完成。

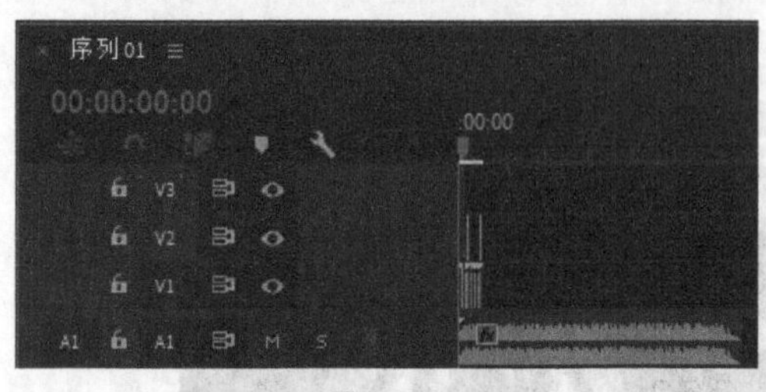

图9-74

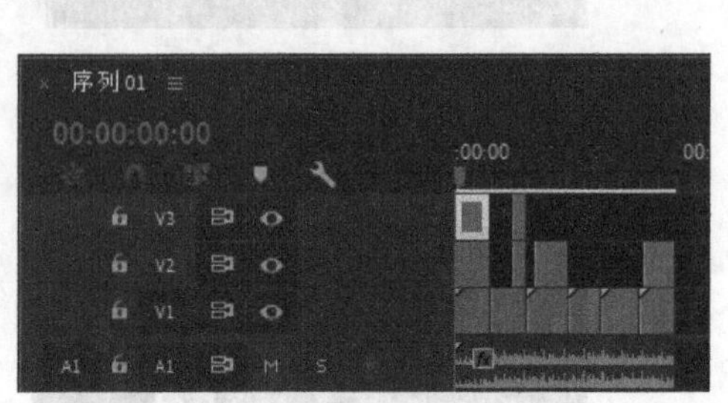

图9-75

课堂练习1——玩具城宣传片

练习1.1　项目背景及要求

❶ 客户名称

趣味玩具城。

❷ 客户需求

趣味玩具是一家玩具制造厂，玩具种类多样且追求卓越的品质，坚持为顾客持续提供新颖优质的智能、娱乐产品。本例是为玩具城做宣传片，要求以动画的方式展现出玩具城带给游客的欢乐、放松感。

❸ 设计要求

（1）画面以动画的形式进行表述。

（2）内容以玩具城的各类产品为主要内容。

（3）使用暖色的片头烘托出明亮、健康、温暖的氛围。

（4）要求整个设计充满特色，让人印象深刻。

（5）设计规格为1280h × 720v(1.0940)，25.00帧/秒，方形像素(1.0)。

练习1.2　项目素材及制作要点

❶ 素材资源

图片素材所在位置：本书学习资源中的“Ch09\玩具城宣传片\素材\01~07”。

❷ 作品参考

设计作品所在位置：本书学习资源中的“Ch09\玩具城宣传片\玩具城宣传片.prproj”，完成效果如图9-76所示。

❸ 制作要点

使用“效果控件”面板编辑视频并制作动画效果，使用“速度/持续时间”调整视频素材的持续时间，使用“中心拆分”“叠加溶解”“页面剥落”“菱形划像”效果制作视频之间的过渡，使用“颜色键”抠出魔方。

图9-76

课堂练习2——儿童天地电子相册

练习2.1 项目背景及要求

❶ 客户名称

儿童教育网站。

❷ 客户需求

儿童教育网站是一家以儿童教育为主的网站，网站中的内容充满知识性和趣味性，使孩子能够在乐趣中学习知识。要求进行儿歌天地节目的制作，设计要符合儿童的喜好，避免出现成人化现象，保持童真和乐趣。

❸ 设计要求

（1）设计要以儿童喜欢的元素为主导。

（2）设计时要使用不同文字和装饰图案来体现童趣，表现设计特色。

（3）画面色彩要符合童真的特点，使用大胆而丰富的色彩，丰富画面效果。

（4）设计要营造出欢快愉悦的氛围，能够引起儿童的好奇及兴趣。

（5）设计规格为1280h×720v(1.0940)，25.00帧/秒，方形像素(1.0)。

练习2.2 项目素材及制作要点

❶ 素材资源

图片素材所在位置：本书学习资源中的“Ch09\儿童天地电子相册\素材\01～09”。

❷ 效果展示

设计作品所在位置：本书学习资源中的“Ch09\儿童天地电子相册\儿童天地电子相册.prproj”，完成效果如图9-77所示。

❸ 制作要点

使用“导入”命令导入素材文件，使用“效果控件”面板调整素材文件的位置、缩放和旋转，并制作动画，使用“交叉缩放”效果制作素材文件之间的过渡。

图9-77

课后习题1——汽车宣传广告

习题1.1 项目背景及要求

❶ 客户名称

安迪4S店。

❷ 客户需求

安迪4S店是一家集汽车销售、零配件、维修养护与信息反馈为一体的汽车4S连锁店，以优质的汽车产品和严谨的服务态度闻名于世。目前要制作宣传广告，要求以简洁直观的表现手法体现出产品的技术与特色。

❸ 设计要求

（1）要求使用深色的背景营造出静谧的氛围，起到衬托的作用。

（2）宣传主体要醒目突出，能合理地融入设计，增强画面的整体感和空间感。

（3）文字设计要醒目突出，能起到均衡画面的作用。

（4）整个设计简洁直观，同时能体现出品质感。

（5）设计规格为1280h × 720v(1.0940)，25.00帧/秒，方形像素(1.0)。

习题1.2 项目素材及制作要点

❶ 素材资源

图片素材所在位置：本书学习资源中的“Ch09\汽车宣传广告\素材\01~08”。

❷ 作品参考

设计作品所在位置：本书学习资源中的“Ch09\汽车宣传广告\汽车宣传广告.prproj”，完成效果如图9-78所示。

❸ 制作要点

使用“导入”命令导入素材文件，使用“效果控件”面板编辑视频的位置、缩放和不透明度，并制作动画，使用“推”“交叉缩放”“时钟式擦除”“随机块”“双侧平推门”效果制作素材文件之间的过渡。

图9-78

课后习题2——旅游节目包装

习题2.1 项目背景及要求

❶ 客户名称

盘水电视台。

❷ 客户需求

盘水电视台是一家介绍新闻资讯、影视娱乐、社科动漫、时尚信息和生活服务等信息的综合性电视台。本案例要为电视台制作旅游节目包装，要求符合宣传主题，能够体现出丰富多彩的旅游景点和休闲舒适的生活氛围。

❸ 设计要求

（1）设计要以旅游景色元素为主导。

（2）设计形式要简洁明晰，能表现节目包装的特色。

（3）画面色彩要真实，给人自然舒适的印象。

（4）设计风格醒目、直观，能够让人产生向往之情。

（5）设计规格为1280h×720v(1.0940)，25.00帧/秒，方形像素(1.0)。

习题2.2 项目素材及制作要点

❶ 素材资源

图片素材所在位置：本书学习资源中的“Ch09\旅游节目包装\素材\01~07”。

❷ 作品参考

设计作品所在位置：本书学习资源中的“Ch09\旅游节目包装\旅游节目包装.prproj”，完成效果如图9-79所示。

❸ 制作要点

使用“导入”命令导入素材文件，使用“效果控件”面板编辑视频文件的大小并制作动画，使用“颜色平衡”效果、“高斯模糊”效果和“色阶”效果制作视频文件效果，使用“基本图形”面板添加文字和图形，并制作动画。

图9-79

9.2 英文歌曲MV

9.2.1 项目背景及要求

❶ 客户名称

儿童教育网站。

❷ 客户需求

儿童教育网站是一家以儿童教学为主的网站，网站中的内容充满知识性和趣味性。现在要为网站进行英文歌曲MV的制作，要求设计符合儿童的喜好，避免出现成人化现象，能展示出歌曲的主题。

❸ 设计要求

（1）设计要以歌曲主题照片为主导。

（2）设计要有层次感，能表现歌曲的特色。

（3）画面色彩要对比强烈，使画面具有视觉冲击力。

（4）设计风格具有特色，能够让人一目了然、印象深刻。

（5）设计规格为1280h × 720v(1.0940)，25.00帧/秒，方形像素(1.0)。

9.2.2 项目素材及制作要点

❶ 素材资源

图片素材所在位置：本书学习资源中的“Ch09\英文歌曲MV\素材\01~10”。

❷ 作品参考

设计作品所在位置：本书学习资源中的“Ch09\英文歌曲MV\英文歌曲MV.prproj”，完成效果如图9-80所示。

❸ 制作要点

使用“旧版标题”命令添加并编辑文字，使用“效果控件”面板编辑视频的位置、缩放和不透明度，制作图片和文字的动画，使用“效果”面板制作素材之间的过渡效果。

图9-80

9.2.3 案例制作步骤

01 启动Premiere Pro 2020软件，选择“文件 > 新建 > 项目”命令，弹出“新建项目”对话框，如图9-81所示，单击“确定”按钮，新建项目。选择“文件 > 新建 > 序列”命令，弹出“新建序列”对话框，单击“设置”选项卡，设置如图9-82所示，单击“确定”按钮，新建序列。

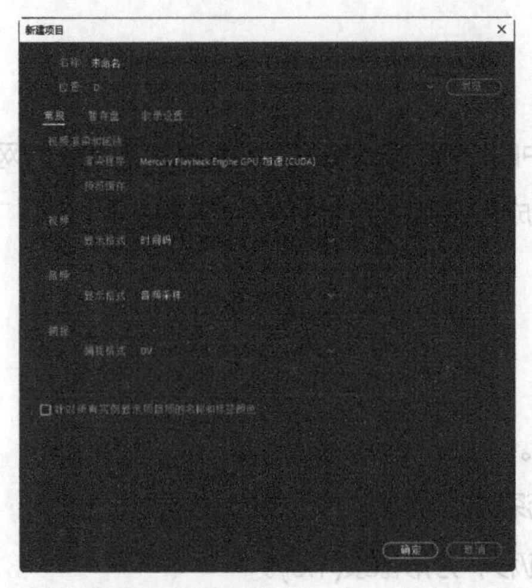

图9-81

图9-82

02 选择“文件 > 导入”命令，弹出“导入”对话框，选择本书学习资源中的“Ch09\英文歌曲MV\素材\01~10”文件，如图9-83所示，单击“打开”按钮，将素材文件导入 “项目”面板中，如图9-84所示。

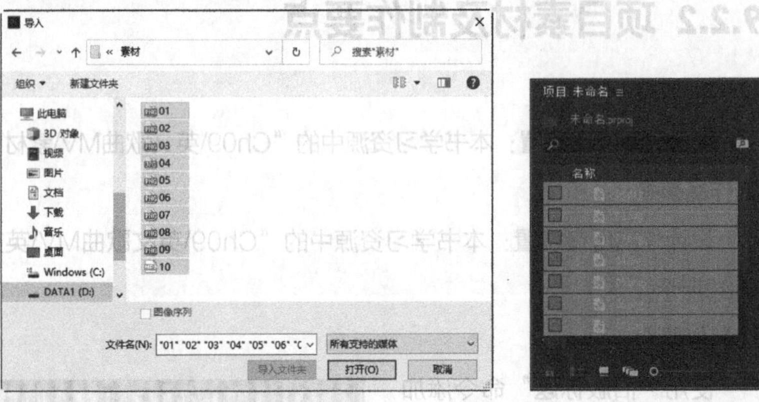

图9-83

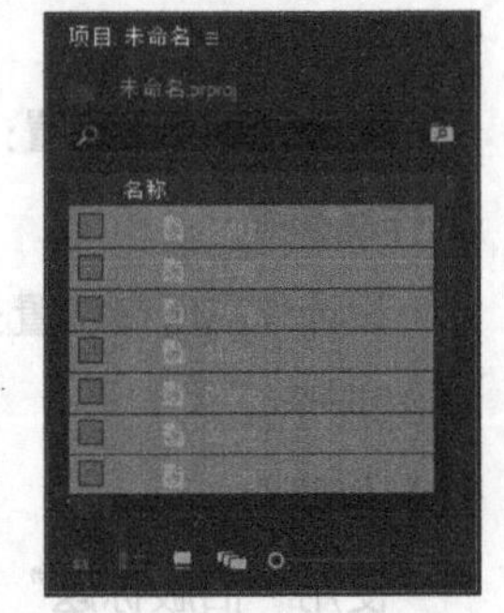

图9-84

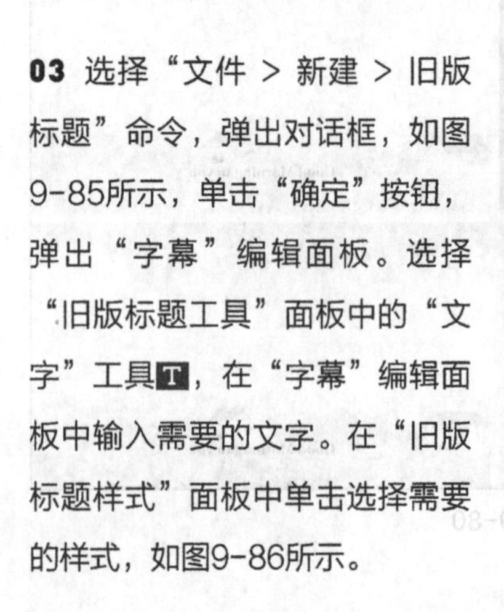

03 选择“文件 > 新建 > 旧版标题”命令，弹出对话框，如图9-85所示，单击“确定”按钮，弹出“字幕”编辑面板。选择“旧版标题工具”面板中的“文字”工具T，在“字幕”编辑面板中输入需要的文字。在“旧版标题样式”面板中单击选择需要的样式，如图9-86所示。

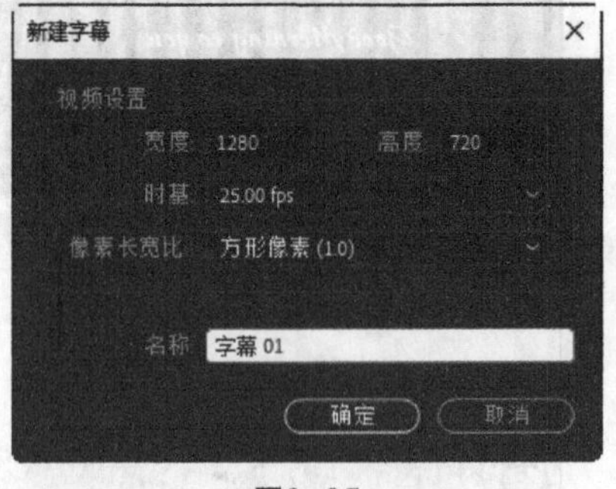

图9-85

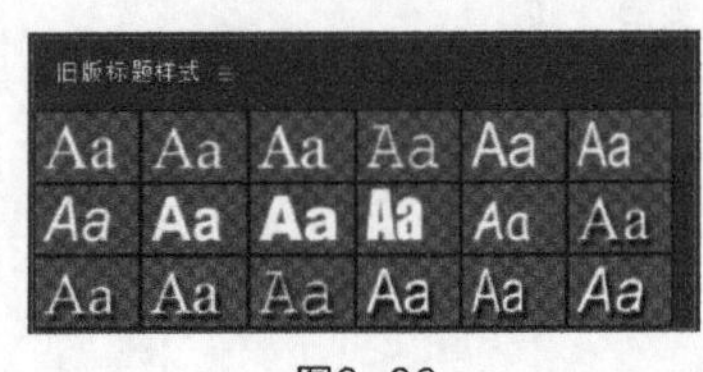

图9-86

04 在“旧版标题属性”面板中展开“属性”栏，选项的设置如图9-87所示，“字幕”面板中的效果如图9-88所示。关闭字幕编辑面板，新建的字幕文件自动保存到“项目”面板中。用相同的方法制作其他文字，“项目”面板中的效果如图9-89所示。

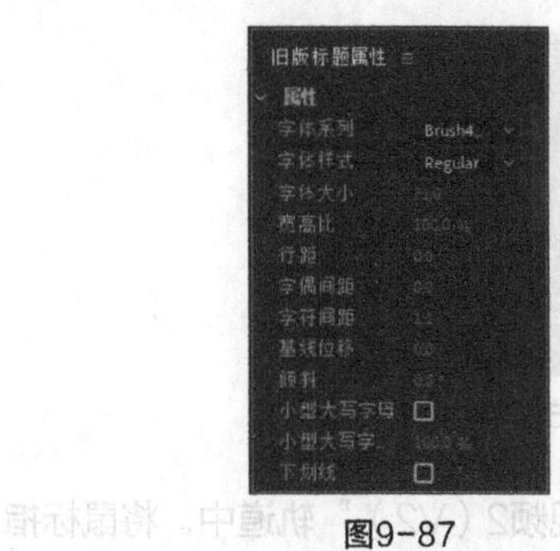

图9-87

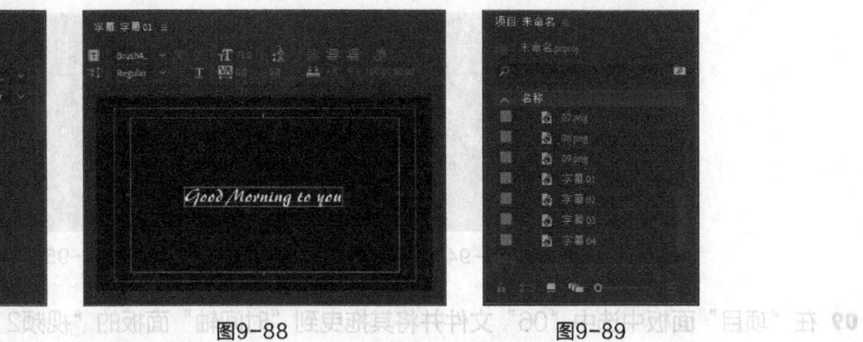

图9-88

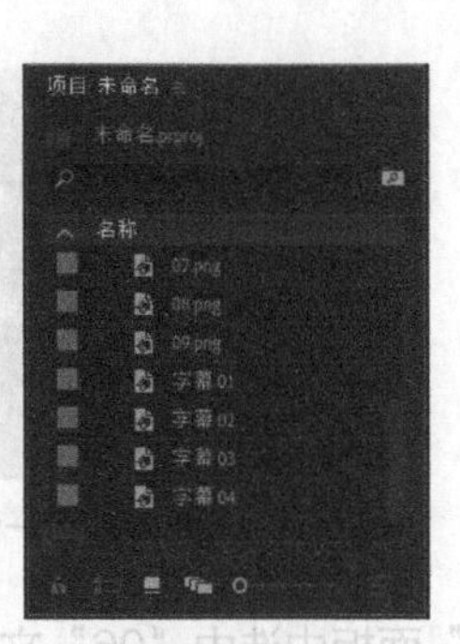

图9-89

05 在“项目”面板中选中“04”文件并将其拖曳到“时间轴”面板的“视频1（V1）”轨道中。将时间标签放置在00:00:24:11的位置。将鼠标指针放在“04”文件的结束位置，当鼠标指针呈◀状时，向右拖曳鼠标到00:00:24:11的位置上，如图9-90所示。

06 在“项目”面板中选中“03”文件并将其拖曳到“时间轴”面板的“视频2（V2）”轨道中。将时间标签放置在00:00:06:21的位置。将鼠标指针放在“03”文件的结束位置，当鼠标指针呈◀状时，向右拖曳鼠标到00:00:06:21的位置，如图9-91所示。

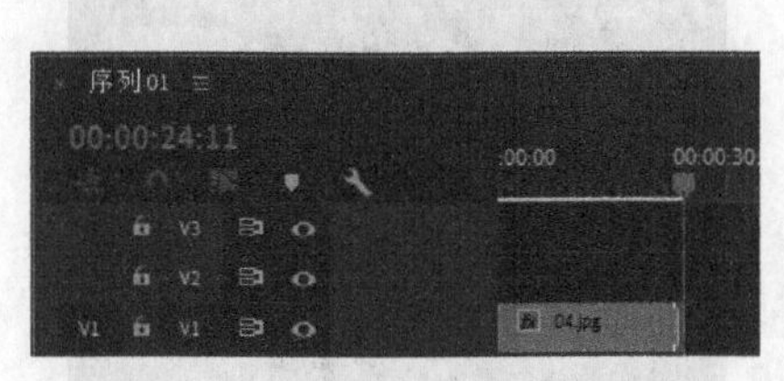

图9-90

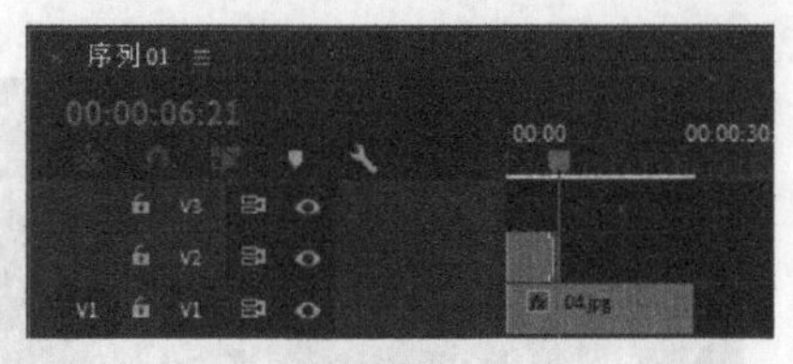

图9-91

07 将时间标签放置在00:00:03:04的位置。选中“视频2（V2）”轨道中的“03”文件。在“效果控件”面板中展开“运动”选项，将“位置”选项设置为948.0和361.0，单击“位置”选项左侧的“切换动画”按钮⏱，如图9-92所示，记录第1个动画关键帧。将时间标签放置在00:00:06:12的位置。将“位置”选项设置为1609.0和361.0，如图9-93所示，记录第2个动画关键帧。

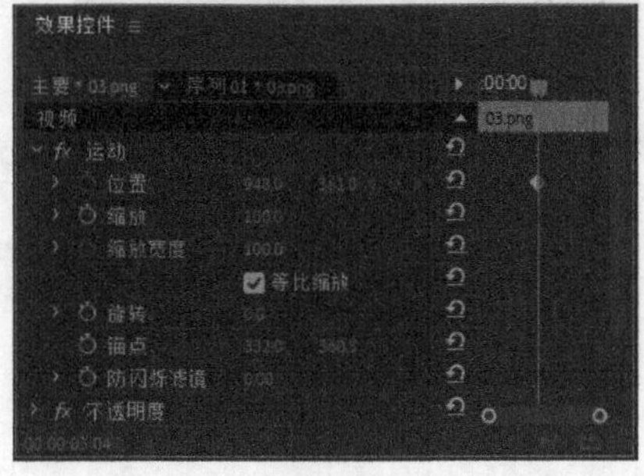

图9-92

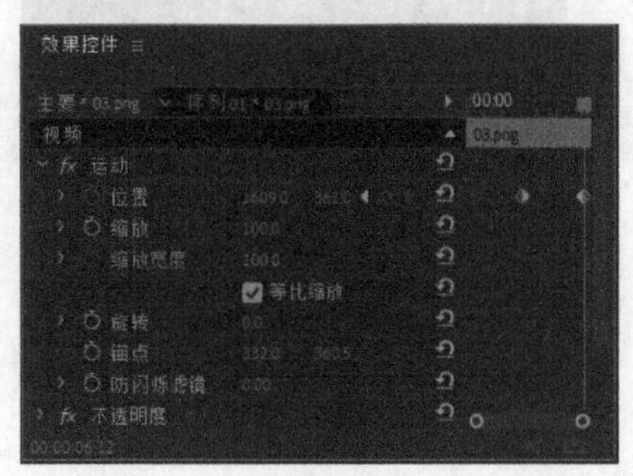

图9-93

08 将时间标签放置在00:00:05:09的位置。在“效果控件”面板中展开“不透明度”选项，单击选项右侧的“添加/移除关键帧”按钮◉，如图9-94所示，记录第1个动画关键帧。将时间标签放置在00:00:06:19的位置。将“不透明度”选项设置为0，如图9-95所示，记录第2个动画关键帧。

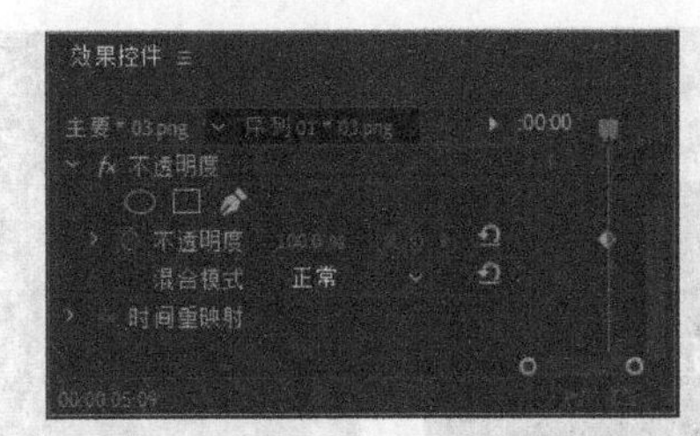

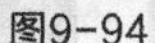

图9-94

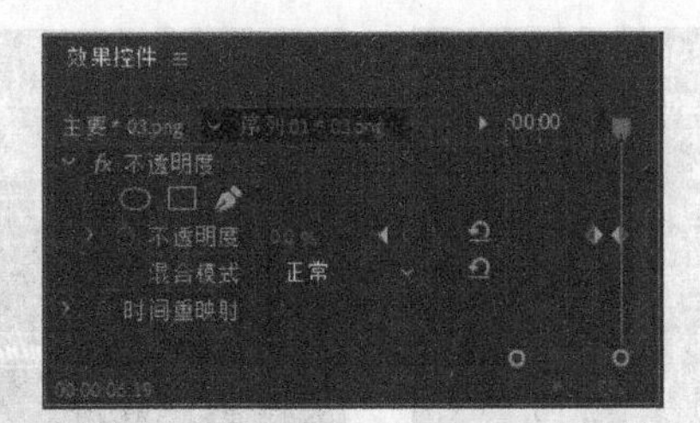

图9-95

09 在“项目”面板中选中“06”文件并将其拖曳到“时间轴”面板的“视频2（V2）”轨道中。将鼠标指针放在“06”文件的结束位置，当鼠标指针呈◀状时，向右拖曳鼠标到“04”文件的结束位置，如图9-96所示。

10 将时间标签放置在00:00:06:09的位置。选中“视频2（V2）”轨道中的“06”文件。在“效果控件”面板中展开“运动”选项，将“位置”选项设置为688.0和297.0，单击“位置”选项左侧的“切换动画”按钮⏱，如图9-97所示，记录第1个动画关键帧。

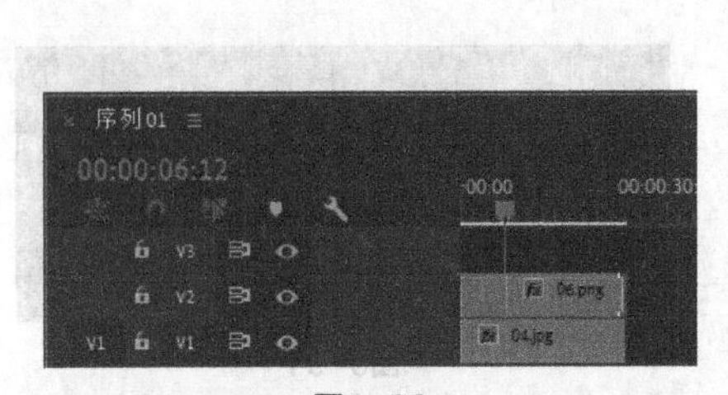

图9-96

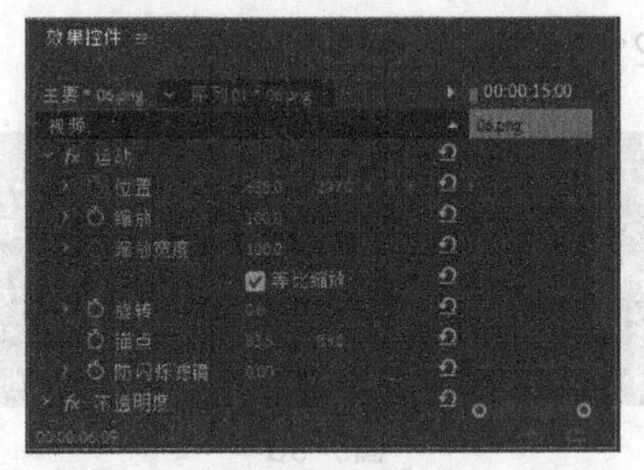

图9-97

11 将时间标签放置在00:00:09:04的位置。将“位置”选项设置为481.0和260.0，如图9-98所示，记录第2个动画关键帧。将时间标签放置在00:00:11:00的位置。将“位置”选项设置为412.0和204.0，如图9-99所示，记录第3个动画关键帧。

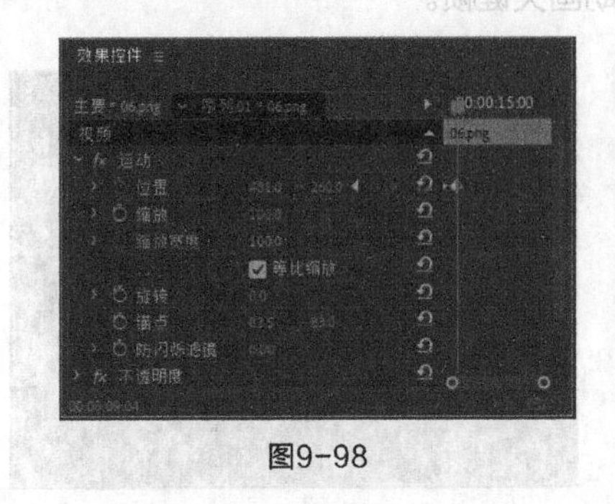

图9-98

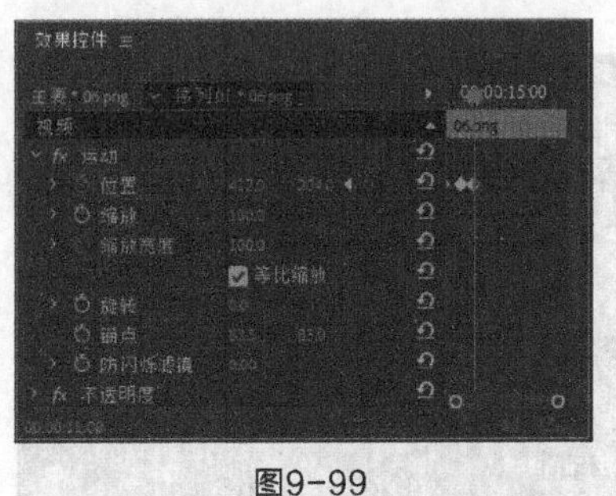

图9-99

12 在“效果”面板中展开“视频过渡”分类选项，单击“溶解”文件夹前面的三角形按钮将其展开，选中“交叉溶解”效果，如图9-100所示。将“交叉溶解”效果拖曳到“时间轴”面板中“03”文件和“06”文件连接的位置，如图9-101所示。

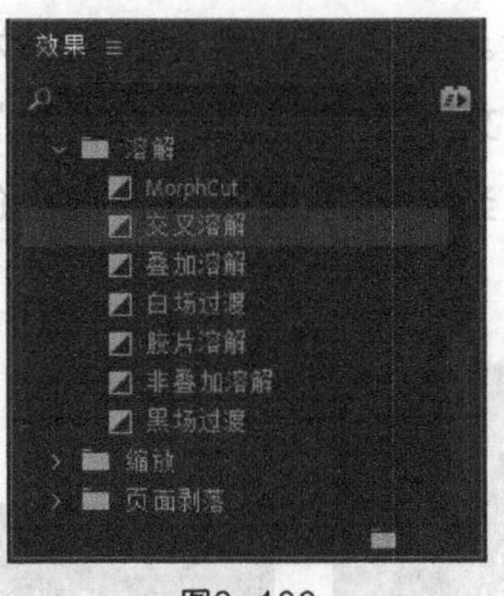

图9-100

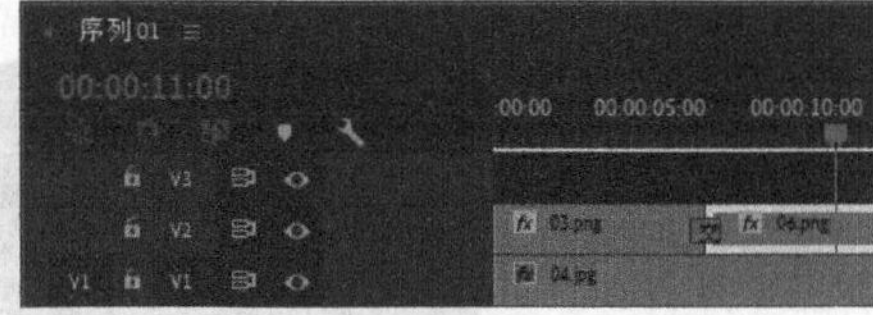

图9-101

13 将时间标签放置在0s的位置。在“项目”面板中选中“02”文件并将其拖曳到“时间轴”面板的“视频3（V3）”轨道中。将鼠标指针放在“02”文件的结束位置，当鼠标指针呈状时，向右拖曳鼠标到“03”文件的结束位置，如图9-102所示。

14 将时间标签放置在00:00:03:04的位置。选中“视频3（V3）”轨道中的“02”文件。在“效果控件”面板中展开“运动”选项，将“位置”选项设置为309.0和361.0，单击“位置”选项左侧的“切换动画”按钮，如图9-103所示，记录第1个动画关键帧。

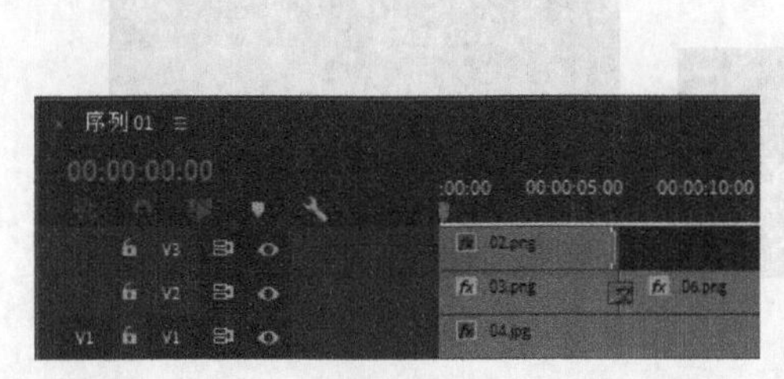

图9-102

图9-103

15 将时间标签放置在00:00:06:12的位置。将“位置”选项设置为-310.0和361.0，如图9-104所示，记录第2个动画关键帧。将时间标签放置在00:00:05:09的位置。在“效果控件”面板中展开“不透明度”选项，单击选项右侧的“添加/移除关键帧”按钮，如图9-105所示，记录第1个动画关键帧。

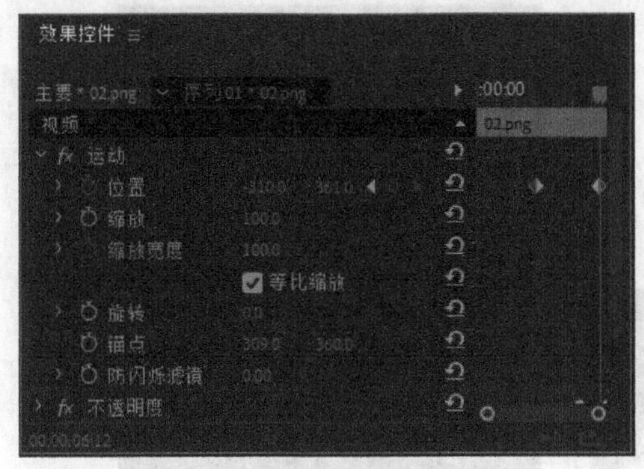

图9-104

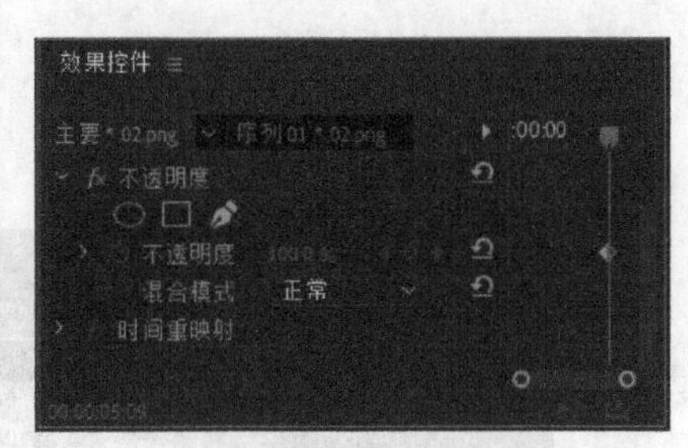

图9-105

16 将时间标签放置在00:00:06:19的位置。将“不透明度”选项设置为0，如图9-106所示，记录第2个动画关键帧。在“项目”面板中选中“05”文件并将其拖曳到“时间轴”面板的“视频3（V3）”轨道中。将鼠标指针放在“05”文件的结束位置，当鼠标指针呈◀状时，向右拖曳鼠标到“06”文件的结束位置，如图9-107所示。

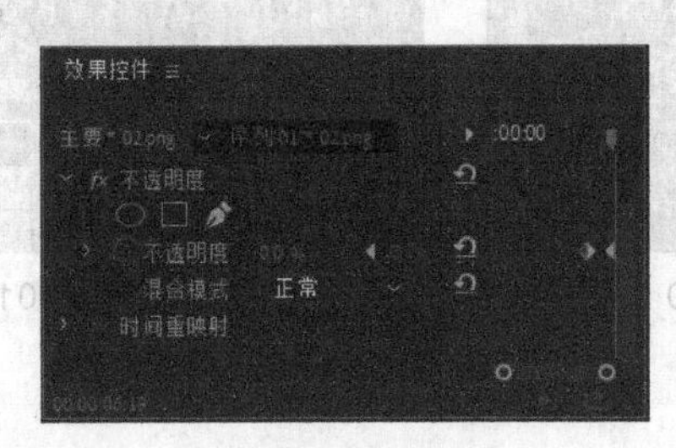

图9-106

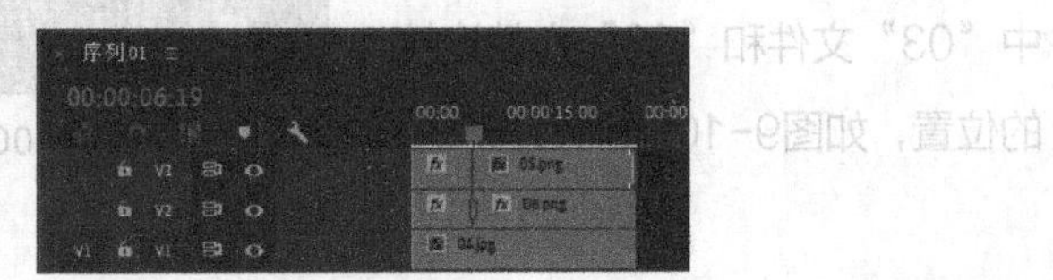

图9-107

17 在“效果”面板中选中“交叉溶解”效果，将“交叉溶解”效果拖曳到“时间轴”面板中“02”文件和“05”文件连接的位置，如图9-108所示。选择“序列 > 添加轨道”命令，在弹出的对话框中进行设置，如图9-109所示，单击“确定”按钮，在“时间轴”面板中添加4条视频轨道。

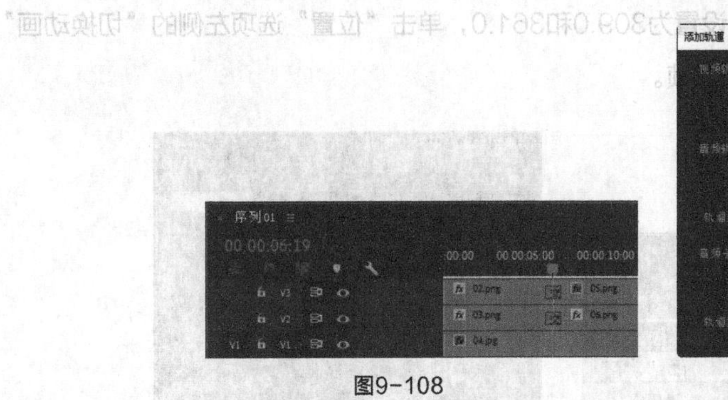

图9-108

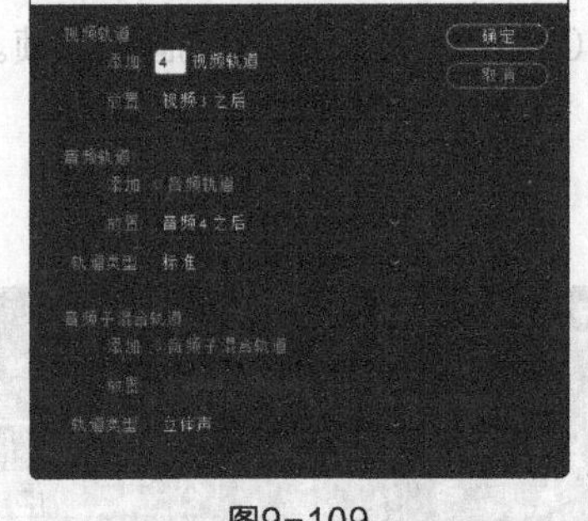

图9-109

18 在“项目”面板中选中“01”文件并将其拖曳到“时间轴”面板的“视频4（V4）”轨道中。将鼠标指针放在“01”文件的结束位置，当鼠标指针呈◀状时，向右拖曳鼠标到“02”文件的结束位置，如图9-110所示。选中“视频4（V4）”轨道中的“01”文件。在“效果控件”面板中展开“运动”选项，将“位置”选项设置为640.0和76.0，如图9-111所示。

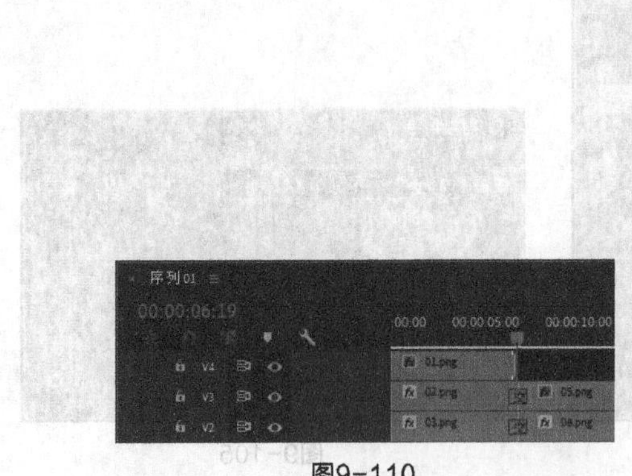

图9-110

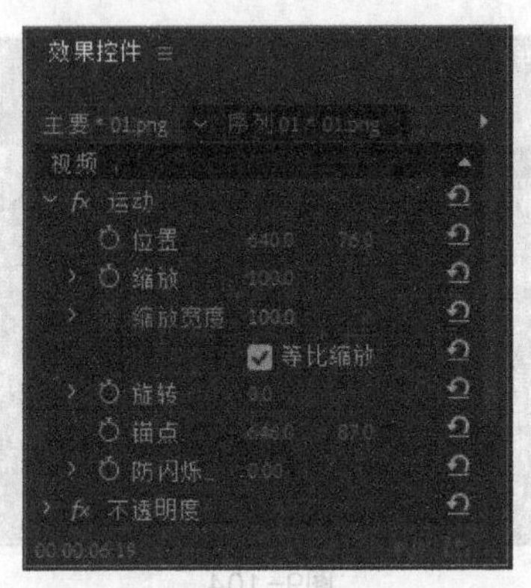

图9-111

19 将时间标签放置在00:00:05:09的位置。在“效果控件”面板中展开“不透明度”选项，单击选项右侧的“添加/移除关键帧”按钮◉，如图9-112所示，记录第1个动画关键帧。将时间标签放置在00:00:06:19的位置。将“不透明度”选项设置为0，如图9-113所示，记录第2个动画关键帧。

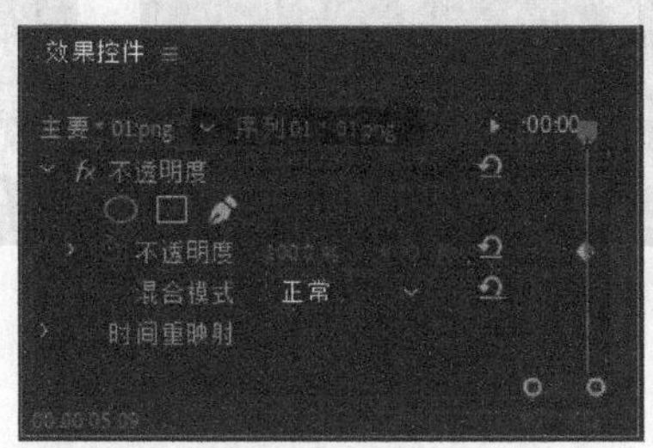

图9-112

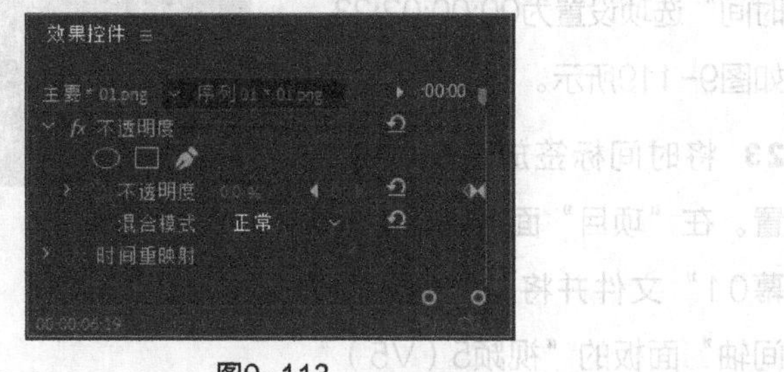

图9-113

20 将时间标签放置在00:00:12:01的位置。在“项目”面板中选中“07”文件并将其拖曳到“时间轴”面板的“视频4（V4）”轨道中。将鼠标指针放在“07”文件的结束位置，当鼠标指针呈◀状时，向右拖曳鼠标到“05”文件的结束位置，如图9-114所示。选中“视频4（V4）”轨道中的“07”文件。在“效果控件”面板中展开“运动”选项，将“位置”选项设置为640.0和653.0，“缩放”选项设置为110.0，如图9-115所示。

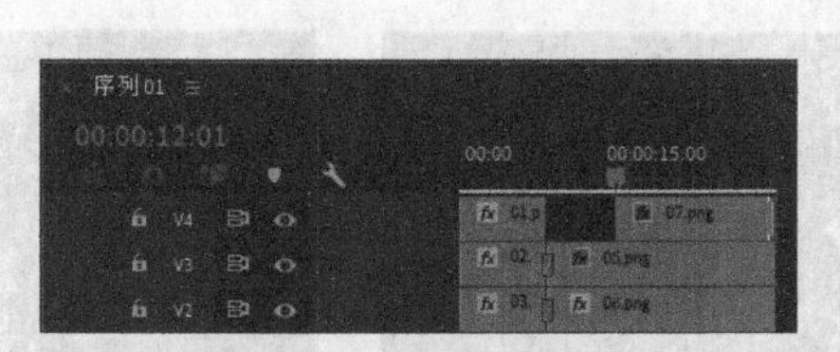

图9-114

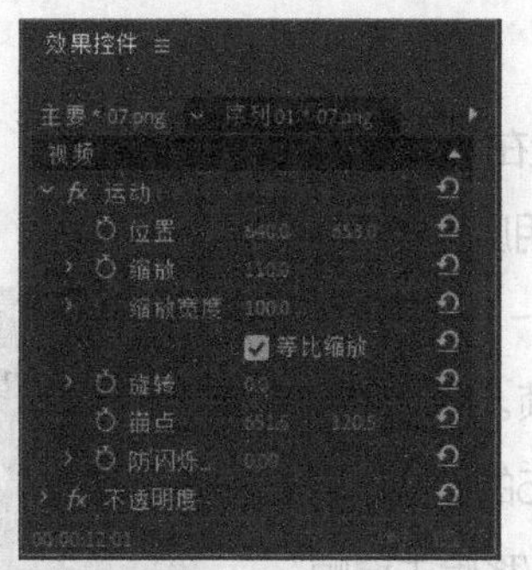

图9-115

21 在“效果”面板中展开“视频过渡”分类选项，单击“擦除”文件夹前面的三角形按钮▶将其展开，选中“划出”效果，如图9-116所示。将“划出”效果拖曳到“时间轴”面板中“07”文件的开始位置，如图9-117所示。

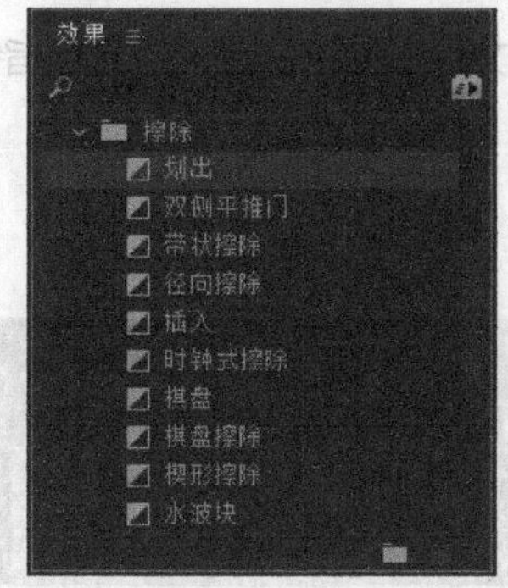

图9-116

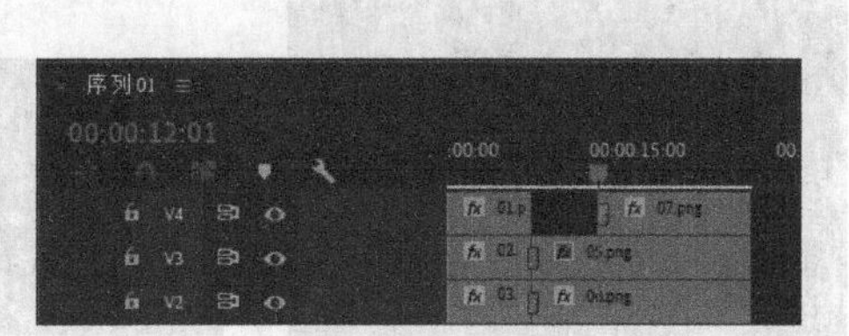

图9-117

22 选择“时间轴”面板中的“划出”效果，如图9-118所示。在“效果控件”面板中，将“持续时间”选项设置为00:00:02:23，如图9-119所示。

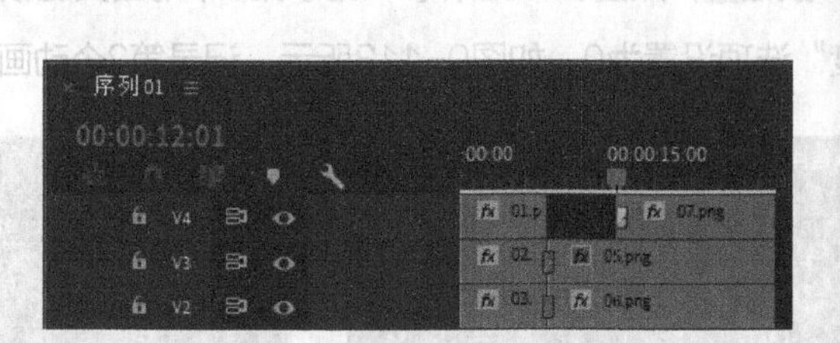
图9-118

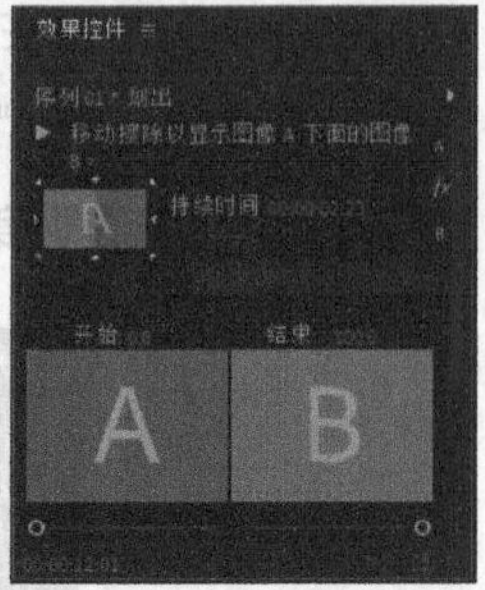
图9-119

23 将时间标签放置在0s的位置。在“项目”面板中选中“字幕01”文件并将其拖曳到“时间轴”面板的“视频5（V5）”轨道中，如图9-120所示。选中“视频5（V5）”轨道中的“字幕01”文件。在“效果控件”面板中展开“不透明度”选项，将“不透明度”选项设置为0，如图9-121所示，记录第1个动画关键帧。

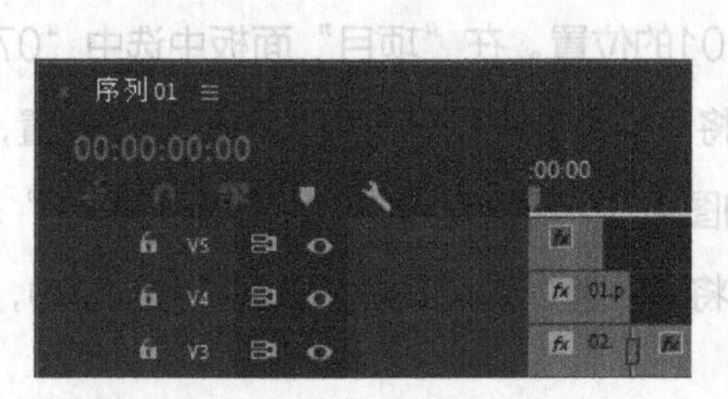
图9-120

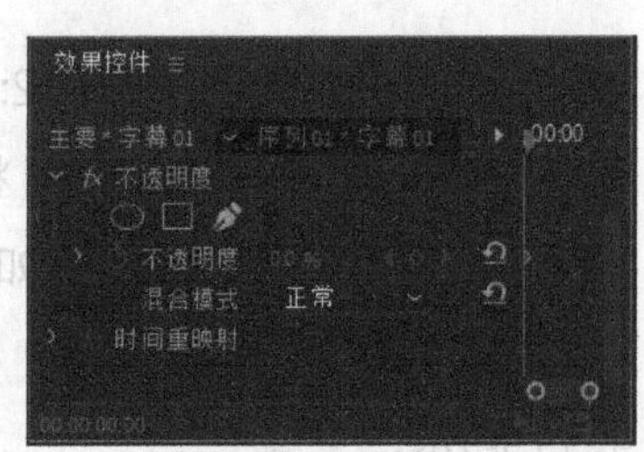
图9-121

24 将时间标签放置在00:00:00:15的位置。将“不透明度”选项设置为100.0%，如图9-122所示，记录第2个动画关键帧。将时间标签放置在00:00:04:05的位置。单击选项右侧的“添加/移除关键帧”按钮，如图9-123所示，记录第3个动画关键帧。

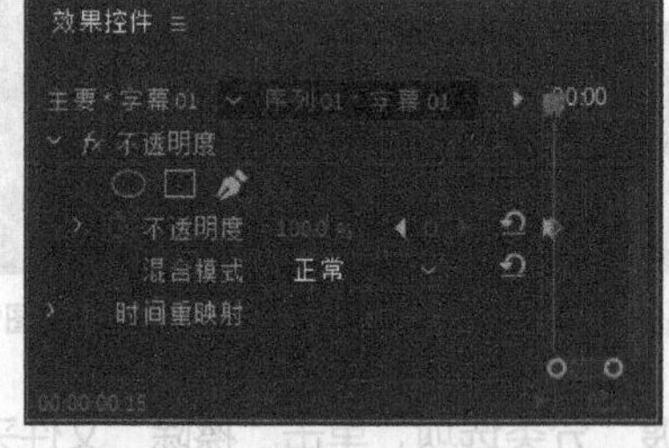
图9-122

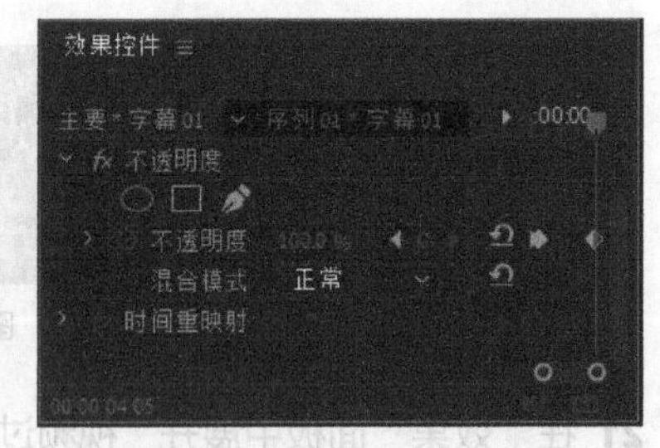
图9-123

25 将时间标签放置在00:00:04:22的位置。将“不透明度”选项设置为0，如图9-124所示，记录第4个动画关键帧。将时间标签放置在00:00:15:07的位置。在“项目”面板中选中“08”文件并将其拖曳到“时间轴”面板的“视频5（V5）”轨道中。将鼠标指针放在“08”文件的结束位置，当鼠标指针呈状时，向右拖曳鼠标到“07”文件的结束位置，如图9-125所示。

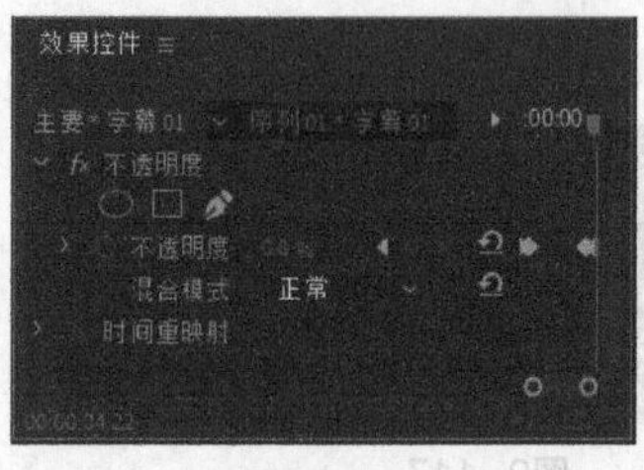
图9-124

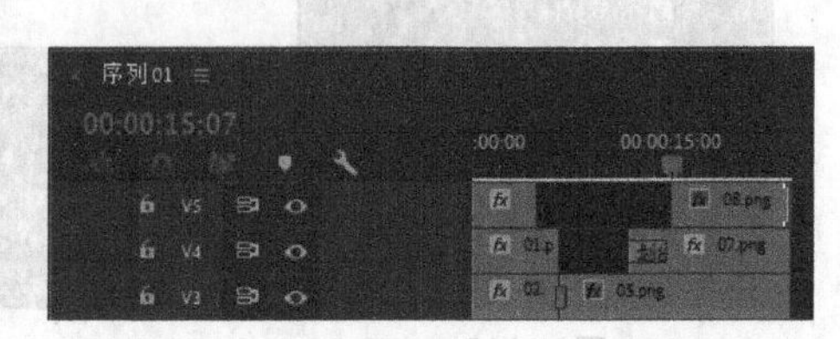
图9-125

26 将时间标签放置在00:00:15:07的位置。选中“视频5（V5）”轨道中的“08”文件。在“效果控件”面板中展开“运动”选项，将“位置”选项设置为904.0和609.0，“缩放”选项设置为0，单击“缩放”选项左侧的“切换动画”按钮，如图9-126所示，记录第1个动画关键帧。将时间标签放置在00:00:17:01的位置。将“缩放”选项设置为120.0，如图9-127所示，记录第2个动画关键帧。

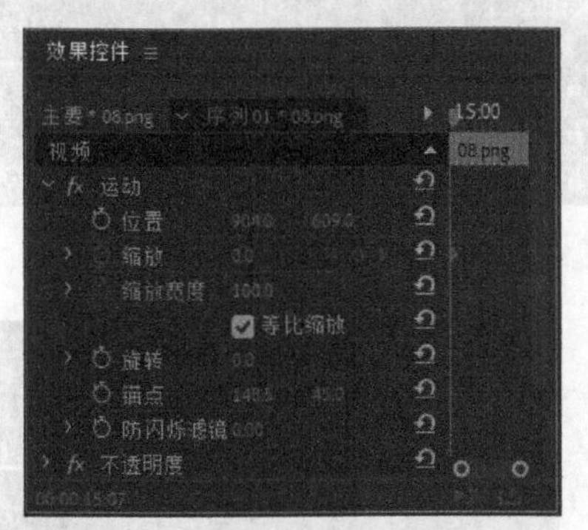

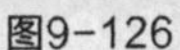
图9-126

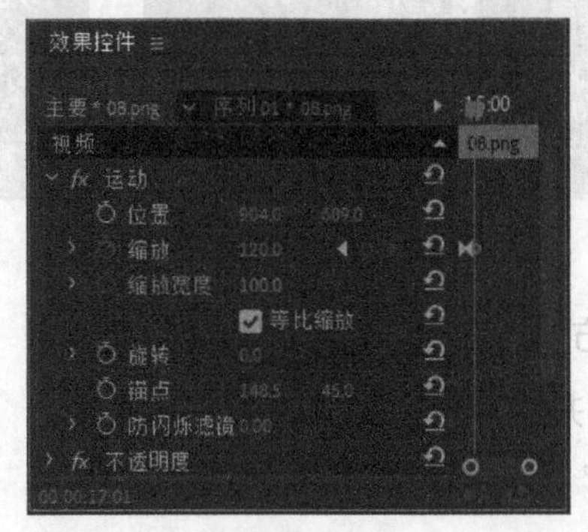

图9-127

27 将时间标签放置在00:00:18:14的位置。在“项目”面板中选中“09”文件并将其拖曳到“时间轴”面板的“视频6（V6）”轨道中。将鼠标指针放在“09”文件的结束位置，当鼠标指针呈状时，向右拖曳鼠标到“08”文件的结束位置，如图9-128所示。

28 选中“视频6（V6）”轨道中的“09”文件。在“效果控件”面板中展开“运动”选项，将“位置”选项设置为321.0和611.0，“缩放”选项设置为0，单击“缩放”选项左侧的“切换动画”按钮，如图9-129所示，记录第1个动画关键帧。

图9-128

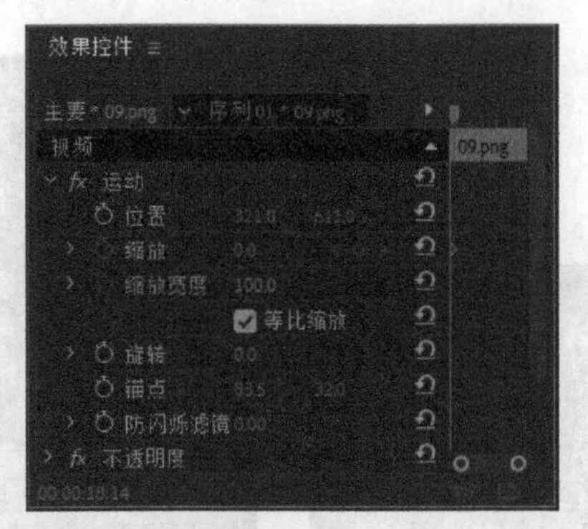

图9-129

29 将时间标签放置在00:00:20:03的位置。在“效果控件”面板中，将“缩放”选项设置为110.0，如图9-130所示，记录第2个动画关键帧。将时间标签放置在00:00:06:21的位置。在“项目”面板中选中“字幕02”文件并将其拖曳到“时间轴”面板的“视频7（V7）”轨道中。将鼠标指针放在“字幕02”文件的结束位置，当鼠标指针呈状时，向右拖曳鼠标到“07”文件的开始位置，如图9-131所示。

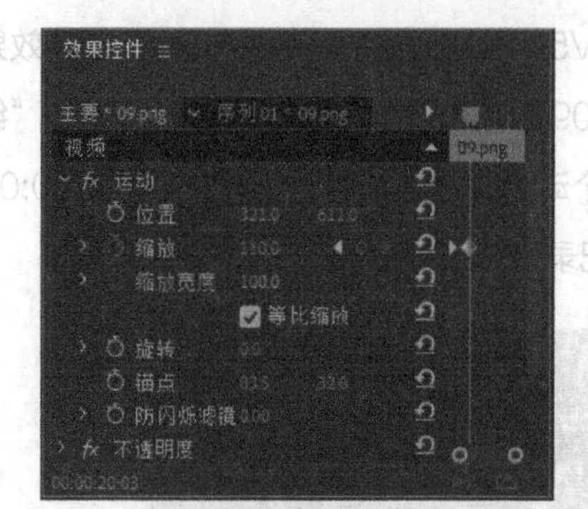

图9-130

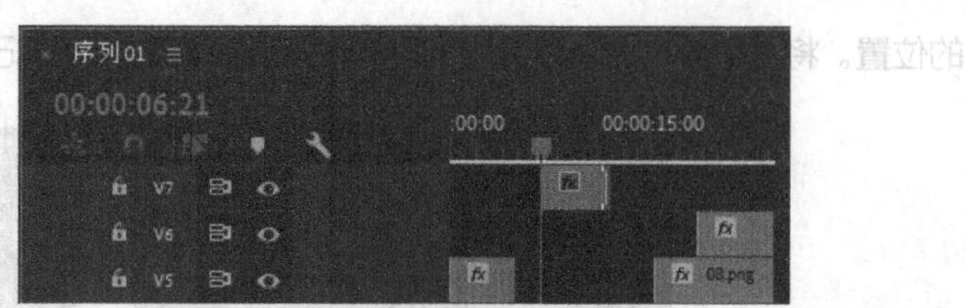

图9-131

30 使用相同的方法，在“项目”面板中分别选中需要的字幕文件并将其拖曳到“时间轴”面板的“视频7（V7）”轨道中，调整其播放时间，如图9-132所示。

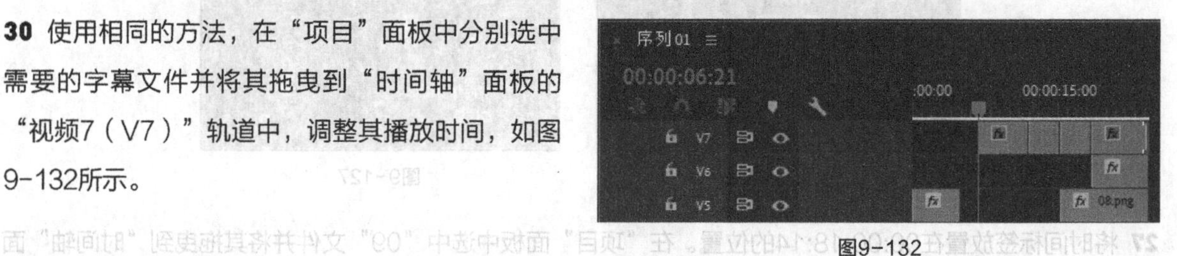

图9-132

31 在“项目”面板中选中“10”文件并将其拖曳到“时间轴”面板的“音频1（A1）”轨道上，如图9-133所示。在“效果”面板中展开“音频效果”分类选项，单击“高通”文件夹前面的三角形按钮将其展开，选中“高通”效果，如图9-134所示。

32 将“高通”效果拖曳到“时间轴”面板中的“10”文件上。在“效果控件”面板中展开“高通”效果并进行参数设置，如图9-135所示。英文歌曲MV制作完成。

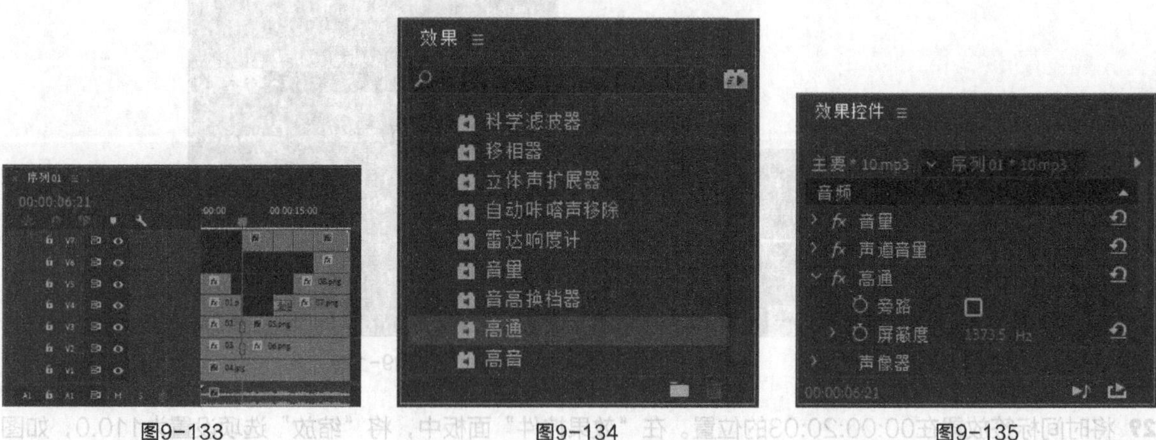

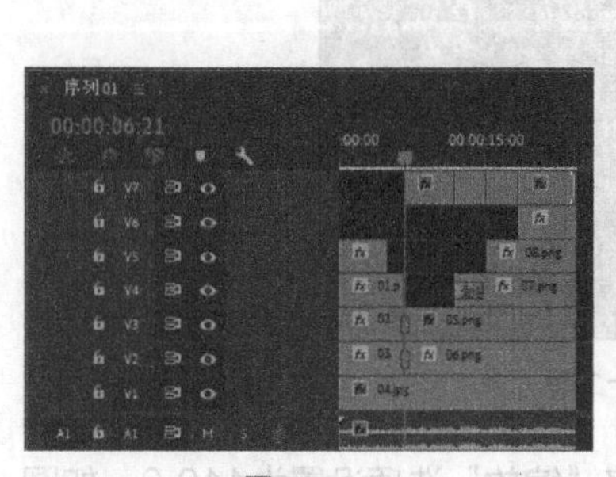

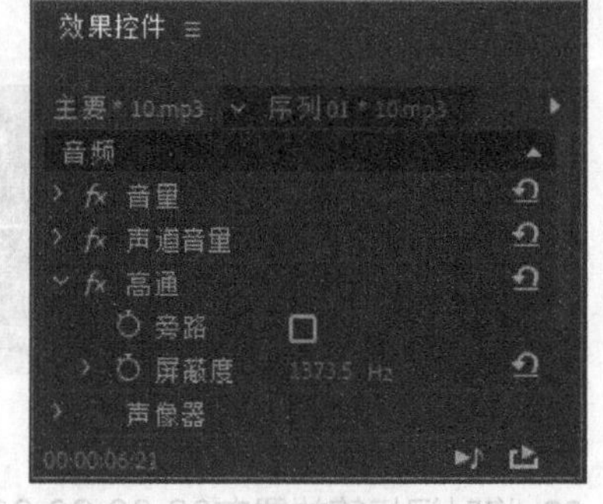

图9-133　图9-134　图9-135

课堂练习1——烹饪节目片头

练习1.1 项目背景及要求

❶ 客户名称

大山美食生活网。

❷ 客户需求

大山美食生活网是一家以丰富的美食内容与大量的饮食资讯为主的个人网站，深受广大网民的喜爱。本例是为该网站制作的烹饪节目片头，要求展现出健康、美味和幸福感。

❸ 设计要求

（1）以烹饪食材和方式为主要内容。

（2）使用简洁干净的颜色为背景，以体现洁净、健康的主题。

（3）设计要表现出简单、便捷的制作方法。

（4）要求整个设计充满特色，让人印象深刻。

（5）设计规格为1280h × 720v(1.0940)，25.00帧/秒，方形像素(1.0)。

练习1.2 项目素材及制作要点

❶ 素材资源

图片素材所在位置：本书学习资源中的“Ch09\烹饪节目片头\素材\01 ~ 16”。

❷ 作品参考

设计作品所在位置：本书学习资源中的“Ch09\烹饪节目片头\烹饪节目片头.prproj”，完成效果如图9-136所示。

❸ 制作要点

使用“导入”命令导入素材文件，使用“效果控件”面板编辑视频文件的大小并制作动画，使用“速度/持续时间”命令调整视频的速度和持续时间，使用“基本图形”面板添加文本。

图9-136

课堂练习2——牛奶宣传广告

练习2.1 项目背景及要求

❶ 客户名称

悠品乳业有限公司。

❷ 客户需求

悠品乳业有限公司是一家生产和加工乳制品、纯牛奶和乳粉等产品的公司。最近推出了一款新的鲜奶产品，现进行促销活动，需要制作一个针对此次活动的促销广告，要求能够体现该产品的特色。

❸ 设计要求

（1）设计要以奶产品为主导。

（2）设计形式要简洁明晰，能表现产品的特色。

（3）画面色彩要生动形象、直观自然，让人一目了然。

（4）设计能够让人有健康、新鲜和安全的感觉。

（5）设计规格为1280h×720v(1.0940)，25.00帧/秒，方形像素(1.0)。

练习2.2 项目素材及制作要点

❶ 素材资源

图片素材所在位置：本书学习资源中的“Ch09\牛奶宣传广告\素材\01~07”。

❷ 作品参考

设计作品所在位置：本书学习资源中的“Ch09\牛奶宣传广告\牛奶宣传广告.prproj”，完成效果如图9-137所示。

❸ 制作要点

使用“导入”命令导入素材文件，使用“效果控件”面板改变图像的位置、缩放和不透明度，并制作动画，使用“色阶”效果调整背景色调。

图9-137

课后习题1——日出东方纪录片

习题1.1　项目背景及要求

❶ 客户名称

悦山旅游电视台。

❷ 客户需求

悦山旅游电视台是一家旅游电视台。该电视台介绍时尚旅游资讯信息，提供实用的旅行计划，展现时尚生活和潮流消费等信息。本例是为该电视台制作日出东方纪录片，要求符合纪录片主题，体现出优美、壮观的旅游景色。

❸ 设计要求

（1）设计要以写实的风景元素为主导。

（2）设计形式要直观简洁，让人一目了然。

（3）画面色彩要真实清晰，展现出大自然的优美生动。

（4）设计风格自然紧凑，能够让人感受到大自然的魅力。

（5）设计规格为1280h × 720v(1.0940)，25.00帧/秒，方形像素(1.0)。

习题1.2　项目素材及制作要点

❶ 素材资源

图片素材所在位置：本书学习资源中的“Ch09\日出东方纪录片\素材\01 ~ 04”。

❷ 作品参考

设计作品所在位置：本书学习资源中的“Ch09\日出东方纪录片\日出东方纪录片.prproj”，完成效果如图9-138所示。

❸ 制作要点

使用“效果控件”面板编辑视频的缩放和不透明度，并制作动画，使用“随机擦除”“风车”和“菱形划像”效果为视频添加过渡效果，使用“旧版标题”命令添加图形和字幕。

图9-138

课后习题2——婚礼电子相册

习题2.1 项目背景及要求

❶ 客户名称

爱惜婚纱摄影工作室。

❷ 客户需求

爱惜婚纱摄影工作室是一家提供婚纱照、全家福、写真、商业摄影、婚礼跟妆/跟拍等高品质拍摄服务的工作室。本案例是为新人设计制作的婚礼电子相册，在设计上希望能表现出浪漫温馨、开心幸福的气氛。

❸ 设计要求

（1）设计要以婚纱视频为主导。

（2）设计要图文结合，并充分展现出婚纱摄影带给新人的浪漫和温馨。

（3）画面色彩要柔和、温馨，符合设计的主题。

（4）整体设计要简洁大方，让人一目了然，印象深刻。

（5）设计规格为1280h × 720v(1.0940)，25.00帧/秒，方形像素(1.0)。

习题2.2 项目素材及制作要点

❶ 素材资源

图片素材所在位置：本书学习资源中的“Ch09\婚礼电子相册\素材\01 ~ 06”。

❷ 作品参考

设计作品所在位置：本书学习资源中的“Ch09\婚礼电子相册\婚礼电子相册.prproj”，完成效果如图9-139所示。

❸ 制作要点

使用“导入”命令导入素材文件，使用“交叉溶解”效果制作视频之间的过渡，使用“效果控件”面板调整图像的位置、缩放、旋转和不透明度，并制作动画。

图9-139